The Origins of
Environmental History
and Its Development

环境史学的起源和发展

包茂红 著

北京大学出版社
PEKING UNIVERSITY PRESS

图书在版编目（CIP）数据

环境史学的起源和发展 / 包茂红著 .—北京：北京大学出版社，2012.3
ISBN 978-7-301-20272-2

I. ①环… II. ①包… III. ①环境科学：史学 IV. ① X-09

中国版本图书馆 CIP 数据核字（2012）第 026841 号

书　　　名：环境史学的起源和发展
著作责任者：包茂红 著
责 任 编 辑：张善鹏
标 准 书 号：ISBN 978-7-301-20272-2/ K·0839
出 版 发 行：北京大学出版社
地　　　址：北京市海淀区成府路 205 号　100871
网　　　址：http://www.pup.cn
电　　　话：邮购部 62752015　发行部 62750672
编辑部 62750112　出版部 62754962
电 子 信 箱：pw@pup.pku.edu.cn
印　刷　者：三河市博文印刷厂
经　销　者：新华书店
650 毫米 × 980 毫米　16 开本　27.5 印张　430 千字
2012 年 3 月第 1 版　2012 年 3 月第 1 次印刷
定　　　价：45.00 元

序

北京大学包茂红教授的这本书，在中国可能是一部标志性著作。历史编纂自有其历史。最初，有些历史学家追随希罗多德和司马迁等作家开创的传统，热衷于叙述帝王将相的事迹。另有一些历史学家热衷于叙述宗教忠诚，用这种神圣历史来帮助那些同情宗教的读者坚定其对宗教信仰或传统正确性的认识。到了19世纪，随着民族主义和民族国家在全世界的兴起，历史学家的兴趣发生了变化。他们热衷于编纂政治史，以证实某个民族或国家的存在。在19世纪初、中期，历史学变成一个学科和正式职业——首先在德国的大学出现，政治史是当时最常见的写作和研究历史的类别。

当专业历史学家把自己与国家联系在一起来思考的时候，他们常常会发现，撰述反映意大利人、日本人或孟加拉人悠久纷繁的思想文化传统的思想史和文化史最具吸引力。因此，思想史和文化史在20世纪初变成许多国家都认可的分支学科。19和20世纪的工业化帮助历史学家发展了研究历史上的经济变迁的兴趣，20世纪30年代的世界经济危机进一步巩固了这种研究兴趣。经济史作为历史学的一个分支学科适时生根发芽了。

自20世纪中叶起，全世界的历史学家都致力于研究分支学科。他们着手撰写社会史，普通民众的历史。他们创立了很多分支学科，如妇女史和性别史、宗教史、劳工史、城市史、人口史、军事史，等等。而如包教授在本书中详述的那样，在最近几十年，历史学家还创立了环境史。

某种程度上，历史学家都在撰写当世的历史。司马迁在写《史记》时就深受汉朝与中国北方少数民族关系的影响。那是他一生极感兴趣的重要事件。爱德华·吉本（1737—1794）把成年后的大部分时间都花在撰写六卷本《罗马帝国衰亡史》上，这正是他的祖国迅速变成一个帝国（有时也失去部分土地）的时候。

现在，环境史学家也在撰写自己时代的历史。正如包教授所说，环境史学家撰写的历史，研究的是历史上不断变化的社会与自然的关系。这种历史在空间范围上越来越国际化、跨国化或全球化，因为许多现代环境问题都是跨国的或全球性的。不过，环境史这一分支学科依然在涌现出大量以地方、国家或地区为单位的研究成果。偏爱宏观史学甚于微观史学在学理上没有明确的根据，反之亦然。相反，历史学家作为一个群体必须在各个层面上展开研究，从很小的地方到真正的全球范围。全球规模的研究必须建立在地方性研究的基础上，而最好的地方性研究也须置于故事发生的较大的、经常是全球的背景中来探讨。我们生活在一个不关注其全球背景和后果就无法研究地方性问题的时代，我们生活在一个环境焦虑日益增加的时代，历史学家应该据此展开研究。

现在，世界上没有几个国家的环境问题能像中国的这样引人注目。过去三十多年的超常经济增长，是付出特别的环境代价换来的，尤其是空气和水遭到严重污染。历史学家，也和中国的其他人一样，关注环境问题并据此展开自己的研究。中国历史学家在写环境史（中国环境史或外国环境史）时，应该非常了解自己的关切、局限和传统。但是，像其他方向的历史学家一样，只有充分了解世界其他地方的历史学家所做的类似研究，中国的环境史学家才能把自己的研究做到最好。包教授的这本书阐释了世界其他国家和地区的环境史学家如何界定和撰写环境史，并以自己独特的方式对构成环境史学的那些讨论和争论进行了全球化处理，同时也推进了这些方面的研究。

是为序。

约翰·R. 麦克尼尔

乔治敦大学历史系特聘校级教授、美国环境史学会主席

2011 年 12 月 12 日

目 录

上编 研究编

下编　访谈和评论编

上　编

研　究　编

序 章

环境史学与环境史学史研究

历史是过去发生的事情，历史学是对过去发生的事情的记录和诠释。环境史指历史上发生的人及其社会与环境的其他部分相互作用的关系，环境史学就是研究这种关系及其相关问题的史学。

史学从起源之日起就很重视环境。在西方历史学界被称为“历史学之父”的希腊历史学家希罗多德非常重视自然在历史上的作用，他认为埃及就是“尼罗河的赠礼”。在中国，司马迁认为，撰写历史就是为了“究天人之际，通古今之变”，他甚至用自然变化来比附、认识历史变化。近代科学革命之后，这种历史认识发生了翻天覆地的变化。罗杰·培根冲破了基督教经院哲学对自然哲学的束缚，倡导通过观察和实验、使用归纳法研究自然。弗兰西斯·培根开启了一种为了人类利益、用科学征服和开发自然的新风尚。笛卡尔更进一步，用机械论完全取代了有机论，随后科学革命宣布了自然的死亡。与此相适应，历史学也完全变成了人的科学，环境被排除在现代历史学之外，即使有些历史学家注意到环境的作用，也只是把它当作历史发生的背景或舞台来处理。到20世纪中期，人类历史发展大大加速，同时也带来史无前例的环境污染和生态破坏，激发了大规模的环境主义运动，要求历史学为解释处于危机状态的环境问题和支持蓬勃发展的环境运动提供历史智慧。同时，历史学内部或因为学科要走出危机需要拓宽研究范围、或因为日益增强的学科间交叉融合而呈现出愈来愈重视已经处于“失语”状态的环境，希望发现环境在历史上的“细小声音”的态势。这两者的结合在历史学领域催生了一个新的分支学科和研究领域，即环境史学。环境史学的形成和发展已成为国际史学界自20世纪70年代以来最重要的两大趋势之一。[①] 中国已把环境保护定为基本国策。其他学科研究环境问题的成果层出不穷，但历史学的反应相对比较迟缓，大约在20世纪90年代开始了比较明确的学科意义上的环境史研究。[②] 尽管环境史学的历史并不长，但发展速度惊人，成果丰硕。应该说，现在是对它进行适当梳理和总结的时候了。

对环境史学的发展历史进行系统梳理和总结，无论是对学科建设还是认识人与环境关系进而促成文明的转型都具有重要意义。因为，任何学科的自觉，都是建立在对自己的历史认识基础上的，环境史学也不例外。环境史研究中形成的新理论、新方法，对重新调整人与环境其他部分的关系具有重要指导价值。所以，无论从学科建设还是现实指导来看，研究环境史学史不但是必要的，而且是急迫的。

第一节　环境史的定义

"人猿揖别"标志着人类与环境相互作用的历史开始。然而，以此为研究对象的环境史，一般认为是在20世纪60年代在美国萌芽的，其标志是S.海斯的《保护与效率主义》(1959)和R.纳什的《荒野和美国思想》(1967)的出版。[③] 前者注重环境保护的政治史；后者超越了游牧理想，把荒野理想当成美国精神形成的关键。但是，环境史作为一个固定的学术用语，则是

---

① 从严格意义上讲，环境史和生态史是有区别的，但在环境史初兴时，环境史和生态史在西方史学界有时是混用的。参看杨豫等，"新文化史学的兴起——与剑桥大学彼得·伯克教授座谈侧记"，《史学理论研究》，2000年第1期，第134页。

② 高岱，"美国环境史研究综述"，《世界史研究动态》，1990年第8期。曾华璧，"论环境史研究的源起、意义与迷思：以美国的论著为例之探讨"，《台大历史学报》，1999年第23期。研究美国史的侯文蕙教授不但翻译了多本有关环境问题的经典著作，还在1995年出版了《征服的挽歌：美国环境意识的变迁》(东方出版社)。包茂红，"环境史：历史、理论与方法"，《史学理论研究》，2000年第4期。

③ 有学者认为，J.马林1947年出版的 *The Grassland of North America: Prolegomena to Its History* 是环境史诞生的标志，但马林并不认为自己是环境史的创立者。R. White，"American Environmental History: The Development of a New Historical Field"，*Pacific Historical Review*，54(No.3)，1985，p.297.

R.纳什在1970年首次公开使用的，这标志着环境史研究正式登上学术舞台。

什么是环境史？环境史研究的开拓者和先贤们对此有不同的理解和界定。R.纳什认为，环境史是“人类与其居住环境的历史联系，是包括过去与现在的连续统一体”，因而，环境史“不是人类历史事件的总和，而是一个综合的整体。环境史研究需要诸多学科的合作”。[①] L.比尔斯基认为，环境史研究历史上人类与自然界究竟是如何进行双向而非单向的联系，其内容具有多样性。但该领域目前还没有对学科范围进行精确界定。[②] C.麦茜特认为，环境史是给人们提供一个观察历史的地球之视野，探讨在时间长河中人类与自然互动的多种方式。[③] T.泰特认为，环境史学家不能把一切人类历史都视作某种程度上的环境史，要把非常丰富的文献控制在一个能够处理的范围内。环境史研究应该包括四个方面：第一是人类对自然界的感知和态度；第二是对环境有影响的、从石斧到核反应堆的技术创新；第三是对生态过程的理解；第四是公众对有关环境问题的辩论、立法、政治规定及对“旧保护史”中大量文献资料的思考。只有把这些主题有序连接起来，才能全面均衡地理解文化与环境的关系。[④] D.沃斯特认为，环境史仍挣扎于出生中，因为在自然研究中几乎没有历史，在历史研究中几乎没有自然。历史研究确实需要生态学观点，因此环境史就是历史与自然相结合的研究领域。如果这样的环境史诞生，人类将拥有两类历史：一是自己国家的历史，二是人类共有的地球之史。[⑤] 而后他进一步发展了自己的观点，认为环境史是研究自然在人类生活中的角色与地位的历史，应包括三项内容：一是自然在历史上是如何组织和发挥作用的？二是社会经济领域是如何与自然相互作用的，即生产工具、劳动、社会关系、生产方式等与环境的关系。三是人

---

① R. Nash, “American environmental history: A new teaching frontier”, *Pacific Historical Review* 41 (1972), pp.367—372. R. Nash, “The state of environmental history”, in H. J. Bass (ed.), *The State of American History*, 1970, pp.249—260.

② L. J. Bilsky (ed.), *Historical Ecology: Essays on Environment and Social Change*, New York, 1980, p.8, p.4.

③ C. Merchant (ed.), *Major Problems in American Environmental History*, Lexington, 1993, p.4.

④ T. W. Tate, “Problems of Definition in Environmental History”, *American Historical Association Newsletter*, 1981, pp.8—10.

⑤ D. Worster, “History as Natural History: An Essay on Theory and Method”, *Pacific Historical Review* 53 (1984), p.16.

类是如何通过感知、神话、法律、伦理以及其他意义上的结构形态与自然界对话的。[①] K. 贝利认为，环境史不仅讨论人类本身的问题，还研究人与自然环境的关系，其研究范围包括四个层次：一是人类对自然评价、态度的变化以及对其意义的探讨；二是人类经济行为对环境的影响及人类环境价值观对经济的影响；三是森林与水资源保护即资源保护运动和环境主义运动的历史；四是专业团体的作用——如科学家、工程师的贡献及其与环境思想和环境运动的关系。[②] W. 克罗农认为，环境史是个伞型结构，下辖三个研究范围：一是探讨某一特定地区特殊的和正在变化的生态系统内人类社会的活动；二是探讨不同文化中有关人类与自然关系的思想；三是对环境政治与政策的研究。[③]

从以上叙述可以看出，环境史的概念仍在发展变化中，其研究范围不断扩大。笔者认为，环境史研究的是人及其社会与自然界的其他部分的历史关系。这里之所以没有笼统地讲人与自然的关系，关键在于以下两点：第一，这里所讲的人既是自然的和个体的人，也是群体的和社会的人。以前的历史研究强调历史是人的历史，过分强调人的社会性，忽视了人是自然界一部分的生物属性；深度生态学兴起后，过分强调了人的生物性，把他等同于一般生物，忽视了人不同于或高于一般生物的社会性。换句话说，人是自然界的一员，但是特殊的一员。其特殊性集中表现在他的社会性上，但不能特殊到不顾他的生物性的地步。第二，这里之所以要强调“自然的其他部分”，是因为其中包含着整体论和有机论的思想。整体论把人和自然作为一个整体来看待，反对把人与自然对立起来的二元论和还原论的思想。有机论把地球看成一个由各个不同部分的相互作用构成的有机整体，组成这个整体的各个部分不但有机地（不是机械地）联系在一起，而且各自都具有内在价值，缺一不可。内在价值（intrinsic value）不是相对于人的价值，不等于工具性价值（instrumental value）。因此，环境史不是简单地以人为中心的，

---

① D. Worster, “Doing Environmental History”, in D. Worster(ed.), *The Ends of the Earth: Perspective on Modern Environmental History*, Cambridge University Press, 1988, pp.292—293.

② K. E. Bailes(ed.), *Environmental History: Critical Issues in Comparative Perspective*, Lanham, 1985, p.4.

③ W. Cronon, “Modes of Prophecy and Production: Placing Nature in History”, *The Journal of American History*, 76(No.4)1990, pp.1122—1131.

也不是完全以生态为中心的，而是以人及其社会与自然的其他部分的相互作用为中心的。相对于先前传统的历史学而言，它的突出特点是把原来历史研究中忽略的那一部分重新融入历史研究中来。相对于深度生态学而言，它更强调人在其中发挥的作用。因此，环境史可以分为两类，即狭义的环境史和广义的环境史。

狭义环境史就是在人与环境相互作用的框架下把历史研究中缺少的自然部分补回来。广义环境史是在历史发生的主体从人变为人与环境的前提下重新认识和结构新型的历史。在以前的历史学中，历史是人有意识的创造的结果。其实，历史不仅仅是人创造的，参与创造历史的或者说出演历史这幕大戏的，还有其他因素如自然。既然是人与自然的其他部分相互作用，那么为什么只承认人而不承认自然的历史创造作用呢？进而言之，脑科学研究发现，人的行动很大一部分是直觉而不是理性指导的，并不是有意识的结果。这个直觉在很大程度上是动物性的，不是人所特有的。那么，为什么人的直觉可以创造历史，而动物的直觉就不能创造历史呢？美国环境史学家克罗农指出："人类并非创造历史的唯一演员，其他生物、大的自然发展进程等都与人一样具有创造历史的能力。如果在撰写历史时忽略了这些能力，写出来的肯定是令人遗憾的不完整的历史。"[①] 反过来，如果我们期盼要写出全面的、整体性的历史，我们就不能仅仅认为是人在创造历史，还必须承认自然的其他部分在创造历史中的作用。因此，环境史研究所创造的种种知识已然超出了原来的知识边疆，改变了我们的基本历史思维，为我们带来新型的历史。

具体而言，如果把环境史研究看做一个伞形结构，那么一般情况下它应该包括四个部分。第一部分就是环境的演变过程。应该指出的是，这里讲的环境的演变过程不是自然史里面所讲的环境变迁，而是比较偏重于在人的作用下的环境演变。例如，自然史在研究黄河暴涨或断流的原因时，一般是从地球运动引起气候变化的思路来分析，是纯自然科学的研究。相对而言，环境史更偏重于人的因素，一般是从农耕深入到黄河中上游的游牧地区进而造成水土流失的角度来分析。在中文语境中，环境的历史和环境史的区

① W. Cronon, "The Uses of Environmental History", *Environmental History Review*, Vol.17, No.3 (1993), p.18.

分并不明显，但在英文语境中，其区分就比较明显。自然史中研究环境变迁的历史叫做 History of the Environment；环境史的研究叫做 Environmental History。由于这方面的内容在传统的历史资料中记载比较少，加之也不能忽略环境的功能及其运行机制，因此，研究这一方面的内容必须利用自然科学的证据和方法。第二部分就是经济或物质环境史。它强调人类的经济活动，尤其是工具技术等生产力和生产方式的变化与环境相互作用的关系。在美国的环境史研究中，在这一领域形成了农业生态史和城市环境史两种不同的模式。如何跨越这两者之间的鸿沟是环境史学家必须认真思考的问题。第三部分是政治环境史。主要研究权力关系对环境造成的影响以及由环境问题引起的政治变化。例如，集权制和分权制对环境产生的不同影响，国会中关于环境立法的争论，还有环境主义运动以及绿党政治等。这一部分是环境史兴起的时候研究最多的一部分。第四部分就是文化或知识环境史。主要研究人类如何感知环境，这种认识反过来又是如何影响人类对环境的适应和利用的。其中研究最多的恐怕要算对宗教环境文化的认识了，如犹太教基督教强调万物为人进而引起现代环境大破坏，而儒教和道教强调“天人合一”和“道法自然”，有利于环境保护等。这四个部分虽然研究的重点不同，但也有一些共同的特点，如都强调人与自然的其他部分的相互作用，不但包括人对环境的作用，还包括环境对人的作用；都注重不同部分之间的有机联系等。

总之，环境在自然因素和人为因素作用下，不但自身发生变化，还通过进入经济、政治和文化发展进程，改变或塑造了历史发展进程。

第二节　环境史的理论建设

所谓环境史理论，就是要找出人与环境其他部分的关系变化的因果律。这种普遍的、逻辑的因果关系，是从一个个具体的、特殊的事件中抽象出来的，否则，环境史就变成一系列按时间顺序排列的具体事件的堆砌。当然，在抽象过程中也不能忽视人与环境其他部分的关系的复杂性，最终才能形成普遍性与特殊性相互统一的因果关系即环境史理论。

环境史理论是逐步建设和发展起来的。环境史学的开拓者们在这一分支学科草创时期进行了初步探索。A. 克罗斯比通过分析欧洲殖民者用“生物旅行箱”代替土著人的生态体系进而征服土著人、最终把生态进程纳入历史研究。[①] W. 韦布通过分析大平原上的居民为了适应当地生态特点而改变在东部已经行之有效的技术，从而把技术进步整合进环境史研究。[②] W. 克罗农分析了印第安人自给自足的生计经济和殖民者资本主义市场经济利用环境模式的不同，揭示了环境形塑人类经济活动、经济活动反过来影响和塑造环境的思想。[③] J. 玻金斯用库恩的科学革命模式分析了美国农场主为什么喜欢机械化和化学化的生产方式而不是生物化的管理方式，进而分析了介于农场主和化工厂之间以政府和议会为代表的政治体制的作用[④]。这些研究分别把生态、经济、科学和政治有效地联系起来，部分发掘出了环境史的内部动力构造和机制。C. 麦茜特进一步发展了环境史理论，把包括人类的生物性再生产及其社会化的人口再生产纳入到环境史研究的分析过程中。[⑤] 环境史学家的这些努力逐渐形成了能对色彩斑斓的历史事件进行初步组织和分析的、基本得到认可的历史理论，环境史学家对人与环境其他部分关系的历史的认识和把握趋向客观和准确。[⑥] 但是，这些尝试基本上都是从美国的历史经验出发并总结出来的，而美国经验无论是从它在整个历史序列中的地位还是从美国环境的独特性来看，都带有很大的局限性。

环境史理论建设的关键在于挑战和解构传统的历史编纂思想。人类历史观大致经历了三个阶段：在前现代是循环史观，在现代是进步和现代化或发展史观，1970 年代后正在形成一种生态学与发展相结合的可持续发展史观。古代人类历史主要以神话或其他形式的故事来表现，用以天道来附

① A. Crosby, *The Ecological Imperialism: The Biological Expassion of Europe 900—1900*, Cambridge University Press, 1986.

② W. P. Webb, *Great Plains*, New York, 1973.

③ W. Cronon, *Changes in the Land: Indians, Colonists, and the Ecology of New England*, New York, 1983.

④ J. Perkins, *Insects, Experts and the Insecticide Crisis*, New York, 1982.

⑤ C. Merchant, “The Theoretical Structure of Ecological Revolutions”, in C. Miller & H. Rothman (eds.), *Out of the Woods*, pp.18—27.

⑥ B. Leibhardt, “Interpretation and Causal Analysis: The Theories of Environmental History”, *Environmental Review*, Spring 1988, pp.28—33.

会人事这种互渗律来思考人与自然的关系，得出循环史观。在欧洲表现为世界处于创生、衰亡、再创生、再衰亡的不断循环的永恒过程中；在中国表现为天人合一的循环论，司马迁“究天人之际”，就是要探索无往不复的循环。16世纪以后，人类与自然分离，人类把自然看成有规律的客观实在加以认识和利用，并把自然不断进步的观念逐渐应用于以人为中心的人类历史及其社会，提出进步史观。黑格尔、马克思等都总结出了自己的世界历史进步的图式。这种进步史观既有目的性、又有伦理价值判断，是持续上升的单线进步。两次世界大战虽然在一定程度上打碎了欧洲人的进步美梦，但是，进步思想于第二次世界大战后在美国重新抬头。作为现代社会的典范，美国人提出了现代化或发展史观。他们倡导的现代化实质上是美国化，发展是对已发展事实的模仿。当时第三世界国家被称为“不发达国家”(undeveloped)，但这些国家拒不接受这一称谓，认为其中含有贬义；后改为“发展中国家”(developing country)，遂逐渐得到认可，因为即使排在发达国家之后，但至少表明这些国家已走上正确道路。实际上，以现代化史观书写历史，容易割裂传统与现代的有机联系，进而把传统看成是静止不变的。[1] 以发展为主线的问题在于，它把不符合这个取向的历史事件统统排除在外，或是将其视为非典型的例外。如古典文明的断裂与消失，工业革命造成的环境恶化和全球性生态危机等。到了1960和70年代，现代化理论几经修正仍不可避免地失灵了。发展理论也被不断修正并逐渐与生态学结合，冲破了传统发展理论中存在的发展必然造成环境恶化、保护环境必然抑制发展的困境，提出兼顾生态和发展的可持续发展理论，意在重新把人与环境其他部分的关系史整合进世界史编纂学。

可持续发展思想萌芽于1972年召开的斯德哥尔摩世界环境会议。1987年，联合国环境与发展委员会提出名为《我们共同的未来》的布伦特兰报告，明确把可持续发展定义为“既满足当代人需要，又不损害后代人满足其需要的能力的发展”。1989年，联合国环境规划署综合全球各国意见，发表了《关于可持续发展的声明》，进一步具体化了布伦特兰报告中的定义，指出可持续发展概念绝不包含侵犯国家主权的含义；要达到可持续发展的目标就要

① 罗荣渠，《现代化新论》，北京大学出版社，1993年，第29、38页。

进行国内合作和国际均衡，就要建立一种支援性国际经济环境；就要维护并提高支撑生态抗压力和经济增长的自然资源基础；就要在发展计划和政策中纳入对环境的关注和考虑等。1992 年的里约热内卢联合国环境与发展大会广泛接受了这一解释，并写入了《21 世纪议程》。由此可见，可持续发展具有可持续性、全球和人类共同性以及代内、代际和国家间的公平性。以此为史观编纂世界史仍然处于探索中。

汤因比在《人类与大地母亲》中提出历史研究应包括生态进程，但除了在序言中贯彻这一思想外，其他章节仍然没有跳出政治史的老套。"年鉴学派"的代表人物布罗代尔在《菲力普二世时代的地中海和地中海世界》的开篇第一章就阐述了环境在历史中的作用，把环境当作影响长时段历史发展的结构性因素对待。但他的环境是静止的 Milieu，而不是变化的 Environment。深受年鉴学派影响的沃勒斯坦继承了整体史的传统，创立了五百年的世界体系理论，但抛弃了重视环境的思想。1997 年，《世界体系研究杂志》出版专集讨论世界体系的深度绿化问题。后来，秉持世界体系理论的学者阵营发生了分化，以詹森・摩尔为首的一些年轻学者坚持五百年的世界体系，但从马克思主义的基本概念如生产力、生产资料的新陈代谢、资本主义的生态紧张等出发把五百年世界体系变成世界环境史。以弗兰克等人为代表的一些学者构建了一个五千年的世界体系。前一个世界体系是特定的资本主义的世界体系，而后一个世界体系则更多的是地理学上的概念。弗兰克等人对沃勒斯坦世界体系中的基本概念"资本积累"产生了怀疑，他们强调"物质积累"，或者干脆就叫做"积累"，其中当然包括各种各样的实物积累。于是，他们的世界体系就不局限在近五百年，而是一个五千年的世界体系，几近于我们现在所讲的全球史。五千年的世界体系理论分为两个流派，一个是弗兰克代表的、基本上是以人为中心的五千年世界体系。他认为，世界经济和体系并非独立于生态系统或宇宙之外，二者确实有互动关系，要把生态环境当成是理解世界体系发展动力的一个基本维度，有必要超越人类中心主义，走向生态中心主义，但可惜的是尚缺乏足够的概念资源对此进行理论分析和实践，其基本思想实际上仍是人类中心主义的。[①] 另一派是以环境为基本出发点来编织世界体系的，其代表人物是美国华裔学者周新钟（Sing C. Chew），他出版了构筑其体系的三部曲，分别是《世界生态退化》、《循环的黑暗时代》和《生态未来》。[②] 他的研究实际上就是对五千年的世界体系的深度绿化。

在西方的“世界史”（World History）研究中，麦克尼尔父子在把环境史融合进世界史中做出了有益的尝试。老麦克尼尔（William H. McNeill）研究以人为主的世界史，但也关注环境史的课题，他的名著之一《瘟疫与人》就被翻译成中文先后在港台和大陆出版了繁体和简体版。小麦克尼尔（John R. McNeill）本身就是一位著名的环境史学家，他的研究范围遍及除西亚之外的整个世界。他们父子合写的《人类网络》一书中就包含了许多环境史内容和环境史的思维，但从环境史的角度来看并不到位。[③] 菲利普·费尔南德兹－阿迈斯托在《世界：一部历史》中指出，世界史就是探讨世界如何呈现现在的面貌，是对世界的整体叙述，有两大主题，一是人类社会自身的故事，另一个就是环境史，研究人类与人类之外的自然界——其他物种、不稳定的自然环境和动态的地球——的交互作用。正是人与环境之间的相互作用从根本上构成了世界史，因为我们无法脱离环境来理解我们自身的历史。[④] 但是，通观全书，怎么看都像是把两大内容摆在一起，环境史和人类史并没有真正融合起来。这只能是我所说的狭义环境史。

在西方的全球史（Global History）研究中，斯塔夫里阿诺斯在《全球通史》中提出要从月球上看地球的历史发展，这个尝试实际上并不成功。但在

---

① A. Frank & B. Gills (eds.), *The World System, 500 Years or 5000?* London, 1993. 弗兰克在 1998 年出版的新著中对这一观点有所深化和修正。A. 弗兰克著，刘北成译，《白银资本：重视经济全球化中的东方》，中央编译出版社，1999 年，第 16 页。

② Sing C. Chew, *World Ecological Degradation: Accumulation, Urbanization, and Deforestation 3000 B.C.–A. D. 2000*, Altamira Press, 2001; *The Recurring Dark Ages: Ecological Stress, Climate Changes, and System Transformation*, Altamira Press, 2007; *Ecological Futures: What History Can Teach Us?* Altamira Press, 2008.

③ J. R. McNeill & William H. McNeill, *The Human Web: A Birds-Eye View of World History*, W. W. Norton & Company, 2003.

④ 菲利普·费尔南德兹－阿迈斯托著，叶建军，庆学先等译，《世界：一部历史》，北京大学出版社，2010 年。

另一本不被国内学者注意的小册子中有所突破。他从"为什么人类取得前所未有的优势和成就的这个时代也是物种灭绝的可能性首次成为并非想象的可能性的时代？"这一现实问题出发，把生态环境作为自古至今始终与人类生存息息相关的一条生命线写入世界史[①]。另外，布鲁斯·马兹里士倡导的以全球主义为核心概念的全球史，比较注重第三世界的历史和全球环境问题，企图用包容了环境的全球主义来统领全球史。[②]

在西方的"大历史"研究中，弗雷德·斯皮尔和戴维·克里斯蒂安等撰写自137亿年前发生"大爆炸"（The Big Bang）以来的历史，实际上就是宇宙和地球这颗行星的历史。[③]它最符合环境史的两个基本思维：第一，它改变了传统的"人类中心主义"的历史编纂原则，把人和自然都还原到他们应有的位置上。按大历史思维，如果假定宇宙的历史开始于13年前，那么人类的存在不过只有53分钟，农业社会仅存在了5分钟，现代工业社会的历史只有6秒钟。历史研究视角的变化一定会带来历史认识的变化，在这样的历史中，人类还能目无一切，唯我独尊吗？自然还能被视为可有可无或无足轻重吗？第二，它把人类史置回它发生的宇宙或地球史中，有效地把自然规律和社会规律统一起来，其共同点是复杂性不断增强（无论是自然界还是人类社会），能量流动和消耗越来越密集。显然，这在一定程度上就是我所说的广义环境史。

虽然至今仍没有出现令人满意的融合了环境史的、完全贯彻了可持续发展史观的世界史著作，但从上述已经出版的著作来看，这一史观可以帮助克服先前世界史编纂中的一些难点，初显新优势。第一，环境史可以帮助从根本上克服世界史编纂中根深蒂固的人类中心主义倾向。环境史研究的是人与环境其他部分之间相互作用的历史。它既把人类历史放回发生的生态体系中，还历史以本来面目，又以生态与发展的动态平衡撰写人类历史发展

① 斯塔夫里阿诺斯著，吴象婴等译，《远古以来的人类生命线——一部新的世界史》，中国社会科学出版社，1992年。

② Bruce Mazlish and Ralph Buultjens (eds.), *Conceptualizing Global History*, Boulder: Westview Press, 1993.

③ Fred Spier, *The Structure of Big History: From the Big Bang until Today*, Amsterdam University Press, 1996. David Christian, *Maps of Time: An Introduction to Big History*, University of California Press, 2004.

的持续性和断裂性，因为不把环境其他部分作为历史的主体来叙述的世界史肯定是不完整的历史。从时间跨度上看，如果接受“大历史”的思维，那么原先世界史中大书特书的人类历史只能是历史的一瞬间，原来我们对历史的狭隘自大态度和认识就应该彻底扭转过来。

第二，环境史可以帮助校正进步史观的缺陷。进步史观带有强烈的目的性，在一定程度上是欧洲中心论和东方学的同谋共犯。环境史强调环境各因素的内在价值，以此可以证明世界不同文明存在的合理性。从环境史的思维出发，文明的优越性并不完全在于先前人们熟知的欧洲人确立的那些标准，尤其是要正视科技和理性给人类历史发展带来的负面效应，反思狂热的科技和理性崇拜，相反在于是否与它所生存的环境和谐适应。如果以是否具有可持续性（Sustainability）为标准来衡量和评估历史发展过程，那么欧美文明约定俗成地、就比非洲等地的文明高明的观念就需要重新考虑了。

第三，环境史有助于突破以民族国家为基本单位来编纂世界史的瓶颈。先前的世界史或全球史尽管都声称要把世界作为一个整体、甚至要从月球看地球，但其实都无法摆脱民族国家的束缚，最终变成几个主要国家历史的拼盘。环境史讲求整体论和有机论，强调环境各因素之间的相互作用，因此，在环境史中，对任何一个问题的认识都可以以人与环境的其他部分的相互作用为主线、以生存生境、生态区域主义和全球主义相结合来结构、来展开。于是，民族国家将不再成为阻隔历史认识的樊篱，这在一定程度上可以打破以民族国家和欧洲中心论为主线的传统编史模式。

第四，环境史可以帮助世界史把人类社会与环境变迁的规律统一起来。传统的世界史编纂要么着眼于五种生产方式演变，要么就以不同文明的相互交往为重点；社会发展与自然环境完全分离，人类社会独大而自然环境几乎无用。但是，现代环境主义运动和环境史的新进展都告诉我们，人类及其社会的发展都离不开供养我们的地球环境，人类社会发展规律最终只能服从于自然规律。从环境史中可以发现，无论是自然环境还是人类社会都经历着复杂性和规模不断扩大的过程，其最重要的动力来自于人类采集和传播信息能力的增强，而隐藏在此之后发挥作用的是能量流动的热力学定律。

根据这一史观，环境史和世界史大体上可以分为三个阶段：人与环境基本和谐相处：环境与前现代文明；人类中心主义：现代文明对环境的征服；

走向人与环境的新和谐：超越现代文明的新文明。分界点是1492年和1969年。哥伦布航行美洲，两大半球汇合，地球连为一体，人类和其他物种实现跨洲交流，地球生态系统和人类社会发展发生巨大变化。差不多与此同时，科学的发展把人与环境完全割裂开来，形成二元对立、机械论和还原论的分析方法。在基督教文明圈，宗教改革强化了我为上帝、万物为我的传统思想……这种种变化凑合在一起，促成了以工业主义为代表的人类中心主义文明。这种文明促成人类历史的巨大进步，但也造成了地球生态系统的巨大破坏，几乎把人类文明逼入难以为继的绝境。《增长的极限》就是工业主义时代的盛世危言。1969年人类登月成功，意味着人类可以跳出地球本体，从太空俯视我们生存的地球，进而能够超脱于人类中心主义。差不多与此同时，第三次科技革命从理论上颠覆了二元论、机械决定论和还原论。后现代主义思潮首先对现代性进行反动、然后通过科学的返魅来重建人与环境、人与人、人与自身的关系……这种种因素一起促成人类文明正在走向人与环境的新和谐，即从整体论、有机论出发，承认环境中每个因素的内在价值。但它并不是要把关注点从人类转向非人类，而是要扩大和深化对所有环境因素的关注。①

这种即将出现的新型历史，不但可以改变目前历史学的局限性，还可以充分发挥历史的警世和借鉴作用，给人以正确思考人类和地球面临的现实问题及其终极命运的智慧和启示。

第三节　环境史研究的方法及其挑战

环境史主要研究历史上人及其社会与自然的其他部分的关系，因而，其研究方法不但兼具自然科学和历史学等学科的特点，而且形成了自己的特色。

跨学科研究是环境史的一个基本方法。环境史本身是多学科知识积累的结果，自然也继承了多学科的研究方法。研究环境史不但要有历史学的基

① A. Naess, "Politics and the Ecological Crisis", in G. Sessions (ed.), *Deep Ecology for the 21st Century*, Boston, 1995, pp.445—453.

本训练，还必须有环境和生态学的知识；另外由于人类行为异常复杂，环境史研究还涉及地理学、人类学、社会学、哲学、经济学和政治学等。自然科学和生命科学给历史学提供理论和方法的启示，使之精确化、科学化；社会科学给分析人类社会和环境的关系提供有益的概念系统、调查和统计资料。跨学科研究就是跨越人文、社会科学和自然及工程科学的界限，互相借鉴和融合，达到从整体上把握世界史的目的。当然，环境史跨学科研究的落脚点一定是历史学，因为历史学在整合社会、政治、经济和文化、在从整体上认识变化如何发生时最具优势、困难最少。① 否则，仅从多个侧面或角度进行研究，或者把跨学科研究仅仅当成各门学科的总和来对待，虽然集中了各自专长但并不一定构成一幅统一图景，有可能得出灾难性结果。② 如果仅从不同学科进行孤立探讨，其结果必然具有很大局限性。跨学科研究也有难以克服的内在矛盾。随着科学的发展，学科越分越细，各学科的研究对象、理论和方法之间的差异越来越大，沟通起来难度增大。历史学家在研究环境史时往往根据自己心目中的人与环境的关系来选择适用的自然科学方法，自然科学家有时认为这是断章取义、文不对题，甚至嗤之以鼻。因为历史学研究人的行为，强调人的主观性，研究者和研究对象都不中立，历史事件也是生动和不可重复的。而自然科学不关注生命，只研究客观存在，研究者和研究对象都是中立的，科学现象也是可以多次重复的。因此两者的沟通非常不易。历史学和社会科学从传统上讲也存在较大差异。历史学注重从史料出发来叙述历史，强调历时性和空间方位，进而分析和解释历史变迁过程中各因素之间的相互作用以及断裂和连续性即因果关系。社会科学总是从理论预设出发，利用使用系统方法获得的共时性调查数据和受控制的观察结果，通过个案和分类研究来抽象出普遍原理。即使是环境史学家和环境政策制定者、环境行动者也很难说同一种语言，因为后者总是从现实需要和群众心理出发，用道德诉求和煽情的方式来唤起群众对环境问题的关注和激情，几乎不可能像历史学那样对环境问题进行冷静、全面、系统的思考和认识。总之，跨学科研究已成为环境史研究的一个主要方法，但客观上也存在着不易融合

---

① J. Petulla, "Toward an Environmental Philosophy: In Search of a Methodology", *Environmental Review*, 2(1977), p.36.

② D.格里芬著，马季方译，《后现代科学——科学魅力的再现》，中央编译出版社，1998年，第155页。

的问题。各学科因差异而存在着张力，也因差异而互补。从这个意义上讲，环境史是人文、社会科学和自然、工程科学之间的持续不断的对话。

环境史研究必须坚持历史学叙述的基本特点。就认识论来看，后现代主义和生态学中的修正派对传统历史学研究方法提出了严峻挑战，认为所谓客观科学的历史学在很大程度上是历史学家的理想。我们通常认为，20世纪60和70年代的信息论、系统论等使生态学变成了像物理学一样的成熟科学。但是，现在崛起的、更强调对观察者依赖的混沌生态学和生态学多元主义或许预示着"旧生态学的死亡"①，因为它的诸如生态系统、平衡、演替等基本概念都受到强烈质疑。以生态学为基础的环境史自然也必须对这种"不科学"的指控作出有效回应。历史研究因研究对象不中立、研究者有意识形态等背景而必然具有复杂性和多样性，即同时代的不同历史学家和不同时代的历史学家在分析同一史料时会写出完全不同的历史。之所以如此还有一个重要原因，就是语言的表达功能问题。语言不可能给人们传达一种固定的内容，可能会产生多种歧义和误读，也就是说，只要语言介入，事实就不可能是历史实在的复制品。换句话说，叙述本身具有自我解释功能。从这个意义上讲，历史学家研究历史就是撰写对历史进行语言上的故事化处理的叙述史学（Narrative history）。因为选择叙事语句（Narrative Sentence）受制于我们的历史概念，已有的意识形态也会随着叙述进入历史文本。即历史学家根据自己的意识把一些自认为可以编成故事的历史资料按照自己设想的模式组织起来，交给读者阅读；读者会把这个故事与自己意识中的故事模式加以对照，进而形成新的故事模式，完成对历史的理解，历史的意义最终得以实现。由此可见，传统意义上的叙述仅是个形式和载体，但在后现代主义中，这个形式有了实际的内容和价值。环境史研究当然也不例外。但是，后现代主义对语言和叙述本身产生含义的强调混淆了历史和虚构的明显差别。只有把史实和故事有机结合起来，才能既保持历史学的特色，又有效地发挥它的大众环境教育的功能，即用这种忠于史实的寓言或故事、而不是学院式论文或政策建议的方式呈现历史的智慧，进而与普通

---

① D. Demeritt, "Ecology, Objectivity and Critique in Writings on Nature and Human Societies", *Journal of Historical Geography*, 20, 1 (1994), p.23. D. Worster, "The Ecology of Order and Chaos", in C. Miller & H. Rothman (eds.), *Out of the Woods*, pp.3—17.

百姓交流蕴涵着强烈道德关怀和社会改造意图的环境史。[1]要做到这一点，必须坚持三点叙述强制规范（Narrative constraints）。一是故事不能违背已知的历史事实；二是故事必须具有生态意义，否则就不是环境史的叙述；三是环境史学家是以社会成员的身份编写故事的，工作时必须考虑社会因素，纯粹个人的意识形态不足以完全决定对史实的取舍、对语言的选择和与读者的交流。[2]环境史学家的价值观和意识形态实际上更多地来源于家庭行为、宗教信仰、经济、社会和政治制度。[3]总之，环境史的编写方法既要坚持历史学的传统特点，又要因应新思维的不断挑战，形成更加宽容、具有创新能力的新形式。

环境史研究必须采用国际化与本土化相结合的方法。环境史一经出现便在世界许多国家和地区迅速发展。英国根据自己国家独特的环境变迁，提出了英国的环境史理论。法国在一定程度上继续了年鉴史学的传统，认为环境史仅是社会发展的一部分，需要对它进行结构分析。美国因为缺乏前现代历史，出现了把环境史等同于环保运动史的倾向。总体来看，世界上许多国家和地区客观上受美国的环境史研究路径和方法的影响很大，但在非洲和其他以前的殖民地，环境史研究呈现出新特点：不但深化了民族主义史学关于殖民地人民具有历史创造力或历史首创精神（Agency or initiative）的观点，还把生态破坏与殖民主义联系起来，加深了对殖民主义的认识。总之，本土化一方面丰富和深化了环境史的内容，另一方面又推动它较快发展。与本土化同时，出现了另一种趋势，即国际化或全球化。其最热心的倡导者是美国和西欧部分国家。它们以环境问题具有全球性为借口千方百计推广自己的环境史学模式。主要做法有两种：一是这些国家的学者用自己的学术范式研究其他国家和地区的环境史；二是通过吸引留学生、培训等方式教育其他国家的历史学家以留学所在国的主流环境史模式研究自己国家的环境史。实际上，这是一种“文化帝国主义”，企图形成知识话语霸权。

---

① D. Worster, “Transformations of the Earth: Toward an Agroecological Perspective in History”, *Journal of American History*, 76 (1990), p.1089.

② W. Cronon, “A Place for Stories: Nature, History, and Narrative”, *Journal of American History*, 78 (1992), pp.1372—3.

③ J. Petulla, “Environmental Values: The Problem of Method in Environmental History”, in K. Bailes (ed.), *Environmental History: Critical Issues in Comparative Perspective*, p.36.

从本质上讲，它阻碍着环境史的进一步发展，因为，这些国家的环境史模式只是从本国的历史得出的结论，并未形成、也不可能形成普遍的历史理论和解释模式，即并非适用世界其他国家和地区的环境史研究。进入21世纪后，学术研究全球化的趋势日益明显。因为，人类共同生活在同一个地球上，但是，这种全球化并不是推广某些国家模式的全球化，而是不仅对这些国家的模式进行反思（Rethinking），即对总结模式的方法进行反思，更要进行“否思”（Unthinking），即对它们总结出理论的前提或经验进行检讨。[①] 在客观总结全球各地区、国家经验基础上总结出全人类普遍、共同的概念和话语。就环境史而言，就是倡导人类及其社会与环境和谐相处的新文明观。全球化并不意味着必然削弱本土化、民族化趋势，相反，本土化是全球化的基础，全球化反过来可以指导本土化。环境史研究如果没有广泛的本土化，它未来的发展就只能走上某些国家话语霸权的道路。当然，这种本土化必须以探讨全人类普遍共同的概念为目标，使全球化和本土化像一枚硬币的两面一样有机地统一起来，即全球本土化（Glocalization）。

第四节　环境史学史研究

环境史学史以环境史学作为研究对象，研究环境史学发生与发展的历史，尤其是环境史学家对环境史作出的思考和认识（包括环境史学家对环境史发展进程的认识和对环境史学本身的认识两个方面，即一般意义上所说的环境史观和环境史学理论）。

其实，在新世纪之初，国外对环境史学史的总结和研究已经开始。2001年，《太平洋历史评论》推出专版，围绕“环境史：回顾与展望”的主题，从不同角度讨论环境史研究如何走向成熟以及未来怎样发展的问题。[②] 2003

---

① 沃勒斯坦等著，刘锋译，《开放社会科学——重建社会科学报告书》，三联书店，1997年。

② Richard White, “Afterword Environmental History: Watching a Historical Field Mature”; J. Donald Hughes, “Global Dimensions of Environmental History”; Vera Norwood, “Disturbed Landscape/Disturbing Processes: Environmental History for the Twenty-First Century”; Char Miller, “An Open Field”; Samuel Hays, “Toward Integration in Environmental History”, *Pacific Historical Review* 70: 1(2001).

年，《历史与理论》杂志推出“环境与历史”专集，其中发表了约翰·麦克尼尔教授的论文《对环境史的特征和文化的考察》。该文介绍了作者自己的环境史定义，分析了环境史研究的内容、环境史的前史和环境史研究的发展历程、环境史研究在1970年代兴起后世界各地的研究（美国、欧洲、印度、澳大利亚、拉丁美洲、非洲、中国、日本和法国、俄国和中东）、环境史研究中存在的问题、环境史研究与社会理论和自然科学的关系、需要开拓的新领域等。这是笔者迄今为止读到的最为全面、最为深刻的研究环境史学史的论文。[①] 2005年，《环境史》杂志在并刊十周年之际邀请29位作者撰写29篇短文，在对自己熟悉的环境史研究领域的成果进行总结基础上提出未来的研究方向。[②] 美国杂志上刊发的文章的作者绝大部分是美国学者，其研究往往因过度细化、话语霸权和不同流派之间的争议而不能对环境史学史作出整体和全面的研究。2004年，《环境与历史》杂志推出了纪念创刊十周年专集，刊登了六篇文章，分别总结了非洲、美洲、澳洲、中国、欧洲等的环境史研究成果。[③] 该杂志比较注意世界性，但仍缺乏关于印度、东南亚、日本等的环境史学史论文。

与专业杂志重在引领环境史研究的新潮流不同，四位学者从学科建设的角度出发初步研究了环境史学史。J.唐纳德·休斯在2006年出版了《什么是环境史》。[④] 休斯既是美国环境史的开拓者和见证人，又因为重点研究地中海古典时期的环境史而相对来说较具世界视野。他从环境史的定义、环境史研究的先驱、环境史在美国的产生和发展、不同国家、区域以及全球环境史研究的状况、环境史研究的问题和方向、如何研究环境史等方面进行

---

① J. R. McNeill, “Observations on the nature and culture of environmental history”, *History and Theory* 42: 3(2003).

② “What’s next for environmental history?”, *Environmental History* 10: 1(2005).

③ Jane Carruthers, “Africa: Histories, ecologies and societies”; Peter Coates, “Emerging from the Wilderness(or, from Redwoods to Bananas): Recent environmental history in the United States and the rest of the Americas”; Libby Robin and Tom Griffith, “Environmental history in Australasia”; Bao Maohong, “Environmental history in China”; Verena Winiwarter etc., “Environmental history in Europe from 1994 to 2004: Enthusiasm and Consolidation”; I. G. Simmons, “The world scale”, *Environment and History* 10: 4(2004).

④ J. Donald Hughes, *What is Environmental History?* Polity Press, 2006. 中文版由梅雪芹翻译，北京大学出版社2008年出版。

了言简意赅的概括和表述，对初学者或爱好者来说是一本好的入门书和指南。2007年，在德语世界，出版了两本环境史的概览性著作。弗兰克·俞考特的《19和20世纪的环境史》共分为三部分：第一部分对19和20世纪的环境史进行百科全书式的概述；第二部分分析了环境史研究的基本问题和趋向（主要内容包括自然思想、森林史、能源和资源问题、环境污染和城市卫生、自然保护和生态运动、1945年以后的环境运动、农业环境史、环境史研究的方法论等）；第三部分是原始资料和文献，尤其是分类提供了比较完备的德语文献目录。[1] 维莲娜·维尼瓦尔特和马丁·克努尔的《环境史》比前者更为全面，也更为简略。作者在分析了环境史的定义和发展状况、环境史研究的主题、环境史研究的方法、环境史的概念、理论和叙述形式之后，综述了环境史不同领域的研究状况，如环境史视野中的土地利用体系、城市环境史、贸易、交通和运输的环境史、环境史中的人口、环境的社会感知、环境史与可持续发展，最后附有比较详细的参考书目。[2] 这三部书各有侧重，各有特色和强点，同时也各具弱点。休斯尽管有意识要进行全面研究，希望能够避免以欧美为中心的论述，但实际上，作者并没有做到，因为他在讨论环境史的概念、方法、起源时，并没有把视野扩展到世界其他地区，而在综述环境史研究的成果和现状时，虽然看似比较全面，但对非欧美世界的环境史并没有充分的了解，更遑论总结出其特点和强点。两本德语著作主要阐述的是德语世界的环境史研究，维尼瓦尔特和克努尔的研究范围虽然比俞考特仅仅关注德国19和20世纪的环境史学史在时间和空间上都要广泛，但也主要是以欧洲和美国为重点，可以成为德语世界环境史的参考书和工具书。显然，国际环境史学的发展，需要打破美国和欧洲环境史模式在国际环境史学界的话语霸权，消解历史上形成的一些“约定俗成的知识”（Received Wisdom or accepted knowledge），给发展中国家和弱势民族的环境史以应有的地位，把地方性知识有效地整合进主流环境史研究中去，进而为世界环境史研究的全面发展提供一个新的起点和平台。我们需要既能全

---

① Frank Uekoetter, *Umweltgeschichte im 19. und 20. Jahrhundert*, Muenchen: R. Oldenbourg Verlag, 2007.

② Verena Winiwarter, Martin Knoll, *Umweltgeschichte: Eine Einfuehrung*, Wien: Boehlau Verlag, 2007.

面关照到世界各地环境史研究之特点、又能深刻洞察国际环境史学的发展进程和趋势的环境史学史著作。

就现实意义而言，研究环境史学史会让我们了解人类对于人与环境关系的最新认识，重新全面反思现代文明的历史意义，重新思考我们共有的星球和人类自身的命运和未来，逐步确立经济社会与环境和谐的可持续发展观，为建立和谐社会提供理论基础和历史知识支撑。中国是世界上最大的发展中国家，正在大力推进世界上规模最大的赶超型现代化建设。在现代化建设的初期，为了加速发展，在受到资本和技术限制的情况下，主要推进向环境索取的能源和资源密集型产业的发展，对环境问题重视不够。主流发展观停留在进步和现代化阶段，没有意识到现代文明的不可持续性；甚至认为环境史学是后现代的，中国仍处于现代化阶段，后现代对中国人是遥不可及的天方夜谭。其实，正如格里芬所言："中国可以通过了解西方世界所做的错事，避免现代化带来的破坏性影响，这样做的话，中国实际上是'后现代了'。"[①] 随着中国经济的发展和产业的升级，环境保护作为基本国策正在深入人心，特别是1998年发生大洪水之后。进入新世纪后，以胡锦涛为总书记的第四代领导集体提出了科学发展观和建设和谐社会与和谐世界的伟大构想，中国的发展观发生了历史性转变。科学发展观是关于发展问题的世界观和方法论，建设社会主义和谐社会与和谐世界是中国追求的总目标和作为一个负责任的大国需要完成的总任务。建设和谐世界是建设和谐社会理论的扩展，都是以科学发展观为指导的，因为没有中国的绿色崛起就不可能建设和谐社会，也不可能消除国际社会对中国发展的担心，也就不可能建设和谐世界。[②] 从这些理论发展可以看出，中国的环境保护已经不仅仅局限在专业领域，而是上升到对整个社会和世界的认识的高度和广度，正在形成新型绿色文明的基础。在中国和世界正在推动文明转型的关键时刻，历史上处理人与环境关系中的经验和教训可以起到鉴往知来的作用，环境史学史的研究成果在一定程度上可以转化为建设新文明的一支重要动力。

研究环境史学史有助于在通晓国外环境史研究的历史和现状的基础上推动中国环境史研究的又好又快发展。现阶段的中国环境史研究仍处于介

① D.格里芬编，马季方译，《后现代科学——科学魅力的再现》，中央编译出版社，1995年，第16页。
② 包茂红，《中国の环境ガバナンスと东北アジアの环境协力》，はる书房，2009年，第26—36页。

绍和引进的起步阶段，研究世界环境史学史能使我们的研究从一个比较高的起点上出发，可以避免大量的重复劳动，真正发挥出“后发优势”，尽快实现与国际环境史研究界的交流和对话。就当前国际环境史学界的现状来看，环境史学史是一个新的增长点，但是国外学者由于学派隔阂、知识面和师承关系等局限尚未能够进行全面的研究，中国学者在这些方面都比较超脱，也有学习、讲授和研究世界通史的知识积累，所以，研究世界环境史学史很可能成为中国学者参与国际学术竞争的一个突破口。对于构筑中国的新世界史和世界史学史体系而言，环境史学史是绝对不能缺少的内容。就国外现在比较流行的三种世界史体系来说，无论是新世界史、全球史还是大历史，都包含相当分量的环境史内容。研究世界环境史学史可以帮助我们在我国的环境史研究还很薄弱的条件下，高效便捷地借鉴吸收国际环境史研究的最新成果。另外，如果中国的环境史研究希望能够在未来建立自己的学派，那么必须走出的第一步就是要站在全人类和全球的高度学习别的国家环境史研究的成果、理论和方法；然后实证地研究中国人与环境关系的变迁史；最后把中国环境史放在全球环境史的框架中与美国、欧洲、非洲等环境史一起进行整体的分析和综合，进而形成中国的世界环境史学派。因此，无论是从中国环境史还是从世界史研究的学科建设角度来看，环境史学史的研究都是必不可少的、也是必须先行的基础性工作。

在研究环境史学史时，必须注意把它放回所处的时代和历史环境中，在流变中作出动态的考察。具体来说，就是要分析不同国家和地区环境史兴起的社会基础和学术渊源，分析它为什么在不同阶段表现出不同的特点。在注重对不同地域环境史学史进行研究的同时，也要注重对不同流派、具有代表性的环境史学家的研究成果的研究，形成点面结合的立体研究格局。要总结出世界不同地区环境史研究的独特性，就必须采用比较的方法。通过横向和纵向或共时性和历时性的比较，既可以准确把握不同区域环境史研究的共性和个性，又可以观察不同区域环境史研究的阶段性特点。环境史研究的历史相对比较短暂，第一代环境史学家正在陆续退出第一线，有些甚至已经谢世，对他们进行抢救性采访既可以积累最真实的资料，又可以加深对环境史研究历程的认识。另外，研究世界环境史学史是单个学者仅凭一己之力难以完成的庞大任务，笔者在研究过程中深感力不能及，采用口述史学的方法在很大程度上能够弥补这个缺憾。因此，本书在研究编之后，特意安排了篇幅比较大的访谈和评论编，其中绝大部分是作者对有代表性的环境史学家的采访。它与研究编在内容上是相互补充的关系。全书各章的顺序按照地理位置，由西向东依次排列。

第一章
美国环境史研究

作为历史学的一个引人注目的分支学科、历史学与环境科学和生态学的一个交叉学科，环境史研究于20世纪70年代正式兴起。此后便以燎原之势迅速发展，对传统史学以及伦理学、经济学、社会学、人类学等相关学科形成强烈的冲击和渗透。一般来说，美国环境史研究可以1980年代末和1990年代初或大体上以1990年为界划分为前后两个阶段。本章尝试探讨美国环境史的兴起和发展，尤其是对1990年以来美国环境史研究的成果和趋势进行初步的归纳和总结。

第一节　美国环境史研究的兴起和发展

环境史的诞生是美国环境保护运动的客观要求和许多学科知识不断积累相结合的产物。

美国环境保护运动经历了前后两个阶段。第一阶段从欧洲人登上北美大陆到1920年代。欧洲人以“世界是为人创造”的理性精神和“我为上帝，万物为我”的价值观为指导，对北美进行疯狂征服。与此同时，深受欧洲浪漫主义和美国超验论影响的H. 梭罗主张人要尊重其他生命体。1890年，边疆的终结预示着国家权力指导的征服完全击败了梭罗倡导的人与自然同一和谐的田园梦想。以G. 平托为代表的一批官僚知识分子提出了对国家资源进行“聪明利用和科学管理”的功利主义环境保护思想（Conservation）。这一主张被西奥多·罗斯福总统接受并发起了资源保护运动。然而在民间广为流传的是 J. 缪尔把经济价值和审美价值结合起来的超功利的自然保护主义（Preservation）。第二阶段从经济大萧条和尘暴开始。尘暴和旱灾迫使美国人用生态学的理论与方法重新反思主流的人与自然关系的思想并开始改变传统的价值观。生态学是德国科学家 E. 海克尔在 1866 年提出的，但在它的美国化过程中，F. 克莱门茨 1916 年出版的《植物演替：对植被发展的探讨》是一个里程碑。他认为地球上每个区域的植被都经历了从幼小不稳定状态发展到复杂平衡的"顶极"、形成"顶极群落"的生态演替过程，生态学正是研究这个过程，因而生态学家也是自然史学家。大平原的顶极群落是原始草原，但在 19 世纪末完全被外来群落破坏，那是因为美国人输入了由随意开发自然的价值观指导的、大草原不能适应的农业系统。因此生态学家同时也是历史学家。A. 利奥波德揭露了纯粹由政府包办或以个人经济利益为基础的环保体制的片面性，从生态学出发构建了内部结构是生物区系金字塔的土地共同体，强调其中每个成员都有继续生存的权利、人类只是其中一员、必须尊重其他成员和共同体，倡导用审美道德观念指导人们的行动，以保护人类与环境的和谐、稳定和美丽。1962 年，R. 卡逊出版了《寂静的春天》，指出在我们时代人类面临的主要问题是环境污染。DDT 不仅能杀死害虫，还危害那些食用了经过食物链染上 DDT 的食品的人类。核试验和核战争不仅威胁人类的生存，还会渗透到遗传细胞中，造成发育的变异。卡逊的著作激起了全民环境意识觉醒和声势浩大的环境主义运动。生态学的普及客观上要求研究环境史，环保运动的发展也要求历史学家提供历史依据和理论。

许多学科的发展为环境史的出现储备了知识基础，提供了必要条件。考古学不再只对挖掘文化遗存感兴趣，还开始使用环境科学的技术和方法探讨古人怎么生活、如何利用技术进步适应环境。环境考古学的形成给环境史学家探讨史前史和没有文字资料记载的历史提供了方便。地理学从环境决定论向可能论的转变和 1940 年代历史地理学的出现对科学的环境史的形成具有借鉴和启发意义。[1] R. 布朗在 1948 年出版的《美国历史地理》中不但强调了人类社会赖以生存的地理环境处于不断变化中，还着重探讨了

---

① 关于历史地理学与环境史的区别与联系，可参看 M. Williams，"The Relations of Environmental History and Historical Geography"，*Journal of Historical Geography*，20，1（1994），pp.3—21.

由于人的活动引起的某一地区在历史时期发生的巨大变化。[①] 人类学发展出了与生态学相结合的生态人类学。它着重探讨人及其文化通过资源分布、生产方式、繁殖方式和消费方式与环境发生的关系。生态人类学给环境史的启示是多方面的，尤其是它把文化引入了人与环境关系史的研究。[②] 新社会史的“自下而上”和注重普通人生活的方法突破了历史学只注重社会上层精英人物的传统，为环境史中以“草根”方法（Grass roots approach）研究地区史和生物区域主义的出现奠定了基础。历史学研究一改过去只注重“明显的历史”（Manifest history）[③] 的风格，出现了强调环境因素的新现象。美国边疆史学派在1950和60年代虽然已过F. 特纳学说的鼎盛期，但仍然吸引着年轻的历史学家抛弃环境决定论，改用现代生态学、环境学对边疆问题和美国文明的成长进行新的解释。这是环境史之所以在美国诞生的内在基因。K. 魏特夫在政治立场上是反共的，世人皆知，但他在《东方专制主义》中提出的“治水社会”理论对环境史研究有重要启发，这一点也不能忽略。他认为，环境与人都在不断变化，环境通过人的活动与社会互动，促使社会结构重建，进而导致专制主义。历史学的这些变化为环境史的出现提供了可能。由此可见，环境史的诞生本身就是多种学科研究发展和深化的结果。

环境史的发展反映在两个方面，一是专业团体和杂志的变化；二是研究范围的扩大。环境史诞生后，发展势头迅猛，成果纷纷涌现。1970年春季学期，纳什教授首次在加州大学开设了“美国环境史”课程，选课学生达450名。环境史终于挤进大学的课程目录，进而成为必修课程。1973年，当时供职于新泽西技术学院的J. 欧皮开始策划筹组专业学会。1974年，一批从事环境史研究的历史学家利用美国历史学家协会开会之机，坚定地离开美国历史学会，组成“美国环境史学会”，不久还公开出版了自己的专业杂志《环

---

① 参看R.H.布朗著，秦士勉译，《美国历史地理》，商务印书馆，1973年。

② 参看R.内亭，《文化生态学与生态人类学》，《民族译丛》，1985年第3期。田中二郎，《生态人类学》，《民族译丛》，1987年第3期。

③ B.贝林，《现代史学的挑战》，收入王建华等译，《现代史学的挑战：美国历史协会主席演讲集》，上海人民出版社，1990年，第399页。

境评论》和内部交流刊物《环境史通讯》[①]。时任美国历史学家协会主席P.柯廷虽然对此不满[②]，但亦无可奈何。这实际上是美国历史学开始从整体的"和谐"史观向"碎化"和多元化转变的客观反映。

《环境评论》的首任主编是J.欧皮。他苦心经营，设计规范和方向，在该领域留下了不可磨灭的影响。1983年，丹佛大学教授D.休斯接任主编，给杂志注入新活力，并把它改成季刊。在这一时期，美国环境史受政治影响较大，着重研究环境保护运动史、荒野的概念，目的是通过评估人类社会对环境的破坏来引起公众的广泛注意。1986年，W.罗宾斯担任第三任主编。1988年，J.欧皮再任主编，于1990年把杂志更名为《环境历史评论》，1996年与"森林史学会"主办的《森林和资源保护史》合并为《环境史》，由H.罗斯曼任主编。在这一时期，环境史的研究范围不断扩大，接纳了城市史、伦理史等领域的某些新成果；在理论上采用混沌理论、盖娅学说、种族、阶级、性别等方法；还对本领域进行严肃的自我反省，致力于理论整合。这反映了美国历史学1980年代后转向"综合"和国际化的新变化。另外，在环境史的发展过程中，几本杂志起到了推波助澜的作用。美国的《太平洋历史评论》和《美国历史杂志》分别在1972年8月和1990年3月设环境史专辑。美国环境史的研究范围和内容不断扩展。从论题上看已涉及各方面，讨论的问题也在不断深化。[③]

---

① C. Miller & H. Rothman, *Out of the Woods: Essays in Environmental history*, Pittsburg University Press, 1997, pp.xiv. 另一种观点认为，"美国环境史学会"成立于1976年。A. Crosby, "The Past and Present of Environmental history", *American Historical Review*, October 1995, p.1188.

② 柯廷说，"战后几十年，历史学有很大发展，但历史学家数量并未扩大，从历史学家协会分裂出去成立更专业的学会并不是一个令人满意的行动。"P.柯廷，《深度、广度和相关性》，收入王建华等译，《现代史学的挑战：美国历史学会主席演讲集》，上海人民出版社，1990年，第440页。

③ 参看D. Worster (ed.) *The Ends of the Earth* 一书的参考书目。

第二节　1990 年前的美国环境史研究

随着环境保护运动在美国的蓬勃发展，美国的环境史研究也呈现出欣欣向荣的局面。在 1990 年前，美国环境史研究主要集中探讨了以下问题。[①]

环境史的定义。经过多次讨论，来自不同领域的美国环境史学家基本上认同环境史研究的是历史上人与环境的互动关系。指出它不同于以往的人类历史，不能把所有的历史资料都纳入研究范围；它的主要学科意义在于扩展历史研究的范围，重构历史；使用的主要方法是跨学科研究。

美国环境保护史。主要研究美国人在进步时期如何保护和利用自然资源。政府通过建立环保机构、颁布行政法令、议会通过立法来恢复已受破坏的环境，保护濒危的自然。说明保护环境是为了更好地促进资本主义的发展，为当代环境主义的发展提供历史基础。[②] 但也有激进派学者认为，美国面临的最基本威胁是社会失序，环境问题只是借口，历史学家应抓住根本问题。还有学者把美国环境保护史分为生物中心型、经济型和生态型三种类型。

美国的自然观及其思想家。探讨美国思想家对自然和环境保护的认识，美国的土著——印第安人崇拜自然，白人移民到来后开始把人与环境进行二元对立。1960 年代环境运动兴起之后，美国人重新找回生态学家和进步时期思想家的智慧，如 F. 克莱门茨、H. 梭罗、J. 缪尔、A. 利奥波德、G. 平肖等，廓清了环保思想史中的美学派（非功利性自然保护）和效率派（聪明利用的功利性资源保护）和公平派（在对属于全体公民的资源开发中实现公平和民主）。其中前者与后两者存在着内在矛盾，时常发生冲突。公平是效率派要达到的最终目标，提高自然资源利用率只是达到公平的手段。[③]

美国人对环境的破坏及其造成的可怕后果。白人移民从一踏上北美大

---

① 参看 R. White, "Historiographical Essay, American Environmental History: The Development of a New Historical Field", *Pacific Historical Review*, Vol.54, 1985, pp.297—335.

② L. Rakestraw, "Conservation Historiography: An Assessment", *Pacific Historical Review*, 41 (3), 1972.

③ C. R. Koppes, "Efficiency, Equity, Esthetics: Shifting Themes in American Conservation", in Donald Worster, ed., *The Ends of the Earth: Perspectives on Modern Environmental History*, New York, 1988, pp.230—251.

陆就开始改变原有的景观，在发展资本主义的同时造成从东到西、从北到南依次展开的严重生态退化和环境破坏。对1930年代大草原上的尘暴的研究证实了人类的生产活动是造成环境灾难的主要原因的结论。[①]

与同时期美国史学的发展和1990年后环境史本身的发展相比，本时期美国的环境史研究具有明显的阶段性特点。第一，本时期环境史研究的主题更多地集中于农村自然环境，注重对农业生态史的探讨。美国著名环境史学家D. 沃斯特认为，环境史就是要研究自然在人类生活中的作用和地位。由于农业发展比工业革命更早地改变了生物圈，因而环境史主要研究农业生态史，以此来发现自然的内聚力、模式和整体性。[②] 这个观点是总结了20年的美国环境史研究后得出的，因而也得到了许多环境史学家的支持和响应，如提出"生物旅行箱理论"的A. 克罗斯比。[③] 农业生态史模式试图以农业生产中人与自然的相互作用作为环境史研究的主线，甚至想从中找出美国精神的内核及其积极和消极的方面。显然，这和环境史的诞生深受边疆史学派的影响大有关系。它重视对西部和农村的荒野和自然资源开发和保护史的研究，忽略甚至排除了城市环境在环境史中的地位。因此，本时期的环境史是不全面的、有空白的。

第二，本时期的环境史研究偏重于政治环境史和文化环境史的研究。政治环境史主要研究白人男性精英在环境政治发展中的作用、他们在议会的辩论、形成的压力集团以及如何执行保护政策。文化环境史主要研究关于环境的思想和知识之演进。由此可见，本时期环境史研究主要是与传统的政治史和思想史进行交叉，与差不多同时兴起、蓬勃发展的新社会史、技术史并未进行有效的借鉴和融合。

第三，本时期的环境史研究在方法论上突出表现了"碎化"分散、地区化研究的特点。1960年代，美国新社会运动方兴未艾，各种亚文化和非主流群体颇受历史学家的关注。史学家片面强调所研究的主题的重要性，环

---

① W. Cronon, *Changes in the Land: Indians, Colonist, and the Ecology of New England*, New York, 1983. D. Worster, *Dust Bowl, The Southern Plains in the 1930's*, New York, 1979.

② D. Worster, "Transformations of the Earth: Toward an Agroecological Perspective in History", *Journal of American History*, 76(4), 1990.

③ A. W. Crosby, "An Enthusiastic Second", *Journal of American History*, 76(4), 1990.

境主义运动中各派别的侧重点也有所不同，这种形势客观上要求环境史研究关注一个一个的小问题。美国历史学界似乎也形成了对越来越小的问题或个案进行越来越多的分析、似乎只有这样的研究才更有学术价值的风气。在环境问题研究中，各地区的小生境千差万别，当代环境主义中的生物区域主义（bioregionalism）势头强劲。这也促使环境史研究更重视区域特点。这种过度专业化、多元化和区域化的研究在一定程度上促进了史学研究的深入，提供了新概念和新知识，但过度的碎化必然造成两方面的严重后果。一是严重忽视综合，对环境史与人类历史的关系、对全球环境史等一系列全局性重大问题缺乏创建性研究；二是对于一些综合性著作嗤之以鼻，认为它无法促进研究的发展。本时期唯一可见的一本由 J. M. 皮图拉著的《美国环境史》，也被认为是综合了别人的个案研究成果的教科书。①

美国环境史研究的这种现状，显然难以适应学科深化以及 1990 年代美国社会和环境运动发展的要求。1980 年代，新社会史研究达到高潮，其各分支学科的研究范围也扩及环境，逐渐打破学科界限，向环境史渗透。环境史的发展也不能无视新社会史的新成果、新理论和新方法，更不能拒绝与新社会史的交叉。里根和老布什执政时期，为了满足资本家和下层劳工的利益要求②，强行降低有关环境标准，甚至废除一些环保法规，出现了官方环境主义的倒退（Green Backlash）。但这却激起了民间、非主流环保运动的大发展，过去曾被忽视的有色人种、少数族裔、妇女等社会群体积极投身环保。这在客观上要求环境史研究降落民间，采用自下而上、注重普通群众的研究方法，进而形成一些新的研究热点。美国史学界也展开了呼唤综合的大讨论。美国历史学会主席 B. 贝林在 1981 年度的主席致辞中明确指出，美国史学面临的最大挑战不再是深化以往的专门化研究，而是在消化吸收已取得的各项研究成果基础上，加以提炼、深化进而写出综合性著作。这一争论在美国社会引起巨大反响。特别是冷战结束后，美国一超独霸，国际地位明显提高，美国人感到自己的国际责任增大，美国的环境运动也转向更多地关

① J. M. Petulla, *American Environmental History*, Ohio, first edition, 1977; Second edition, 1988.

② 资本家为了增加利润，无视环境破坏，极力扩大生产；下层劳工为了确保就业机会，反对在自己从事的产业中实行严格的环保政策。表面上势不两立的两个集团在反对保护环境和自然资源上达成了一致。

注全球性环境问题。美国人意识到自己的生活环境、区域环境只是全球环境这个统一整体的一部分，美国人不仅仅是美国人，还是“地球人”，大家共同生活在不可替代的“地球号宇宙飞船”上。当然，美国人意识的这种变化含有很大的霸权成分，但不可否认的是它对环境史提出了综合化、国际化和全球化的新要求。

第三节 1990 年后的美国环境史研究

美国的环境史研究为满足自身发展和现实社会的要求，迅速调整了研究课题和方法，形成了新的、深度交叉的次分支学科，呈现出不同以往的新特点。为了叙述方便，下面将从城市环境史、环境种族主义史、环境女性主义史、环境技术史和综合研究五个方面进行详细分析。

（一）城市环境史研究

城市史在美国的起源可以追溯到西部边疆开发完毕、美国城市化宣告完成之时。但它作为社会史的一个分支学科大约是从 1950 年代开始的。1953 年成立了美国城市史学会，次年出版了学术刊物，城市史课程也进入大学课堂。这时正是美国城市开始郊区化的时候，城市史就是在城市衰落时研究它的成长、衰败和未来的；认为城市是人口增长、经济发展、技术进步、环境变迁等相互作用的产物；研究城市史重在探讨从乡村到城市、不同职业、阶层之间的流动性。城市的集体主义和频繁的流动性正是美国精神的重要组成部分。从这个角度看，城市史是在边疆史衰落后对美国精神的新探索和补充。与重在研究人与自然环境之关系的环境史不同，城市史主要研究城市和人工环境（built environment or human-made environment）。然而不可否认的是，在城市选址时，人们首先考虑的是那些当地环境适宜运输、便于供水和废物处理、易提供粮食、原料等的沿河、湖、海地带。在城市建设和发展过程中，人们总是按照自己的理想目标改造原有的自然景观和生态系统，引入新的动植物物种，建成新的人工环境和小生境。这是城市史和环境史结合的客观基础，但要真正实现交叉，尚需城市史和环境史研究的各自深化和边界模糊化或打破学科界限。

早在1969年，研究城市规划和设计的历史学家P.J.施密特就出版了《重回大自然：城市美国的阿卡狄亚神话》一书，探讨了设计师F.L.奥姆斯代德的城市建设思想，即最好的城市是在连接人造环境和自然环境的同时，既能满足人的生物要求，又能满足人的社会要求。这本书从思想史的角度首次研究了城市和自然环境的关系。此后城市史相继从城市规划、自然环境与人工环境的关系、技术和城市的新陈代谢、城市中的社会、性别和政策问题等角度对城市与环境的关系展开深入研究。但直到1994年，城市史学家C.M.罗森和J.A.塔尔合编了《城市史杂志》的“环境与城市”专辑，才打破了城市史固有的理论藩篱和学科界限，使城市史从理论上接纳了自然环境，也提出了城市即人造环境通过与自然环境的相互作用而成为地球环境史的一个重要组成部分这一论断。[①] 环境史学家也在积极努力探索。1980年，M.V.麦乐西编辑出版了《1870—1930年美国城市的污染和改革》一书，从综合治理城市环境污染的角度切入，把城市纳入了环境史的研究范围中。1993年，他在《环境史评论》上发表了“城市在环境史中的地位”一文，从理论上扫清了城市成为环境史研究的重点之障碍，对D.沃斯特的农业生态史模式进行反动和修正。认为把城市仅看成是资本主义工业化的产物的观点是不对的，在农业社会就已有城市存在，它对生物圈的影响和农业对自然环境的改变一样重要。另外，城市本身就是环境空间，人工环境虽然与自然环境有所不同但这并不妨碍它成为环境史的主要研究对象，因为纯粹原始的环境状态在许多地方早在数百万年前就已不存在了。[②] 环境史学家S.P.海斯也认为，环境史研究有两个大问题，一是人类对环境施加的压力，二是这些压力的后果。城市是考察这些压力的一个理想的概念载体。因为，城市人口拥挤，给环境造成越来越大的负担，同时也产生了处理这些问题的新思想、新价值和新机构，因而要想从更广范围理解这些问题，就必须把关注的

---

① “Special Issue on Environment and City”, *Journal of Urban History*(May 1994), p.307.

② Maureen A. Flanagan, “Environmental Justice in the City: A Theme for Urban Environmental History”, *Environmental History*, 5(2), 2000, pp.159—161.

重点从农村转向城市社会及其环境和发展之间的张力。[①] 城市史和环境史在理论上的突破以及史学家的研究实践宣告，一个新的次分支学科——城市环境史在 1990 年代初诞生了。

代表城市环境史研究水平的主要有以下四本著作：W. 克罗农在 1991 年出版的《自然的大都会》探讨了在资本主义和工业发展的关键问题上城市和乡村的共生关系，从城市利用和剥削外部自然资源即环境的角度探讨了城市环境主义。这种城市环境史的模式应看成是一种过渡形态，因为它还未把大规模工业化造成的大量环境问题作为城市环境问题的中心来研究。J. 塔尔 1996 年出版的《探索最终污染地》以在城市污染中历史最悠久、影响范围最大的水污染为重点，把城市环境污染作为城市环境史叙述的主线。R. B. 斯蒂芬森在 1997 年出版的《伊甸园的幻象》中，从环境大背景探讨了城市设计的历史发展，展现了社会由于盲目追逐建立在无限制的资本主义扩张和个人利润基础上的伊甸园梦想而破坏该地区美丽的景观和复杂的环境系统的历史。但作者没有反映出城市各阶层、各集团在讨论设计方案时所依据的不同城市环境观。A. 胡莱的《环境不平等》从城市社区的社会经济结构的角度研究城市环境史，发现不同种族、阶级由于在社会和政治结构中的地位不同而生活在不同的环境中，引起对环境的不同感知，形成对环境主义的不同态度和参与程度，呼吁实行环境民主。城市环境问题与政治发展的关系被有机地融合进城市环境史研究中。可以说，这四本书初步体现了城市环境史的基本内容和理论建构。[②]

城市环境史研究作为一个次分支学科，虽然历史不长，但已显示出蓬勃发展的前景。美国城市环境史学家仍在不断进取，积极开拓一些潜力巨大的研究领域。这些课题包括，环境认识在城市政治经济中发挥的作用；家庭生活与环境条件的关系以及对被破坏环境的恢复等。其中比较城市环境史

---

① S. P. Hays, *Explorations in Environmental History*, Pittsburgh, 1998, pp.69—100.

② William Cronon, *Nature's Metropolis: Chicago and the Great West*, New York, 1991. Joel Tarr, *The Search for the Ultimate Sink: Urban Pollution in Historical Perspective*, University of Akron Press, 1996. R. Bruce Stephenson, *Vision of Eden: Environmentalism, Urban Planning, and City Building in St. Petersburg, Florida, 1900—1995*, Ohio State University Press, 1997. Andrew Hurley, *Environmental Inequalities: Class, Race, and Industrial Pollution in Gary, Indiana, 1945—1980*, University of North Carolina Press, 1995.

应该成为研究的重点，除了对美国各种类型的城市环境史进行比较外，还要与其他发达国家和发展中国家的城市进行比较，使美国城市环境史研究国际化。在研究方法上除了人文、社科和自然科学的交叉之外，还要结合口述史、影视史学的方法，从听觉和视觉上丰富城市环境史研究，使之更有可读性和吸引力，进而为城市的发展和环境问题的治理提供历史依据和经验，最终实现 J. A. 塔尔关于历史学家指导政策制定者的梦想。①

（二）环境种族主义史研究

环境种族主义（environmental racism or eco-racism）一词是由美国“争取种族正义基督教会联合会”的执行主任 B. F. 小查维斯提出来的。这个概念是从有色人种绝大部分居住于环境恶化的区域这个事实中概括出来的。造成这种状况的主要原因是白人种族主义在环境规划和决策中发挥了作用，并在政治、经济、社会和文化制度上被强化。以白人为中坚的主流环境主义运动内部存在着种族歧视，并未触及这一严重问题，只有有色人通过环境正义运动解决了环境种族主义，美国的环境问题才能得到根除。②

环境种族主义成为历史研究的主题是美国环境主义运动发展的客观要求。1982 年在北卡州的沃伦县，非裔美国人封锁了运往该县有毒废弃物倾倒地和填埋点的垃圾运输通道，激起了全国性的有色人种反对环境种族主义的斗争。随后在各有色人种社区形成了各种各样争取环境正义的草根团体，领导民间的环境正义运动。该运动认为，主流环保组织是白人中产阶级的团体，不但“以不惜任何代价消灭公害为名，全然不顾有色人的需要和文化，在全国范围内停止、削减或阻碍那些雇佣有色人的工业和经济活动”，而且“一直在继续支持保护那些远离工人阶级尤其是有色人种社区环境的政策”。③ 由此可见，环境正义运动在某种程度上是民权运动在环境运动中

---

① H. L. Platt, “The Emergence of Urban Environmnetal History”, *Urban History*, 26(1), 1999, p.95.

② Karl Grossman, “Environmental Racism”, *Crisis*, 98, 1991. J. T. Boer, “Is there Environmental Racism?”, *Social Science Quarterly*, 78(4), 1997. R. D. Bullard, “Environmental Racism in America?”, *Environmental Protection*, (June, 1991).

③ William Cronon (ed.), *Uncommon Ground: Rethinking the Human Place in Nature*, New York, 1996, p.305.

的继续。1991年10月，六百多个有色人种环境团体在华盛顿召开了“第一届全国有色人种环境领袖峰会”，通过的“环境正义原则”和一些著名领袖的发言都表达了这样的思想，即环境问题是与五百多年的殖民化所造成的政治、经济、社会和文化不平等交织在一起的，因而环境正义运动的目标是使导致其社区、土地被毒化、种族被灭绝的政治、经济、社会和文化重新自由化。达致这个目标的前提条件是重新解释生态和环境问题，因为有色人种认为环境就是自己生活、工作和玩耍的地方，因而他们并不关心濒危物种，而是关心保证健康的生存条件，因为有色人种才是濒危物种。他们的斗争范围很快从“不在我后院主义”（NIMBYism）转变为“不在任何人后院主义”（NIABYism），这当然也包括墨西哥等欠发达国家。环境正义运动的发展向环境史提出了新的要求。如前所述，环境史研究的重心从农村自然环境转向城市人工环境后也不得不严肃面对城市中的有色人种和阶级差别这一困扰美国多年的大问题了。

种族史的研究也逐渐拓宽了范围，开始研究不同种族的生存环境演变的历史。众所周知，美国是一个多种族的移民国家，种族史研究在美国有悠久的历史。1960年代以前，它的理论先后经历了从种族主义排斥论到熔炉论、归同论和多元论的转变。1960年代的黑人民权运动不但改变了黑人在现实生活中的处境，也改变了种族史研究的理念。少数族裔史不再强调本民族对美国文化的贡献，要求得到保护和特殊优待，而是挖掘本民族的独特性，形成新民族主义，进而提出“多元一体”的新理论，引起了关于通过保护这种本身隐含着歧视思想、同时又造成了“逆向歧视”后果的手段来达到各种族平等的“平权法案”的存废的激烈争论。在这个争论的过程中，取得了一个共识，即少数民族首先必须享有一般的、基本的人权，族体属性是第二位的。生存权、发展权和环境权构成了基本人权，因而种族史研究开始介入环境领域，并得到了迅速发展，特别是新社会史把黑人重新推到美国历史的中心舞台后，黑人与环境关系的历史备受重视。

美国种族史和环境史学家对环境种族主义史早有涉及。例如，W.克罗农1983年出版的《土地上的变化：新英格兰的印第安人、殖民者和生态》分析了殖民者如何通过殖民掠夺和统治用资本主义的景观取代土著的生态系统的历史。A.W.克罗斯比1986年出版的《生态帝国主义：900—1900

年欧洲的生物扩张》从更广阔的范围论述了欧洲殖民者如何从生态上征服世界上广大的温带地区。虽然这些研究都很深入，但对环境种族主义史进行理论界定和开拓的是 M. 麦乐西在 1995 年美国环境史学会的拉斯维加斯年会上所做的主席演讲“平等、生态种族主义和环境史”[①]。这一点也可从美国环境史学会年会分组讨论中关于种族议题的增加得到印证。1989 年的奥林匹亚年会只有一个小组涉及种族问题；1991 年的休斯敦年会有两个；1993 年的匹兹堡年会没有；1995 年的拉斯维加斯年会全部四个小组都论及环境史中的种族和民族问题，这是环境史学史上的第一次。此后环境种族主义史逐渐成为一个热门研究课题。

从已发表的论著来看，环境种族主义史主要在以下几个方面取得了成果：第一，环境是一个文化概念，不同种族对此有不同的理解。白人统治者总是想用自己的环境话语取代其他种族的环境话语。B. D. 林奇考察了拉丁裔美国人环境话语与盎格鲁美国人环境观的不同，发现拉丁裔美国人的自然景观中包括人，而且是可以再生产的；盎格鲁美国人认为人与环境是分离的，人可以支配自然。以盎格鲁美国人的思维来考察环境灾难对拉丁裔的影响，不但不能得出正确的结论，还会人为地淹没拉丁裔关于环境的声音，影响美国环境话语发生根本变化。第二，各种族在环境上是不平等的。在这个问题上，环境史学家大量利用社会史和计量史学的方法，深入调查分析了这种状况的历史形成过程及其原因，辨析了种族和阶级的复杂关系。R. D. 布拉德编著的《正视环境种族主义》是对《在南方倾倒废弃物》一书的补充和扩大。它把对环境种族主义的考察范围从美国南方扩大到全国，甚至其他第三世界国家，涉及从印第安人保留地到城市贫民窟的有毒废弃物、废弃物处理设施选址、城市工业污染、儿童铅中毒、杀虫剂对农业工人的危害、废弃物出口等环境问题，把环境种族主义的形成追溯到了殖民过程中的种族征服和帝国主义环境思想。当然在环境种族主义的发展过程中，政府和工业界达成的一些制度性安排使有色人社区处于受环境恶化危害最大的境地。但并非所有的有色人都完全生活在污染严重的环境中，也

---

① Martin V. Melosi, “Equity, Eco-racism and Environmental History”, in Char Miller & Hal Rothman (eds.), *Out of the Woods: Essays in Environmental History*, University of Pittsburgh Press, 1997, pp.194—212.

并非所有白人都适当避开了污染的环境。这里的关键变量是贫穷，因而环境种族主义是种族与阶级交织的产物。第三，揭示了主流环境运动的白人中产阶级特征，分析了有色人种环境正义运动的动力和性质。D. E. 卡马乔编著的《环境不公正与政治斗争》一书，主要从政治和社会的角度指出环境正义运动是社会和政治不公正在环境领域激起的反应。环境种族主义不仅是个环境问题，更是一个社会问题，因此环境正义运动的目标不仅要改善有色人种的生活环境，更要变革以财富和权力为基础的美国社会结构和政治体制的精英模式。促使环境正义运动发展的动力来自工业化和种族不平等，是经济的不平等和种族偏见把越来越多的低收入有色人种推向加入环境正义运动。第四，环境主义中的人类中心主义和生态中心主义之争。与种族与阶级问题相联系，贫苦的有色人种信奉和坚持人类中心主义，而主流环境组织更多地是提倡生态中心主义，这也是传统的环境权与人权之间的矛盾。B. R. 约翰斯顿在《谁付代价？》中指出，环境正义运动从政治上强调人权，但实践人权可能加重全球变暖、臭氧层损耗、人口过多等全球性环境问题。主流环保组织重视环境的内在价值，其保护环境的努力造成了部分穷人生活难以为继，人权遭到损害，因而这两种思想都有片面性。历史告诉环境主义者，以其中任何一种为指导推动环境运动都只能使环境不平等加重。要真正解决这个问题，需要新的思维。①

环境种族主义史研究是在环境正义运动的推动下不断深化和迅速发展的，但要想继续顺利发展，尚需认真处理好以下问题：一是要建立自己的基本理论框架，明确主要分析工具，种族和阶级在环境问题上的一般理论是什么？与此相应的是使用什么样的方法来解释这种复杂的关系？二是环境种族主义史是从有色人种的角度考察美国环境史，这是它的新颖之处，但把环境正义运动与主流环境运动、把有色人种的环境观与白人的环境观截然分

---

① Barbara Deutsch Lynch, "The Garden and the Sea: U. S. Latino Environmental Discourse and Mainstream Environmentalism", *Social Problem*, 40, 1993, pp.108—118. R. D. Bullard (ed.), *Confronting Environmental Racism: Voices from the Grossroots*, Boston, 1993. R. D. Bullard, *Dumping in Dixie: Race, Class and Environmental Quality*, Westview Press, 1990. David E. Camacho (ed.), *Environmental Injustices, Political Struggles: Race, Class, and the Environment*, Duke University Press, 1998. Barbara R. Johnston (ed.), *Who Pays the Price? the Sociocultural Context of Environmental Crisis*, Washington, D. C., 1994.

开就产生了环境问题上的民族分离主义之嫌，也就割裂了有色人种这个部分与美国人这个整体的关系。三是要深入研究有色人种的环境整体论是否能够有助于改变目前“帝国式”环境观造成的生态退化和环境污染，改善有色人种恶劣的生活环境。

(三)生态女性主义史研究

美国史学界在19世纪末就开始零星关注妇女问题，但作为一个分支学科，妇女史是随1960年代的妇女运动兴起的。一般来说，妇女史包括三个层次，一是妇女撰写的历史（the study of history by women）；二是关于妇女的历史（women's history）；三是用女性主义观点撰写的历史（feminist history）。现在一般意义上的妇女史是指以女性主义为指导撰写的关于妇女的历史。“女性主义”一词最早产生于19世纪的法国，是通过重新发现和肯定妇女价值、提高女性地位、争取两性平等的理论和社会运动。女性主义理论经历了从强调生理性别（sex）到强调社会性别（gender）的转变。妇女史的研究从重在探讨生育、性、家庭关系以及女性中心主义的“她史”（Her-Story）转向反对男女对立、把妇女与阶级、种族联系起来研究的新妇女史。

1970年代兴起的环境史似乎与妇女史是两个没有关系的不同领域，但70年代新社会运动中出现的生态女性主义（Ecological Feminism or Ecofeminism）却把两者紧紧地联系在一起。生态女性主义一词是法国女性主义者F.奥波尼在1974年首次提出。它是环境主义运动和女性主义运动相结合的产物。促使两者融合的接榫点是对父权等级制的反对。它认为统治自然和统治女性都是男性中心或霸权（Androcentrism）的结果，因此生态女性主义的目标就是从历史、语言、宗教、政治、经济、社会等方面对父权制以及与此相关的理性、二元论、进步发展观等进行全方位的颠覆，进而达到人与自然、男性与女性的和谐共生。妇女史开始研究妇女在现代环境主义运动中的作用，尤其是少数族裔妇女对草根的环境正义运动的参与和领导作用。环境史则追根溯源，研究历史上的妇女与自然的相互关系、科学革命造成的人与自然的分离等。但真正把二者从理论上整合在一起的是美国著名的生态女性主义史学家C.麦茜特发表的“性别与环境史”一文。[①] 她认为，D.沃斯特提出的生态、生产和认知分析框架，缺少一个性别的维度。只有融入性别分析，才可从男女两性的角度对上述三个概念做出新的解释。当然，这个分析框架还需要加入一个再生产的概念，它不但指生态系统各要素的生物性再生产，还指人的社会性再生产。再生产与前三者是辩证的相互作用的关系。只有这样，在环境史这一幕全球生态戏剧（Ecodrama）中才能出现不可缺少的女主角，只有男女主角都具备的环境史，才是一出完整的生态戏剧。[②]

生态女性主义史一经诞生，便迅速发展，对以男性为中心的传统人文和社会科学形成强烈震撼，其研究成果主要集中在以下几个方面。第一，关于妇女与自然关系的研究。根据生态女性主义理论家K.J.沃伦的研究，大致可以归纳出十种联系：历史关系，认为历史上金属工具的发明使女性退出生产的核心位置，同时增加了男人对环境的破坏能力，进而建立起对妇女和自然的父权制。概念关系，认为逻辑结构上的二元和等级关系（理性/情感，思想/身体，文化/自然，人类/自然和男人/妇女）形成了统治关系，出现了压迫性的父权制概念框架。社会经济关系，认为对妇女的身体和劳动的剥削与对自然的剥削具有相同的性质，因为两者都是不生产剩余价值和利润的非生产性工作，建立在此基础上的西方工业资本主义是一种忽视自然的“更新”和妇女为满足基本营养而进行的工作的“恶性发展”（maldevelopment）。语言关系，认为语言因其能反射出背后的权力而在概念形成中起到了重要作用。西方文化习惯于把妇女等同于动物，而动物低于人，因而动物化的妇女劣于人类，女性化的自然低于从属于男性的文化，语言是维持对女性和自然统治的关键。象征和文学关系，从古希腊神话到现在的大众文学作品中，都存在着妇女和自然之间的隐喻关系，把自然比作阴性的、会生育的母亲，把未开垦的荒地比作处女等。经验性的关系，从一系列妇女被强暴、环境被破坏、吃肉、狩猎、动物试验与妇女处于社会底层、任人宰割等等经验

---

① Carolyn Merchant, “Gender and Environmental History”, *The Journal of American History*, 76(4), 1990.

② Timothy Weiskel, “Agents of Empire: Steps toward an Ecology of Imperialism”, *Environmental Review*, 11, 1987, pp.275—288.

事实中发现妇女与自然之间存在着真实的、活生生的、可感受到的经验性联系。精神和宗教关系，认为在犹太—基督教和西方文化传统中存在着统治和地位身份的等级金字塔。在关于创世记的叙述中，女性和自然就处于从属和弱势地位。认识论关系，它挑战西方传统的认为自然是可以被客观、独立、理性的观察者进行客观认识的被动客体进而形成客观知识的观点，认为观察者在等级结构中的社会地位才是理解和评估认识的关键，因而要像先前想象的那样客观认识对自然的统治和对妇女统治之间的关系是不可能的。相反，认识的主体和客体（自然和妇女）都是积极主动的，认识的知识内部存在多种未定的可能性。其中有一种是从处于社会底层的妇女的角度来认识妇女与自然的关系，这会得出完全不同的知识。政治关系，认为生态女性主义是在一系列有关妇女和环境健康、反核反战、争取动物权利等行为刺激下产生的草根政治运动，其目标就是解构压迫性的社会经济和政治体制，重建更可行的正确处理性别关系和人与自然关系的社会和政治体制。伦理关系，认为生态伦理可以消解把人与自然、男人与妇女、情感与理性、思想与身体对立的二元论，形成使二者联合为一个有机整体的统治体系的转型。①

第二，妇女与自然关系的转型。在古代，人与自然是一个有机的整体，但这种关系在某个时候发生了转变，形成了父权制的对自然和妇女的统治，对此有两种不同的解释。C. 麦茜特在《自然之死》中认为，在16、17世纪以前，人们把自身看成是身处其中的有限宇宙的一个组成部分，将自然视为神圣的东西，因而盛行万物有灵论和生殖崇拜。地球的形象是养育者母亲，在希腊传统中是盖娅（Gaia），在基督教中是夏娃（Eve），在尼罗河畔是伊西斯（Isis），但科学革命以后，古希腊哲学中的理性主义传统大发展，自然有机论（Organicism）逐渐让位于二元论、机械论和征服与统治自然的世界观。这种世界观不仅是人类中心主义的，还是男性中心主义的，人类中心主义一般都采用了男性中心主义的形式。这种世界观不仅在理性主义的故乡欧洲得以确立，还扩展到了全世界，促使阿卡狄亚式的田园理想向帝国式的征服行为转化。② R. 艾斯勒在《酒杯和刀刃》中提出另外一种解释，认为在畜牧

① Karen J. Warren, *Ecofeminist Philosophy: A Western Perspective on What It is and Why It Matters*, Lanham, 2000, pp.21—38.

② 卡洛琳·麦茜特著，吴国盛等译，《自然之死：妇女、生态和科学革命》，吉林人民出版社，1999年。

业的父权制侵入之前是和平的农业文明。酒杯象征农业社会以人与非人自然之间的温情关系为特征的合作、和平和平等的伙伴关系；刀刃象征具有侵略、暴力倾向的权力关系不平等的男人统治的社会。刀刃被神话，能取得统治地位者被认为有男子汉大丈夫气概，否则被认为太软弱、有女人气，因而是社会制度的变化形成了男性统治女性和自然的父权制。[①]

第三，妇女在自然资源保护中的作用。殖民者到达北美大陆之前，印第安妇女通过种植玉米与大地相互作用生产了大约85%的食品，殖民地白人妇女随着资本主义工业化的发展，从事田野劳动的机会减少，工资劳动和家内劳动增多。妇女和乡村田园变成了远离工厂和城市污染的理想避难所，同时中产阶级妇女也有足够的时间从事自然的教学研究和荒野漫游，进而积极参与19世纪末开始的自然和资源保护运动。全国有100多万妇女联合行动拯救国家的森林、荒野和野生动物，游说建立国家公园。在进步时期，美国妇女也以教育群众、鼓起公众舆论和确保良好生活条件为目标积极参与改善大众健康和卫生的运动，成立了诸如“纽约妇女市政联盟”、“匹兹堡烟尘消除委员会”等组织，反对把烟尘污染当成是进步和经济成功的象征。[②]另外，美国黑人妇女也在20世纪初相继成立了“萨利斯伯里有色人种妇女市民联盟”和“亚特兰大邻居联合会”等组织，积极要求改善城市黑人的生活条件，为本地的环境卫生、照明、下水道、水源和休闲娱乐场所的改善而请愿。

第四，妇女在当代环境主义运动中的作用。生态女性主义史学家分析了各族妇女在环境主义运动中的不同理念和作用，通过解析女性在1970年代以来的涉及环境的立法中的投票记录，发现妇女因为是母亲而更关注家庭，男性因为是经济生产者而更关注竞争和理性，因此女性比男性对关注

---

① Raine Eisler, *The Chalice and the Blade: Our History, Our Future*, San Francisco, 1988.

② Carolyn Merchant, *Ecological Revolutions: Nature, Gender and Science in New England*, University of North Carolina Press, 1989. Glenda Riley, *Women and Nature: Saving the Wild West*, University of Nebraska Press, 1999. Polly Welts Kaufman, *National Parks and the Woman's Voice: A History*, University of New Mexico Press, 1996. David Stradling, *Smokestacks and Progressives: Environmentalists, Engineers, and Air Quality in America, 1881—1951*, The John Hopkins University Press, 1999.

环境更有兴趣，尤其是可能影响自己家庭的本地环境质量。[①] 进一步研究可以发现，不同种族的妇女因年龄、教育程度、收入水平以及所处的地理或城市位置的不同而对环境的看法有所差异。在反对有害废弃物的抗议斗争中，白人妇女开始时强烈信奉用民主解决环境问题，但不久就对政府和资本主义制度大失所望。黑人妇女对政治制度持怀疑态度，往往把反废弃物的斗争与民权联系起来。土著妇女与黑人妇女一样，对政府缺乏信心，但比其他妇女更多的囿于自己的宗教和社会之内。由此可见，妇女争取环境正义最终会与反对更广泛的种族、阶级和性别不平等的斗争合流。[②] 另外，生态女性主义史学家还非常重视妇女领袖在环境主义运动中的作用。例如 L. 利尔的《蕾切尔·卡逊：自然的见证人》就从环境主义运动兴起的大背景探讨了卡逊的著述和行动，研究了她见证自然的动力、她在男性世界遭遇的种种困难以及她的思想对美国甚至全世界环境运动的影响。[③]

第五，善待地球：前现代环境观与后现代环境观的关系。在前现代的环境观中，由盖娅、夏娃和伊西斯代表的自然是活生生的和真实的，但不应该把自然看得比人类更强大，更不能把自然性别化。在现代环境观中，人类以科技来统治自然，这显然也是不可取的。因而，后现代环境观虽然是对现代环境观的反动和超越，但却不是对前现代环境观的简单回归。应该看到，自然不但有满足人类需求的能力，还是其他生物或无生命物质的家，而且也具有不受人类控制的力量；人类永远通过依赖和利用自然而生存，但也有破坏自然和毁灭自己的能力，因此，人类与自然是一种相互依赖和相互制约的伙伴关系。人类在利用自然满足自己的物质和精神需求时不能妨碍自然继续存在的自由，男性和女性都应毫无例外地积极参与到善待地球的生态运动中来。[④]

生态女性主义史研究已取得很大成就，并正在向深入发展。但如果继续单纯从女性的角度研究环境史，割裂男女两性在环境史中的关系，必然会

---

① Landon Storrs, *Pink and Green: A Comparative Study of Black and White Women's Environmental Activism in the 20th Century*, University of Houston Press, 2000.

② R. D. Bullard(ed.), *Unequal Protection: Environmental Justice and Communities of Color*, San Francisco, 1994.

③ 林达·利尔著，贺天同译，《自然的见证人：蕾切尔·卡逊传》，光明日报出版社，1999 年。

④ Carolyn Merchant, *Earthcare: Women and Environment*, New York, 1996, pp. xix—xxii.

使环境女性研究再次边缘化。生态女性主义史需要既重视女性、又能融入整体环境史，既不淹没在整体中、又能平衡两性的新发展。另外，妇女史研究中的一个争论焦点——母性主义（Maternalism），即作为母亲所从事的孕育、培养和保护孩子的工作（Mother-work），也与环境主义密切相关。这两者的关系及其演变，尤其是有关少数族裔妇女的生态母性主义，将成为需要进一步探讨的热点。

（四）环境技术史的研究

环境技术史（history of Envirotech）主要研究历史上环境与技术的相互作用，是由环境史和技术史交叉而成的。早在1950年代，美国的技术史研究就形成了一个分支学科，但只集中研究技术进步（内史），忽视了技术的广泛社会影响（外史）。新社会史兴起后，技术史研究范围扩大，一些学者的研究中也零星地包含了环境的内容。L. 马克斯1964年出版的《花园里的机器：技术和美国的游牧理想》、M. 费舍尔1967年出版的《荒野中的工作间：1830—1860年欧洲人对美国工业化的回应》和J. F. 卡森1967年出版的《机器之文明化：1776—1900年的技术和美国共和价值》，虽然都没详细论及技术与自然的相互作用，但却给后辈学者评估技术的环境影响开辟了道路。1975年，T. P. 休斯在《对美国技术的态度正在变化》中强调，美国严重的环境问题削弱了公众对技术的关注，先前把技术看成是控制自然的进步力量的积极观点已转向对技术的蔑视，认为它并未创造一个完全有利的人工世界。与此同时，环境史研究也受当时学术风气的影响，对技术充满偏见和批判。蕾切尔·卡逊1962年出版的《寂静的春天》和巴里·康芒纳1971年出版的《封闭的循环》都认为技术应为严重的环境污染和生态灾难负责。环境史和技术史在接近，但由于都是对技术进行批判而不能真正融合，即双方在批判中接近，但又保持着张力。当美国经过战后的繁荣走向消费社会时，人们更为关注的是生活质量，尤其是环境质量。技术史适应时代需要，利用自己特有的专业技术和洞察力，开始严肃地研究环境问题。环境史也逐渐削弱了"倡议史学"的实用色彩，科学地看待技术进步在环境破坏和保护中的作用。环境史学家A. 麦可埃沃指出："技术是人与自然相互作用的交叉点，也是把人在自然中的活动与动物的活动区分开来的一个标准。因此，对技术的研究应该服从生态分析。”[①] D. 沃斯特认为，技术是一种文化表现，自然和文化的相互作用形成了环境史的基本主题。[②] 受美国科学基金会的委托，美国技术史学会和美国科学史学会 1991 年联合举行研讨会，讨论学科的开放问题，还邀请了美国环境史学会的成员专门讨论了技术与环境的问题。此后，这两个学会相继在自己两年一次的大会上组织关于历史上技术与环境问题的专题讨论。1992 年，阿克隆大学出版社还推出了技术与环境系列丛书。1994 年《环境史评论》刊出了“技术、污染和环境”专辑，内容包括化工业、饮料业和金属工业的污染以及环境卫生工程和工业健康卫生学的关系等。与此同时，《城市史杂志》也特别集中探讨了技术和环境在历史上的相互作用。1997 年 7 月《技术与文化》杂志发表五篇文章，从工业、输电对景观、人体健康和环境造成的损害方面探讨了技术与环境的关系。同年，弗吉尼亚大学建立了“技术和环境史委员会”，规划了本科生、研究生的课程。随着研究的深入，环境技术史的研究范围和影响不断扩大。1999 年《商业史评论》邀请环境技术史家 C. M. 罗森和 C. C. 赛勒斯编辑了“商业与环境”专辑，主要内容是从生态文化史的角度探讨商业和公司的性质。从中可以看出，它与“技术和环境”问题关系密切。这一新兴分支学科不但吸引了知名历史学家的参与，更多的是激起了一些博士生的研究兴趣，纷纷以环境技术史为论文选题。年轻的历史学家也把写作计划迅速调整到这方面来。

环境技术史的研究成果可以从以下几个方面来概括：第一，城市建设技术对环境的恶化和改善。人类在建设城市时，使用技术修建了城市运输系统、供水系统、生产系统，把“第一自然”转化为人工的“第二自然”。人类在用技术开发自然的同时，又排出了污水、垃圾，造成水、大气等污染和环境退化。于是，一方面改善原有的技术、更换燃料；另一面积极开发治理和防止污染的技术。由于技术的未来发展和它造成的负面影响在一定程度上难以预测，因此，市政官员的技术决策、选择“追溯性技术评估”制度和以

---

① Arthur F. McEvoy, “Working Environments: An Ecological Approach to Industrial Health and Safety”, *Technology and Culture*, Supplement to Vol: 36, 1995, p.150.

② D. Worster, “Toward an Agroecological Perspective in History”, *Journal of American History*, 76, 1990, p.1090.

现有技术水平为基础的改善城市环境卫生的法规之形成和发展，就成了环境技术史研究的一个重点。[①]

第二，工业生产中的技术与环境。任何地方的工业都是首先要面对环境的约束和挑战的产业之一。从钢铁业到石化业、从动力供应到初级产品深加工，都要排出工业废水、废气、废烟、甚至粉尘，污染邻近的水源、空气和土地。这些可以通过分析一个个触目惊心的工业事故和灾难来透视。当环境污染超过环境本身的自净能力时，工业企业或迁址，或通过技术改造来降低污染，如化工业中从增加烟囱高度来扩散废气到提高石油利用率和热、气、水的循环再利用。自然环境也在一定程度上制约着工业技术的选择和改造。例如在大西洋两岸，同样的技术原理会因环境的不同产生出多样化的技术变种。在殖民地时期的北美，来自欧洲的技术发生了转型或渐变。这是北美的自然环境在一定程度上影响了美国的工业化和农业发展的布局的结果。[②]

第三，公众健康和职业安全领域的技术与环境问题。环境技术史家认为，从工业革命前和工业革命后的环境历史发展来看，人类的环境关注都不能忽视技术对人类生活环境的改善和破坏作用。对于技术的有害影响，人类社会可以通过实施详细的技术评估使之降到可以接受的程度。但是作为美国工业发展之动力的机器和技术创新产生了致命的矽肺病等职业病，恶化了工人的工作环境，击碎了技术改善和工业增长能自动改善生活的传统神话。即使在家务劳动中，使用表面上节省劳动力的机器如洗衣机实际上反而加重了家务劳动量。工业疾病对工人身体的伤害与工业对自然环境的破坏一样都要付出经济、社会和政治代价，因而也都成了推动当代环境主义运动的重要动力。当然，研究工业健康和安全的工业卫生学的发展，也成了环境技术史学家探讨的一个重要领域。工业卫生学全面分析了不同工业部门对工人健康的危害，它的专业化和发展使其关注范围从工作场所的健康

---

① Martin V. Melosi, *The Sanitary City: Urban Infrastructure in America from Colonial Times to the Present*, Baltimore, 2000. Gail Cooper, *Air-Conditioning America: Engineers and Controlled Environment, 1900—1960*, Baltimore, 1998.

② John D. Wirth, *Smelter Smoke in North America: The Politics of Transborder Pollution*, Lawrence, 2000. Thomas J. Misa, *A Nation of Steel: The Making of Modern America, 1865—1925*, Baltimore, 1995.

扩大到了环境健康。工人开始从过去那些只注重生产率、不重视新技术对工人健康产生威胁的行业（如采矿、伐木）流向较为安全的行业（如制造业和白领职业）。[①]

第四，开发和利用自然资源过程中的技术和环境问题。这包括农业、林业、采矿业、提取工业以及水资源利用等。在农业发展过程中，从土地清理、排水、修水塘、扎篱笆、耕种、灌溉、施用化肥、杀虫剂、除草剂、动植物培育、引进外来物种到单一栽培，无一不是技术与环境相互作用。在林业发展过程中，19 世纪和 20 世纪初，由于使用机器生产，森林被大面积毁坏。但到了第二次世界大战后，由于技术的发展，它反而减轻了对森林的压力，促进了对森林的合理利用。在采矿业中，露天开挖付出了极大的环境代价，但工程师也开发了许多控制污染的新技术。在提取工业中，由于技术的进步，原来没用的废弃物也变成有用的原料（如低品位矿等），进而逐步改变了人类中心主义的价值观。在水资源开发中，修水坝、河溪改道调水、修筑灌溉系统和水电站、港口、开采地下水、围湖造田、改良湿地等都需要技术，也都不可避免地造成环境的根本中断和改变。就连自然景观也难以幸免，为了吸引游客，用技术按人们的欣赏需求改变自然景观。这些研究大多是以某条河流、湿地、海岸、矿场或某个工程项目（如阿拉斯加输油管道）为个案来进行，也有重点讨论政府相关主管机构的，如改良局、田纳西河流域管理局等，发现其工程师和采用的技术以及对这些技术的态度在形成保护方案时的影响和作用。[②]

第五，技术在环境政策制定和执行中的作用。现代世界的一个基本决策原则就是依靠科技进行理性分析和论证。通过技术分析来选择既可以防止或减少污染物、又能控制自然界、清洁已存在的废弃物的“最好、最适用的技术”。在环境技术决策中起关键作用的是国会技术评估办公室和美国环

---

① C. Sellers, *Hazards of the Job: From Industrial Disease to Environmental Health Science*, Chapel Hill, 1997. Warren Christian, *Brush with Death: A History of Lead Poisoning*, Baltimore, 2000.

② Mark Fiege, *Irrigated Eden: The Making of an Agricultural Landscape in the American West*, Seattle, 1999. David E. Nye (ed.), *Technologies of Landscape: From Reaping to Recycling*, Amherst, 2000. Duane A. Smith, *Mining America: The Industry and the Environment, 1800—1980*, Lawrence, 1987. Ann Vileisis, *Discovering the Unknown Landscape: A History of America's Wetlands*, Washington D. C., 1997.

保局。技术评估办公室成立于1972年，在其鼎盛时期，对科学政策、科技教育、食品安全、武器制造、太空探险等都要进行技术评估，试图探索技术的、意想不到的对环境的影响，但在1995年的第104届国会上因预算缩减而被裁掉。美国环保局主要通过建立以技术为基础的环保标准和分配庞大的污染控制费用而对采用和普及多样的环保技术产生了深远影响，但试图把环保局升级为部的努力一直没有成功。通过研究这两个机构的历史可以看出，当生产率和经济增长率的提高与环境保护发生矛盾时，政府一直都是做出现实的选择，即用技术进步优先推动经济增长。[①]

环境技术史的出现是环境史、技术史相互融合的结果，形成了一个崭新的研究领域，学者能从不同的角度提出新的问题，获得新见解。但还有一些富矿尚需挖掘和开采，如1960年代以来环境立法的发展及其对工业的冲击，各种工业的生命周期及其产品对环境的影响，军事技术和战争对环境的影响，各种环境标准的建立等。

（五）从“碎化”走向综合的尝试

从前面的叙述可以看出，美国环境史在具体问题的研究上越来越深入，并都呈现出以小见大和跨学科的特色。这给环境史研究走向综合提供了可能性。1980年代，美国史学界看到了“碎化”带来的严重后果，积极呼吁进行综合研究，这种学术争论在社会上也引起热烈反响，环境史研究也不例外。它不再局限于环境破坏和环境保护这样的狭窄专题中，而是把环境置于人类历史发展的大背景中，与政治、经济、文化联系起来进行分析[②]。当然，这也是美国环境主义运动从白人精英运动向社会下层、少数民族等草根民众转化、更多的关注社会正义的必然结果。美国环境史的综合取向主要表现为两个方面。

一是研究国际化。不仅仅研究美国环境史，还重视别的国家的环境史。例如D. R. 维纳对前苏联自然保护史的研究揭示了科学家尚能在斯大林高压

---

① Daniel J. Fiorino, *Making Environmental Policy*, Berkeley, 1995. Bruce Bimber, *The Politics of Expertise in Congress: The Rice and Fall of the Office of Technology Assessment*, Albany, 1996.

② J. Donald Hughes, Global Dimensions of Environmental History, *Pacific Historical Review*, Vol.70, No: 1, 2001, pp.91—101.

统治下保持一点自由，苏联的各种自然保护组织努力参与保护政府为进行科学研究和教育而设立的自然保护区的历史真相。据此透视了苏联中央和地方、官僚和科学家、利益集团和市民社会等之间错综复杂的关系，纠正了西方社会科学自冷战以来形成的对苏联的偏见和傲慢。[①] 这种比较分析有助于美国环境史学家克服把美国环境史范式当成唯一成熟正确的范式而加以推广的误区，进而开始尝试撰写全球环境史。[②] 这些著作以全球性环境问题的发展为主线，结合区域性环境问题，并深入探讨造成环境问题的人类经济、政治和文化因素，形成了一个把环境与政治、经济、社会和文化交织在一起的分析框架。J. R. 麦克尼尔的《阳光下的新事物：二十世纪世界环境史》分为上下两编，上编从地圈到大气圈和水圈分析了全球环境的变化，下编探讨了造成这种变化的动力机制，包括人口增长、大规模的城市化、能源变化和经济技术的发展以及思想和政治的进步，从而把地球史和人类史结合起来，启发人们从全球所有环境因素的角度去理解人类历史。此书打破了传统的以民族国家为主线，以政治或经济发展为主题的编史方法，形成了以环境的演变为主线、以人类及其社会的发展和环境的相互作用为主题的新历史编纂法。这是从纯粹的人类中心主义向结合了生态的人类中心主义转变的尝试。在这里，人的社会性不但继续受到重视，过去常常被忽略的、人的生物性得以重新发现，历史开始走向"真实"的历史。

二是美国环境史的整体化。美国环境史研究历来重专题和个案研究，但是经过和其他分支学科、特别是新社会史的交叉融合后，环境史学家逐渐意识到，地区性和专题性研究虽然很有价值，但高度概括和综合性的环境史也是非常需要的。这种综合性环境史并不是区域和专题研究的简单相加，而是既保持环境史的分支学科对环境史的深刻洞察力、又探索一种能完整把握美国环境史的总体面貌的新方法，进而写出既利用新史学研究成果、又探讨重大环境史课题的综合性著作。J. 欧皮 1998 年出版的《美国环境史》

---

① Douglas R. Weiner, *A Little Corner of Freedom: Russian Nature Protection From Stalin to Gorbachev*, Berkeley, 1999.

② J. R. McNeill, *Something New Under the Sun: An Environmental History of the 20th Century World*, New York, 2000.

比起J. M. 皮图拉1977年出版的《美国环境史》更多地反映了这种新趋势。[①]以1970年的“地球日”为代表的一系列实践促使皮图拉写出的环境史更多的是一部自然资源利用和保护的历史。1980年代对城市环境污染和各种环境立法的研究拓宽了作者的视野，人们开始用“环境问题”代替自然资源问题。该书在第二版中取消了“对自然资源的剥削和利用”一章，增加了“城市环境问题”和“污染的政治学”两章。这反映了环境主义运动追求环境质量、从历史上反思美国的社会、经济和政治制度不足以持续保持一个清洁和健康的环境的要求。1992年的里约热内卢世界环境与发展大会后，环境史研究开始从历史上探讨环境与发展的关系。欧皮的著作吸收了环境史研究近40年的重要成果，大大拓宽了叙述范围，以人类社会发展与环境变迁的相互关系为主线进行综合创新，既保持了环境史研究多样化的成果和特点，又提炼出了整体研究的新观点，在一定程度上改变了美国环境史“碎化”的缺陷。这部著作出版后被广泛用作教材，在某种意义上解决了美国环境史教学缺乏具有高度概括性又定义清楚的叙事模式的尴尬，也在一定程度上用实际行动回应了“关于历史教学和教科书标准”的争论。

第四节

1990年以来美国环境史研究的特点和存在的问题

1990年代的美国环境史研究在继续多元化的同时也呈现出综合的趋势。多元化的研究成果为高水平的综合奠定了基础，综合性整体研究为分支学科的发展指出了方向，两者相得益彰，并行不悖。研究的地理范围从农村进入城市，研究对象从强势群体（白人中产阶级及其领导的主流环境保护团体）转向弱势族群（有色人种和妇女及其主导的非主流环境组织）。随着当代环境主义从道德假设转向政治诉求，环境史提出的解决环境问题的办法也从文化转型改为政治、经济和社会的现实变革。这既是环境史研究不断深入发展的结果，也是它与其他学科不断深度融合交叉的结果。

---

① John Opie, *Nature's Nation: An Environmental History of the United States*, Fort Worth, 1998.

当前环境史研究遇到的最大问题是后现代主义历史哲学和生态学修正派以及科学哲学的挑战。D. 沃斯特和 R. 怀特都指出，环境史从一开始就表现出强烈的道德关怀，对现代社会及其与自然关系的批判是以克莱门特生态学的平衡、稳定、生态系统、顶级等理论为依据的。[①] 沃斯特在评 W. 克罗农的《土地上的变化》一书时还批评他没有很好地利用生态学理论分析新英格兰的生态变化。[②] 但是 1980 年代以后，生态学发生了范式转变，主导生态学理论的基本概念变成了“混乱”、“混沌”、“蝴蝶效应”。这意味着对生态学不确定性的重新发现动摇了环境史的理论基础，他的道德关怀也变成了无本之木而不值得信赖。D. 沃斯特对此做出了反应，认为混沌生态学无助于尊重自然和校正现代社会对它的破坏，相反还会造成环境相对主义。[③] 这个回应指出了它的现实后果，但显然没有从本体论和认识论上回应它对环境史的颠覆。

自 T. 库恩发表《科学革命的结构》以来，科学哲学大发展。它认为科学知识不过是一个社会建构，由于它后面的权力作用使之并不能客观地反映自然。环境史学家在批判核科学家等时如获至宝，纷纷用社会结构主义理论分析现代科学和现代社会对自然的破坏，但没想到的是生态学也不可能例外，生态学的范式转换也是社会权力作用的结果，也不能反映自然的真实。科学哲学的发展给环境史以巨大冲击，有些环境史学家呼吁建立新的“历史变迁与因果关系”的理论。[④] 有些环境史学家借助于人类学家 C. 格尔茨的解释理论，认为人文科学是追求相对主义而非寻求通则或规律的历史主义。据此可以分出对人类与自然相互作用复杂性的深度或好（thick or good）的解释和浅层或不好（thin or bad）的解释。[⑤] 但他只重象征符号、忽

---

① David Demeritt, “Ecology, Objectivity and Critique in Writings on Nature and Human Societies”, *Journal of Historical Geography*, 20 (1), 1994, p.25. Richard White, “Environmental History: Watching a Historical Field Mature”, *Pacific Historical Review*, Vol.70, No.1, 2001, pp.103—111.

② D. Worster, “Book Review of *Changes in the Land* by William Cronon”, *Agricultural History*, 58, 1984, p.508.

③ D. Worster, “The Ecology of Order and Chaos”, in Char Miller & Hal Rothman (eds.), *Out of the Woods*, University of Pittsburgh Press, 1997, pp.3—17.

④ Richard White, “Environmental History, Ecology and Meaning”, *Journal of American History*, 76, 1990, p.1114.

⑤ Barbara Leibhardt, “Interpretation and Causal Analysis: Theories in Environmental History”, *Environmental Review*, 12, 1988, p.26.

略权力关系的理论，也难以解决环境史学家面对的判断和评价问题。

自兰克以来，历史研究的理论基础一直是客观反映历史真实，但后现代主义的语言和知识中的“语言学转向”（linguistic turn），却直接攻击和消解这个基石。认为所谓真实不过是对事物的主观体验并通过主观解释而总结出的概念规定性，因而真实除了词语什么都不是，即文本就是一切。而要反映真实更是不可能的，所谓内在感觉和观念与外在事物相符、观察者中立、观察过程可靠都不过是一个预设。实际上事物是不可反映的，任何反映都是反映者出于利益而对事物做出的意在控制的相似判断。这样做必然要付出的代价是事物失去了内容和价值，因而研究历史不过是非中立的作者对文本进行不客观的分析，得出有利于自己的结论。所谓历史求真不过是虚妄的幻想，得出的所谓“真理”不过是人们愿意接受语言迷惑的产物。进而言之，“真理”的作用在于证明强者的权力，使弱者感觉到自己的错误和不足。后现代主义对环境史所赖以存在的“认识唯实论”（epistemological realism）进行了毁灭性打击。大多数环境史学家的回应是我行我素，表面上不屑一顾，实际上无力回答。对后现代主义挑战做出最详细回应的是W. 克罗农。他通过对关于尘暴的不同文本之分析发现，在环境史的叙述中，人类话语比自然更处于核心地位。叙述结构是以开始、中程和结束三段来安排的，在排列历史事件时排除了与自己要写的历史无关的实践和细节，环境史学家因而对所表现的历史事件施加了权力影响。也就是说，环境史研究确实存在着后现代主义所提出的一些问题。但他认为，承认历史的多元及其意义的不确定，就会导致环境史学家无法理性选择历史的相对主义。为了调和历史研究和后现代主义的矛盾，他提出环境史研究必须坚持三个强制性原则，一是环境史不能违反已知的历史事实；二是环境史必须有生态意义；三是环境史必须反映环境史学家所在的集团或群体的意识。他还进而认为，好的环境史不仅是一系列地方的历史、讲述自然的历史，还应该像讲述人的历史的历史那样叙述自然的历史的历史。[①] 然而这个调和既未能捍卫传统史学反映外部实在的客观真理的基础，也未能充分反映叙述结构和权力对环境史研究的影响，尤其是未能正视历史和自然都是我们建构的这一

① William Cronon, “A Place for Stories: Nature, History and Narrative”, *Journal of American History*, 78, 1992, pp.1342—3, p.1375.

点。总之，后现代主义认为，环境史既不能用生态学整体论批判人类中心主义对自然的破坏，也不能用科学的客观性来反映自然和社会行动。环境史学也不能标榜自己的客观性，不能评判对人与自然相互关系进行描述的不同文本。因此，环境史必须超越基原主义（foundationalism），承认生态学的社会建构属性以及表现过程中权力的作用，不要从真理或谬误的角度，而要从是否可产生我们希望的和我们身后留下的世界的角度去评判不同的叙述。[①] W. 克罗农同意后现代主义的大部分观点，但他认为，并非所有的自然都是人的创造，至少还有一部分自然是客观实在、存在于叙述文本之外，因而人和地球、其他造物和过程永远处于对话中。后现代主义理论最终也不能完整描述整个世界，环境史的知识永远是部分的和启发性的，最好的检验就是实证的结果。[②]

环境史认识论方面遇到的挑战无疑是非常严峻的，激烈的争论还在继续。后现代主义对历史研究的影响到底如何尚待继续观察，但对环境史这样一门与当代环境主义运动紧密相关的学科来说，能否应对好挑战，不仅关系到环境史的发展前景，更关系到环境主义运动的方向、甚至我们共有的这个星球的命运。

---

① David Demeritt, "Ecology, Objectivity and Critique in Writings on Nature and Human Societies", *Jounal of Historical Geography*, 20(1), 1994, p.33.

② William Cronon, "Cutting Loose or Running Aground?", *Journal of Historical Geography*, 20(1), 1994, p.40, p.42.

第二章
拉丁美洲环境史研究

在国际历史学和社会科学界，拉丁美洲不但是一支重要的力量，而且贡献了像依附论这样具有深远影响的研究成果。在环境史领域，拉丁美洲虽然是后来者，但也努力作出了具有鲜明的区域特点的研究。本章根据作者掌握的英文资料简要分析了拉丁美洲环境史研究的主要成果和特点。

巴拿马环境史学家吉勒莫·卡斯特罗·赫雷纳曾经指出，拉丁美洲存在两种环境史，分别是"拉丁美洲环境史"（Latin American environmental history）和"拉丁美洲的环境史"（environmental history of Latin America）。前者指来自拉丁美洲的学者按照自己的文化传统研究的本地区的环境史，后者指不论什么文化背景、也不管来自哪个地区的学者对拉丁美洲环境史的研究。[①] 显然，赫雷纳更多的是从认识论角度强调视角和立场的不同。这样的区分当然具有重要意义，但对中国读者而言，本章更愿意包容所有的关于拉丁美洲环境史的研究。

第一节　拉美环境史研究的兴起

拉丁美洲具有丰富的环境史资源，但它的环境史研究并没有像美国的那样起源于 1970 年代初，相反从发达国家开始的国际环境主义运动不但没有在拉美激起应有的回应，反而还遭到正处于发展狂热阶段的拉美政治家

---

① Guilermo Castro Herrera，"Environmental history（made）in Latin America"，http://www.h-net.org/~environ/historiography/latinam.htm

和知识分子的嘲笑。不过，这种情况随着1980年代的经济危机的发展而迅速得到改变。拉丁美洲陷入几近绝望的悲观主义和对未来的不确定中，国内外的各种力量开始反思发展带来的环境影响，探讨拉美发展的前景。拉丁美洲环境史研究就是在这种大背景下启动的。推动研究拉丁美洲环境史的力量主要来自两个方面，分别是国际发展组织的关注和学者们自己的探索。

就国际组织的关注来说，最重要的是联合国拉丁美洲经济委员会（ECLAC）。它邀请社会学家N.格里古和经济学家O.桑克尔在1980年编辑出版了《拉丁美洲发展与环境论文集》，其中包括N.格里古和J.莫雷诺合写的论文《拉美生态史导论》。[①]它从整个地区的视角对拉美环境史做了概要性的论述，并提出了未来的研究设想。这篇文章的发表标志着拉美环境史研究正式起航。国际组织之所以关注拉丁美洲的环境问题，主要有两个原因。一是像联合国拉美经济委员会和美洲间开发银行（IDB）都关注拉美的发展中断问题，其中不可避免要涉及环境问题，不过，它们都是从结构而不是历时性方面关注环境。尽管如此，它们对环境的关注必然诱导那些需要从这些机构得到研究经费的学者和研究中心对环境史发生兴趣。二是拉美内部缺乏从历史角度研究环境问题的重要文化需要。在当时，人们熟知的是先贤们把自然看成是可以为建设民族国家而开发的资源的价值观。这就客观上给外来组织不自觉地推进环境史研究提供了空间。这个原因也导致了拉美环境史研究在兴起时缺乏具有本地区特点的概念和理论。

拉美环境史研究的兴起除了国际组织的推动之外，更重要的是学者们在研究拉美历史、人类学、地理学、生物学等的过程中不得不探索环境史。可能很多人会认为，拉美环境史研究的兴起一定受到离它最近的美国学者的影响，其实不然。这一方面的典型是曾经写出名著《羊灾：征服墨西哥的环境影响》的艾丽诺·G.K.麦维尔。《羊灾》是在她的博士论文基础上修订而成的。麦维尔硕士时学的是考古学，博士研究方向是民族学。她论文的最初选题是研究西班牙殖民主义在入侵后的几十年对当地市场体制的冲击，但在她在西班牙搜集和分析有关当地人社会和移民对生产形成的限制的档

① Nicolo Gligo, y Jorge Morello, "Notas sobre la historia ecológica de América Latina", en *Estilos de Desarrollo y Medio Ambiente en América Latina*, selección de O. Sunkel y N. Gligo, Fondo de Cultura Económica, El Trimestre Económico, No. 36, 2 t., 1980, México.

案资料的时候，她被大量的关于殖民化过程中环境变化的资料所吸引。她不得不把研究的重点转向环境问题。当她后来被告知她研究的正是已经存在的环境史时，她惊诧莫名。在她转到墨西哥国家档案馆研究时，她发现当时绝大部分土地被转而用于养羊。恰好她本人出生于澳大利亚，在新西兰的牧羊站长大，这样的人生阅历有助于她理解墨西哥峡谷为什么变成了后来的样子。这样，她就写出了羊的引进改变了墨西哥峡谷的故事。[①] 一旦有越来越多的专业历史学家开始自觉进行环境史研究，他们必然要改变先前那种没有自己的概念和分析框架的不正常状况。

1997年，赫雷纳在桑克尔的环境概念的基础上，从拉美研究注重体系和结构的学术文化特点出发，提出了自己关于拉美环境史研究的理论构想。桑克尔认为，环境就是"自然的生物物理范围和此后人为的改变以及这些改变在空间上的扩散"。结构主义注重探讨一切现象背后的关系及其扩展，而这些关系实际上都与更大的、整体的知识群联系在一起。所以，赫雷纳认为，拉美环境史就是"研究拉美在实施一系列发展模式时人对自然生物物理过程的改变"。它应该注重对三个方面的研究，分别是自然、社会和生产以及这三者之间的相互作用。文化作为从结构方面对世界进行的伦理想象，内化于这三个过程中。拉美环境史研究从时间上看，注重历史分期，既能反映不同历史时期的内在特点，又能反映这些时期的变迁和连续性。从空间上看，它不但注重对民族国家环境史的微观研究，也注意对拉美地区的中观研究和对世界资本主义体系环境史的宏观研究。因此，赫雷纳的拉美环境史构想也可以看成是历史——环境——体系取向。不过，需要说明的是，这个注重体系的环境史不是从北大西洋工业化国家的视角来观察，而是从拉美发展中国家的角度来认识的，是以拉美为主体的世界体系环境史。[②]

从这个研究设想出发，赫雷纳发现，拉美环境史具有以下几个地区性特点。第一，拉美资本主义发展的根本特点就是"掠夺经济"（raubwirtschaft）

① 麦维尔女士生前是加拿大约克大学历史系副教授，不幸于2006年3月10日因患癌症去世。这里使用的材料是她在2003年2月11日接受本人访谈时的回答。由于她当时身体状况已经恶化，访谈并没有完成。特别引用这次访谈的内容以表对这位才华横溢、热情似火的学者的纪念。

② Guillermo Castro Herrera, "The environmental crisis and the task of history in Latin America", *Environment and History*, 3(1997), pp.3—6.

及其对自然资源的“毁灭性利用”(destructive use)。第二，这种掠夺经济逐渐发展成一种普遍的、外资垄断统治下的、为了满足北大西洋社会的各种需求的、与自然的关系模式。第三，与非洲和亚洲不同，在拉美社会与自然的关系中，早在19世纪初就形成了大地产寡头政治势力，他们用自己的有用资源和未开发的土地来换取海外的资金和技术。第四，拉美的非资本主义因素在1850年代遭到暴力打击而赤贫化，并没有形成西方社会常见的中小资本主义生产者。第五，在此生产和社会基础之上，对待自然的问题变成了文明与野蛮的冲突，其中隐含的是进步的意识形态。第六，在拉美人与自然关系中，一直是由寡头精英代表的“帝国式”态度一花独放，不见在北美和西欧同时存在的“阿卡狄亚”式态度。第七，拉美社会与自然关系的调整和重组只能通过政治及其极端形式暴力来完成。赫雷纳从理论出发总结的这些特点有些在实证研究中得到了证实，有些得到了修正。

第二节　拉美环境史研究的重要成果和发展

在拉美环境史研究中，下面几个方面得到了更多的重视，产出了一些引人注目的成果。资源开采及其环境破坏史是最先得到研究的领域。在森林滥伐研究中，瓦伦·迪安出版了两部著作。第一部从环境史的视野探讨了巴西在世界橡胶种植史上的兴衰。[①] 野生橡胶本是亚马逊盆地的土生植物，一度曾经占到巴西出口总值的近40%，但是在人工种植获得成功后，世界橡胶生产重心迅速转移到了东南亚地区，巴西曾经进行了多次科学实验，也设立了几个橡胶发展计划，但都失败了。关键在于该地存在一种植物真菌，野生橡胶已经完全适应，但人工橡胶树完全不能适应。第二部研究了巴西大西洋沿岸的热带森林消失的过程，着重分析了从12 000年前狩猎采集者进入森林到1990年代工业化发展的各个不同阶段人类生产活动对森林产生的影响，其中还包括开发者和保护者在对待这片森林上的不同态度和争

---

① Warren Dean, *Brazil and the Struggle for Rubber: A Study in Environmental History*, Cambridge University Press, 1987.

论。所以，这一著作不仅仅是热带森林史，同时也是从环境史视角对巴西历史的再认识。[①] 迪安提出的、在20世纪前半期圣保罗的工业化是建立在木材燃料和木炭基础上的、关于工业化与腹地森林关系的“木材假设”也得到广泛关注。不过，他的观点最近受到了后辈学者的质疑，认为他低估了工业中消耗的化石燃料的数量，他估算来自森林的潜在燃料供应的方法也是错误的。在此基础上，作者提出了修正，强调圣保罗的工业化是建立在三种能源供应基础上的，分别是来自不同生态区的生物质燃料、化石燃料和水电。[②] 迪安的核心观点即森林滥伐是人类活动的必然结果也受到了巴西学者的质疑。肖恩·米勒认为，并非人类的目光短浅和寄生性造成对森林无节制的剥削和毁灭，相反根本原因在于人类的差劲的利用（poor utilization）和过分利用（overutilisation），这对有效利用（productive use）森林形成了障碍。西班牙和葡萄牙的森林政策不是迪安所说的限制当地人进入森林的利用性保护，而是制约了负责任的木材工业发展和鼓励对森林进行糟糕利用的政策。[③]

拉美的采矿业主要包括秘鲁的银矿、智利的铜矿、巴西的金矿和委内瑞拉等国的石油开采等，它不但在拉美历史上发挥了重要作用，而且对周围环境造成了严重影响。例如波托西银矿在采用了混贡法后，对环境的影响范围大大扩展。为了满足炼银对水的大量需求，当地的河流上都修建了水坝和蓄水池，造成当地水源的污染；冶炼过程中排放的毒气不但毒化了当地的空气，还破坏了当地的植被；大量排出的废渣污染了当地的土壤；为满足大量人口和骡子的供应，高山上的植被被破坏改成庄稼地和牧场，极易造成土壤侵蚀。[④] 对拉美采矿业与环境的关系史归纳最完整的应是伊丽莎白·多

① Warren Dean, *With Broadax and Firebrand: The Destruction of Brazilian Atlantic Forest*, University of California Press, 1995.

② Christian Brannstrom, “Was Brazilian industrialization fuelled by wood? Evaluating the Wood Hypothesis, 1900—1960”, *Environment and History*, 11(2005), pp.395—430.

③ Shawn William Miller, *Fruitless Trees: Portuguese Conservation and Brazil's Colonial Timber*, Stanford University Press, 2000.

④ J. R. McNeill, “Environment and history in South America and South Africa”, in Stephen Dovers, Ruth Edgecombe and Bill Guest eds., *South Africa's Environmental History: Cases and Comparisons*, Ohio University Press, 2003, pp.246—7.

尔在 2000 年发表的论文《环境与社会：拉美采矿业中的长期趋势》。[①] 在这篇论文中，多尔把拉美采矿业的发展分为 6 个阶段。第一阶段是哥伦布到来之前的美洲。在环境主义运动兴起的时候，人们想当然地认为，在古代美洲人与自然是协调共生的，但是最新的考古学研究证明，尽管美洲人崇拜自然，但美洲古文明的衰败都在一定程度上是生态恶化和不可持续的结果。第二阶段是征服时期（1492—1570 年代）。西班牙人崇拜的是贵金属，金银的开采、冶炼和运输对当地生态造成巨大影响。但是由于欧洲人带来的疾病使美洲人口大量遭受损失，此时拉美的环境变化只是局部的。第三阶段是殖民国家主导的采矿时期（1570 年代—1820 年代）。西班牙在拉丁美洲殖民地的总督为了增加金银生产利用国家力量不但引进了“米达制”，还引进了“混汞冶炼法”。汞是产生污染的主要因素，它通过污染水源进入人、动物、植物的食物链，对当地环境产生了深远影响。第四个阶段是新殖民时期的矿业。拉丁美洲独立后，西欧正在工业化的国家迫切需要来自拉美的矿物，拉美的矿业从原来的贵金属开采转向工业原料开采，包括智利、秘鲁和玻利维亚的硝酸盐、秘鲁的石油、秘鲁、智利和墨西哥的铜、铅和锌矿。在采矿和加工造成更为严重的污染的同时，采矿企业也开始生态现代化，主要是安装收集和除尘设备，减少排放。这不但可以增加采矿业的经济效益，还可以减轻对周围环境的破坏，降低周边农田庄稼的减产量和家畜的死亡率。第五个阶段是资本主义现代化时期的采矿业。在 1960 年代，在采矿业中发生了从开采、运输到冶炼的一系列技术革命，同时国家也制订了加速工业化的发展战略，于是在许多矿山周围形成了工业联合体，发挥着“开发中心”的作用，但是它们都很少顾及对热带生态系统的影响。山被挖平了，河流按工业布局改道了，先前平静的乡村变成了嬉闹的城市，垃圾、矿渣、污染的空气和废水使当地经历了一场环境灾难。有人认为，环境破坏是大规模迅速工业化的必然副产品，是来不及仔细规划和处理的问题。第六阶段是外债危机时期。在拉美爆发债务危机后，无论是国际货币基金组织还是拉美各国政府都把希望寄托在扩大出口上。为了解决这个短期的问题，根本不顾它会造成的、长期的环境问题。例如巴西为了还债，就拼命向亚马

① Elizabeth Dore，“Environment and Society：Long-term Trends in Latin American Mining”，*Environment and History*，6(2000).

逊雨林要资源，高达5000万公顷的公地在1970—1990年变成了私有财产，引起了难以想象的、历史上最为严重的环境崩溃和争夺资源的暴力冲突。总之，从拉美矿业和环境关系的历史发展来看，资本的扩张恶化了生态的可持续性，但当环境退化制约了利润增长的时候，资本就有可能采取措施来消除这种障碍。在发达国家，往往是中产阶级为了自己的生存质量而发起了现代环境主义运动，但在拉美，工人并没有成为这样一支力量。所以，资本主义发展有可能激起工人要求提高生活质量的斗争，但改善工人的生存条件并不是资本主义的固有特性。

外来物种的输入和“新欧洲”的形成也是拉美环境史研究的重点领域。美国世界环境史学家阿尔弗雷德·克罗斯比在这一方面进行了开拓性的探索，他在1986年出版了《生态帝国主义》。在这本书中，他提出欧洲殖民者是用“生态旅行箱”征服了美洲，通过一系列的从人口到物种的替代，在与它气候条件相近的地区制造出“新欧洲”。[①] 欧洲人带到拉美的疾病如天花、流感、斑疹伤寒、麻疹、腮腺炎等流行病对印第安人造成了致命打击，在很大程度上造成了印第安人口的毁灭性减少。整个地区人口在1500—1650年下降80—90%，加勒比海地区有些岛屿的人口全部灭绝。人口减少意味着大量耕地撂荒，植被恢复，但是在安第斯山区，梯田常年失修使大量水土流失到太平洋。欧洲人带到拉美的动物如猪、牛、山羊、绵羊和马在这块处女地上疯狂繁殖，不但新增了畜牧业并改变了拉美传统的农业结构，还引起了牧场主和农场主为争夺土地而形成的社会冲突。欧洲人带来的植物如柑橘、香蕉、葡萄、苹果、小麦、甘蔗、咖啡等不但改变了拉美人的饮食习惯和营养构成，还改变了拉美的土地利用方式，形成了对拉美土壤和森林环境产生极大影响的种植园经济。欧洲殖民者用自己的生物武器彻底改造了拉美的景观和经济社会。约翰·麦克尼尔在克罗斯比研究基础上继续前进，把疾病与地缘政治联系起来，拓宽了研究范围。例如他认为，黄热病这种对外来者比当地人、对白人比黑人、对成年人比孩子更具杀伤力的流行病在蔗糖革命重组了热带美洲的环境之后，尽管英国人、荷兰人、偶尔还有法国人都对这一地区野心勃勃，但黄热病保证了拉丁美洲仍然是拉丁美洲，维持了当地

---

① Alfred W. Crosby, *Ecological Imperialism: The Biological Expansion of Europe, 900—1900*, Cambridge University Press, 1986.

的军事和政治现状。在此后的拉美独立运动中，由于当地出生和成长的人已经对黄热病产生了抵抗力，所以黄热病在很大程度上帮助了寻求独立的民众，削弱了殖民政府的统治。因此，从环境和流行病的变迁来看，西班牙和葡萄牙殖民帝国在利用疾病形成帝国的同时也种下了毁灭帝国的种子。①直到1898年后，美国军队在热带美洲从事用携带黄热病病毒的蚊子控制和预防黄热病的工作后，才在这一地区事实上又形成了一个新的帝国。②

拉美环境史研究中的另一个重要领域是土著民族与国家的环境关系。这一方面的代表作是克里斯蒂安·布兰斯特罗姆的《领地、商品和知识》。③在出口商品的带动下，民族国家要突破原有的环境局限，就不断向土著人的传统领地推进，攫取他们的自然资源使用权。当然，这个进程是由国家、当地精英和外资合作完成的。这种出口商品种植面积的扩大不仅让土著人失去了自己安身立命的空间，还进一步取代了他们的环境文化，本地土著社会在生态上完全被边缘化。这种取代是在一系列的科学机构的帮助下，打着促进科学进步的旗号完成的。在19世纪后期出口繁荣的时候，从出口所得中拿钱支持成立的许多科研机构尽管主要关注公共卫生和农业技术改进，但也引进了外来技术和外来的有机论。例如美国人在占领了面积广大的中美洲沿海冲积平原后，迅速放弃了受到病菌污染的地区，开始采用“泛滥和休闲交替的流动种植农业制度”。但英国在加勒比海岛屿采用了与美国不同的策略，主要是寻找能够对付这些疾病的科学医疗办法，因为这里的面积很小。外来的以技术为中心的知识由于它即时的实用性而大行其道，在殖民和外资权力作用下对当地知识形成歧视和贬损。认为当地土著的农业知识不但落后，效率低，还造成水土流失等环境破坏。这种论调得到了一些考古学和地质学研究结论的证明，如对墨西哥米乔阿肯的湖中沉积物的研究表明，早在西班牙殖民者到来之前，当地就发生了严重的土壤侵蚀。不过，在

① John McNeill, “Ecology, epidemics and empires: Environmental change and the geopolitics of tropical America, 1600—1825”, *Environment and History*, 5(1999), pp.175—184.

② John McNeill, *Mosquito Empires: Ecology and War in the Greater Caribbean, 1640—1914*. Cambridge University Press, 2010.

③ Christian Brannstrom ed., *Territories, Commodities and Knowledges: Latin American Environmental History in the Nineteenth and Twentieth Centuries*, Institute for the Study of the Americas, London, 2004.

环境主义运动兴起后，与此相反的观点出现了，认为土著的农业知识对我们的未来具有良好的示范效应，土著先辈留下的足迹或者可以变成我们建设未来的蓝图，或者可以帮助我们在保证土著农业体系的可持续性和现代农业的高生产率之间达到平衡。其实，不同认识背后隐藏的是技术中心论和生态中心论的区别。技术中心论认为，人类社会通过科技的发展能够解决环境问题，人为改造的环境并不是疏离或退化环境，而是创造或形成了新环境、新生态体系和新的混合景观；相反，生态中心论认为，人类是内在于自然中的一员，在当前情况下人类是生态系统中一个寄生的物种，自然体系为人类提供了行为和社会组织应该效仿的典范，科技并不是万能的。

尽管拉美的环境史研究主要是由外部组织启动的，但是在它的发展过程中，尤其是在 1990 年代，拉美环境主义运动的历史受到了重视，出版了一些著作，逐渐改变了拉美环境主义不发展的陈旧印象。代表性著作有兰尼·西蒙尼亚的《捍卫美洲虎的领地：墨西哥自然保护史》[①] 和何塞·奥古斯特·帕杜阿的《毁灭之风：1786—1888 年间奴隶制巴西的政治思潮与环境批评》。[②] 西蒙尼亚的著作是这一领域的开拓之作，帕杜阿的著作则是扛鼎之作。帕杜阿不但把巴西的环境主义思潮追溯到了独立初期，还有力改变了一般环境史对巴西历史的认识。他通过分析 50 多位思想家在 1786—1888 年发表的政治文本，发现巴西环境主义思想的根源分别是欧洲启蒙思想、重农经济思想和林奈的“自然的经济”的思想，并通过到欧洲留学的知识分子传回巴西。在此基础上结合巴西当时的政治和社会现实，发展出进步、科学和政治取向的、独特的人与自然关系思想，认为持续的毁林和水土流失并不是“进步的代价”，相反正是“落后的代价”。同时认为独立后对自然资源的浪费和破坏是殖民时代遗留的技术和社会实践的必然结果，巴西如果要捍卫自己社会生存和进步的自然基础的话，就必须迅速采用能够克

① Lane Simonian, *Defending the Land of the Jaguar: A History of Conservation in Mexico*, University of Texas Press, 1995.

② Jose Augusto Padua, “Annihilating Natural Productions: Nature’s Economy, Colonial Crisis and the Origins of Brazilian Political Environmentalism (1786—1810)”, *Environment and History*, 6 (2000), pp.255—287. José Augusto Pádua, *Um Sopro de Destruição: Pensamento Político e Crítica Ambiental No Brasil Escravista, 1786—1888 [A Destructive Wind: Political Thought and Environmental Criticism in Slave Brazil, 1786—1888]*, Rio de Janeiro: Jorge Zahar, 2002.

服环境破坏的现代化的政策。由此可见，帕杜阿发现了长期被忽略的、巴西社会中存在的另一种建立在独特的人与自然关系价值观基础上的社会理想的传统，尽管它是政治的、以人为中心的和实用的。

为了进一步促进拉美环境史研究的迅速发展，环境史学家还在2004年正式成立了“拉丁美洲和加勒比海地区环境史学会”(The Latin American and Caribbean Society of Environmental History—SOLCHA)，总部设在巴拿马，第一任主席是吉勒莫·卡斯特罗·赫雷纳。该学会的宗旨是促进对拉美历史上自然进程和社会进程的关系的研究。[①] 至今已经举办了四次国际学术讨论会，第一次是由美洲学家大会2003年7月14—18日在智利的圣地亚哥召开的“美洲环境史会议”，研讨的内容包括：对自然资源的剥削行为；农业和农业生态系统；工业发展和大气、水和土壤污染；环境社会冲突；人类活动和景观变化；城市发展和环境问题；环境话语、环境思想和环境政治；美洲环境史的发展和视角等。除了讨论学术问题之外，本次会议寻求建立环境史学家之间的永久联系、对话和合作。换句话说，就是想建立自己的组织。[②] 第二次美洲环境史国际会议于2004年10月25—27日在古巴的哈瓦那召开，来自欧洲和美洲的环境史学家不但交流了自己的最新研究成果，还一起见证了SOLCHA的成立。第三次拉美和加勒比海地区环境史国际会议于2006年4月6—8日在“母国”西班牙的塞维拉召开，100多位代表发表了论文，并参加了学会命名的讨论。之所以最后决定使用“拉丁美洲和加勒比海地区环境史学会”这个名称，关键在于以美国为基地的American Society for Environmental History实际上只是北美环境史学家的组织，也主要研究美国环境史。另外，简单地从地理意义上使用拉美一词并不能反映这一地区文化的多样性，拉美大陆是拉丁文化传统，但加勒比海岛屿是另一个传统，尤其是古巴。第四次拉美和加勒比海地区环境史国际会议于2008年5月28—30日在巴西的米纳斯·杰雷斯大学举行，讨论的主题包括：环境史、环境政治和环境管理：历史在构建未来中的作用；环境史的理论和方法：跨学科的视角；历史地理学；海洋、海岸和淡水生态系统的历史；环境史教学和环境教育；拉美城市环境史；拉美和加勒比海地区的环境主义运动

---

① 该学会的网址是：http://www.csulb.edu/projects/laeh/html/solcha.html

② 本次会议的网址是：www.historiaecologica.cl

和环境主义思想；环境风险和自然灾害。[①] 从第一次和第四次会议讨论议题的变化来看，拉美环境史研究的范围不断扩大，学科的自主意识不断加强，视角更加多元。这些变化不但实实在在地表现在研究成果的名单中[②]，还表现为出版了第一部虽然简明但比较完整的地区环境史著作，就是肖恩·米勒的《拉丁美洲环境史》。这本书可以说是现在拉丁美洲环境史研究的集大成之作。作者以可持续性概念为核心，检视了从印第安文明到当前大规模城市化的人类营造自己热带家园的历史，提出拉丁美洲历史不应该仅仅是人类史，还应该是让自然和文化这两个相互影响和形塑的因素都进入核心位置的环境史。[③] 克罗斯比充分肯定了这本书的里程碑式意义，他说"今后的拉美环境史研究应该从参考这本书开始"。我们尚不能断定拉美环境史研究已经进入成熟阶段，但可以肯定的是，经过二十多年的发展，它已经跃上了一个新的台阶。

第三节　拉美环境史研究中需要克服的问题

尽管拉美环境史研究已经取得了巨大成就，但仍然存在一些明显的问题。第一，拉丁美洲环境史研究存在严重的当下主义（presentism or recentism）倾向。从美国《环境史》近十年和《历史地理杂志》近 20 年发表的拉美环境史论文来看，绝大部分是关于 20 世纪及其紧邻 19 世纪的。应该说，在环境史初创阶段，对当下的关注有助于其发展[④]，但是当它发展到一定阶段后，如果这种情况不能及时得到改变，就会制约环境史研究的进一

---

① 本次会议的网址是：www.fafich.ufmg.br/solcha

② 参看 Lise Sedrez 编辑的"拉丁美洲环境史在线书目"（Online bibliography on environmental history of Latin America），网址是 http://www.stanford.edu/group/LAEH/。还可参看 Shawn William Miller, *An Environmental History of Latin America*, Cambridge University Press, 2007 后的参考书目。

③ Shawn William Miller, *An Environmental History of Latin America*, Cambridge University Press, 2007, pp.2—7.

④ Warren Dean, "The tasks of Latin American environmental history", in Harold K. Steen, Richard P. Tucker eds., *Changing Tropical Forests: Historical Perspectives on Todays Challenges in Central and South America*, The Forest Historical Society, 1992, pp.5—13.

步发展。因为即使要理解现代性也不能割断它与前现代的联系，否则就不能理解现代性是怎么来的，也不能给现代性以准确定位。所以，研究当下的环境史必须同时重视对殖民前和殖民时代环境史的研究。[①]

第二，拉美环境史研究在强调本地区特点的同时也应该注意它与其他地区环境史的共性。确实，大西洋北部和南部环境史有很大不同，其特殊性应该受到特别重视，尤其是对多年受殖民主义和新殖民主义影响的拉丁美洲，但是因此而忽视它与北方的一致性就有矫枉过正之嫌。就环境主义思潮的发展而言，拉美受到了美国的强烈影响。如古巴思想家何塞·马蒂在流亡美国期间熟读美国现代环境主义的先驱爱默生和梭罗的著作，形成了自己独特的政治自然和历史就是书写人干涉和调整自然的故事的思想。一些拉美环境史学家也尝试把美国环境史的模式应用于拉美环境史研究的某些领域。[②]如西蒙尼亚就用平肖和缪尔的模式分析墨西哥的森林保护和国家公园的先驱。这说明寻找拉美环境史与其他地区环境史的共性不但是必要的，也仍有许多工作可做。

第三，拉美环境注重研究与掠夺经济和环境政治相关的题目，相对忽视了城市环境史。尽管拉美在殖民时代和独立后的很长时间盛行大地产，但是它的城市化进程也在不断加快，由此产生的环境问题也是值得重视的研究课题。如果能在这一方面取得突破，不但能给拉美环境史研究增添新的维度，甚至能够改变目前只重视与出口经济相关的环境问题的简单趋向。拉美环境史研究需要均衡发展。

---

① Andrew Sluyter, "Recentism in environmental history on Latin America", *Environmental History*, Vol.10, No.1, 2005, p.93.

② Peter Coates, "Emerging from the Wilderness (or, from Redwoods to Bananas): Recent Environmental History in the United States and the Rest of the Americas", *Environment and History*, 10 (2004), p.420.

第三章
英国环境史研究

英国环境史学家认为，英国的环境史研究并非起源于美国，是英国深厚的环境研究基础和大英帝国多元学术文化交流孕育了英国的环境史研究。与英国独特的历史发展相一致，英国的环境史研究也表现出了别具一格的特色。主要是：与美国环境史研究相比，英国环境史研究不但重视农业生态史研究，也比较重视工业和城市环境史研究；英国环境史研究不但研究本土环境史的演进，而且非常重视英联邦和英帝国环境史的研究；另外，英国的环境史研究的组织性和基础建设也非常突出。

第一节
环境史研究在英国的兴起及其主要研究成果

在美国环境史学界流行着一种习惯说法，即环境史研究是随着环境主义运动的高涨而在美国兴起的，并在 1970 年春季学期首次正式进入美国大学的课程目录。[①] 此后这一分支学科逐渐向外传播，并与当地的学术研究结合，形成了不同国家的环境史研究。但是最新的研究发现，环境主义运动

---

① R. Nash, "American environmental history: A new teaching frontier", *Pacific Historical Review*, 41 (1972).

并非最早在美国发生，而是在热带殖民地岛屿或印度次大陆最早出现。[①] 环境史作为英国大学历史系的正式课程是由加利福尼亚人亨利·伯恩斯坦教授 1969 年在位于伦敦的草莓山学院（Strawberry Hill College）首次开设的，此后各种环境史研究项目和课程才如雨后春笋般地在世界各地开展起来。[②]

英国深厚的环境研究基础和大英帝国频繁的学术文化交流滋润了英国环境史研究的诞生和发展。一般来说，英国环境史研究的知识基础是历史地理学、历史生态学、物质文化史等相关的自然科学、社会科学和人文科学领域。就英国的历史地理学研究而言，中国学者相对比较熟悉，因为中国著名历史地理学家侯仁之先生曾师承英国著名历史地理学家克利福德·达比。在此以前，中国的历史地理学只是历史学的一个辅助学科，此后中国的历史地理学之定位逐渐与国际接轨，蜕化为现代地理学的一个分支学科。其实，英国历史地理学的发展演变又何尝不是如此呢？克利福德·达比的学术经历就体现了这样的转变。虽然他受的是传统的地理学教育，但其时也正是"新地理学"思潮风起云涌之时。达比积极参与其中，作出了创造性贡献。他不但深入研究了英国历史时期的地理变化，还进行了卓有成效的理论探讨，领导着当时历史地理学研究的方向。根据邓辉的研究，我们知道，达比是在扎实的历史文献考证的基础上，运用水平横剖面（Horizontal cross section）研究方法，复原（reconstruct）过去不同时代的地理景观。当然，这种复原绝非静态，而是通过对不同剖面的对比发现历史的连续性和变化，进而总结地理环境对人类产生的影响和人类生产活动对环境的改造。[③] 从达比的历史地理学思想可以看出：英国历史地理学和环境史研究的议题相当接近，但是两者之间在实际研究中存在着明显的不同，主要表现为：前者强调

---

① Richard Grove, *Green Imperialism: Colonial expansion, Tropical island Edens and the origins of environmentalism, 1600—1800*, Cambridge, 1995. Gregory Barton, "Empire forestry and the origins of environmentalism", *Journal of Historical Geography*, 27, 4(2001).

② "Aims and background of Centre for World Environmental History", School of African and Asian Studies at the University of Sussex.

③ 达比具有理论意义和开创性的著作包括：H. C. Darby(ed.), *A Historical geography of England before A. D. 1800*, 1936; *A New historical grography of England*, 1973; "On the relations of geography and history", 1953. 参看邓辉，"论克利福德·达比的区域历史地理学理论与实践"，《中国历史地理论丛》，2003 年第 3 辑，第 150—152 页。

使用现代地理学的方法对过去地理环境进行复原，后者强调使用历史学叙述的方法表现人与环境的相互作用关系的变化；前者因为要避免环境决定论而刻意强调人类活动对环境的改造，而后者并未回避环境对人的影响，强调两者之间的双向互动；前者主要研究前工业时代的农村历史地理变迁，对城市里和工业时代的环境变化很少涉及；后者研究的是地球之史，从大爆炸一直到现在的人及其社会与环境的关系变化；前者具有强烈的地理学的科学取向，后者却是以后现代主义为基础的。尽管存在着学科的分野，但历史地理学向重视人地关系研究的发展还是给环境史的出现形成了部分的学术基础和启示。从这个意义上看，环境史学家和历史地理学家使用的许多概念和术语是相同的，环境史研究的许多议题和重点正是历史地理学家优先关注的内容。另外，环境史学家还在许多历史地理学家没有意识到或忽视的问题上正在做出非常出色的历史地理学研究成果。[①]

历史生态学的一个重要内容是研究景观内部的变化。从英国景观史研究的发展来看，它起源于工业化社会人们对于割断与乡土的联系的不满和对农村田园生活的向往。它以生态科学为基础，运用跨学科的方法分析当前景观的历史层累积淀，描述景观的演化及其政治和文化内涵。[②] 与历史地理学相比，景观史研究更接近于环境史，首先它注重历史变化的描述；其次它具有强烈的生态学内涵；第三它强调社会与景观的互动关系，尤其是文化对景观形成的塑造作用。[③] 由此可见，历史生态学或景观史研究对环境史的出现准备了更为接近的方法论基础，开阔了环境史研究的视野。但是历史生态学或景观史毕竟不是环境史，环境史比历史生态学更重视人类及其社会与环境在历史上的互动关系的变化，更强调历史学的方法和价值判断。

---

① Michael Williams, "The relations of environmental history and historical geography", *Journal of Historical Geography*, 20, 1(1994), p.9. Craig E. Colten, "Historical Geography and environmental history", *Geographical Review*, 88(1998). Joseph Powell, "Historical geography and environmental history: An Australian interface", *Journal of Historical Geography*, 22(1996). Alan H. R. Baker, *Geography and History: Bridging the Divide*, Cambridge University Press, 2003.

② 比较典型的景观史代表作有：W. G. Hoskinss, *The Making of the English Landscape*, 1955. M. W. Beresford, *The Lost Villages of England*, 1954.

③ 参看 Matt Osborn, "Sowing the field of British environmental history", H-Net environmental group discussion paper, 2001.

与美国环境史的知识基础不同的是，英国对殖民地物质文化史的研究丰富了环境史的物质、技术和文化等方面。麦克尼尔曾经把环境史的研究内容分为三个部分，分别是物质环境史、文化/知识环境史和政治环境史。其中物质环境史不但研究自然环境的变迁及其对人类的影响，还研究人类经济和技术对环境的影响。[①] 英国殖民主义在向全世界扩张之后，整个地球生态环境系统都发生了巨大的变化。全球性的物种和微生物交流不仅仅改变了“新世界”的景观，正如克罗斯比所描绘的那样；[②] 来自新大陆的物种同样改变了英伦三岛的景观。殖民地的资源不但在总体上帮助英国克服了日益严重的生态紧张，[③] 而且成就了它的霸业。在环境知识的交流方面，英国18世纪已经发展出了田园主义的浪漫生态学，[④] 它不但在工业主义时代颠覆现代科学对自然的机械理解，而且倡导能够理解自然的复杂性、整体性、有机性和生机性的田园主义。[⑤] 这种思想与宗教和科学思想传入殖民地后，随着殖民地资源掠夺加剧导致局部环境恶化而逐渐演化出现代环境主义意识和环境保护实践。[⑥] 这种意识形成后反过来通过帝国的各种学术机构的交流影响了英国的现代环境主义意识和运动的发展。[⑦] 由此可见，英国在对广大殖民地物质生产和环境的关系进行研究方面不但具有悠久的历史，而且积累了丰富的知识。殖民帝国内部频繁的知识交流和知识与实践之间的互动促成英国环境史研究形成了自己宽阔的视野、注重物质环境史研究等特点。

---

① John McNeill, “Observations on the nature and culture of environmental history”, *History and Theory*, Theme Issue 42 (December 2003), p.6.

② 艾尔弗雷德·W.克罗斯比著，许友民等译，《生态扩张主义：欧洲900—1900年的生态扩张》，辽宁教育出版社，2001年。

③ 彭慕兰著，史建云译，《大分流：欧洲、中国及现代世界经济的发展》，江苏人民出版社，2003年。

④ 这方面的代表作是，吉尔伯特·怀特著，缪哲译，《塞耳彭自然史》，花城出版社，2002年。

⑤ 唐纳德·沃斯特著，侯文蕙译，《自然的经济体系：生态思想史》，商务印书馆，1999年，第41—43页。

⑥ Richard H. Grove, *Green Imperialism: Colonial Expansion, Tropical Island Edens, and the Origins of Environmentalism, 1600—1860*, Cambridge University Press, 1995. Joachim Radkau, *Natur und Macht: Eine Weltgeschichte der Umwelt*, Verlag C. H. Beck, München, 2000, pp.183—225.

⑦ Thomas R. Dunlap, *Nature and the English Diaspora: Environment and History in the United States, Canada, Australia, and New Zealand*, Cambridge University Press, 1999. Tom Griffiths & Libby Robin (eds.), *Ecology and Empire: Environmental History of Settler Societies*, University of Washington Press, 1998.

第二节　英国环境史研究的主题

环境史研究在英国的发展大体上可以从以下两个方面来展现：一是代表著作表达的不同主题；二是专门的研究机构和研究计划。

粗略浏览英国学者的环境史著作，可以发现英国环境史研究主要集中在：森林史、景观史、自然思想史、城市环境史、工业污染史、自然保护史、殖民地或海外环境史、英国和世界环境通史等。

英国最权威的森林史学家是奥利弗·纳克汉姆。他曾在撒丁岛、克里特岛、得克萨斯、澳大利亚和日本学习和从事实地研究，现在是剑桥大学林学系教授，其代表作是：《牧草林地的历史和生态学》(1975年)，《乡村史：英国景观和动植物的经典史》(1987年)，《篱笆和树篱：英国农林业千年史》(1989年)，《英国景观中的树木和林地》(1995年)，《地中海欧洲的自然》(2003)等。从这些书目可以看出，纳克汉姆研究的重点是英国从古到今的森林、树木和林地的历史变迁。他认为，英国乡村的美景是由森林、河流、海岸、牧场、林地、树篱、沼泽、田野、路网等构成，而且它是不断变化的。在这个整体之中，森林的演化史也有自己独特的规律。英国林业的衰落也不是偶然的，具有历史必然性，它对当前的森林保护具有借鉴意义。但是，地中海欧洲的森林史与此不尽相同。地中海的环境虽然被称为"失去的伊甸园"，这似乎已经约定俗成，但奥利弗通过扎实的研究挑战这种"标准智慧"。他认为，地中海欧洲环境的变化是由人类生产活动、自然变化等多种因素共同促成的，但关键因素是气候的变化导致当地环境必须不断调整才能适应。不过，当前恢复那里环境的应急之道在于改变不利于环境的生产方式。

景观史研究作为环境史的一个领域，在英国发展迅速。代表作是尼加尔·艾沃奈特的《托利党的景观思想》(1994年)。与以前的景观史不同，艾沃奈特把景观研究与政治文化结合起来，认为景观经常被不同的意识形态用做象征物和道德说教，是政治的工具。18和19世纪的保守主义把触角之所以伸向景观，就是要把政治史变得更易于理解和吸引人。那时托利党人的保守主义坚决反对正在兴起的自由主义意识形态以及工业化造成的新型社会关系，批评自由主义导致社会和环境的破坏，认为谁抛弃了有利于政治和经济分化的、流行的市民社会秩序，谁也就把景观一同抛给了市场。[①]显然，这种解释带有强烈的后现代主义色彩，探索了景观演化背后的权力运作，但也遭遇了许多质疑和批评。艾沃奈特开创了景观政治史研究的先河，丰富了英国环境史研究的内容。

在自然思想史研究方面，彼得·寇兹1998年出版了《自古以来西方人的自然观》。[②]从环境史的视角分析了自然思想的演化，时间跨度从古希腊、罗马一直到现在甚至未来，内容以欧美为主但也提及亚洲的自然思想。从时间上看，可以分为古代希腊罗马、中世纪、现代和未来；从地域来看，除了欧美之外，还有亚洲以及其他的殖民地；从论述的主题来看，并不局限于思想家的自然观，还包括不同学术流派和意识形态对自然的认识，如历史生态学、后现代主义的自然思想以及资本主义和社会主义的自然观念。总之，对自然观的研究开始更多地与诸如种族、性别、阶级等社会因素联系起来，或者说自然观是一个社会的和文化的建构。

英国的城市环境史和工业污染史研究发展迅速，也富有成果，因为英国是世界上第一个实现工业化和城市化的国家，城市环境问题和工业污染问题出现和治理都比较早。彼得·布林布尔科姆是污染史研究的开创者。[③]他运用气候研究和历史研究相结合的方法，分析了自中世纪以来英国城市的空气污染历史。斯蒂芬·莫斯里对曼彻斯特煤烟污染的研究把大气污染史研究推向了一个新的高度。蒸汽机带动了世界第一个工业城市的经济奇迹，但与此同时煤烟不但形成了曼彻斯特的人工环境，也造成了环境恶化，如酸雨、生物多样性减少、健康损害等，影响了人们日常生活的方方面面。但当时的人们对这种污染有不同的认识，不同阶层的人们或要对它进行合理化

---

① Nigal Everrett, *The Tory View of Landscape*, Yale University Press, 1994. Mark Cioc, Matt Osborn, “Environmental history in northern Europe”, *Environmental History*, 5(3), 2000, p.401.

② Peter Coates, *Nature: Western Attitudes Since Ancient Times*, Polity Press, 1998.

③ Peter Brimblecombe, “London air pollution”, *Atmospheric Environment*, 11(1977), “Nineteenth century black Scottish showers”, *Atmospheric Environment*, 20(1986). Peter Brimblecombe, Christian Pfister(eds.) *The Silent Countdown: Essays in European Environmental History*”, Berlin: Springer-Verlag, 1990. Peter Brimblecombe, *The Big smoke: A History of Air Pollution in London Since Medieval Times*, London: Methuen, 1987.

解释，或认为是必然要出现的现象，或激烈批评等。由此进一步形成了关于煤烟防止技术的决策、城市公共政策制定的激烈争论。从莫斯里的研究可以发现，煤烟污染不仅仅是个技术问题，同样也是文化、经济、政治和社会问题。美国著名的城市环境史学家马丁·麦乐西高度评价了他的研究，认为虽然表面上看是对维多利亚和爱德华时代曼彻斯特煤烟污染的个案研究，但实际上具有广泛的世界城市环境史意义，把现实和历史有机地联系在一起，是对国际城市环境史研究的有益而又重要的贡献。① 除了大气污染之外，城市和流经城市的水污染也是环境史学家关注的另一个焦点。他们从公众健康运动、城市环境卫生、河流净化与改造等视角分析了城市尤其是伦敦和泰晤士河的水问题，阐述了水污染对人体和环境的危害，进而探讨了以技术为中介的人与环境的关系史。② 城市环境史研究的核心仍然是人与环境的关系，但是这里的环境在很大程度上是人工环境，即使是河流也是经过长期人工改造的结晶。改造环境是在当时的时代精神指导下完成的，泰晤士河改造工程实际上也是维多利亚时代社会和文化理想的反映，而改造后的河流、城市形成了新的景观，并影响了那个时代人们对疾病、死亡、肮脏、阶级等的看法。但是，时代精神的形成实际上又是各种社会力量争夺斗争的结果，包括有些社会力量掀起了环境卫生改革运动以及议会关于河流立法进行的多种辩论，所以城市环境的变迁与经济发展、社会分化、政治冲突等是分不开的。

英国的自然保护史虽然不像美国的那样引人注目，但也有悠久的历史和重要影响。有的学者认为英国环境保护的意识在本土源于19世纪建立的

---

① Stephen Mosley, *The Chimney of the World: A History of Smoke Pollution in Victorian and Edwardian Manchester*, Cambridge: White Horse Press, 2001.

② Edwin Chadwick, *Report on the Sanitary Condition of the Labouring Population of Great Britain.* A. S. Wohl, *Endangered Lives: Public Health in Victorian Britain,* Harvard University Press, 1983; Bill Luckin, *Pollution and Control: A Social History of the Thames in the 19th Century,* Boston: A. Hilger, 1986. Lawrence Breeze, *The British Experience with River Pollution, 1865—1876,* New York: P. Lang, 1993. Dale Porter, *The Thames Embankment: Environment, Technology, and Society in Victorian London,* University of Akron Press, 1998.

“皇家防止虐待动物学会”；[1]有的学者认为起源更早，是与工业化和城市化同步的追求呼吸新鲜空气的“户外运动”。这些萌芽对20世纪下半叶的现代环境主义运动的兴起都发挥了非常重要的作用。有些学者学术视野比较开阔，认为英国环境主义运动成就有限，进而探讨了它的原因。英国绿党未能发挥像德国绿党那样的作用，自有其历史文化根源。

英国曾经是日不落帝国，拥有庞大的殖民地，对殖民地环境史的研究一直是英国环境史研究中非常重要和水平相当高的一部分。其研究重点主要是非洲和东方。在非洲环境史研究方面，领军人物是牛津大学圣安东尼学院的威廉·贝纳特教授。他以前主要研究南非农村社会史，但在深入研究之后发现南非历史甚至非洲历史的研究都不能不涉及环境问题，并在1984年发表了探讨南非土壤保护与发展的重要论文。1995年，与彼得·寇兹合作出版了比较南非与美国环境史的著作，首次提出了应该研究南非环境种族主义史的新命题，但是由于作者是从农村社会史研究基础上进入环境史研究领域，加之深受美国环境史研究中的农业生态史模式的影响，所以忽视了城市环境史和工业污染史的分析。最近，贝纳特推出了专门研究科学传播发展与南非环境主义关系的著作。另外，贝纳特还把研究范围扩大到整个非洲，开始探索环境史的社会史和文化史含义，重新评价非洲人与殖民官员、白人定居者以及殖民地科学家的关系，重新解释景观与不同民族的认同的关系。他的研究在一定程度上引领着国际非洲环境史研究的方向和潮流。[2]在东方环境史研究方面，理查德·格罗夫是难以绕过的著名权威学者。其研究范围非常广阔，从澳大利亚经过印度到非洲；研究论题也很广泛，从现代环境主义的起源到厄尔尼诺现象再到生态和环境知识的传播；影响非

---

① John Sheail, *Nature in Trust: The History of Nature Conservation in Britain*(1976); *Nature Conservation in Britain: The Formative Years,* London: Stationery Office, 1998. Harvey Taylor, *A Claim on the Countryside: A History of the British Outdoor Movement*, Keele University Press, 1997. David Evans, *A History of Nature Conservation in Britain*, New York: Routledge, 1997, 2nd ed..

② William Beinart, “Soil erosion, conservationalism and ideas about development: A southern African exploration, 1900—1960”, *Journal of Southern African Studies*, 11(1), 1984. William Beinart & Peter Coates, *Environment and History: The Taming of Nature in the USA and South Africa*, Routledge, 1995. William Beinart, *The Rise of Conservation in South Africa: Settlers, Livestock and the Environment 1770—1950*, 2004. William Beinart & Joan McGregor, *Social History and African Environments*, James Currey, 2003.

常深远，对欧美环境史学界的一些共识形成了颠覆性的挑战。《绿色帝国主义》认为环境主义起源于热带岛屿，而不是美国。殖民官员注意到了当地环境的脆弱性和土著的环境知识，开始采取措施保护受殖民掠夺危害的当地环境。这种意识传回欧洲后引发了欧洲早期的环境保护思潮。对南亚和东南亚环境史的研究成果主要表现在与人合编的文集《自然和东方：南亚和东南亚的环境史》中。对非洲环境史的研究体现在与人合编的另一文集《非洲的环境保护：民众、政策和实践》中。对澳大利亚环境史的研究主要体现在《从亚太区域的视角看厄尔尼诺的历史与危机》中。[①] 格罗夫的研究视野宽阔，分析深入，把强烈的环境关怀与严谨的历史研究完美地结合在一起，促进了对非美国世界环境史的研究，并在揭示殖民扩张和文化相遇的过程和话语中显示出它是比极端狭隘的美国民族主义视角更有吸引力和创造性、更具整体性和外向性、可以进行比较研究的领域。[②] 海外殖民地环境史是英帝国环境史的有机组成部分，对这一部分的深入研究无疑有利于理解英国本土的环境史发展。两者是相辅相成，不可或缺的关系。

在进行深入的专题或个案研究的同时，英国环境史学家也注意对英国和世界环境通史的研究。这个领域的代表人物是两位年高的环境史学家：T. C. 斯姆特和伊恩·西蒙斯。斯姆特采用生态学理论和方法重点分析了苏格兰环境史的发展，既研究乡村环境变迁，也包括了城市景观的演化；既分析了当地独特的环境意识，也研究了当地的环境保护实践；既承认人类不可

---

① Richard Grove, *Green Imperialism: Colonial Expansion, Tropical Island Edens and the Origins of Environmentalism, 1600—1800*, Cambridge University Press, 1995. Richard Grove, Vinita Damodaran, Satpal Sangwan(eds.), *Nature and the Orient: The Environmental History of South and Southeast Asia*, Oxford University Press, 1998. Richard Grove, *Ecology, Climate and Empire: The Indian Legacy in Global Environmental History, 1400—1940*, 1998. D. M. Anderson & R. H. Grove (eds.), *Conservation in Africa: People, Policies and Practice*, Cambridge, 1987. Richard Grove & John Chappel(eds.), *El Nino: History and Crisis: Studies from Asia-pacific Region*, White Horse Press, 2000.

② Richard H. Grove, "North American innovation or imperial legacy?: Contesting and re-assessing the roots and agendas of environmental history 1860—1996", unpublished paper presented at the Colloquium on the environment, Research school of Social Sciences, Australian National University, February 1996. 转引自 Jane Carruthers, "Africa: Histories, Ecologies and Societies", *Environment and History*, 10(4), November 2004, p.383.

争辩的自然属性，也不讳言人类对地球生态系统的完全依赖。[1] 西蒙斯的研究成果等身，造诣精湛。在这里值得详细介绍的是两本书。《大不列颠环境史》从 10000 年前写到现在，核心是自然与文化的相互作用。但是自然也不是纯粹的原生自然，而是文化建构；文化并不仅仅指思想、信念、价值、知识、技术等，还指物质生产和经济，是广义的文化。在双方相互作用的过程中，人口增加也是一个不可忽视的因素。《简明环境史》在短短的五章篇幅中分析了从古到今的世界环境史。他把环境史分为五个阶段和板块，分别是狩猎采集和早期农业阶段。它源于公元前 7500 年的西南亚，狩采者对环境的影响是所有这些文化类型中最小的。大河文明阶段。从公元前 4000 年延续至公元 1 世纪，是以人工灌溉为基础的经济，通过技术克服自然环境的束缚和制约。农业帝国时期。从公元前 500 年一直到工业革命前夕，以城市为中心形成了许多商业和政治帝国。任何一地发生的变化都会同时影响到其他区域。大西洋工业时期。大约从 1800 年到今天，以从芝加哥到贝鲁特的城市带为核心形成了以主要消耗化石燃料为基础的新型经济模式。这是人类对周围环境影响最大的时期，形成了许多与当地自然环境隔绝的人工环境和食物链。太平洋—全球时期。从 1960 年代以来，工业经济的重心转移到太平洋地区，同时通讯的全球化也进一步促进了世界经济的相互依赖，与全球意识形成同时出现的是建立在当地环境基础上的独特生活方式，即生物区域主义。[2] 他认为，环境史叙述就是要详细说明人类社会如何与自然变化一起形成了今天的多样景观，但在实际研究中，他更多地分析了人如何在自然进程的帮助下改变了地球。

综上所述可以看出，英国的环境史研究有自己深厚的知识基础，也取得了丰硕的成果。与此同时，英国的环境史研究在学术组织上也非常突出。主要表现在研究机构建设、学术会议组织、研究生培养项目设立、专业学术刊物出版等方面。

---

① T. C. Smout, *Scotland since Prehistory: Natural Change and Human Impact*, Scottish Cultural Press, 1993. T. C. Smout, *Nature Contested: Environmental History in Scotland and Northern England since 1600*, Edinburgh University Press, 2000.

② I. G. Simmons, *An Environmental History of Great Britain: From 10,000 Years Ago to the Present*, Edinburgh University Press, 2001. I. G. Simmons, *Environmental History: A Concise Introduction*, Blackwell, 1993.

第三节　英国环境史研究的基础设施建设

在环境史研究机构建设方面，有两方面比较突出。一是环境史学会，二是环境史研究中心。在环境史学会建设上，英国有两个欧洲环境史学会的分支机构。一是“欧洲环境史学会”（European society for environmental history—ESEH）的英国分部，它在英国的负责人是菲奥纳·沃森博士；另一个是“欧洲环境史协会”（European Association for environmental history—EAEH）的英国分部，它在英国的主要代表是彼得·布林布尔科姆博士。[①] EAEH英国分部自1989年成立以来每年都举行小型的学术讨论会，2004年5月14日在公开大学举办的环境史讨论会的主题是“个人的和全球的”，主要探讨个人自传在环境史中的作用，尤其是战后环境行动主义者的亲身经历，鼓励使用口述史学的方法和采用全球视野。2003年的讨论主题是“发现环境”。2002年的讨论主题是“景观和环境的形象”。ESEH英国分部在2001年9月5—8日承办了它的第一次国际环境史学术讨论会，主题是“环境史：问题与潜力”。第二次学术讨论会2003年9月3—5日在布拉格的查理大学召开，论题是“应对多样性”。第三次于2005年在意大利的佛罗伦萨大学召开，主题是“历史与可持续性”。欧洲环境史学会的成立和学术会议的成功连续召开，使之迅速成为与美国环境史学会一样的学术研究重镇。

与这些民间环境史研究者的学会并行的是两个体制内的研究机构。一是斯特林大学和圣安德鲁大学合办的“环境史研究中心”，另一个是萨塞克斯大学的“世界环境史研究中心”。“环境史研究中心”的前身是“环境历史与政策研究中心”，该中心的前身是由苏格兰最著名的环境史学家C. T. 斯姆特1992年在圣安德鲁大学创办的“环境史研究所”，这是当时西欧唯一的环境史研究机构。斯姆特是英国环境史研究最重要的奠基人之一，对环

---

① EAEH成立于1989年2月，随后出版了《环境史通讯》。与当时欧洲一体化进程相一致，它实行松散的管理制度，作为整体虽然凝聚力不强，但各国和地区的分部却可以很好地开展工作。主要任务是鼓励、支持会员进行环境史研究、教学和发表论著。ESEH成立于2001年9月，它鼓励所有EAEH会员加入，旨在协调和促进环境史研究在欧洲的发展，组织会员积极参与国际环境史研究的合作。此后，EAEH各分部中只有英国分部继续存在并组织学术活动。

境史研究在英国的发展的贡献是多方面的，包括创立环境史研究机构，设立环境史研究和出版项目，通过教学和指导博士生培养环境史研究的后继人才，通过参加会议、媒体和外出演讲宣传和普及环境史，通过与官员和大众接触影响环境政策的制订等。“环境史研究所”负责组织协调大学的环境史研究，并为历史学院的本科生和研究生开设相关课程。1999年，研究所获得了“苏格兰高等教育基金会”（Scottish Higher Education Funding Council—SHEFC）的资助，随后与斯特林大学联合成立“SHEFC环境历史与政策研究中心”，并设立了两个永久职位，重点研究林地史、海岸考古、污染史、土地利用和文化景观、自然保护和乡村休闲、物种史等。2001年，SHEFC的三年资助结束，中心从“艺术和人文科学研究会”（Arts and Humanities Research Board—AHRB）申请到资助，中心改名为“AHRB环境史研究中心”，重点研究废弃物和废弃地的历史以及进行改造的相关政策分析。中心主任继续由菲奥纳·沃森博士担任。这个主题可以分解为六个研究课题，分别是：废弃物的定义及其名称含义；“文化土壤”：不同土地管理体制下决定其重要性和可持续性的新方法；再循环和垃圾文化；英国家庭废弃物的管理；苏格兰和西班牙季节性迁徙放牧对环境的影响之比较；潮湿的沙漠还是福地：理解当前联合王国对山地价值认识的历史背景。如果说“AHRB环境史研究中心”研究的重点是英国本土的环境史的话，那么“世界环境史研究中心”的重点就是以前海外殖民地的环境史。

“世界环境史研究中心”成立于2002年5月，由萨塞克斯大学亚非研究院主办，得到了学校研究与发展基金的部分资助。萨塞克斯大学有雄厚的热带和南方环境史研究的实力和基础，尤其是发展研究所，是英国最负盛名的发展中国家环境与发展关系研究的科研与教学机构，在激进史、农民社会、物质文化史、贱民研究等方面处于领先地位。中心的研究重点是其他欧美国家的学者很难深入、而英国学者具有深厚知识积累的热带和亚热带前殖民国家的环境史。[①] 中心主任是维尼塔·达莫达兰博士，理查德·格罗夫

① 有关该中心学术活动的内容主要来自理查德·格罗夫博士与笔者的多次通信及其提供的资料。理查德博士在一次非常严重的车祸事件中遭受重创，目前正在艰难而努力的恢复中。他先前设计的许多雄心勃勃的宏大研究计划，目前正由他的妻子维尼塔和他的同道勉力推进。我衷心祝愿他早日康复，重回国际环境史研究大家庭。

博士主管研究工作。中心继续推进1991年启动的南亚环境史研究项目，在1992年召开了“南亚和东南亚环境史”国际学术讨论会，会后出版了论文集《自然与东方》。在2002年12月4—7日与印度尼赫鲁大学合作在新德里召开了“亚洲环境史”大会，主要讨论：话语和政策：给森林定位并讨论相关的历史；灌溉的历史和技术；疾病生态学和环境卫生；解释环境观的新趋势和理解转型；自然保护、公共财产和去中央集权化；用水者和关于水的争论；作为文化的自然；野生动物和猎物：观点和政策；地区视野的环境史；作为认同和抵抗的林地；林权和森林经济；国家的区域和荒野区：有关森林和保护的争论；控制河流的历史与技术；农地史和环境；意识形态、水和公共工程；影响和历史进程：对环境的再思考；环境主义的反响。需要指出的是，这次会议同时也是“国际环境史协会”（International Environmental History Association）的第一次会议。[①] 中心的第二个研究重点是水利和疾病的历史，关注南亚的极端气候事件如厄尔尼诺现象和疟疾流行的问题，同时也把印度殖民时期的灌溉工程的历史与澳大利亚和苏丹的进行比较研究。在进行宏观比较的同时也注重对印度东北部的恰尔克汗邦（Jharkhand State）的环境和民族关系进行微观研究。2005年3月21—23日召开的“重新解释南亚的阿迪瓦西运动”（Adivasi movement）的国际会议，目的是从国际视野重新评估南亚部落运动的作用。阿迪瓦西就是指当地土著，当地的执政党把他们定义为居住在森林里的人。对土著及其知识在民族国家建设、政治认同、经济发展、地方性和生态观上的认识不光具有历史解释意义，同时具有极强的现实政策内涵。当然，对土著知识的思考最好是和1855年发生的桑塔尔起义（Santal Rebellion）联系起来。希望讨论的问题包括：桑塔尔起义和国家；建构土著的同一性；部落运动和环境；部落抵抗的文化方面；国际通用的与土著和解的办法；阿迪瓦西移民和集体记忆；2000年以来的恰尔克汗；阿迪瓦西与发展。中心的第三个研究重点是英帝国和英联邦与自然界，集中探讨帝国的森林、水、植物的历史以及当时的艺术家和文学

---

① 值得注意的是美国森林史学会、美国环境史学会和欧洲环境史学会也联合倡议成立“国际环境史组织联盟”（International Consortium of Environmental History Organizations—ICE-HO），号召一切涉及人与自然相互作用关系研究的组织参与进来，实现资源、信息、经验和教训共享，讨论共同的问题，联合迎接挑战，推动环境史研究在国际上的发展。

家对殖民地环境的表现和认识。2003年3月19—21日，中心与“国际森林研究组织联合会”合作召开了英帝国和英联邦森林和环境史的国际会议，讨论了如下议题：自然界和帝国的科学边疆；殖民主义、森林和跨大西洋环境史；动物和非洲环境的今昔；亚太殖民地的森林和种植园的历史；非洲殖民地森林政策的内部张力；有关科学和殖民地土壤保护政策的争论；尼日利亚森林史；重新检视莱索托环境史；城镇市场、全球化和环境史；水、历史和帝国；健康、疾病和环境史；南亚和东非森林史中的几个问题；帝国边缘的环境史；帝国中心的环境史和环境主义。该中心还多次举办专题报告会，推进南方环境史研究的发展，成效非常显著。

就英国的非洲环境史研究发展而言，威廉·贝纳特组织的几次国际学术讨论会影响深远。1989年，他编辑了关于南部非洲自然保护的政治学的专集，[①] 推动了国际上研究保护史的学者之间的交流与合作。1999年7月，他发起并主持召开了“非洲环境之今昔”的大型国际学术研讨会，参会代表多达150余人，提交论文超过90篇。后来选其优秀者编成一个专辑和一本论文集。[②] 前后对比，我们很容易就会发现，贝纳特把非洲环境史研究从注重土地与政治的关系推进到了注重环境与社会和文化关系的新阶段。非洲环境史的研究与美国的环境史研究起码在论题和研究重点上并驾齐驱了。

在当今国际和英国的环境史研究发展进程中，有两份刊物和三家出版社发挥了推波助澜的作用。就刊物而言，一是美国环境史学会主办的《环境史》(*Environmental History*)，主要刊发美国和欧洲环境史的论文和书评；另一个就是由欧洲环境史学会与“AHRB环境史研究中心”共同主办的《环境与历史》(*Environment and History*)。该杂志的前身是EAEH的内部交流资料《环境史通讯》。《环境与历史》1995年由理查德·格罗夫创办，他看到当时的《环境史》主要发表关于美国环境史的论文，就主张《环境与历史》应该发表世界其他地方环境史的信息，要执行“环境史的南方议程，即

---

① *Journal of Southern African Studies*, 15(2), 1989, Special issue on the politics of conservation in southern Africa.

② *Journal of Southern African Studies*, 26(4), 2000, Special issue on African environments: Past and present. William Beinart & Joann McGregor(eds.), *Social History and African Environments*, James Currey, Oxford, 2003.

要发表关于非洲、亚洲、澳洲、拉美和欧洲环境史的研究成果”，“并要努力把它推向环境史研究的中心位置”。[①] 他反对把美国模式套用到其他地区的环境史研究，倡导多学科的交叉研究。从十年的实践来看，这个编辑方针得到了很好的贯彻，达到了预定的目标。根据约翰·麦肯齐的统计，该杂志至今共出刊34期（其中第1—5卷都是每年3期，此后为每年4期），共发表论文180篇，其中有关全球环境史、理论探讨、比较环境史研究的论文为32篇，研究非洲环境史的24篇，研究亚洲环境史的26篇，研究澳大利亚和太平洋环境史的27篇，研究美洲环境史的18篇，研究欧洲环境史的53篇。组织了四个国家和地区（津巴布韦、南亚、澳大利亚和新西兰）环境史研究和四个专题（生态幻想家和想象、超越地方自然生态系统、自然灾害、乔治·珀金斯·马什）研究的专辑。[②] 就非洲环境史研究来说，经过《环境与历史》的十年努力，不但强有力地鼓励和支持了非洲环境史研究走自己的路，做出了可以和美国环境史研究相匹敌的成绩，而且还给美国环境史研究以启示，进而使比较研究美国和非洲的环境史成为可能和现实。[③] 另外，“世界环境史研究中心”也在2003年筹划创办一份新的环境史杂志《国际环境史杂志》（*International Journal of Environmental History*）。

就出版社来说，苏格兰文化出版社、剑桥大学出版社、白马出版社都形成了自己的环境史书系。苏格兰文化出版社与斯姆特教授合作推出了苏格兰环境史系列。[④] 剑桥大学出版社聘请当今世界最著名的环境史学家唐纳德·沃斯特、阿尔弗雷德·克罗斯比以及约翰·麦克尼尔编辑了环境与历

① Richard H. Grove, Editorial, *Environment and History*, 6(2), 2000, pp.127—9; 1(1), 1995, pp.1—2.

② John M. Mackenzie, “Introduction”, *Environment and History*, 10(4), November 2004, p.372.

③ Jane Carruthers, “Africa: Histories, Ecologies and Societies”, p.384.

④ 这套丛书包括：T. C. Smout(ed.), *Scotland since Prehistory: Natural Nhange and Human Impacts*, Aberdeen: Scottish Cultural Press, 1993. T. C. Smout and S. Foster(eds.), *The History of Soils and Field Systems*, Aberdeen: Scottish Cultural Press, 1994. G. Whittington(ed.), *Fragile Environments: The Use and Management of Tentsmuir NNR, Fife*, Edinburgh: Scottish Cultural Press, 1996. T. C. Smout(ed.), *Scottish Woodland History*, Edinburgh: Scottish Cultural Press, 1997. Robert A. Lambert(eds.), *Species History in Scotland: Introductions and Extinctions since the Ice Age*, Edinburgh: Scottish Cultural Press, 1998.T. C. Smout and Robert A. Lambert(eds.), *Rothiemurchus: Nature and People on a Highland Estate, 1500—2000*, Dalkeith: Scottish Cultural Press, 1999.

史研究系列丛书。[①] 白马出版社与 AHRB 环境史研究中心和欧洲环境史学会合作，编辑出版《环境与历史》杂志，并推出了一套环境史丛书。[②] 出版社的积极介入推动说明了环境史研究不但具有良好的学术和社会效益，也具有很好的市场效益，有着非常广阔的前景和充满希望的未来。[③]

在英国的一些大学也设立了环境史的研究生培养项目。例如，诺丁汉大学的历史与艺术史学院就有环境史的硕士培养项目（Masters Degree in Environmental History）。这是英国高等教育体系内唯一的、可以满足日益增长的学界和公众对环境史课程强烈需求的新计划。环境史课程主要讲述人如何认识和塑造环境，好的环境史在克服当前环境危机的环境政策制定中也能发挥积极的作用。所有课程都是多学科和交叉学科的，因而对学生的知识背景也没有特殊的学科要求，也不要求必须先修环境科学，只要对环境事务有兴趣、有大学学习的基础就可以来申请环境史的硕士研究生学习。学生毕业后可以到环境非政府组织、慈善机构、政府环境机构任职。需要学习的领域有：英国环境史、美国环境史、世界环境史、景观史、历史和文化地理学、环境地理学、环境管理和可持续性、旅游管理和市场、生态学和自然保护、公共史和遗产学、艺术史、考古学。环境史没有单独的博士培养项目，一般都包含在英国史、非洲史等项目中。如贝纳特指导非洲环境史的博士研究生，都是以非洲史的名义招生。但是，圣安德鲁大学在 1993—1996

---

① 这套丛书已经出版了二十多本，在国际环境史学界影响非常大，其中许多著作是环境史内各新研究领域的开山之作。

② 这套丛书包括：Richard H. Grove, *Ecology, Climate and Empire: Studies in Colonial Environmental History*, Cambridge: White Horse Press, 1997. Richard H. Grove and John Chappell (eds.), *El Nino: History and Crisis*, Cambridge: White Horse Press, 2000. Judith A. Bennett, *Pacific Forest: A History of Resource Control and Contest in the Solomon Islands*, Cambridge: White Hores Press, 2000. Rolf Peter Sieferle, *The Subterranean Forest: Energy Systems and the Industrial Revolution*, Cambridge: White Horse Press, 2001. Robert A. Lambert, *Contested Mountains: Nature, Development and Environment in the Cairngorms Region of Scotland, 1880—1980*, Cambridge: White Horse Press, 2001. Stephen Mosley, *The Chimney of the World: A History of Smoke Pollution in Victorian and Edwardian Manchester*, Cambridge: White Horse Press, 2001. Bjorn-Ola Linner, *The Return of Malthus: Environmentalism and Post-war Population-resource Crises*, Isle of Harris: White Horse Press, 2003.

③ Verena Winiwarter (ed.), "Environmental history in Europe from 1994 to 2004: Enthusiasm and Consolidation", *Environment and History*, 10 (4), November 2004, p.507.

年为有志研究自然保护史的年轻学者提供了一份博士研究生奖学金，斯特林大学在1997—2000年提供了一份专门研究森林史的博士研究生奖学金。研究生的培养是环境史研究后继有人、兴旺发达的关键。

总之，英国在环境史研究的机构设置、人才培养、论文发表、学术交流等方面都非常有特点。这有力地促进了英国的环境史研究的发展，从整个世界环境史研究的发展来看，英国在前殖民地国家的环境史研究方面发挥了非常重要而且不可替代的作用，丰富了世界环境史研究的内容。

第四章
非洲环境史研究

与世界其他国家和地区的历史研究相比，非洲史研究起步晚、难度大。但是即便如此，20世纪的非洲史研究还是取得了长足进步，尤其是在民族解放运动取得胜利之后。非洲史研究不但成为世界史研究中一道亮丽的风景，而且为冲破历史研究中的“西方话语霸权”贡献出自己的地方性知识，丰富了世界史研究的史料学、理论观点、方法论。环境史是继传统史学、殖民主义史学和民族主义史学之后的另一重要流派。本章将从史学史的角度着重分析环境史在非洲史研究中的兴起发展、主要的观点和方法以及存在的问题。①

第一节
非洲史研究中的范式转换和环境史的兴起

环境史于1970年代出现在非洲史研究中。据笔者初步考证，第一篇由历史学家撰写的非洲环境史论文是美国非洲史学家P. 柯廷1968年发表的《流行病学与奴隶贸易》。但由于该文发表在《政治学季刊》上、柯廷本人以后没有继续环境史研究以及他在担任美国历史学会主席时反对环境史研究者筹组独立的美国环境史学会而没有引起足够的重视。第一本环境史

① W. 贝纳特在荣升牛津大学圣安东尼学院非洲史教授的就职演说中对殖民时期的非洲环境史研究已经进行了评论。W. Beinart, “African History and Environmental History”, *African Affairs*, 2000(99).

专著是由时任达累斯萨拉姆大学高级讲师的H. 克耶柯舒斯1977年出版的《东非史中的生态控制和经济发展：以1850—1950年的坦喀尼喀为个案》。该书开创了非洲历史和发展研究中的新领域，是非洲环境史研究的奠基之作。[①]

环境史一经诞生，便迅速扩展开来，时至今日，已蔚为壮观。首先，非洲环境史研究的论文和著作层出不穷。《非洲历史杂志》、《非洲事务》、《环境与历史》等期刊常有论文发表，《南部非洲研究》、《非洲政治经济评论》等多次出专集讨论非洲环境史和环境问题。专题研究著作和会议论文集大量涌现，主要代表作有：《土地守望者：坦桑尼亚历史中的生态和文化》反映了东非环境史研究20年来的最新成果和巨大发展；《环境与历史：美国和南非驯化自然的比较》从国际视野分析了南非环境史；《沙漠边疆：1600—1850年西撒赫勒地区的生态和经济变迁》分析了西非沙漠化与生产方式和经济发展的关系；《绿土地、棕土地、黑土地：1800—1990年的非洲环境史》通过研究毁林和土壤侵蚀探讨了几个国家的非洲人与环境关系的演变。第二，环境史研究范围不断扩大，观点和方法多元化。环境史除了研究非洲史上的干旱、流行病、生态环境与经济发展外，还深入到环境变迁与政治、文化、意识形态和社会结构等领域，开拓了过去不被重视的一些研究课题（涉及非洲人的生存战略、居住模式、传统医学、生态宗教、环境感知、环境种族主义和殖民主义、生态女性主义、消费与休闲娱乐等许多方面），形成了主题突出、方法独特、观点新颖、有自己鲜明特色的新领域。第三，从研究者队伍来看，一批非洲史研究的中坚力量纷纷转向环境史。如以前研究南部非洲农民反抗运动的著名学者、《南部非洲研究》前主编W. 贝纳特；研究东非史的著名民族主义史学家J. 艾利夫等。1970和80年代获得博士学位、现正活跃于教学科研第一线的中青年学者中有许多从事环境史研究。更值得关注的是西方大学里的非洲史博士生以选环境史的题目为时尚。且不说研究非洲史的老牌强国英、法、美，就连新近崛起的德、日也把重点放在环境史上。拜罗伊特大学是德国非洲学的重镇。笔者在此研修期间，亲身感受到他们对环境史和环境问题的重视。其非洲研究中心的主题就是"非洲的

---

① Thomas Johnson, "Book Review", *The International Journal of African Historical Studies*, Vol.30, 1997(3), p.712.

环境、同一性和发展”，教授和博士生都围绕这个中心进行深入细致的研究。日本非洲研究的中心在京都大学，重点研究领域是生态学、人类学、社会学和环境问题，授予博士学位的有三个专业，分别是政治生态学、历史生态学和文化生态学。[①] 这说明，非洲环境史研究后备力量充足，前景甚为乐观。

为什么非洲环境史能在 1970 年代兴起并蓬勃发展呢？笔者认为，这是非洲史研究的内在逻辑、现实需要、学科交叉和学术传播相互作用的必然结果。

非洲史学经历了范式不断转换的发展历程。非洲可能是人类的发源地，非洲历史古老悠久、连绵不断。非洲传统史学发展就地区而言是不平衡的。北非因为被纳入古典文明范围而留下许多历史记录，撒哈拉沙漠以南非洲因为没有书面文字而鲜有历史记录。十世纪以后，非洲迅速阿拉伯—伊斯兰化，史学也有较大发展。撒哈拉沙漠以南非洲首次进入以书面文字撰写的历史。应当指出的是：没有书面文字不等于没有史学；古老非洲的大部分地区盛行的是口述史学，口耳相传，历久不衰。殖民主义侵入后，除了非洲人继续书写自己的历史外，殖民者也加入到书写非洲史的行列并形成殖民史学派。它因殖民者的经济、政治、军事和文化强势地位而在非洲史研究中占主导地位。殖民史学派秉承了欧洲的历史是进步或进化的观点，并以此对照非洲，认为非洲是静止的、没有历史。另外，欧洲当时流行兰克学派“如实直书”的信条。所谓“实”系指用文字记载的档案文件，非洲许多民族没有书面资料，因而就没有历史，也没有专业历史学家，只是人类学家和地理学家、民族学家等进行相关考察和研究。所谓非洲历史只是在非洲的欧洲人活动的历史，始于探险家、传教士和殖民者的到来。当非洲发现了一系列辉煌灿烂的古文明遗址后，殖民史学派仍不承认非洲有自己的文明史，以德国文化史学派为代表虚构杜撰了“哈米特假设”，认为这些文明是由外来的游牧民族创造。种族主义者编造了神学、“科学”和社会种族主义，歧视贬损非洲历史。殖民者如此解释和歪曲历史实际上是欧洲历史排挤非洲历史、使非洲成为一个“无历史”的社会、进而建立欧洲“知识话语霸权”的过程。[②] 19 世纪末，一些经受了欧风美雨洗礼的非洲人后裔和非洲青年学者发起由法语区的黑人特性运动和英语区的泛非运动组成的非洲文化复兴运动，驳

① 李智彪，“非洲研究在日本”，《西亚非洲》，2000 年第 4 期，第 66—7 页。

② E. Wolf, *Europe and the People without History*, California, 1982, p.3—23.

斥殖民史学派对非洲史的抹煞和歧视，开始站在非洲人立场上探讨非洲历史，强调非洲人是非洲历史的主人，但对“欧洲中心”过于矫枉过正，表现出了“非洲中心”的倾向，如美化非洲、崇古和鼓吹非洲独特论。殖民学派为殖民统治服务，民族主义史学则极力为正在兴起的民族解放运动张目。民族解放运动在1960年代取得胜利后，非洲史研究发生了新变化。西方殖民学派衰落，逐渐被现代化或发展学派所代替，非洲民族主义史学大发展，但在1970年代受到前苏联马克思主义史学的影响更加激进。现代化学派把历史分为传统和现代，现代化就是从农业社会向工业社会的转变。另外还从西方现代化进程得出一些指标体系，以此衡量非洲历史，企图促使非洲走上西方式现代化道路。西方史学界之所以发生这种转变是因为两次大战击破了进步史观的神话，加之战后美国实力空前强大、想通过对外援助和文化输出把非洲纳入自己理想中的世界格局。这种史观自然也存在着严重缺陷。它把传统看成是一成不变和落后的，进而割裂了传统与现代的有机联系，忽视了殖民主义给非洲造成的巨大灾难和非洲历史发展的特殊性。[①] 激进的非洲民族主义史学为了给肇建不久的民族国家（特别是一些社会主义国家）提供文化武器，要对非洲史学进行彻底的非殖民化。T. O. 兰杰在他的教授就职演说中号召推翻错误的殖民主义史学，呼吁加强对“非洲人的活动、适应性、选择和历史首创精神”的研究。[②] 此时的民族主义史学主要集中研究政治史，采用了马克斯·韦伯的分析模式，即权力基础要经历从宗教的到军事的再到合法或理性的这样一个变迁和发展过程。[③] 这明显具有时代局限性，一是忽视经济史和阶级关系变化的研究；二是不重视外部因素对非洲历史发展的影响。民族主义史学吸收了前苏联马克思主义史学、依附理论和西方新马克思主义史学的成就，开始采用中心与外围、依附等概念，用阶级分析方法研究非洲经济落后的原因、社会阶级结构的变化和各种社会反抗运

---

① S. N. Eisenstadt, “Social change and modernization in African Societies south of Sahara”, *Cahiers d’Etudes Africaines*, Vol: 5, 1965 (19). P. Ekeh, “Development Theory and the African Predicament”, *Africa Development*, Vol.1, XI, 1986 (4).

② Terence O. Ranger, *The Recovery of African Initiative in Tanzanian History*, Dar es Salaam, 1969. T. O. Ranger (ed.), *Emerging Themes of African History*, Nairobi, 1968, p.XXI.

③ H. Kjekshus, *Ecology Control and Economic Development in East African History*, Heinemann, 1977, p.3.

动，认为非洲要想发展就只有以国家资本主义、非资本主义或社会主义方式与导致其落后和欠发展的资本主义世界经济体系决裂。[①] 到了1980年代，随着西方资本主义发展的转型和片面发展观带来的全球性灾难的日益严重以及大多数非洲国家出现恶性发展危机，现代化和发展理论虽经1970年代几次修正但仍不可避免地衰落了。激进的民族主义史学也因非洲1980年代陷入困境、苏东和非洲社会主义垮台以及非洲阶级分化并不明显而日渐不合时宜。但是西方和非洲史学界经过近百年的冲突与调和就非洲史的一些基本问题逐渐达成共识。例如非洲历史是非洲人创造的；虽然与西方历史有许多共性但不能用西方历史发展模式来套非洲历史。对非洲人历史首创精神的研究应从精英人物转向大众、从工业化和城市化转向农村，特别是广大农牧民对环境的适应、利用、破坏和改造。因为，非洲人与环境相互作用的物质生产活动才是非洲经济、社会和上层建筑发展的动力，只有真正研究清楚这些问题，才能突破前述各派的局限，使非洲人真正成为历史的主人。因此，环境史的出现是非洲史研究向深入发展的客观要求。

环境史的发展是对客观现实对非洲史研究提出紧迫任务的回应。非洲国家独立后，受制于国际市场的不合理经济结构和实施片面追求高速增长的经济战略造成生态环境急剧恶化。土壤侵蚀和沙漠化加速、毁林严重、生物多样性遭受破坏、大气和水污染加剧，西方国家竞相向非洲倾倒有毒废弃物和掠夺生物基因。环境破坏给非洲造成极大危害，使之陷入环境退化、贫困化、经济危机和社会政治不稳定的“发展陷阱”。非洲有被边缘化和沦为“第四世界”的危险。严峻的形势要求非洲国家研究国情、制定国家环境行动计划、成立地区性环境组织、联合民间非政府组织、共同实施可持续发展战略。与此同时，严重的全球环境问题也引起了国际社会的重视。1972年联合国首次在斯德哥尔摩召开环境会议，并在肯尼亚首都内罗毕设立环境规划署的总部。在1987年出炉的“环境与发展报告”中正式提出“可持续发展”的概念。1992年在里约热内卢召开全球环境与发展大会，非洲国家反对发达国家要把非洲变成“荒野公园”的保护主义，要在发展中求保护。国内的发展危机和在国际上争取发展权的斗争都要求非洲史研究关注环境，

① M. Legassik, “Book Review: Perspectives on African ‘Underdevelopment’”, *Journal of African History*, XVII, 1976(3), p.440.

总结历史上非洲人适应和利用环境的经验和教训，为非洲的生存和发展、为非洲在国际大家庭中赢取与其资源环境相称的地位服务。

非洲环境史的兴起发展还是相关学科发展和国际学术交流的产物。H. 克耶柯舒斯在回忆自己从事非洲环境史研究时，特别强调“是人口学、经济学和生态学领域三位杰出科学家的思想指导我理解那些最终出现在本书中的资料。这在当时可能不是一种历史学的启发和冲动，但我仍欣喜地看到，在近 20 年后，这三位导师的著作还是非洲史学家摄取思想和灵感的标准参考书。”[①] 第一是研究英帝国人口的权威、德国人口学家 R. R. 库岑斯基的两卷本《英殖民帝国人口概览》。该书让他把人口增减与环境变迁联系起来，这是他研究东非环境史的起点。第二是丹麦经济学家 E. 博色拉普在《农业增长的条件》中揭示的发展模式。该书让他把人口增长看成促使农业技术变迁、食物生产增加和多样化的动力。第三是生态学家 J. 福特的《锥体虫病在非洲生态学中的作用》。该书被誉为“过去 25 年非洲人类生态学中唯一的、也是最重要的著作”。[②] 尽管它晦涩难懂，但给他以思考政治经济发展的生态代价之启迪。由此可见，环境史的诞生是以其他学科的发展为基础的。另外，国际学术交流也给非洲环境史研究注入了新动力。法国年鉴学派的“整体史”主张深深影响了非洲史研究。费弗尔认为应在环境整体内研究人类历史、应通过文化理解来认识环境对人类发展的复杂影响。布罗代尔主张环境是社会史和政治史的基础。这些观点都在一定程度上帮助了非洲史学家克服环境决定论、正确认识人与环境的关系在非洲史中的地位。当然年鉴学派的一些学术预见也在非洲环境史研究中得到回应和证实。美国环境史以其特有的强劲渗透力影响了非洲环境史研究，其部分概念、理论和方法被广泛借鉴吸收。例如，W. 贝纳特在分析殖民者的保护主义政策时就借用了把美国进步时期保护主义的目的分析成通过明智利用自然资源达到巩固资本主义的模式。学术交流推动了非洲环境史的迅速开展，引起了国际学术界的关注。

由以上分析可以看出，非洲环境史是时代发展的产物，是对当前问题的

---

① H. Kjekshus, *Ecology Control and Economic Development*, Second Edition, 1996, p. XIII.

② P. Richards, “Ecological Change and the Politics of African Land Use”, *African Studies Review*, Vol: 26, 1983(2), p.19.

兴趣引发了对历史的研究。从这个意义上说，非洲环境史就是当代史。非洲环境史又是非洲史研究深化和多学科知识积累和创新的结果。因此，来源于生活又符合学科发展规律的环境史自然就能快速发展，形成一个生机勃勃的分支学科。

第二节　非洲环境史的主要理论和观点

非洲环境史的基本理论是人是自然的一部分，人在与自然的相互作用中创造历史。A. 克罗斯比指出："人在是一个罗马天教徒、资本家或其他任何东西之前，首先是一个生物体。"①这个观点强烈冲击了历史学把人与环境对立起来的传统。J. 艾利夫把人与环境的关系置于非洲史的中心。他说："非洲人代表全人类已经和正在开发世界上这块对人最残酷的地区。这是他们对历史的主要贡献。这也是他们值得尊敬、支持和仔细研究的原因。"②他还引用马拉维谚语（是人创造了世界，但丛林遭到伤害和痛苦）表达自己对环境史的基本观点，即人与自然和谐共处与控制自然同等重要。非洲生态环境、民族部落多种多样，非洲环境史的观点也犹如万花筒，令人眼花缭乱。为了便于梳理和叙述，笔者按前殖民时期、殖民时期和独立后三个时段来归纳总结。必须说明的是：这并非像殖民主义史学那样要割断非洲历史连续性；也不像民族主义史学那样要轻视殖民主义对非洲历史发展的影响和美化夸大非洲传统文明及其对现代社会的意义。

（一）前殖民时期非洲环境史研究

对前殖民时期非洲人与环境的关系有两种截然相反的概括：即"快乐非洲"（Merrie Africa）和"原始非洲"（Primitive Africa）。"快乐非洲"是A. G. 霍普金斯 1973 年提出，指那时的非洲人不用工作就可生活得充裕富足，沉浸

---

① A. Crosby, *The Columbian Exchange: Biological and Cultural Consequences of 1492*, Westport, 1972, PXIII.

② J. Iliffe, *Africans: The History of a Continent*, Cambridge University Press, 1995, p.1.

在无休止的歌舞愉悦中，人与自然和谐相处，不像殖民时代那样遭受人口减少、生态恶化和经济剥削的灾难。[①]“原始非洲”是A. 马绍尔1938年提出，指古代非洲人与自然互相敌对，为了生存要进行艰苦劳动。即便如此，还要进行惨烈的部落战争，遭受饥荒、流行病和人口减少的威胁。只有殖民者到来后才带来安全。显然，这两种观点都有缺陷，没有充分认识农村社会的变化和发展。“原始非洲”把非洲贬为野蛮黑暗不会进步的社会；“快乐非洲”把非洲美化成稳定祥和的社会，但实际上忽略了非洲社会的适应性和进行建设性转型的创新能力。民族主义史学家借用了人类学家“规模扩大”(Enlargement of Scale)[②]和“影响经济学”(Economy of Affection)[③]的概念，认为非洲社会的创新和适应能力即从小规模向大规模社会的转变来源于不同社会之间的接触。这个观点把外部因素当成是当地社会变迁的先决条件。环境史研究发现，在非洲社会发展过程中，非洲人自己发挥了历史能动性，主要表现是控制自然，为应对外部环境变化不断调整政治结构、生产体系、文化道德，最终完成对自然控制体系的改革。

王国或帝国的兴衰是非洲古代史上的重要问题，环境史对此也有独特的观点。在撒哈拉沙漠和热带雨林之间曾兴起了加纳、马里和桑海帝国，在探讨其兴衰与环境关系时形成两种不同模式，即G. 布鲁克斯的“降水区说”和J. 韦布的“畜牧区说”。布鲁克斯按100、400和1000毫米降水线把它依次分为撒哈拉沙漠、撒赫勒地区（牧区）、萨凡纳地区（可以种植高粱和黍）和雨林区（萃萃蝇活动区）。气候周期性变化引发了王国轮替和开疆拓土的周期性。1000—1500年是干旱期，各降雨线大约南移约200公里。曼德商人、铁匠和骑兵得以向南扩张，建立马里帝国。在旱期即将结束时，森林地带的骑兵开始北犯，桑海趁机坐大并在1500—1630年的湿润期达于极盛。桑海通过深入沙漠的商道控制与地中海的贸易，最终引起摩洛哥发动征服战争，但它仅限于雨林北缘，因为再往南昏睡病就会袭击马匹。[④]韦布把这

---

① A. G. Hopkins, *An Economic History of West Africa*, Longman, 1973, p.10.

② G. Wilson & M. Wilson, *The Analysis of Social Change*, Cambridge University Press, 1945.

③ G. Hyden, *Beyond Ujamaa in Tanzania: Underdevelopment and an Uncaptured Peasantry*, Berkeley, 1980.

④ G. Brooks, *Landlords and Strangers: Ecology, Society and Trade in West Africa, 1000—1630*, Boulder, 1993, p.174.

一地区划分为“撒赫勒养畜区”和“大骆驼饲养区”。骆驼在无水和新鲜牧草情况下比其他牲畜活得长，从事长途贩运费用低，产奶期长又能把盐水转化为甜奶。14—17世纪的气候和生态变化促使养骆驼的柏柏尔人和养牛的曼德人此起彼伏。[①] 1600年，骆驼区、牧牛区和农耕区都比1850年要偏北200—300公里，即桑海帝国末期尚能养牛的撒赫勒北缘到殖民时期只能养骆驼，这对帝国的衰落、殖民进程和当地人的反抗都产生了重要影响。布鲁克斯把气候变化与历史事件直接联系起来，而韦布通过农牧业生产分析了环境变迁与不同区域文化进程的关系以及经济与政治反映出的连续适应力。大津巴布韦的生态类型与桑海帝国相似，只是它在南半球海拔较高，中心区没有萃萃蝇。是牧农混合经济和黄金贸易让大量人口集中起来，形成王国。在分析其衰落的原因时，G. 康纳认为：“正是那些促其成长的因素起了反作用，由于世界金价下跌和易采矿减少造成黄金贸易衰落，更重要的是大津巴布韦周围的环境崩溃了：过度稼穑、过度放牧、过度狩猎、过度剥削生计农业的每个基本方面，使它不再能承载过度的人口集中”，加之“没有技术和农业制度的根本变化，大津巴布韦注定要灭亡”。[②] J. C. 麦卡恩补充说：1500—1630年的湿润期使萃萃蝇活动地带扩大，家养牲畜因染病而数量大减。平均5季1次的大旱使其生存保障体系难以支撑。[③] 这是一个人对有限环境过度索取导致其不断迁徙最终崩溃的典型实例。阿克苏姆王国曾被罗马作家称为与同时代的中国、罗马和波斯并列的世界四大强国之一。它的崛起靠的是过境贸易和发达的能适应季节和生态变化的环境管理，但6—10世纪却逐渐衰落了。通常的解释是伊斯兰扩张和红海贸易减少。环境史研究发现，阿克苏姆附近农田严重土壤侵蚀，更重要的是影响西非的干旱期在东北非可能发生得早些，导致阿克苏姆人雨季贮水能力下降，无法满足城市用水，高地上2500万公顷黑土地因得不到充足雨水而干燥难耕，即旧管理利用环境的核心——水管理办法失效。从对以上三个地区国家成败与环境

---

① J. Webb, *Desert Frontier: Ecological and Economic Change along the Western Sahel 1600—1850*, Madison, 1995, p.11.

② G. Connah, *African Civilizations: Precolonial Cities and States in Tropical Africa, an Archaeological Perspective*, Cambridge University Press, pp.213, 209.

③ J. C. McCann, *Green Land, Brown Land, Black Land: An Environmental History of Africa 1800—1990*, Heinemann, 1999, p.35.

关系的分析可以看出，环境为古王国提供了一个不断变化的舞台，它与技术创新、经济发展和政治活动一起共同作用，决定着古王国的兴衰。

班图人迁徙历来是非洲古代史研究的一个焦点，对其动因和进程的分析众说纷纭。R.奥里弗认为，由于公元前2000多年苏丹地带培育了大量农作物，导致发生农业革命，人口激增，生活在雨林北缘的班图人不得不带着自己的农业技术和铁器向森林地区渗透，进而扩展到撒哈拉以南非洲的大部分地区。[1] J.凡西纳不同意这个被认为是“新马尔萨斯假设”的观点。他认为，班图人迁徙是“灾害”和“自然漂流”（Natural Drift）造成的，班图人在迁徙过程中吸收了当地人及其生活方式，对所到之地的环境更为敏感、适应性增强。因此，大迁徙过程是借其最有生产能力和适应性的生境来温和地进行的。但这并不是说，非洲人是自然力作用的对象，相反从人对环境的认识中可以发现，人与环境之间存在一种复杂的互惠关系。[2] 但D.L.绍恩布隆认为，从迁徙的规模和类型看，在某些地区确有非持续的人口增长，有时还有资源耗竭，重要的气候变化或自然灾害肯定加剧了人口增长造成的后果，但不能把班图人大迁徙和资源利用、居住方式的变化单独归之于这些因素。[3] 这些不同观点实际上反映了对这一课题研究的深化和具体化。

（二）殖民时期非洲环境史研究

殖民主义在非洲肆虐500多年，殖民学派美化西方知识在人与环境中的作用，但环境史研究提出新观点，反对这种殖民主义思维定式。首先，殖民征服和统治的过程就是随意破坏环境的过程。殖民者所到之处都要以自己的景观代替殖民地原有的生境，美洲是典型代表。[4] 非洲也不例外。对马德那斯群岛的征服除了军事和贸易手段外，更可怕的是用七年大火为殖民

---

① R. Oliver，“The Problem of the Bantu Expansion”，*Journal of African History*，1966（3）.

② Jan Vansina，*Paths in the Rainforests: Toward a History of Political Tradition in Equatorial Africa*，University of Wisconsin Press，1990，pp.50，255.

③ D. L. Schoenbrun，*A Green Place, A Good Place: Agrarian Change, Gender and Social Identity in the Great Lakes Region to the 15th Century*，Heinemann，1998，p.228.

④ A. Crosby，*The Columbian Exchange: Biological and Cultural Consequences of 1492*，Westport，1972. W. Cronon，*Changes in the Land: Indians, Colonialists and Ecology of New England*，New York，1983.

者的定居和垦殖清理了茂密森林。[①] 奴隶贸易时期，为了猎获逃往深山老林的黑人，往往是付之一炬。在殖民统治时期，受世界市场拉动，盲目扩大经济作物种植面积、木材和矿产资源的开采量及野生动物的猎获量，造成严重土壤侵蚀、森林减少、矿产资源枯竭及野生动物灭绝，如南非斑驴和蓝羚羊等。[②] 环境破坏加剧了干旱和饥荒。但也有学者引用阿马蒂亚·森的观点，认为干旱不是造成饥荒的主要原因，根本问题在于人民是否拥有适当的获取食物的权利。[③] 殖民者还霸占非洲大陆最宝贵的水资源。在南非，殖民者往往以所在地泉水的名字命名自己的农场。[④] 土壤贫瘠、面积狭小的保留地之生态环境迅速恶化。殖民者的生产方式还造成传统中人与萃萃蝇流行区之间的天然隔离带被破坏，锥体虫病和昏睡病大范围蔓延开来，导致该地区发展中断。殖民者还带来诸如梅毒、天花等流行性传染病，造成人口减少。[⑤]

第二，殖民主义在破坏非洲环境的同时也发展出环境保护主义，但因其隐含种族主义取向而成为引起非洲群众反抗运动的一个重要原因。关于环境保护主义的起源，W. 贝纳特认为是从美国引进的。[⑥] 但 R. 格罗夫经过严密考证，认为非洲环保主义的产生比美国早，是殖民帝国内部知识交流和非洲当时环境危机相结合的产物。[⑦] 环保主义分两种类型，一是出于美学欣赏和科学研究考虑的非功利性保护主义（Preservationism）；另一种是为了经济上持续利用而进行的保护（Conservationism）。保护内容包括建立国家公园、森林保留地、修梯田建水坝、实施土壤改良和减少牲口数量措施、居住

---

① A. Crosby, *Ecological Imperialism: The Biological Expansion of Europe 900—1900*, Cambridge University Press, 1986, p.76.

② J. M. Mackenzie, *The Empire of Nature: Hunting, Conservation and Imperialism*, Manchester University Press, 1988.

③ 阿马蒂亚·森著，王宇、王文玉译，《贫困与饥荒》，商务印书馆，2001 年。M. Vaughan, *The Story of an African Famine: Gender and Famine in 20th Century Malawi*, Cambridge, 1987.

④ L. Guelke & R. Shell, "Landscapes of Conquest: Frontier Water Alienation and Khoikhoi Strategies of Survival 1652—1780", *Journal of Southern African Studies*, Vol.18, 1992(4).

⑤ H. Kjekshus, *Ecology Control and Economic Development.*

⑥ W. Beinart, "Soil Erosion, Conservation and Ideas about Development", *Journal of Southern African Studies*, Vol.11, 1984(1).

⑦ R. Grove, *Green Imperialism: Colonial Expansion, Tropical Edens and the origins of Environmentalism 1600—1860*, Cambridge University Press, 1995.

方式村落化、耕地和牧场专业化等。[①] 结果是促进了殖民经济的发展，但因对非洲人传统生产和生活方式的歧视和剥夺而激起强烈反抗，出现奇特的"农民对抗保护"的现象。酋长因被剥夺对资源的管理和控制权而权威失落；牧民和狩采者因不能进入国家公园和森林保留地而生活无着；农民因失去自己的屋后花园和无力进行农田基本改造而更为贫困。他们都被迫变成流动劳工或加入反对殖民主义和种族主义的民族主义运动。[②]

第三，科技和殖民时期环境变迁的关系是环境史研究的热点，在某些地方，科技的中立性和局限性被扭曲成了破坏环境的工具。为解决土壤侵蚀问题，非洲人被迫在莱索托的山坡上修筑等高线堤岸，在英属中非许多地方修筑垄沟。结果是事与愿违。莱索托的暴雨迅速冲毁堤岸，形成更深的沟谷；马拉维的垄沟或为白蚁提供了巢穴、或因沙土基而坍塌。在有些地方，殖民者采取的一些貌似科学的办法却引起意想不到的后果。白人种族主义者为防止牧场退化迫使黑人圈养牲畜，但牧场退化仍在继续。科学家研究发现，这是因不再游牧引起牧场缺肥所致。圈养还加快了流行病的传播。为增加商业捕鱼量，殖民科学家把尼罗河的河鲈鱼引入维多利亚湖，导致当地人赖以为生的丽科鱼迅速消失，食物链遭到破坏。河鲈鱼的饮食习惯发生改变，逐渐演化出新物种，水草疯长，大湖的生态环境不可挽回地发生了改变。[③] 当然，也有一些科学家追求真理，反对给科技附加殖民主义或种族主义目标，力求把新的科技成果与当地行之有效的办法结合起来。

第四，对非洲环境和景观的感知、对地方性知识的研究是非洲环境史研究的又一亮点。环境感知主要指非洲人和殖民者对非洲环境的感受和认识，主要表现在他们的宗教、文学、艺术、传说、寓言和日常生活中。殖民者常把非洲描写成浪漫的伊甸园，其中的含义除了赞美欣赏外，还把它想象成无人状态，以利占有。这与非洲人把荒野当成是神圣与权力的圣地是不同的。在非洲的口头传说和神话中，自然的成分被赋予各种不同的象征意义，充满

---

① 参看拙作"南非土壤保护的思想与实践"，《世界历史》，2001 年第 4 期。

② "Special Issue on The Politics of Conservation in Southern Africa", *Journal of Southern African Studies*, Vol.15, 1989 (2). D. M. Anderson & R. Grove (eds.), *Conservation in Africa: People, Policies and Practice*, Cambridge, 1987.

③ T. Goldschmidt, *Darwin's Dreampond: Drama in Lake Victoria*, MIT Press, 1998, p.225.

了隐喻（Metaphor）。例如，在南非科依桑人的故事中，豺类和野兔常是骗子的代名词。非洲人在对环境的感知中寄托了道德、好坏、善恶和美丑等。[①]非洲人把森林看成是与自己居住在一起、是自己生命和生活的组成部分。他们的祖先、神灵都居住在那里。但殖民者却把它看成是有经济价值的商品。[②]非洲人针对不同生境的具体情况培育出不同种子、采用不同耕作和放牧方式，有效地适应了环境。[③]但殖民者却污蔑非洲人的生存知识，认为其生产方式是掠夺性的，“牲畜情结”（Cattle Complex）致使其放牧方式是过度利用的、毁灭性的。[④]这就是地方性世界观与全球性世界观的冲突。其实，欧美殖民主义及其代表的文明文化理想是西方文化的产物，是西方的、与权力相关的知识“系统”，即话语或意识形态。显而易见，西方的话语不能阐释或表达非西方的文化观念。[⑤]

第五，环境问题与种族、阶级的关系。社会公正和不平等问题在环境史中同样存在。环境保护计划根本不考虑穷人和不与殖民者合作的部落，他们往往成为修建水坝、国家公园和重新安置计划的牺牲品。[⑥]在南部非洲，这个问题尤为突出。快速畸形的工业化、城市化并未给非洲人带来健康环境，黑人只能住在拥挤不堪、空气污浊、垃圾遍地、污水四溢的环境中。白人政府修建的水坝、灌溉引水渠都是为了满足白人农场和工业用水，非洲人被完全排除在外。[⑦]当然这是通过实施种族隔离制度、剥夺非洲人土地权和国籍来完成的。[⑧]因此，环境歧视或生态种族主义也是套在非洲人头上的一个枷锁。非洲人不仅要争取生存权、发展权，还要争取环境权。

---

① “Special Issue on The Making of African Landscapes”, *Paideuma: Mitteilungen zur Kulturkunde*, (43) 1997.

② G. Maddox, J. L. Giblin & I. Kimambo (eds.), *Custodians of the Land: Ecology and Culture in the History of Tanzania*, James Currey LTD, 1996, Part 4, “Environment and Morality”.

③ P. Richards, *Indigenous Agricultural Revolution: Ecology and Food Production in West Africa*, London, 1985.

④ D. H. Johnson & D. M. Anderson (eds.), *The Ecology of Survival: Case Studies from Northeast African History*, Westview Press, 1988.

⑤ C.吉尔兹著，王海龙等译，《地方性知识：阐释人类学论文集》，中央编译出版社，2000 年，第 43 页。

⑥ E. Colson, *The Social Consequences of Resettlement*, Manchester University Press, 1971.

⑦ A. B. Durning, *Apartheid's Environmental Toll*, *Worldwatch Paper*, Washington, 1995.

⑧ W. Beinart & P. Coates, *Environment and History: The Taming of Nature in the USA and South Africa*, Routledge, 1995, p.100.

（三）独立后非洲环境史研究

独立后，非洲的环境破坏并未停止，反而愈演愈烈，但它与发达国家不是同一类型。环境史学家主要关注下面几个问题：

环境破坏与经济发展的关系。非洲经济严重依赖自然资源，其结构是以满足外部世界市场的需求为导向的。为了巩固来之不易的政治独立，摆脱在国际关系中所处的不利地位，千方百计追求高速增长。为了偿还越来越沉重的外债，只好不断扩大出口量。于是，无节制地清理草被扩大种植面积、增加载畜量、扩大森林和矿产的开采量，造成生态环境失衡。环境退化蛀蚀了经济发展的潜力。国际组织的"结构调整计划"加深了非洲经济对国际市场的依赖，客观上进一步破坏了环境。① 因此，要改变非洲这种环境破坏与经济危机相互交织的状况，就要集体自力更生，改变不合理的经济结构和国际经济秩序。

环境破坏与人口增长的关系。一般认为，人口高速增长造成持续增加的需求超出环境所能容许的范围，最终导致其崩溃。② 深入研究后会发现，这是一个简单化的结论。发达国家人口增长率在下降，但他们对环境的破坏并未减少。在肯尼亚的马查科区，学者经过实地调查发现，人口增多了，环境并未退化，相反，农民绿化了土地。③ 这说明，人口增长与环境退化之间的关系远比前述结论复杂，贫困在其中起了关键作用。穷人为了生存，不得不尽可能地剥削自然资源；同时由于贫困不但难以接受有关环保知识，还盲目反对环境保护。但不能因此就说穷人是环境破坏的始作俑者。应该看到使之贫困化的因素。剥夺他们利用资源的平等机会、迫使他们无止境地开发自然的经济结构和不合理制度才是真正的罪魁祸首，穷人不过是环境退化的牺牲品而已。④

公有制与私有化的问题。殖民者曾污蔑非洲传统的部落土地公有制是

---

① D. 里德编，樊万选等译，《结构调整、环境与可持续发展》，中国环境科学出版社，1998 年。

② C. P. Green, *The Environment and Population Growth: Decade for Action*, Baltimore, 1992.

③ M. Tiffen, M. Mortimore & F. Gichuki, *More People, Less Erosion: Environmental Recovery in Kenya*, Chichester, 1993.

④ A. G. M. Ahmed & M. Mlay (eds.), *Environment and Sustainable Development in Eastern and Western Africa*, Macmillan Press LTD, 1998, p.3.

落后的，引起了过度种植和放牧。非洲国家独立后纷纷实行非资本主义化或国有化，有学者引用“公地的悲剧”来说明公有制是造成环境退化的主要原因。“公地的悲剧”指公地上的生产者都设法使自己的生产最大化，而造成的破坏自然要由大家分担，这样的土地制度容易造成对环境的过度索取。[①] 出路在于私有化。但对博茨瓦纳政府通过实施“部落牧地政策”造成牧地部分私有化的研究发现，私有化并未激起农牧户对自然的怜惜和保护，相反却加剧了不平等和环境退化。[②] 这说明所有制并不是造成环境退化的唯一的直接原因。

生态女性主义（Ecofeminism）。女性和自然之间存在一种有机的隐喻关系，科学对于自然就好像男性对于女性是一种家长式的关系。[③] 一般来说，女性对环境态度温情仁厚。在非洲，由于女性是主要的农业生产者和家务操持者，因此她们对待土地和森林有一套与男性不同的知识和方法。[④] 然而，在一个男权主导的社会，女性在人与环境关系中的作用被忽略了。所有发展计划的制订和环境保护决策都没有妇女参加，她们的态度和看法得不到重视。实施农村发展计划只能加重妇女内心的冲突和工作负担而不会取得预想的结果。因此，重视女性的知识和作用、提高其经济和社会地位，好的经济发展和环境保护方案才能通过这个具体执行者得到很好实践。[⑤]

环境冲突与环境难民（Environmental Refugees）。环境危机与军事冲突的关系分为两个层次：第一层是环境退化直接引起争夺资源的战争；第二层是环境退化引发经济发展困难，进而出现政治危机和军事冲突，战争反过来对环境直接或间接地造成多方面影响。[⑥] 其中较为突出的问题是产生环境难民。难民一般是指按联合国和非统组织有关条约认定的政治难民。由于这些条约制定时间较早，自然难以涵盖现在出现的新问题。联合国环境规

---

① G. Hardin, “The Tragedy of the Commons”, *Science*, 162 (1968), pp.1243—8.

② P. E. Peters, *Dividing the Commons: Politics, Policy and Culture in Bostwana*, University Press of Virginia, 1994.

③ C.麦茜特著，吴国盛等译，《自然之死：妇女、生态和科学革命》，吉林人民出版社，1999 年。

④ V. Shiva, *Staying Alive: Women, Ecology and Development*, London, 1988.

⑤ M. Vaughan, *Cutting down Trees: Gender, Nutrition and Agricultural Change in the Northern Province of Zambia 1890—1990*, Heinemann, 1994.

⑥ A. H. Ornaes & M. A. M. Salih (eds.), *Ecology and Politics: Environmental Stress and Security in Africa*, 1989.

划署给环境难民下了个定义：环境难民指那些因为明显危及其存在和/或严重影响其生活质量的环境中断（自然发生的和/或人为的）而暂时或永久离开其传统居住环境的人。[①] 环境难民肯定会加重接受地的生态负担。环境冲突不能靠环境保护来解决，重要的是不同民族或部落、不同阶层的人都有平等的利用资源的机会，让军队不再成为冲突的工具，而是在环境保护和发展经济中发挥重要作用。[②]

非洲的可持续发展。非洲环境危机严重、发展停滞，但并非无药可救。走出困境的唯一办法是实行可持续发展战略。可持续发展就是把发展置于生态环境所能承受的范围内，社会的生产和消费不能超过环境提供原料和吸收消化废弃物的能力，即在维持生态平衡基础上实现公平和效率，通过反贫困来实现经济发展、保护环境和社会政治稳定。当然，这是一个巨型系统工程，各方面之间存在着有机联系，必须全面规划、协调实施。[③]

第三节　非洲环境史研究的方法及其存在的问题

非洲的环境和历史与其他大陆相比有很大差异，因此，非洲环境史在发展过程中也形成了一些独特的方法，主要是跨学科研究、个案研究、实地调查和口述史学。

非洲的历史和现实是任何一门学科都无力单独解决的难题，难题自然需要多学科的合作。自近代以来，人们按研究对象不同把科学分为三大类：自然科学、社会科学和人文科学。各大类都形成了自己明显的界限和方法习惯。各大类内部各学科也是如此。然而，近年来科学研究出现两个貌似相反的趋势：一是学科越分越细，隔行如隔山；二是学科整合更为迅速，新的分支学科层出不穷。但从方法论来看，都有一个共同点即跨学科研究。自然科学内部因为存在着概念的先后次序和现象的还原而需要合作，后学科的研究需要以先学科为基础，先学科也对后学科的新问题感兴趣，于是

---

① E. El-Hinnawi, *Environmental Refugees*, Nairobi, 1985, p.4.

② N. P. Gleditsch, *Conflict and the Environment*, Dordrecht, 1997, pp.273—289, pp.137—156.

③ 参看拙作“非洲的环境危机和可持续发展”,《北京大学学报》(哲学社会科学版),2001年第3期。

出现跨学科研究。社会科学和人文科学没有这个机制，但都有一种兼并主义倾向，都想把一切归于本学科，造成学科内出现整体与局部研究的关系问题。这就使它们虽然不能还原为它学科，却是开放的学科。这就为两个本质上是综合的学科（哲学也是，但它主要是用思维进行价值判断）即人类学（注重共时性的多样性）和历史学（注重历时性的变化）介入其他学科提供了缺口。这两者之间也因可在某个事物接近阶段性最终封闭状态（或许预示它将进入新的状态）时达到平衡而统一起来（这是建立在事实基础上的知识协调，与哲学稍有不同）。人文、社会科学和自然科学的跨学科要靠一些共同机制或结构和共同的方法来完成。历史上人与环境的关系问题就是需要用包含了三类学科的共同机制的基本概念来解决的延伸到自然界的问题。例如发展或进化即新结构的产生；平衡与失衡（调节与自我调节）；人与环境及环境内部各因素之间的能量与信息交换；因果关系的经验分析（不同因素间的功能依赖性）等。但必须指出的是，各学科内部的"亲缘"关系不可还原，即学科界限仍要保持下去。因此，皮亚杰在谈到跨学科研究时说："一切创新趋向事实上都是力求在纵向上使其边界后退，在横向上使其边界成为问题。跨学科研究的真正目的，就是通过实际上是建构性重新组合的一些交流改造或改组知识的各个领域。"① 就非洲史研究而言，"人们已经认识到，考古学家、语言学家、文化人类学家和人种志学家面临许多共同问题，解决这些问题的最好途径是学科间进行协作。"② 在非洲环境史研究中，跨学科研究主要表现在两个方面：一是史料的相互补充；二是学科间在方法上的借鉴交叉。在史料方面，除非洲史已有的考古学、语言学、人种学、地理学、统计学中的文字资料、音像资料和口述资料结合印证之外，环境史还增添了新的、包括在非洲人传统语言、寓言、宗教和殖民者官方档案和个人游记、观感中的有关动植物、景观等环境资料。口述史的范围也不断扩大，许多鲜活的非洲人与自然相处的地区性知识给非洲环境史研究开辟了新天地。就方法论而言，非洲环境史是自然科学、社会科学和人文科学互相协作的结果。P. 理查兹就坚持认为，社会科学家要倾听自然科学家的声音。他推崇生态学家 J. 福特对非洲历史上锥体虫病的分析，认为不但提供了准确

---

① 让·皮亚杰著，郑文彬译，《人文科学认识论》，中央编译出版社，1999 年，第 231 页。
② 联合国教科文组织，《非洲通史》，第一卷，中国对外翻译出版公司，1984 年，第 257 页。

的锥体虫病知识，还给历史学以生态学方法论的启示。W. 贝纳特还呼吁历史学家要勇于承认本学科的局限性，即仍停留在基本上类似于现代主义或科学思维的理性阶段，难以理解复杂的环境问题。[①] 生态学从本质上讲是后现代的科学，它对现代主义形成颠覆和反动。[②] 这样，自然科学通过“返魅”（Reenchantment）与接受了整体论和有机论的人文社会科学在非洲环境史研究中结合起来了。

个案研究（Case Study）是非洲环境史研究的常用方法。它是从人类学和法学借鉴而来。通常用于两种情况：一是在就某一类问题进行探讨时往往选出其中最典型的一个解剖麻雀；二是在对某一观点或理论发生怀疑时往往选出在归纳这一理论时遗漏或错误理解的某个问题进行剖析，以证明形成该理论的论据不足或错误。由此可见，个案研究都是以小见大，选定案例也是大处着眼、小处着手，在典型案例中把共时性与历时性融合起来。国外非洲史的学术论著、博士论文大都采用这样的方式选题，很少有人写大而空泛的题目。环境史另有特殊性，表现在一个国家、一个地区、甚至一个乡内都会有多种生境。盲目进行综合容易犯以偏概全的错误。H. 克耶柯舒斯的著作屡次被后辈学者批评盖因于此。通过这种微观研究，能详尽占有资料，能发现其中的细微联系，避免宏观研究先有模式或结构后找资料证明的非历史性问题，缩小了现实中的历史与人心中历史的差距，还历史以真实和生气。

实地调查（Fieldwork）本是人类学、社会学的基本方法，但被引入非洲史研究后得到发展，迅速成为非洲环境史研究必不可少的基本方法。第一个到非洲进行实地调查的是德国人类学家 E. P. 勒谢。他于 1874—1876 年间在罗安哥海岸地区进行实地调查，1907 年在斯图加特出版了《罗安哥民族学》。马林诺夫斯基整理出一些理论。年鉴派的 M. 布洛赫为研究中世纪农民实地调查了地中海沿岸。他甚至说，历史学家需要的“不是更多的文件资料，而是更坚韧的高筒靴”。第一个进行实地调查的非洲历史学家是 K. 戴克，他为了写博士论文于 1940 年代在尼日尔河三角洲进行实地调查。第一个为研究非洲史赴非进行实地调查的外国历史学家是比利时的 J. 凡西

① W. Beinart, “African History and Environmental History”, *African Affairs*, 2000(99), pp.293—4.
② D. 沃斯特著，侯文蕙译，《自然的经济体系：生态思想史》，商务印书馆，1999 年。

纳。他在1953年实地调查了扎伊尔和乌干达的库巴人之历史。与人类学家只注意当时情况不同，历史学家通过作为一个“参与观察者”（Participant Observer）、用“文化持有者的内部眼界”（the Native's Point of View）（以防因外人加入而使观察中断或得到的资料和理解不真实或误读）来收集和研究被调查者在当时环境下所讲述的过去。有两种办法：一是长时期深入一个社会通过观察交流获得尽可能多的资料。二是通过尽可能多地采访不同社会的人来获取尽可能多的资料。实地调查不但可以收集鲜活的第一手资料，还能给历史学家一份接触历史的宝贵经历和感觉，进而对已有的历史知识进行重新认识。更重要的是在收集资料的过程中通过与被访者的交流来共同理解历史并真切地见证历史发展的动力——人民群众。用这种方法研究历史自然比坐在书斋里纯粹发挥想象、解读文字资料更接近非洲历史的真实。[①] 实地调查不同于去非洲查找文字资料或游历的实地旅行（Fieldtrip）。要完成一次真正的实地调查约需要三到五年时间。其中一年多时间用于学习当地语言、熟悉相关文字资料；一到两年时间用于去当地做非常艰苦而又危险的实地调查；然后再用一到两年时间整理资料、写出论著，同时把自己的思维从非洲式调整回自己原有的方式。为了能让人准确理解实地调查资料的准确含义，必须写清收集资料的特殊环境、研究计划如何改变以及到达调查地的准确时间。由此可见，实地调查已经是非洲环境史研究中一个必不可少、非常科学规范的方法。许多国家的大学明文规定研究非洲史的博士生必须去非洲做半年或一年以上的实地调查。在欧美国家，要想谋得与非洲史有关的职位，没有实地调查的经历是不可能的。

口述史学是非洲环境史研究的另一个重要方法。非洲的文字资料较少，因为许多地方直到很晚才有文字。殖民主义侵入后，留下带有偏见的殖民报告和政府档案。非洲实物遗存因气候炎热难以很好保存下来。于是口述史料全面登堂入室。口述史是既古老又新颖的治史方法。在西方，希罗多德等史家曾大量使用口述史料；在中国，司马迁也广泛采集了民间传说。文艺复兴后，多数西方史家重视文字资料，特别是兰克学派鼎盛时，口述史料被完全弃而不用。在战后非洲史研究中，首先使用口述资料的是K.戴克。

① C. K. Adenaike & Jan Vansina (eds.), *In Pursuit of History: Fieldwork in Africa*, Heinemann, 1996, pp.127—140.

他在自己的博士论文中大量使用从尼日尔河三角洲收集的口述资料，几经曲折，博士论文终于在1948年通过。这意味着西方史学界终于冲破了兰克“档案即史学”的束缚，开始承认口述史料在非洲史研究中的价值。第一个收集并使用口述史料的外国学者是J. 凡西纳。更为重要的是他在1961年出版了《口头传说：关于历史学方法论的研究》一书。该书堪称经典著作，因为“它几乎解决了所有收集和使用口述史料的方法论上的难题”。1985年，他又出版了《作为历史的口头传说》，对口述史作了更深入精确的研究和概括。口述史料的真实性有一定的保证，因为没有书面文字的民族记忆功能特别发达；非洲语言因有神秘潜能而迫使人们必须信守言辞；对负责宣讲传说的“格里奥”也有一系列措施保证其宣讲准确无误。口述史料也有口耳误传、按大众之好恶人为取舍和解释历史的问题。如何收集和运用口述史料呢？首先要有吃苦的准备。用哈姆帕特·巴的话来说，就是“鸽子的心灵，鳄鱼的皮肤和鸵鸟的肠胃”。其次是必须忘掉自己的价值判断体系，完全进入所考察社会的境界。正如一位老者所言：“若想知道我是谁，若想知道我所知，暂且休论你是谁，还要忘却你所知”。最后要对收集到的资料进行反复比较。J. 凡西纳给出了一些原则。当口述资料和考古资料发生矛盾时，若考古资料是实物，应该使用后者；如果是推论，则口述史料更可靠。当文字资料与口述资料发生冲突时，要完全视之为口述资料之间的矛盾。一般情况下，文字资料更可信；但在述及动机时，口述资料更准确。[①] 当然，口述史对环境史研究特别有用，因为，“在非洲，万物皆历史。生活的崇高历史包括土地、湖泊和河流的历史（地理学）、植物的历史（植物学、药物学）、土地蕴藏及其产物的历史（矿物学、冶金学）、星球的历史（天文学、占星学）以及水流的历史”。[②]

非洲环境史研究还存在一些需要重点探索和解决的问题。第一，非洲环境史研究在个案研究中取得丰硕成果，但在理论整合上做得不够，至今仍未有完整的非洲环境史出版，更不用说用环境史改造传统的非洲史。过分强调生境和地区历史的特殊性会导致非洲环境史的碎化。忽视同一性和整体性以及非洲区别于其他地区环境史的特性的根本原因在于陷入了一个理

---

① 联合国教科文组织，《非洲通史》（第一卷），中国对外翻译出版公司，1984年，第117页。

② 同上，第131页。

论误区即环境史的理论是后现代的，而非洲面临的基本任务是发展。实际上，这两者并不矛盾。第一，不能对后现代做狭隘理解，认为只有像西方国家那样超越现代化才算后现代。非洲的发展面临多方面挑战，但有后发优势。如果能避免工业化国家在现代化进程中所犯的错误，那么，它自然就后现代了。其次是在非洲陷入发展困境时，沿用西方国家过去使用过的发展战略已明显失效。非洲必须创新，必须用后现代思维去安排发展计划和各项工作，环境史研究也不例外。只有突破这个认识上的瓶颈，非洲环境史和非洲史研究才会进入更高境界。

第二，非洲环境史研究在地区上极不平衡。南部非洲和东非研究多，比较深入，北非研究较少；农村研究多，而城市环境几乎没有研究。问题在于人们认为非洲工业化和城市化进程缓慢，与农村环境破坏相比，与发达国家相比，工业污染和城市环境问题不足挂齿。这是一种历史短视。非洲城市化正在畸形发展，大量农村穷人涌入缺乏良好规划的城市，致使城市环境问题越来越严重。非洲工业技术含量低，污染严重，随着工业化加速，这个问题越来越突出。一些人还认为，环境史大量使用的实地调查和口述史学的方法只适合处理殖民前的历史，最近发生的历史因为有文字记载而不需这种方法。其实，现在的记录并不全面，而且多是官方声音，难以反映草根民众的意愿。[①] 另外，实地调查所反映的对地方性知识的寻求对抗了虽带来文明进步和统一但也毁灭了文明多样性的全球化进程。[②] 抛弃误解、均衡研究才能给非洲发展提供更有价值的参考，为撰写完整非洲环境史创造条件。

第三，非洲环境史研究的发展有赖于拓宽史料来源，革新对史料的认识。史料是历史研究的基础。在非洲古代环境史研究中，还有很多是模糊、甚至是推测的，原因在于考古资料有限。要提高研究水平，尚需进行更多考古发掘，多收集文字和口述资料。更重要的是改变对二手资料的认识。认为二手资料经过取舍分析而不再真实客观的观点并非绝对正确，因为语言本身具有解释功能。在二手资料的增速远超过原始资料时，承认许多前人整理或研究的成果作为二手资料也是有重要价值的史料，将对非洲环境史研究尤具重要意义。

---

① C. K. Adenaike & Jan Vansina(eds), *In Pursuit of History: Fieldwork in Africa*, p.136.

② C.吉尔兹著，王海龙等译，《地方性知识：阐释人类学论文集》，中央编译出版社，2000年，第19页。

最后，在知识经济时代，知识的生产和消费将在市场中占越来越大的份额，非洲这块神奇大陆的过去将激发人们强烈的好奇心和探索求知欲望。非洲环境史研究必须适应互联网时代人们消费知识的要求，史料共享、研究过程透明、读者或消费者参与、虚拟历史过程、研究结果多元、表现形式多样、适合网上传播。这对职业历史学家的素质提出更高要求，其知识结构要更全面，在分析史料时要表现出高人一筹的史识，否则其市场份额就会被业余的网络历史写手抢占。

第五章

印度环境史研究

印度具有灿烂辉煌的历史，也是一个史学大国。享誉国际史学界的庶民研究和后殖民主义史学都是从印度起源的。在环境史研究中，印度虽然起步较晚，但不甘落后，不但做出了很多具有理论意义的研究成果，还成立了自己的学术组织。活跃在印度的环境史学家和在西方世界的印度裔环境史学家是国际环境史学界一支非常值得关注的力量。

印度是多样性和统一性的混合体。在开国总理尼赫鲁的笔下，印度是多姿多彩的，次大陆上点缀着山谷和河流、农民和中产阶级等。在政治学家基尔纳尼笔下，印度是用哲学、宗教、文化中包含的"印度精神"（the Idea of India）连缀在一起的整体。[①] 在这样的政治和学术氛围中，印度的环境史研究呈现出与世界其他地方不同的特点。本章主要探讨三个问题，分别是：印度环境史研究是如何兴起的？印度环境史研究关注的焦点是什么？印度环境史研究的特点是什么、存在什么问题？

第一节　印度环境史研究的兴起和发展

通常情况下，历史学中的一个分支学科或新研究领域的萌芽和形成要么由内部问题激发，要么由外部压力促成。美国环境史研究主要是随着现代环境主义运动的兴起和深化而催生的，法国环境史研究的兴起在一定程

---

① Christopher V. Hill, *South Asia: An Environmental History*, Santa Barbara: ABC-CLIO, Inc., 2008, p. xvii.

度上与其历史学和地理学不分家的传统和年鉴学派重视环境的努力分不开。印度环境史研究的兴起从时间上讲比美法都要晚，从动力机制上讲是两方面共同作用的产物。

印度在获得独立后，推行尼赫鲁倡导的现代化战略，希望能尽快赶上西方发达工业化国家，环境问题并未引起广泛关注和重视。但是，这种情况在 1970 年代发生了变化。在促进农业发展过程中，印度政府希望通过进一步开发自然资源来提高农业生产率的政策并未取得应有成效，相反，随着商品经济的发展，居住在林区的农民越来越感到其生计和传统权利受到威胁。国家在森林开发过程中，既没有明确希望通过开发和保护森林来满足当地民众的真实需求和尊重村民自由进入森林的权利的政策，也没有阻止来自外部的片面商业化造成的欠发达和对传统生计文化的损害。1973 年，北方邦的群众，尤其是妇女发起了席卷整个喜马拉雅地区、抵制商业性采伐森林的“抱树运动”。1980 年，斗争取得初步胜利，政府决定禁止在该区域砍伐森林 15 年。与此同时，在首都知识分子中也掀起了一场反对 1982 年森林法草案的运动。该法案意在进一步强化国家对占全国土地面积 23% 的森林的控制，剥夺当地居民的传统权利，并由国家决定赔偿数额。反对运动由“人民民主权利阵线”和“印度社会研究所”领导，它们组织来自森林地区的行动者在议会进行持续不断的游说，最后迫使政府放弃该法案。这两个运动都呈现出两个明显的特点，一是采用独具印度特色的非暴力不合作方式；二是成功地将人们关注的焦点从工业化等转移到影响人们日常生活的、司空见惯但往往被忽略的树木、水、空气、土壤等环境因素。[①]

另一个引人注目的事件是“拯救纳马达河运动”。修建有利于发电、防洪和灌溉的大型水利工程是推动工业化和发展的重要象征。尼赫鲁曾把大坝誉为“印度复兴的新殿堂”（the new temple of resurgent India）。纳马达水利工程由两个大坝、28 个小坝和 3000 多个其他水利工程组成，世界银行为其提供巨额资金支持。项目从开工之日起，就遭到当地群众的抗议。最初，群众喊出的口号是“先定居、后建坝”；后来随着反坝运动的深入，群众关注的重点转向了环境保护，提出了“要发展、不要破坏”的口号。在反坝团

① Ramachandra Guha，*The Unquiet Woods: Ecological Change and Peasant Resistance in the Himalaya*（expanded edition），University of California Press，2000.

体的有效斗争之下，世界银行在1994年停止了贷款，印度政府在1995年决定停止建设。“拯救纳马达河运动”与“抱树运动”不同，它反对的是“大的是美好的”这一流行的现代化观念，它要达到的目标是“自己统治自己的村庄”和“人民的发展”。[①]

从这两类运动的发展来看，印度现代化与当地群众利用环境的传统发生了尖锐矛盾，这就对历史研究提出了新的要求。具体表现在两个方面：一是要研究在先前的历史研究中往往被忽略的下层群众的历史，了解他们的“细小声音”（small voice）。二是要研究他们赖以生存的环境，尤其是对他们来说行之有效的人与环境互动的模式。与此同时，印度的历史研究和农业史研究发生了重要转向。历史研究中兴起了把关注点从精英转向底层的“庶民研究”，农业史（更广泛地说是经济史）研究也开始关注维持生计的资源环境及其利用模式的问题。

“庶民研究”起因于对1970年代身处剑桥和德里的南亚史学家关于印度民族主义的辩论的再认识。剑桥学者认为，印度民族主义是少数印度精英通过动员大众反对英国统治并获得权力的斗争；德里学者认为，殖民开发为印度不同阶层的结盟创造了条件，民族主义领导在此基础上组织大众参与争取国家独立的斗争。但在“庶民研究”的主将拉纳吉·古哈看来，这两种民族主义都是精英主义（前者代表的是殖民主义精英主义，后者代表的是民族主义精英主义），都把印度民族的形成和民族主义的发展完全或主要归结为精英者的成就，忽略了底层阶级独立的政治行动的地位。“庶民研究”就是要探索与精英政治并行的、自主的人民政治领域，通过研究农民起义来揭示“庶民性”，进而通过对文本的批判性分析来展示多元现代性或混杂的现代性。[②]“庶民研究”中对农民起义和现代性的再认识与地方人民的现实斗争要求相契合，在疫病、工作环境、资源分配和利用等领域的研究中率先

---

① 参看张淑兰，“印度环境非政府组织：以NBA为例”，载郇庆治主编，《环境政治学：理论与实践》，山东大学出版社，2007年，第215—236页。Christopher V. Hill, *South Asia: An Environmental History*, Case study C: Narmada Bachao Andolan (Save the Narmada Movement).

② 查特吉，“关注底层”，《读书》，2001年第8期，第14页。参看刘健芝，许兆麟选编，《庶民研究：印度另类历史术学》，中央编译出版社，2005年。

走出一步，[1] 因为要倾听庶民在当地的声音就不能不了解他们与周围自然环境的关系。

印度的农业史研究受到了法国年鉴学派（尤其是其两个核心概念“整体史”和“长时段”）的深刻影响。从整体史的要求来看，印度经济史研究必须把农业经济置于它发生的生态环境中，就像费弗尔把自然环境和资源利用方式相联系、布洛赫把耕地与林地和牧场结合、布罗代尔和拉杜里强调自然环境对人类生活的影响那样来思考印度殖民时代土壤类型、气候变化模式、人口密度等对农业经济的重要性。[2] 需要指出的是，印度农业史研究也像年鉴学派一样，认为环境是静止的、没有变化的，没有注意到人类认识、利用和征服自然的一面。[3] “长时段”概念对印度这样一个历史悠久、经常发生断裂与延续的国家来说，更是提供了一个有利的分析工具。历史上的多次蛮族入侵、殖民主义和独立后的工业化进程严重割裂了印度原有的生态和社会组织结构，但传统的资源利用方式如狩猎采集、游牧游耕和生计农业并未绝迹，而是生生不息传承下来。从某种意义上说，印度史比法国史可能是更适合用“长时段”概念来分析的对象。在年鉴学派的影响下，印度经济史研究逐渐发生了一个范式的补充或转换，注重生态的范式逐步补充甚或取代以工业化、发展和现代化为主导的范式。[4] 把年鉴学派的概念和方法最先应用于印度史研究的是设立在本地治里的法国研究所，尤其是让·菲力奥扎领导的研究项目。此后，注重环境的经济史研究成果集中体现在1982年出版的、两卷本《剑桥印度经济史》。它认为，中世纪印度的经济发

---

① 在庶民研究学派中，最关注环境的是 David Arnold 和 Ramachandra Guha。参看 David Arnold, “Famine and peasant consciousness and peasant action”, in Ranajit Guha (ed.), *Subaltern Studies III*, New Delhi: Oxford University Press, 1984, pp.62—115. “Touching the Body: Perspectives on the Indian Plague, 1896—1900”, in Ranajit Guha (ed.), *Subaltern Studies V*, New Delhi: Oxford University Press, 1987. Ramachandra Guha, “Forestry and social protest in British Kumaun, c.1893—1921”, in Ranajit Guha (ed.), *Subaltern Studies IV*, New Dehli: Oxford University Press, 1985.

② 两者之间的联系及其相关研究成果集中体现在: Special issue on “Essays in Agrarian History: India, 1850—1940”, *Studies in History*, Vol.1, No.2, New Series, 1985.

③ Ramachandra Guha, “Writing environmental history in India”, *Studies in History*, Vol. 9, No.1, New Series, 1993, p.123.

④ Marika Vicziany, “Indian economic history and the ecological dimension”, *Asian Studies Review*, Vol.14, No.2, 1990, p.75.

展建立在对丰富资源的密集利用基础上，但不幸的是生态破坏的进程也随之开始。随着印度现代经济的形成和发展，运河和铁路的修建、土地整理和国内国际市场经济的发展都带来了诸如土壤侵蚀、森林滥伐、物种衰退等生态退化现象。有权威的《剑桥印度经济史》认可，很多印度经济史学家纷纷涉足或转向对经济进行生态分析，涌现出一系列研究成果。

现实需要和历史学的转向相结合，共同推动了印度环境史研究在1980年代后期的兴起。[①] 其标志是一系列研究成果相继问世，其中尤以古哈的《喧嚣的森林：喜马拉雅地区西部的生态变迁和农民抵抗》为代表。[②] 为什么要以此为分界线呢？主要原因有两点：一是古哈首次明确提出了撰写印度环境史的概念并推出专著。二是从此以后印度环境史研究不再是学者们各自凭兴趣研究，而是有了大家比较集中关注的主题，逐渐形成了比较有凝聚力的研究重点。

印度环境史研究从兴起到现在大致上经历了兴起和成长两个阶段。在兴起阶段，印度环境史研究主要集中在森林史和土地利用史两个方面，这与印度环境史的兴起在很大程度上是由抱树运动和反坝运动激发的相关。当时的环境史学家大多具有从事环境运动的经历，因此，他们的研究从选题到结论在很大程度上具有强烈的道德判断色彩，在不经意间希望通过环境史研究为环境运动提供具有历史感和理论知识的支撑，甚至希望帮助环境运动明辨正确方向。兴起阶段的印度环境史研究具有很强的政治性，突出表现在两个重要观点上。一是认为前殖民时代的公有制和公社的森林利用对

---

① 这一说法是由 Richard Grove 等最先明确提出的，后来得到 Ramachandra Guha 的默认和解释（他说，在《喧嚣的森林》首次出版之前，在印度没有就这一主题进行研讨的论著，也没有相关的课程。对印度历史学家和大学的历史系来说，环境史在那时是不存在的。），Ranjan Chakrabarti 沿用并确认了这一说法。Richard H. Grove，Vinita Damodaran，Satpal Sangwan（eds.），*Nature and the Orient: The Environmental History of South and Southeast Asia*，Delhi：Oxford University Press，1998，p.6. Ramachandra Guha，“Indian environmental history（1989—1999）”，in *The Unquiet Woods*（expanded edition），p.222. Ranjan Chakrabarti（ed.），*Situating Environmental History*，Manohar，2007，p.20. 但美国学者希尔似乎并不认同这个观点，他认为印度环境史研究至少有百多年的历史，但作为历史学的一个分支学科，环境史似乎是从美国发源、随后传入印度的。参看 Christopher V. Hill，*South Asia: An Environmental History*，pp.xviii-xx.

② Ramachandra Guha，*The Unquiet Woods: Ecological Change and Peasant Resistance in the Western Himalaya*，Delhi，1989.

环境没有产生或只产生了很小影响，这是印度环境史上的"黄金时代"。二是认为殖民主义是印度环境史上的一个分水岭，造成了印度环境的大破坏。从学术研究的角度来看，这些观点的提出并非完全建立在扎实的历史研究基础上，往往都犯了以偏概全的错误，出现了过度"民族主义"的倾向。另外，从学术组织形式来看，兴起阶段的印度环境史研究尽管有共同关注的问题，但三股力量各自为政，很少组织大规模的学术交流活动。第一支力量是印度本土学者，按环境运动的需要来研究印度森林史，观点比较激进。第二支力量是以美国杜克大学的"南亚和东南亚热带环境史"项目为代表的一批学者，搜集和利用丰富的地方资料，采用统计和经验分析的方法研究土地利用对生态的影响。第三支力量是在英国工作的一批学者，他们利用印度事务部的藏书和档案以及牛津林学研究所的资料，从事专门的森林史研究。无论是从资料基础、研究方法还是研究取向来看，这三股力量都差别甚大，各有特色同时各具片面性。[①] 此时的印度环境史研究虽然异彩纷呈，但都缺点明显，需要相互交流和取长补短。

印度环境史研究兴起后，学术自觉不断增强，迅速进入快速成长阶段，主要标志是 1992 年出版的《破碎的土地：印度生态史》。[②] 如前所述，在印度环境史研究的兴起中，有两个因素发挥作用。环境运动的激发在兴起过程中发挥了主要作用，并继续发挥影响；历史学中庶民学派和经济史的变化是印度环境史研究成长的真正知识基础，开始发挥关键影响。主要体现在三个方面：一是印度环境史研究的内容和范围迅速扩大，从主题来看，从森林和土地利用扩展到畜牧等领域；从时间来看，从侧重 1857 年后的殖民主义时期向整个印度历史扩展；从空间来看，从注重印度北部和印度河流域逐渐扩展到全印度各个地区。二是印度环境史研究的学术性迅速提升。研究者们努力抑制政治激情，竭尽全力搜集各种资料，除了历史学家熟悉的档案和文献资料之外，印度环境史学家积极从考古发掘、地质勘探、水文记录等自然和工程科学的研究中寻找自己需要的零散资料，同时辅以实地调查

---

① Richard H. Grove, Vinita Damodaran, Satpal Sangwan(eds.), *Nature and the Orient: The Environmental History of South and Southeast Asia*, pp.9—11.

② Madhav Gadgil and Ramachandra Guha, *This Fissured Land: An Ecological History of India*, New Delhi: Oxford University Press, 1992.

和口述历史研究。在尽可能全面占有资料之后，环境史学家不再局限于历史学的传统治学方法，而是采用跨学科的研究方法，在广泛吸收相关学科研究方法长处的基础上，实现了社会史、农业史、科学史等与环境史的有效整合，并对自己研究的领域做出全面稳妥的概括和解释。印度环境史学者还提出了自己的解释模式，形成了相对比较系统的环境史理论。印度的环境史研究对美国等国家的环境史研究形成了新的启示。保罗·萨特尔认为，印度环境史研究中注重殖民主义的环境影响、强调国家与农民的关系等不但为深化美国环境史中某些主题的研究提供了一个可以进行比较的参照物，甚至还对美国环境史研究提供了一个研究先前被忽略的问题的可以借鉴的模式。[①] 三是印度环境史研究的组织性不断加强，研究成果进入大学课程目录，并对印度历史学发展形成一定程度上的挑战和渗透。自印度环境史学家在福特基金会资助下、在意大利的贝拉吉奥会议中心召开了名为"变动中的南亚环境"之研讨会以来，几乎每年都要举行若干次大型国际南亚环境史研讨会，会后出版论文集，向国际学术界集中展示自己的研究成果。[②] 除了来自国外的基金会和出版社的支持之外，印度国内的基金会和出版社也积极支持环境史研究的发展。印度著名的出版商 Indus，Monohar，Concept Books，Permanent Black 等都对环境史表现出浓厚兴趣。2004 年，印度大学资助委员会选定贾达普尔大学历史系为未来从事印度环境史教学与研究的中心并给予长达 5 年的资助。在其于 2001 年发布的课程样板中，明确指出

---

① Paul Sutter，"Reflections：What can U. S. Environmental Historians learn from Non-U. S. Environmental Historiography?"，*Environment and History*，Vol.8，No.1，2003. 把美国国家公园史和荒野保护史研究推向新阶段的卡尔·杰考比也在其著作中公开说明自己在选题和研究过程中受到了印度环境史研究的影响和启发。Karl Jacoby，*Crimes against Nature: Squatters, Poachers, Thieves, and the Hidden History of American Conservation*，University of California Press，2001.

② 影响比较大的几次会议及其论文集分别是：1992 年的贝拉吉奥会议论文结集为：David Arnold and Ramachandra Guha（eds.），*Nature, Culture, Imperialism: Essays on the Environmental History of South Asia*，Dehli：Oxford University Press，1995. 同年，由印度科学技术和发展研究所在新德里召开的环境史会议的论文结集为：Richard H. Grove，Vinita Damodaran，Satpal Sangwan（eds.），*Nature and the Orient: The Environmental History of South and Southeast Asia*. 2005 年在贾达普尔大学召开的名为"环境史的定位和现状"的国际会议论文分别结集为：Ranjan Chakrabarti（ed.），*Does Environmental History Matter? Shikar, Subsistence, sustenance and the Sciences*，Tandrita Chandra，2006. *Situating Environmental History*，Manohar，2007.

无论是在本科还是研究生课程中都应设有环境史课程。[1] 贾达普尔大学、加尔各答大学、尼赫鲁大学等都在本科教学中设立了环境史课程，有些大学还设立了专门的研究生环境史讨论课。马赫士还专门为印度环境史教学编辑了参考资料：《环境问题研究读本》。[2] 2006年3月，印度环境史学家在贾达普尔大学历史系召开的“南亚水的历史”的国际会议上成立了“南亚环境史学会”，开设了网站，[3] 筹备出版《南亚环境史杂志》。在印度环境史研究的广度和深度不断扩展以及环境史学家的集体声音越来越强的条件下，尽管主流历史研究依然保守，但环境史逐渐在印度历史学研究中觅得一席之地，赢得了尊重。

总之，在环境运动和历史学内部变革的双重动力推动下，印度环境史研究虽然起步晚，但充分利用自己独特的优势条件，扬长避短，不但产出了很多重要的研究成果，而且已经对国际环境史和印度历史研究的发展产生重要影响。那么，印度环境史研究在过去20年最为关注的主题和问题是什么？

第二节 印度环境史研究的几个重要主题和问题

像世界其他地方的环境史研究一样，印度环境史研究者也来自不同学科领域，他们对环境史的概念也有着不同理解，同时也采用具有不同侧重的研究方法。在归纳印度环境史研究的重要主题之前，必须首先对印度环境史研究中经常使用的“生态史”和“环境史”概念的区别与联系做一个说明。生态史显然是从生态学的基本概念和基本理论出发来研究的。生态学从理论上讲是研究活的有机体与其外部世界的关系的科学，其中每一个有机体都与其他的有机体存在密切联系，或是相互冲突或是相互补充。在实际研究过程中，生态学只研究没有经过人类改造过的自然界，人在形成自然界的

① UGC, *Model Curriculam*, New Dehli, 2001, p.123. 转引自 Ranjan Chakrabarti(ed.), *Does Environmental History Matter? Shikar, Subsistence, Sustenance and the Sciences*, p.xxiv.

② Mahesh Rangarajan(ed.), *Environmental Issues in India: A Reader*, Dehli: Pearson Education in South Asia, 2007.

③ The Association of South Asia Environmental Historians—ASAEH, http://asaeh.org

过程中被看成是不相关的或外来的因素。采用生态史概念有利于在研究过程中更多吸收自然科学的方法和成果，有利于摆脱历史研究中过分人类中心主义的倾向，但在现有世界的自然几乎没有不与人类发生作用的前提条件下，在人们越来越关注沙漠化、森林滥伐和温室气体等环境问题以及自然科学越来越被看成是文化和历史建构的时候，生态史概念的局限性日益显现，并阻碍着研究工作的发展。环境史是以环境科学的概念和理论为基础的，它研究历史上人与自然环境的相互作用。环境既是人类历史发生的舞台，也是这个舞台上的能动角色，直接或间接地形塑着人类的生产和生活。反过来，人类也比任何其他的有机体更能改变自然，人是自然的创造者。从这个意义上看，环境史所依据的环境概念远比生态概念的外延要广，不仅指没有经过人类改造过的自然，也指在历史上经过人类改造但现在仍然大体上保持自然面貌的相对自然或过渡景观（mediated landscape），还更适合当前人们关注的环境问题。因此，环境史概念比生态史概念更具包容性和时代感，但还不能完全取代之。于是，在印度环境史研究中就出现了这两个概念并用或混用的现象。生态学出身的马得哈夫·贾得吉尔喜欢用生态史概念，历史学出身的戴维·阿诺德喜欢用环境史概念，而社会科学出身的拉马钱德拉·古哈两者都用，在与前者合作时用生态史，在与后者合作时用环境史。[①]

印度环境史研究的第一个重要主题是提出了一套环境史研究的理论框架，它集中体现在《破碎的土地》中和作者的一系列其他著述中。在传统的或唯物主义的历史研究中，我们通常把社会分成四个部分，分别是经济、政治、社会和文化。这四者之间的作用就是我们结构政治史、经济史、社会史、文化史等历史研究领域的基本框架。显然，这些框架不适合环境史研究，因为其中根本没有环境的应有位置。实际上，人虽然是整个生物界中最有文化的特例，但也不能外在于生态过程。人类虽然按自己的文化想象重塑着自然界，但生态过程仍然是社会生活进化的基础。自然和社会是相互依赖和相互作用的关系。如果不能把历史事件和历史进程置于人类赖以生存的生

---

① Madhav Gadgil and Ramachandra Guha, *This Fissured Land: An Ecological History of India*. David Arnold and Ramachandra Guha(eds.), *Nature, Culture, Imperialism: Essays on the Environmental History of South Asia*.

态过程中来理解的话，历史学家就不能正确全面地理解历史。因此，环境史研究需要在原有的历史分析工具中加入生态基础（ecological infrastructure）的概念，需要用资源利用方式（modes of resource use）概念来补充作为传统历史研究主要分析工具的生产方式（modes of production）概念。[①]

这一分析框架的形成经历了一个不断探索和完善的过程。在《破碎的土地》的第一部分，贾得吉尔和古哈认为，整个人类历史可以资源利用方式为纵轴划分为采集（包括游耕）、游牧、定居农耕和工业四个阶段，可以不同主题为横轴划分为技术、经济、社会组织、意识形态和生态影响五个方面。采集阶段是人类历史上延续时间最长的阶段。那时人类主要使用肌力和薪材提供的能量；在采集狩猎过程中形成了以血缘为纽带的、小规模的社会组织；形成把人看成是反复无常的自然之一部分的认识；虽然也出现了某些大型哺乳动物灭绝等生态毁灭现象，但总体上看人类对生态的影响是很小的。游牧在很多情况下是与农耕同时出现的（都源于动植物的驯化），但由于它们对环境（尤其是降雨量）的需求不同而分布在世界上的不同生态区域。在游牧阶段，人类除使用肌力和薪材提供的能量之外，还大量使用畜力；在游牧生产过程中形成的虽然仍是以血缘为纽带的社会组织，但其规模已大增；虽然还认为自然是反复无常的，但人已不再是被动的适应者，而是潜在的统治者；由于牲畜变成了财富以及与农业地区贸易的发展，过度放牧和生态退化的趋势逐渐加强。在定居农耕阶段，除了继续使用先前已经使用的能量之外，人类还在一定程度上利用煤炭和水力；虽然血缘仍是社会组织的重要纽带，但非血缘关系越来越重要，社会团体的规模已达数千人；在农业生产活动中，人们逐渐形成了自然在一定程度上受制于客观法则、人是自然管理者的认识；密集的农业生产活动不但改变了自然景观，而且在人口过多的地方造成生态崩溃。在工业阶段，人类主要使用化石燃料、水电和核能，先前主要依赖的能量的消耗率越来越小；社会组织的规模大大增加，劳动分工在社会组织的形成过程中发挥重要作用；在工业生产中，人们认识到自然在很大程度上有规律可循，人不但高于自然，而且外在于自然，人是自然的征服者；工业化对自然的影响在人类历史上是最大的、

① Madhav Gadgil and Ramachandra Guha, *This Fissured Land: an Ecological History of India*, p.13.

前所未有的，甚至达到了危及工业文明延续的程度。显然，这四种资源利用方式之间存在着资源利用强度不断增强、资源流动范围持续扩大、造成的环境破坏日趋严重的递进关系。需要说明的是：前述四种资源利用方式是理想形态的，在同一社会形态中可能同时存在多种资源利用方式，但毫无疑问有一种是占主导地位的。

尽管这一理论分析框架在一定程度上弥补了传统人文和社会科学理论忽视生态基础的不足，但它存在一个明显的问题，就是遗漏了政治体制这一重要维度。1993 年，古哈发表了《在印度撰写环境史》一文，指出环境史研究的是发生在特殊地域和特殊时段的、生态基础和经济、社会结构、政体和文化相互作用（reciprocal interaction）的关系。[①] 就生态基础和政治的关系而言，可以研究的内容包括：国家通过立法对自然资源利用的干预、围绕资源利用发生的纠纷和冲突、环境运动对资源利用关系的影响和调整等。应该说，印度生态史理论的提出补充和完善了先前社会科学分析工具的不足，但从环境史理论的角度来看，该理论存在两个问题：一是没有解释生态基础内各因素之间的关系，致使不同资源利用方式内各因素在横向联系和纵向演进上是否具有必然联系并不清楚。二是把从一种资源利用方式向另一种的进化或转变归结于人类节俭和挥霍的本性，这并不科学。围绕这一理论的是非长短，印度环境史研究从生态与殖民主义、科学与生态发展等重要方面展开了激烈争论和深入研究。

印度环境史研究的第二个重要主题是殖民主义在印度环境史上的作用。在《破碎的土地》的第五至八章中，作者指出殖民主义构成了印度历史上的一个"生态分水岭"。随后涌现大量研究殖民时代森林史的论著，强化该观点。同时也遭到强烈质疑，学者们从三个不同方面进行争论。首先，理查德·格罗夫从历史的连续性方面提出了针锋相对的观点，他认为：第一，早在殖民统治初期，殖民政府就在殖民学者的推动下开始关注森林滥伐引起的土壤侵蚀和气候变化问题，不能把早期殖民统治与 1858 年后的殖民统治截然分开。第二，不能把殖民时期与前殖民时期截然分开，因为有许多事

---

① Ramachandra Guha, "Writing environmental history in India", *Studies in History*, Vol.9, No.1, 1993, pp.125—126.

例可以证明前殖民时期也存在森林滥伐，森林滥伐绝不是殖民时代的特例。第三，在前殖民时期也存在许多由国家控制森林的事例，并不是在殖民时代才突然出现国家控制森林的情况。[①] 古哈通过深入研究回应了上述质疑。关于为什么森林史的研究主要集中在1858—1947年，他认为关键原因有两条：一是殖民者在成立了林业部后留下了大量关于森林立法、森林管理、森林状况等的文字资料，这给初出茅庐的环境史学者的研究在客观上提供了便利。二是英国殖民统治确实给印度带来了广泛、迅速而深刻的变化，环境史学家可以从英国政策如何改变了原有的资源利用方式及其给自然环境带来了什么样的根本变化等方面便捷地提出研究选题。因此，是客观研究条件造成了时段的集中，而不是要在主观上割裂1858年前后的历史连续性。关于前殖民时期和殖民时期的关系，他认为，在前殖民时期的印度确实发生了森林清理和把林地转化为农地和牧场的情况，这是谁都不能否认的，但问题在于清理林地后形成的耕地和牧场、林地之间的合理安全的关系被英国殖民统治削弱了。在前殖民时期，虽然森林被清理但并未出现生态崩溃和关于森林的社会冲突的现象，但在殖民时期，当地森林社会不得不面对国家政策引起的森林资源短缺的问题，群众掀起多次反对国家管理森林的斗争。在前殖民时期，确实存在铁普素丹保留檀香树为皇室使用、信德阿米尔在某些地区保有狩猎权的现象，但这只是地区性的，也不常见，不能以偏概全。相反，在马德纳斯，森林由原来的公有财产变成了殖民国家的财产，当地人如果要使用就必须缴纳林业部规定的各种税。[②] 所以，古哈坚持认为，虽然前殖民时期和殖民时期具有一定连续性，但殖民时期印度环境史确实发生了根本性的变化。

其次，阿恰纳·普纳萨德等从知识基础和经济联系方面驳斥了对印度环境史断裂性的过分强调。“生态分水岭”理论认为，印度前殖民社会是由种姓制度主导的、调适融洽的、各社群都占有独特生境的社会。这一社会因人口少、需求有限、对资源利用有文化限制等而形成稳定的、甚少交流的、

---

① Richard Grove, *Green Imperialsim: Colonial Expansion, Tropical Island Edens and the Origins of Environmentalism, 1600—1860*, Cambridge University Press, 1995.

② “Remarks by the Board of Revenue, Madras”, dated 5 August 1871. 转引自 Ramachandra Guha, “Indian Environmental History (1989—1999)”, p.219.

以节约为基础的资源利用制度。但在进入殖民时期后，这种环境友好的生存方式被殖民国家推动的工业化和资本主义所摧毁。作为部落民安身立命的采集和生计生产逐渐衰落并让位于商品生产；工业资源利用方式中断了当地部落社会及其全部文化调适手段；部落社会的利益被与市场经济联系在一起的、由商业和贸易决定的个人或团体利益取代。阿恰纳·普纳萨德等质疑这种看法。他们认为，对前殖民时期部落社会和文化的描述是建立在20世纪30、40年代人类学家的研究基础上的。他们认为部落生活是简单而愉快的，充满着自然乐趣；部落民虽然贫困，但生活在美丽如画的、芳香四溢的森林中，欢度绚丽多彩的节日，体现了分享共生等价值。因此，部落的自由和价值需要保护，不需要引入部落不能适应的任何条件，掠夺性的工业生产方式的引入只会毁掉部落生态文化。显然，这些人类学家对部落社会进行了浪漫化解释，并不符合历史实际。前殖民时期的部落社会并不是孤立的，而是与当地或区域性的政治经济紧密相连的。如印度中部的部落民把自己的森林产品卖给附近的手工业者和农民，并从畜牧业者那里买回食物、食用油和衣服。殖民者到来后，这种联系被扩大，使之加入全球资本主义的不平等交换体系。殖民统治不仅剥夺了部落民使用周围自然资源的权利，还把他们变成了廉价劳工和原材料的供应者。普纳萨德等强调的是前殖民时期和殖民时期的连续性。①

再次，马赫士从国家与社会关系的视角重新审视了把殖民主义看成是生态分水岭的观点。他认为，把前殖民时期看成是传统的、人与自然是平衡关系、把殖民时期看成是现代的、人与自然是不和谐关系的认识是简单化的。因为：第一，从理论上讲，传统与现代并非绝对对立。传统中蕴涵着现代性，现代中融合了传统因素。传统和现代都会在不同社会和生态环境中得到重构，形成替代性的传统或现代。第二，从方法论上讲，印度的生态文化区域丰富多样，同样的国家政策在不同区域对不同人群具有不同意义。在这种情况下，综合研究必须非常慎重，形成结论必须非常小心，要谨防绝

---

① Archana Prasad, *Against Ecological Romanticism: Verrier Elwin and the Making of an Anti-modern Tribal Identity*, New Dehli, 2003. Mahesh Rangarajan, *Fencing the Forests: Conservation and Ecological Change in India's Central Provinces*, New Dehli, 1996. Sumit Guha, *Environment and Ethnicity in India, 1200—1900*, Cambridge, 1999.

对化。第三，在前殖民时期，农业和城市的扩展确实改变了当地自然景观和动物栖息地，也引起了农业核心地区和森林内陆地区之间的地域冲突和民族纠纷，但是这种变化并非整体性的，这种冲突也非完全敌对的、而是在互惠关系基础上的矛盾；国王和部落领袖之间形成了虽然松散但富有弹性的政治关系和收入分配关系，这种关系能够容纳各种资源利用方式存在并相互补充。殖民政权建立后，在资源使用方式上形成等级制度，定居农耕受到更多重视，采集狩猎游耕和游牧等资源利用方式以及主要以此为生的部落逐渐被排斥到权力体系的边缘。第四，在殖民时代，尽管有殖民政权的打压，传统资源利用者虽然变成了受管理的劳动力资源，但他们仍然有能力适应、生存甚至创新，在很多地区一直存在到现在。殖民者甚至也在劳动者的压力下不得不修改其政策。这也说明，尽管在人口不断增加、财富积累日趋集中等压力下，传统资源利用体系的作用日趋削弱，但其知识和技术仍然是有活力和适应能力的，可以在未来发挥积极作用。殖民知识也不能被简单地认为是在本质上反自然和反人民的（生态学其实就是现代环境保护运动的知识基础之一）。所以，无论是从理论上还是从历史事实来看，传统的和现代的资源利用体系之间并非一直是对立的关系，前殖民时期的人与自然关系并非一直和谐，殖民时期的人与自然关系也并非一直是退化和破坏。①

从这些相互质疑中，我们可以看出，殖民主义确实在印度环境史上产生了深刻影响，但它并未使之与前殖民时期完全断裂，其中的连续性依然存在；传统的和现代的资源利用方式并不能简单地定性为和谐或不和谐，其内容是丰富多彩、复杂多样的；随着研究范围从北部向中部或南部高原地区的推进，前殖民时期自然和社会是和谐的观点会受到更多挑战。②

印度环境史研究的第三个重要主题是殖民时代科学与发展的关系问题。

---

① Mahesh Rangarajan, “Environmental histories of South Asia: A review essay”, *Environment and History*, Vol.2, No.2, 1996, pp.129—139.

② K. Sivaramakrishnan, “Science, environment and empire history: comparative perspective from forests in colonial India”, *Environment and History*, Vol.14, No.1, 2008, p.44.

如果把殖民主义在印度的统治喻为一出五幕生态剧的话，[①]那么它的主题就是科学与生态进步或发展的关系。殖民主义在从赤裸裸的掠夺转入自由贸易阶段后，殖民地迅速变成了宗主国的原料和初级产品的产地。为了能够持续剥削下去，殖民科学家在殖民地进行了许多探险旅行和学术研究。从18世纪末到19世纪初，英国的科学爱好者在印度通过考察研究，对当时气象学、热带医学、地质学、地图学、植物学、动物学、人种学做出了积极贡献。在19世纪，英国科学家通过在印度这个实验室和田野考察站的研究，促进了造林学、园艺学、林木栽培学、土壤学、森林水文学和昆虫学等的发展。[②]从1850年起，土地测量、养鱼学、农学、兽医学等不但得到发展，还在整个大英帝国通过由研究机构和国际会议等组成的交流网络传播开来，并与人口学、人类学等社会科学结合共同支撑着帝国主义时代的科学资源管理体系和生态发展。[③]

英国科学爱好者到印度后，最主要的研究方式是旅行观察。在他们的游记或考察报告中，直接记录了所到之处的景观、地形、植被以及人对自然的影响。其文本因当时亲自到过印度的人数极少而在现代科学史上有了权威性，成为研究相关问题的认识起点，同时被殖民者充分利用成为征服和改

① Ravi Rajan借用了Timothy Weiskel提出的生态剧概念，并对它进行发展。第一幕上演的是，欧洲殖民者带着自己的动植物等生物群体在入侵殖民地后造成了严重的社会和生态断裂；第二幕上演的是，殖民者占领了先前尚未完全占领的生境并剥削其中的生态资源；第三幕上演的是，生态扩张对当地人及其生境造成的冲击和当地人对这种生态剥夺的反抗；第四幕上演的是，随殖民主义而来的社会和生态重组过程；第五幕上演的是，在殖民生态体系中形成的掠夺者和牺牲者的关系。Timothy C. Weiskel, "Agents of empire: steps toward an ecology of imperialism", *Environmental Review*, Winter, 1987. Ravi Rajan, "The colonial eco-drama: Resonant themes in the environmental history of southern Africa and South Asia", in Stephen Dovers, Ruth Edgecombe & Bill Guest (eds.), *South Africa's Environmental History: Cases & Comparisons*, Ohio University Press, 2002, pp.259—260.

② 参看Richard Grove, *Green Imperialism: Colonial Expansion, Tropical Island Edens, and the Origins of Environmentalism*; *Ecology, Climate and Empire: Colonialism and Global Environmental History, 1400—1940*, Cambridge: White Horse Press, 1997. David Arnold, *Science, Technology, and Medicine in Colonial India*, New York: Cambridge University Press, 2000; *The Tropics and the Traveling Gaze: India, Landscape, and Science 1800—1856*, Dehli: Permanent Black, 2005.

③ Gregory A. Barton, *Empire Forestry and the Origins of Environmentalism*, Cambridge University Press, 2002. S. Ravi Rajan, *Modernizing Nature: Forestry and Imperial Eco-Development 1800—1950*, India: Orient Longman Private Limited, 2008.

造印度文化和自然的指南。不过，他们的旅行并不是单向的，而是在宗主国和殖民地之间定期流动。所以，这些记录并不是对印度自然的客观描述，也不是对宗主国知识的移植和复制，而是他们带着来自宗主国已经发展的科学知识并以此为参照来观察印度的自然和关于自然的知识。反过来，随殖民扩张而来的观察和实验发现对欧洲科学的进步发挥了重要作用。显然，这样的知识是相互博弈和融合的结果。① 在这个过程中，印度的科学知识被“去魅”，代之以理性。殖民科学家的文本都充斥着用当时英格兰的农村景观和农业经济改造和取代印度的、用英国的兽医学知识控制印度的动物治疗实践的信息，散发出浓烈的“进步”意识，② 为后来殖民国家的暴力控制和干预提供了理论基础。但是，科学并不像民族主义史学家所说的那样只是“帝国的工具”，只是为殖民帝国的统治提供服务的系统知识。因为，科学在大英帝国传播也为现代环境主义的广泛开展提供了理论支持。这里所说的环境知识并不像理查德·格罗夫所说，是来自对岛屿人与环境关系变化的观察，而是来自法国科学家在阿尔卑斯山进行实地研究的结果。其中隐含的思想也不是如格罗夫所说重视环境的美学和道德价值同时忽视其经济价值，而是充斥着培根哲学思想，即自然是上帝赠予人类文明的礼物，是给人用于维持生活的进步发展的。显然，这里更重视的是自然的经济价值，而不是精神等价值。③ 但这并不是说，单一因素可以导致环境主义思想的兴起，实际上，环境主义和帝国主义在很多情况下有着相同的历史，两者是不能截然分开的。④ 帝国科学（imperial science）通过帝国科学交流网络形成了一个科学帝国（empire of science），其目标在于促进殖民地的经济开发并改造当地景观及其管理，进而持续满足宗主国的无限需求。⑤

---

① Roy MacLeod, “Nature and Empire: Science and the Colonial Enterprise”, *Osiris*, 15(2000), p.3.

② Richard Drayton, *Nature's Government: Science, Imperial Britain, and the “Improvement” of the World*, Yale University Press, 2000.

③ S. Ravi Rajan, *Modernizing Nature: Forestry and Imperial Eco-Development 1800—1950*, Chapter one, “A contract with nature”.

④ Gregory A. Barton, *Empire Forestry and the Origins of Environmentalism*, pp.21—26.

⑤ 参看 Kapil Raj, *Relocating Modern Science: Circulation and the Construction of Knowledge in South Asia, 1650—1900*, London: Palgrave Macmillan, 2006. Michael Havinden and David Meredith, *Colonialism and Development: Britain and its Tropical Colonies, 1850—1960*, London: Routledge, 1993.

在学科规训的作用下，自然科学与国家和市场力量结合，共同把由进步观念演化而来的发展变成了帝国的意识形态。科学家和国家管理者的结合开始于18世纪末期，用科学帮助经济发展的做法始于德国，在瑞典臻于成熟。瑞典生态学家林奈给植物学赋予了经济责任，认为植物学家的职责是让植物适应当地的环境，以增加国家的财富和实力。就林学的发展而言，森林变成了具有经济价值的、适合人类支配的领域，那些不利于提高其经济价值的因素统统被贬为障碍物而加以迅速清除。[①] 林奈生态学把对自然的敬畏变成了对自然的理性利用，把自然利益与国家利益结合在一起，把自然的经济体系与帝国经济联系在一起。另一方面，荒野被看成是进化过程中顶级群落的理想状态，其中蕴涵的壮美和当地性成为现代民族主义认同的核心文化价值，据此而建立的自然保留地成为传承国家精神的载体。[②] 福柯意义上的学科或话语支配力量与韦伯意义上的国家在这里形成了互为表里、相互促进的共谋关系。[③] 发展既是把殖民地联结成殖民帝国的纽带，也是殖民国家祭出的招牌，同时也是为其在后殖民时代维持潜在合法性埋下的伏笔。

对印度殖民时代科学与发展关系的研究与争论说明，科学既不像民族主义史学所说的只是"帝国的工具"，也不像殖民学派认为的给殖民地带来了福祉和现代文明。科学实际上也变成了一种社会和文化建构，进步和发展变成了一种意识形态，这两者通过殖民主义和帝国主义而相互促进，成为印度环境史上独具特色的一幕。

从印度环境史研究关注的主题来看，它与美国环境史研究关注荒野、城市环境史研究不同，它更注重对殖民时代国家与下层群众关系和科学与生态发展关系的研究。它带给我们的是从欧美环境史研究中得不到的新知识，展示的是启蒙运动以来的科技和政治发展成果到了殖民地后如何发生变异和当地化的历史，描绘了一幅世界环境史发展进程中多元现代性或混杂现代性的复杂图景。

---

① 这就是 Ravi Rajan 所说的"自然的现代化"（modernizing nature）。

② Peder Anker, *Imperial Ecology: Environmental Order in the British Empire, 1895—1945*, Harvard University Press, 2001, pp.222—227. Gunnel Cederloef & K. Sivaramakrishnan (eds.), *Ecological Nationalisms: Nature, Livelihoods, and Identities in South Asia*, Dehli: Permanent Black, 2005.

③ Bernard S. Cohn, *Colonialism and its Forms of Knowledge: The British in India*, Princeton University Press, 1996.

第三节 印度环境史研究的特点和问题

印度环境史研究虽然时间不长、发展迅速，但因印度特殊的历史和历史研究传统而形成并显露出一些突出的特点。

印度环境史研究具有鲜明的生态民族主义[①]特点。学者们在研究殖民主义及其对印度的影响时，往往会注意到与殖民者和被殖民者的价值都有关系的殖民混杂性（Colonial hybridity）问题。对殖民者来说，混杂性是教化被殖民者向殖民者学习的政策的产物，是现代性的表现；对被殖民者来说，混杂性既是民族及其文化差异的必然产物，又是用殖民者的价值向宗主国争取自由和独立的武器。因此，对世俗的宗主国或国家生态民族主义（Secular-metropolitan nationalism）者来说，关键是建立一种以发展和现代化等为主题的、从封建主义向资本主义、从专制向宪政、从传统向现代转变的叙事。[②]民族国家主导的发展项目就是把自然的所有因素都世俗化和商品化，然后以生产要素的方式投入生产过程，进而创造国民经济的增长。如前所述，印度环境史研究是在反精英主义的民族主义的学术氛围中诞生的，因而，其最重要的研究主题毫无疑问是批判殖民主义和延续了殖民国家政策的后殖民国家的世俗民族主义及其生态象征如大坝、森林政策等，[③]对受到甘地思想和浪漫的原始主义（primitivism）激励的土著主义（indigenism）大加宣传，甚至在一定程度上激起了把前殖民和前现代社会浪漫化的地方民族主义（ethnonationalism）和宗教民族主义（religious nationalism）。[④]歌颂性的土著生态民族主义（Celebratory-indigenist nationalism）者认为，穷人依靠并以传统方式保护的环境因素是国家遗产的有机组成部分，广泛存在

① 参看 Gunnel Cederloef and K. Sivaramakrishnan (eds.), *Ecological Nationalism: Nature, Livelihoods, and Identities in South Asia*, pp.6—9.

② Dipesh Chakrabarty, "Postcoloniality and the artifice of history: Who speaks for 'Indian' pasts?" in Ranajit Guha (ed.), *A Subaltern Studies Reader, 1986—1995*, Delhi: Oxford University Press, 2000, p.267.

③ Sumit Sarkar, "Orientalism revisited: Saidian frameworks in the writing of modern Indian history", in Vinayak Chaturvedi (ed.), *Mapping Subaltern Studies and the Postcolonial*, London, 2000, p.242.

④ Arun Agrawal and K. Sivaramakrishnan (eds.), *Social Nature: Resources, Representations, and Rule in India*, Delhi: Oxford University Press, 2001.

于风俗知识、文化多样性、生态财富和仁慈的当地政府等载体中。但它受到了国家发展项目的严重威胁，对这种发展方式的不满促成了土著生态民族主义的产生。因此，这两种生态民族主义并不是势不两立的，而是相互联系、互为因果的，共同构成了印度环境史研究中突出的生态民族主义特点。

印度环境史研究具有强烈的民族主义特点并不意味着它就故步自封，相反，开放的比较研究是印度环境史研究的另一个重要特点。印度是英帝国的重要基石，从印度诞生的许多科学技术和制度都经过帝国交流网络传播到大英帝国的各个殖民地，但各殖民地的具体环境状况千差万别，这些技术和制度在本地化过程中形成了自己的特点。这就为印度环境史研究的深入发展提供了丰富的比较对象。格罗夫在研究殖民地知识在现代环境主义兴起过程中的作用时，不但追溯了在印度形成的环境知识在非洲、印度洋岛屿和加勒比海地区的传播，还通过比较这些知识在不同地区的变异得出了现代环境主义兴起于像毛里求斯这样的热带岛屿的观点，对环境史研究中的欧美中心主义进行了有力回击。巴顿在此基础上更进一步。他分析了在印度长期工作过的林学教授 E. P. 斯戴兵在南非开普省工作期间如何总结印度的林业实践经验、如何把它应用于南部非洲的实际，并指出了印度人和非洲人眼里的萨凡纳的区别。另一个在印度长期工作过的殖民林学家 D. E. 胡钦斯也把在印度实践的林学经验和森林保留地政策分别带到了澳大利亚和新西兰；其总结印度林业实践的研究报告也成为在塞浦路斯、地中海地区和巴勒斯坦进行森林立法和管理的理论基础和学习榜样。[①] 通过大范围的比较研究，他认为，作为一种保护实践的现代环境主义始于 1855 年达尔豪西勋爵在印度颁布的森林特许状（Forest Charter of Lord Dalhousie），此后从印度开始的管理和保护森林的体系通过帝国林学运动（Empire forestry movement）传到包括美国在内的大英帝国和后来的英联邦。[②] 古哈还通过对从事环境保护的博物学家、林务员、科学家、政治家、哲学家和行动主义者的传记性描述，对印度和世界的环境主义思想和运动进行了深入的比较

---

① Gregory A. Barton, *Empire Forestry and the Origins of Environmentalism*, pp.95—129.

② Gregory Barton, “Empire forestry and the origins of environmentalism”, *Journal of Historical Geography*, 27, 4(2001).

研究。[①]他认为，全球环境主义在19世纪和20世纪初主要表现在思想上，形成了三个流派（回归土地，科学保护，和荒野思想），反映的是对工业化和现代国家权力的反动；从20世纪初到现在，全球环境主义更多地表现为群众运动，其目标体现了深度生态学和环境正义的理念，反映的是对丰裕的后工业社会的新认识。[②]"回归土地"思想影响了甘地、库马纳帕和泰戈尔等人，最后逐渐发展成既反对城市工业社会又反对农村森林社会、把农业乡村文明理想化的、倡导节约型生活方式的"农业主义"。相反，在美国出现的"荒野思想"为成立塞纳俱乐部和建立国家公园奠定了理论基础。印度环境主义偏重于让穷人分享自然的成果，强调社会正义；而美国环境主义重在保护动植物和荒野的权利。[③]这样的概括虽然难免会简单化，但把印度环境史置于英帝国和全球范围来认识无疑会凸显印度环境主义作为一种思潮和一种运动的独特性。

整体研究和具体研究在印度环境史研究中交相辉映。印度是一个统一的民主国家，又是一个能够发出多种声音、具有多种历史文化和生态区的国家。印度环境史研究既需要整体研究，也需要具体研究。一般情况下，历史学家总是认为，整体研究应该建立在充分的具体研究基础上，在资料和具体研究成果积累到一定程度后再进行综合才是符合逻辑的研究路径。但是，在开拓印度环境史研究新领域的特殊时刻，提出解释印度历史的环境史新框架和进行具体研究可以并行不悖。因为，人们在试图解决一个难题时，首先必须确定它的范围和结构，同时提出解决问题的思路和框架。另外，整体研究中虽然不可避免地存在资料和内容上的空白或断层，但它在形成有意义的研究问题、产生富有洞见的全局性观点和认识上是具体研究永远无法望其项背的。[④]当然，强调整体研究并不是要贬低具体研究的价值，相反在印度历史编纂学的主流从政治史向经济史和社会史扩展过程中，区域史（regional and local history）逐渐在1970年代成为研究生学位论文选

---

① Ian C. Wendt, "Ramachandra Guha's global histories of environmentalism", *World History Connected*, Vol.5, No.1, October 2007.

② Ramachandra Guha, *Environmentalism: A Global History*, New York: Longman, 2000.

③ Ramachandra Guha, *How Much Should A Person Consume? Environmentalism in India and the United States*, Berkeley: University of California Press, 2006.

④ Madhav Gadgil and Ramachandra Guha, *This Fissured Land: An Ecological History of India*, pp.6—7.

题的首选。[①] 环境史研究在印度兴起后，与史学编纂的这一新潮流迅速融合，其研究迅速呈现出带有浓厚地方性的百花争艳的喜人局面。专题研究（monographic research，thematically focused studies）不但面广而且深入，在诸如国家政策对环境各因素的影响、土著保护体系的断裂和延续、科学环境保护的思想和实践、健康和疾病的生态学、环保先驱的思想和影响等方面都取得了重要成果。具体研究的发展为进一步推动整体研究提供了坚实基础。在印度环境史研究的发展阶段，这两者之间基本达到了相互促进、良性互动的平衡状态。

毋庸置疑，经过二十年的努力，印度环境史研究取得了举世瞩目的成就，但也存在一些亟待克服的问题。第一，印度环境史研究重殖民时代，忽视对独立后、尤其是工业和城市污染历史的研究。与欧美工业化国家相比，印度是发展中的、正在工业化和城市化的国家，尽管已经有比较严重的污染，并造成生命损失，但在奉行“发展第一”战略的年代，这个问题得不到及时的、应有的重视。正如英迪拉·甘地 1972 年 6 月 14 日在斯德哥尔摩人类环境会议上发表演讲时所说：“富人一方面对我们的持续贫困不屑一顾，另一方面又对我们消灭贫困的方法大加斥责。我们确实不希望继续危害环境，但我们一刻也不能忘记那些贫困的人们。贫困难道不是最大的污染者吗？在贫困的条件下，环境不会得到改善。不利用科学技术，贫困也不会被消灭。”[②] 在这种两难的困境中，为消除贫困，社会改革的重点放在对获取资源权利进行再分配。因此，印度环境史研究就重乡村森林史和水利史，轻城市和工业环境史。局限在这些领域的印度环境史研究更像是生态史而不是一般意义上的环境史，从这个意义上说，印度环境史研究要想取得新突破就必须尽快把研究范围扩展到城市和工业，从生态史变成真正的环境史。

第二，印度环境史研究重社会冲突和知识传播，轻对印度自然的商品化与世界市场和资本主义世界体系的联系的研究。殖民主义并不仅仅是印度环境史上的一个插曲，它成为渗透到印度环境史血液中的一个有机的、不可分割的组成部分。尽管民族冲突和知识替换是显而易见的，是受后殖民主

---

① Christopher V. Hill, *South Asia: An Environmental History*, pp. xix—xx.

② Indira Gandhi, “Man and his World”, *On Peoples and Problems*, London, 1983, pp.60—67. 转引自“Introduction”, Mahesh Rangarajan(ed.), *Environmental Issues in India: A Reader*.

义深刻影响的社会史和科学史关注的重点，但是从克莱武赤裸裸的抢劫金银到把印度变成原料产地和投资场所的经济掠夺榨干了整个印度斯坦的资源，彻底改变了印度的景观和环境。相反，来自印度的资源缓解了宗主国的生态紧张，转移了宗主国的生态压力，促成了工业化的顺利发展和环境保护主义的兴起。所以，经济环境史应该是殖民时期印度环境史的重要基础，是把印度环境史与世界体系有机联系在一起的纽带。加强对经济环境史的研究不但有助于深化印度环境史研究和对欧洲资本主义发展的认识，还有利于把印度环境史有机地融入世界或全球环境史，给印度环境史在世界环境史中找到一个合适的定位。

总之，印度环境史研究经过20年的迅速发展，已经形成了自己比较鲜明的研究特点。这些特点是印度历史文化和生态多样性以及历史学传统在环境史研究中的客观反映。但是，作为世界环境史领域的后来者，印度环境史研究尚需扩大自己的研究范围，拓宽研究视野，在世界环境史的背景中深化对印度环境史的研究。

印度是一个神奇的国家，它的环境史同样是神秘的、引人入胜的。经过20年的努力，研究印度环境史的学者逐渐为我们揭开了笼罩其上的面纱，展现了印度环境史独特的魅力。与北方国家环境史研究相比，印度环境史研究更具南方色彩，重视对殖民时期环境史的研究，带有比较强烈的民族主义的色彩。与拉美和非洲等更具有依附性发展特点的南方地区环境史研究相比，印度环境史研究需要加强其与世界资本主义体系关系的研究。印度环境史研究将会成为世界环境史研究领域一朵更加鲜艳夺目的奇葩。

研究印度环境史学的发展对中国环境史研究具有特殊的意义。印度环境史研究深受马克思主义的影响，其基本范式是在坚持和发展马克思主义历史认识论基础上发展而来的。就像庶民学派和后殖民主义研究一样，这为印度在国际环境史学界赢得了殊荣。我们中国是把马克思主义当成人文社会科学研究的指导思想来对待的，但是我们的研究成果并没有在国际学术界赢得像印度那样的声誉，这其中的症结和原因难道不值得我们深思吗？

第六章
东南亚环境史研究

作为历史学的一个分支学科或跨学科研究领域，环境史研究经过近四十年的发展，逐步进入成熟阶段，但是环境史研究在世界各地的发展并不平衡。就东南亚环境史研究而言，它仍处于初创阶段，但这并不意味着不可以对它的史学史进行初步的梳理。本章就是在这方面进行的一个初步尝试。

第一节　东南亚环境史研究的起源

作为一个地区名称，东南亚一词并不是自古就有的，而是在第二次世界大战期间由盟军首先提出的。与此相应的是，东南亚的历史研究中也存在欧洲中心论和内在发展论、统一性和多样性等争论。东南亚环境史研究作为一个新近兴起的历史学分支学科和跨学科的研究领域，虽然在一定程度上仍不可避免地、若隐若现地被打上了这些烙印，但它注意克服传统历史研究领域存在的问题，在某些方面做出了新的探索。

东南亚环境史研究大体上于1980年代首先在欧洲兴起。虽然在1990年代发展比较缓慢，[①] 但在1990年代之后无论从论著出版还是从事研究的学者和机构以及项目的数量来看都有大幅增长。尤其值得一提的是东南亚环境史研究的领军人物彼得·布姆加德教授出版了对东南亚环境史进行整

① Malcolm Falkus，"Ecology and the Economic History of Asia"（1），*Asian Studies Review*，Vol.14，No.1，1990，pp.65—87.

体思考和全面论述的著作《东南亚环境史》，[1] 此书是 ABC-CLIO 公司推出的《自然与人类社会》即世界环境史大型系列丛书中的一种。它的问世至少可以说明，东南亚环境史研究已经像美国、欧洲、非洲和印度的环境史研究那样，在世界环境史研究中正式登堂入室了。需要特别说明的是，日本的东南亚研究界虽然很少使用环境史这一术语，但他们做出了很多以生态史命名的环境史研究成果，值得引起特别重视。但是，与美国、欧洲和非洲的环境史研究相比，东南亚环境史研究的兴起显然比较晚。不过，与非洲的环境史研究一样，东南亚环境史研究也首先是由域外学者启动的。那么，为什么东南亚环境史研究不但兴起晚而且是由外国学者推动的呢？

毫无疑问，推动东南亚环境史研究兴起的首要因素来自日益恶化的环境压力和不断提高的环境意识。东南亚国家独立后，纷纷奉行片面追求增长的经济发展战略，企图通过出口和消耗自然资源促进工业化，但是过度剥削自然资源不可避免地造成了环境破坏，最为突出的是森林滥伐。在当时的发展环境中，环境破坏在本地区和本地区以外产生了不同的反响。当环境主义运动在发达国家兴起后，发达国家的历史学家环境意识增强，希望探讨环境问题的环境史渊源。但是在东南亚发展中国家，环境主义并没有成为时代潮流，相反增长第一或发展狂热正主导一切，民族主义史学家自然也不会注意到历史上人与环境的关系问题。其次，欧洲、尤其是先前的宗主国的东南亚研究中素有强烈的历史学传统。在殖民背景中，荷兰和英国的殖民文官不但要接受相关的语言和地理知识的训练，还要学习相关民族的历史和文化。在当今的学术界，历史研究不但是流行的区域研究中不可或缺的选项，而且还为研究现实问题的社会科学和自然科学提供了坚实的学术基础。于是，在但凡有关环境的研究中，都会自然而然地利用丰富的资料关注长时段的环境变迁问题。这在一定程度上为环境史在东南亚研究中的出现奠定了知识基础。例如，地理学家 E. H. G. 多比在 1950 年出版的《东南亚》一书中就不但考察了自然，还注意到了人类社会，而且主张把两者综合起来考虑。语言学家菲利普·斯考特在 1978 年出版的《东南亚的自然和人》一书中，不但强调了东南亚的环境感知问题，还注意到了用于描述自然界的

---

[1] Peter Boomgaard, *Southeast Asia; An Environmental History*, Santa Barbara: ABC-CLIO, 2007.

语言与环境的关系问题。阐释人类学家克利福德·吉尔兹对印尼地方性知识的解释也为人们认识当地知识与环境的关系提供了新的思路。历史学家安东尼·瑞德在1988年出版的《东南亚的贸易时代：1450—1680年》第一卷中，汲取了年鉴学派、尤其是布罗代尔关于地中海的研究思路，非常重视环境在影响东南亚历史长期而又缓慢的变迁过程中的作用，尽管这里的环境是静止不变的。[①]而布罗代尔学术思想的形成又深受曾经在以越南为中心的印度支那考察热带自然环境与文明的关系的地理学家皮埃尔·古鲁的影响。不过，出现在欧美国家的这种学科上的密切交流和融合在战后东南亚的学术发展中并没有出现，因为处于追赶地位的东南亚国家在片面强调学科的"科学"建设的同时，实际上忽视了学科之间天然的亲缘关系和对大问题的关注。第三，历史研究一向有重古轻今的倾向，东南亚环境史研究也不例外，但是东南亚许多民族并没有书面文字，加之该地区气候湿热物质遗产极难保存，因此当地历史学家客观上很难涉足环境史研究。但对欧洲历史学家来说，资料情况相对比较有利，因为探险和殖民时代留下了大量可供研究的线索（如荷兰东印度公司雇佣的挪威博物学家和探险家卡尔·博克留下的著作《婆罗洲的猎头人》（*The Head-hunters*）中就保有丰富的、关于当地文化和动物多样性的资料）和资料（荷兰和英国的殖民资料数不胜数，但专门记录环境的资料并不多，需要从有关政治和经济的资料中钩沉爬梳），另外欧洲也具有比较完备的档案查阅制度，因此欧洲的环境史学家可以据此做出比较扎实但不可避免带有欧洲学术特点的东南亚环境史研究成果。

第二节 东南亚环境史研究的重要内容

正由于此，东南亚环境史研究几乎没有兴趣去创立自己的环境史理论，而是借用了来自美国和欧洲的环境史概念和基本分析框架。在几本重要的东南亚环境史著作中，作者都不约而同地使用了美国环境史学家唐纳德·沃

---

① 安东尼·瑞德著，吴小安、孙来臣译，《东南亚的贸易时代：1450—1680年》（第一卷：季风吹拂下的土地；第二卷：扩张与危机），商务印书馆，2010年。费尔南·布罗代尔著，唐家龙、曾培耿等译，《菲利普二世时代的地中海和地中海世界》，商务印书馆，1998年。

斯特的定义和分类（这也是东南亚环境史研究比较偏重于农村和农业环境史的一个学理上的原因）。沃斯特认为，环境史研究一个基本事实，即在历史上人类的自然环境如何影响了人，反过来，人又如何影响了环境并产生了什么后果。[①] 具体来说，可以从三个不同的视角或层面来进行研究。第一是研究历史上自然环境的结构和分布；第二是研究把人类与自然环境联系起来的生产技术；第三是研究关于环境的思想和意识形态。[②] 最近出版的著作采用了美国环境史学界最具世界眼光的环境史学家约翰·麦克尼尔在他那篇总结性的论文中提出的新观点。他认为，环境史研究的是人与自然的其他部分互动关系的历史。可以分为三个不同的变量，分别是：研究生物和自然环境的变化以及这种变化如何影响人类社会的物质环境史，它强调人类事物的经济和技术方面；研究自然在人文和艺术中的表达和形象的文化/知识环境史，它强调人们心目中的自然形象是如何变化的，进而揭示出制造了这些变化的人类和社会动因；研究与自然环境有关的法律和政策的政治环境史。[③] 显然，麦克尼尔的定义和视角要比沃斯特的更宏大。从这个变化也可以看出，东南亚环境史研究从深度上讲正在不断走向深入，从广度上看正在不断扩大研究范围和主题。

在文化环境史研究方面，从前提出的许多观点都得到了修正。以前通常认为，在现代诸因素入侵“高贵的野蛮人”的生活之前，东南亚人与环境和谐相处，没有任何问题。那时是东南亚环境史上的“黄金时代”。尽管关于这一历史时期的可信和详细的资料仍然比较缺乏，但随着考古学和人类学的发展，学者们虽然还不能完整地复原当时人与环境关系的状况，但是可以从一些侧面来证明先前的判断和结论在忽略历史上的问题或把历史神话化的同时对历史进行了简单化或过度普遍化的处理。[④] 例如，人们的狩猎采

---

① Donald Worster, “Doing environmental history”, in Donald. Worster(ed.), *The Ends of the Earth: Perspectives on Modern Environmental History*, Cambridge University Press, 1988, pp.290—292.

② Donald Worster, “Transformations of the Earth: An Agroecological Perspective on History”, *Journal of American History*, Vol.76, No.4, 1990, pp. 1087—1106.

③ John R. McNeill, “Observations on the nature and culture of environmental history”, *History and Theory*, Theme Issue 42(December 2003), p.6.

④ Han Knapen, *Forests of Fortune? The Environmental History of Southeast Borneo, 1600—1880*, Leiden: KITLV, 2001, p.1.

集也对环境产生了影响。在殖民时代，殖民者利用殖民权力并以科学的名义对人与环境的关系做了功能化处理，通过片面强调自然资源的使用价值和采用新技术来追求生产和利润最大化。这种变化完全改变了前殖民时期当地人与环境的关系。在殖民前，当地人与环境是在宇宙和个人等不同层面上相互依存的，并没有像殖民时代那样按现代民族国家或部门的功能把人与环境对立起来。在殖民时代，环境由原来是与当地人相依为命的伙伴变成了“可以为最大多数人提供最长时间服务的最大物品”。这一方面最突出的例子就是对游耕的不同认识。当地人认为游耕是适合当地环境的生产方式，但殖民者认为它不但低效而且破坏环境，是落后的生产方式。隐藏在这个知识转型背后的是权力的作用。一旦这样的知识形成后，它就会反过来强化殖民权力。如荷兰人往往是在清理干净、整备规范的种植园种植咖啡，而当地人一般是在自然状态下种植咖啡，于是荷兰人就认为当地人懒惰、消极，生产水平低下。当这种认识被殖民者融入殖民政策和统治之后，殖民权力就变成了一种科学的和符合时代潮流的力量。当地人为了生存不得不采用现代技术，结果是最终把自己变成了“真正”的环境破坏者。更为可悲的是独立后的东南亚国家政治家继续了殖民者的错误认识，在制定发展战略时完全排斥了当地人的知识。[①] 当资源枯竭和环境压力不断增大的时候，东南亚国家纷纷开始实施可持续发展战略，但政府借用的是来自发达国家的概念，民间对可持续发展进行了本地化的理解和实践，例如泰国北部的山民在环境保护中融入了道德价值，加入了佛教的和谐、公正和平等的内容；印度尼西亚的巴厘人加入了印度教追求神灵、人和自然平衡的思想。[②] 主导发展范式和民间发展话语的差异实际上反映的是全球化话语霸权（discourse hegemony）和地方化微弱声音（small voice）的博弈。可持续发展的目标能否达到最终取决于全球地方化（glocalization）。

在现代科学意识形态支配之下，殖民者逐渐建立了与以前完全不同的资源管理机构并制订了不同的政策。在殖民时代以前，当地人并没有专门的环境管理机构，也没有成文的环境政策，一般都是按习惯法进行治理。殖

---

① 包茂红，“菲律宾本土森林知识的断裂与延续”，《亚太研究论丛》，第三辑，2006 年。

② Victor T. King（ed.），*Environmental Challenges in South-East Asia*，Richmond：Curzon Press，1998，p.14.

民者到来后，完全把在欧美国家形成的一套做法移植到殖民地。从行政管理来看，殖民者不但设立了相关的资源管理机构，还制订了比较严格的资源利用政策。如西班牙在菲律宾设立了森林监察总署，还颁布了皇家命令，把林地等收归国有，规范了森林的控制权和利用范围。[①] 当然，把当地人从资源利用中排挤出去、剥夺当地老百姓接近和利用自然资源的传统权利都是打着维护“共同利益”或提供“最大好处”的幌子。这就意味着完全遵从习惯法的当地人的某些利用和分配资源的行为就是犯罪行为，当地人被诬称为“盗猎者”、“偷木材的贼”和“擅自占地者”等。对当地人来说，失去接近资源的机会就意味着失去维持基本生存的能力，加之国家政权及其相关代理机构要对按习俗接近资源的当地人治罪，这必然激起群众的强烈反抗。群众反抗的可能性有多大在一定程度上与国家强制能力和国家使用这种能力的意愿的大小成正比。群众的反抗形式是以当地的组织形式和社会分化为基础的。[②] 国家与群众的紧张关系会转化为当地的阶级冲突，表现为对有限的农村资源和劳动机会的争夺。那些逐渐无产阶级化的、向自然资源讨生计的穷人就把斗争矛头指向逐渐控制了原来的公地和森林的富农和中农以及他们背后的国家。独立后的民族国家基本继承了殖民国家的环境资源管理机构和政策，并且为了赶超而实践了片面发展战略。初级产品出口不但进一步加剧了贫富分化而且在一定程度上腐蚀了本来就不强的国家能力，当地人争取祖居地的权利的反抗更为坚决和强烈。东南亚许多国家发生的类似于人民军的斗争和分离主义运动都与争取环境资源权有着密切的关系。

在物质环境史方面，环境与生产技术和生产方式的关系得到了比较充分的研究。在殖民者到来之前，农业技术对环境在某些方面产生了影响，如湿地水稻种植和梯田的修筑永久改变了当地的自然景观。另外，环境的变化也不能排除自然因素的作用。如周期性的厄尔尼诺现象和南方涛动都会造成地表植被的变化，在旱季经常发生的林火一方面会烧毁森林进而影响当地气候，另一方面会为当地人进行垦种提供有利条件。自然的变化也会

---

① 包茂红，《森林与发展：菲律宾森林滥伐研究（1946—1995）》，中国环境科学出版社，2008年，第五章。

② Nancy Lee Peluso, *Rich Forests, Poor People: Resources Control and Resistance in Java*, University of California Press, 1992, p.16.

引起经济和社会的变动，如旱季来临之后收成减少、粮食价格上涨，一些本来适合人类生活的湿热雨林不再适合人类居住，原来生活在这一地区的人们就不得不迁移。[1]殖民者到来后，不但引进了新的物种（辣椒、玉米、甘薯、咖啡、茶树、烟草、花生等），还引进了新的耕作技术，强制把流动轮耕法改变成了永久定居农业。这种耕作方式不但容易造成土地退化，还彻底改变了低地平原地区和山上林地边缘的环境。尤其是与世界市场联系在一起之后，生产本身不再是为了满足当地人的生计需求，而是要满足中心国家的需求。在国内和国际需求刺激下，以单一种植经济作物为代表的商品生产对当地环境的破坏达到前所未有的程度。殖民者为了提高木材产量，建立了各种工业林种植园，在印尼还引进了橡胶树；为了增加经济作物出口，不断扩大种植面积，促使无地农民向深山进发砍伐森林；同时由于经济作物挤占了粮食作物的种植空间，农民为了糊口也不得不毁林造地。东南亚原来的热带景观被按世界市场的需要改造了。独立之后，东南亚国家基本上都先后采用了进口替代和出口导向工业化战略，出口初级产品和自然资源成为支撑工业化的一个基石，同时随着人口的迅速增长和商品农业的发展，农村和农业环境的破坏愈演愈烈。东南亚国家的森林从菲律宾开始迅速大面积消失，[2]造成严重的、难以弥补的环境和人文损失，甚至形成工业化枯竭和发展中断的现象。在国际社会的压力和国内底层百姓的推动下，东南亚国家先后开始顺应时代潮流，制订了自己的可持续发展战略，但是要实现可持续发展需要从国际到地方的全方位变革和配合。

---

① Peter Boomgaard, Freek Colombun, David Henley (eds.), *Paper Landscape: Exploitations in Environmental History of Indonesia*, KITLV Press, 1997, pp.3—4.

② J. Dargavall (ed.), *Changing Pacific Forests: Historical Perspectives on the Forest Economy of the Pacific Basin*, Duke University Press, 1992. Peter Dauvergne, *Shadows in the Forest: Japan and the Politics of Timber in Southeast Asia*, Massachusetts Institute of Technology Press, 1997.

第三节　日本的东南亚生态史研究

日本对东南亚的重视自明治维新开始，其学术研究在第二次世界大战之前与帝国政策紧密相关。“南进论”提出后，日本学术界展开了对东南亚的多学科调查，甚至还在日本统治下的台北帝国大学设立了“南方”和“南洋论”讲座。[①] 二战后，日本的东南亚研究迅速发展。1963 年，在京都大学成立了日本第一个“东南亚研究中心”，推进对东南亚地域的全面研究。但有意思的是，在这个研究中心，从事自然科学研究的学者和有关自然科学的研究课题和成果占主要地位，即使是从事东南亚史研究的学者也必须与自然科学家进行密切合作，于是，研究自然与人相互作用的关系的生态史的出现就成为顺理成章的事情。[②]

日本的东南亚生态史研究最先是从农学和生物学开始的，集中体现在“照叶林文化论”和“农耕起源论”中。照叶林地带指从喜马拉雅中部到东南亚大陆部分、中国长江流域、再到日本西南地区的长满长绿阔叶林的地区，本地区的文化具有一些共同的内容和特征，如烧荒农耕，使用漆器，食用味噌、纳豆等发酵食品。[③] 通过对从东南亚的寺院和其他遗迹中发现的稻谷的研究，学者们推断出水稻种植起源于从印度的阿萨姆到中国云南的广大地域，进而指出了稻作农业的传播途径。[④] 显然，这些研究都追溯了独特文化形成的环境条件，分析了不同环境与不同文明之间的密切联系，具有重要的学术意义。正是这些开创性研究在一定程度上规定了未来日本东南亚生态史研究的范围和方向。

在自然环境与农耕技术以及国家形成的关系方面，日本学者提出了自

---

① 浜下武志监修，川村朋贵、小林功、中井精一编，《海域世界のネットワークと重层性》，桂书房，2008 年，第 243 页。

② 东南アジア学会／监修　东南アジア史学会 40 周年记念事业委员会编，《东南アジア史研究の展开》，山川出版社，2009 年，第 157 页。

③ 上山春平、佐々木高明、中尾佐助共著，《続照叶树林文化（东アジア文化の源流）》，中公新书，1976 年。中尾佐助、佐々木高明共著，《照叶树林文化と日本》，くもん出版，1992 年。

④ 佐々木高明，《东南アジア农耕论烧畑と稻作》，弘文堂，1989 年。中尾佐助，《栽培植物と农耕の起源》，岩波新书，1966 年。

己独特的解释。石井米雄在研究泰国的稻作社会时，发现在河流上游只有通过兴修水渠和井堰等水利工程才能发展农业生产，而在河流下游三角洲地带只要自然利用干湿季水位的变化种植和收割水稻就可以发展生产，前者是“工学的适应”，后者是“农学的适应”。与此相应，在前者区域建立的是“古代核心区国家”，后者建立的是“中世纪的贸易国家”。[①] 石井发现了环境、技术和国家之间的对应关系，但相对来说比较简单，高谷好一通过更多的历史分析，发展了东南亚生态史研究。高谷在研究大陆东南亚时，以地形和稻作为基础区分了不同的农业景观区，做成了三角洲地带的包括地形、土壤、水文、植被、水利工程和稻作的模式图。在研究岛屿东南亚时，高谷注意到比大陆东南亚具有更多的森林和水对人们生产和生活的重要影响。最后，高谷提出了适用于整个东南亚的五个时代和九种生态和土地利用区的划分。[②] 这是日本学者试图对东南亚生态史进行综合理解的最初尝试，是自然科学研究和历史学研究的有机结合，其独特之处在于既重视当地环境的特点，又能从生产的地域史来展开对人与自然普遍关系的理解，而重视地形在水稻生产中的作用为把卫星成像及其分析技术应用于生态史研究提供了可能。因此，高谷的研究在当时来说不但代表了日本的东南亚生态史研究最高水平，还具有重要的、创新的方法论意义。

1980年代以来，日本的东南亚生态史研究迅速多元化。从研究范围来讲，已经从陆地扩展到沿海低湿地带和海洋环境；从研究内容来看，已经从农耕文明论深化到稻作技术论和系谱论；从研究方法来看，已经不仅仅局限于文献分析，还利用考古学、DNA技术等；从研究机构来看，除了设立在各大学的东南亚研究所之外，文部省设立的综合地球环境学研究所也投入大量人力和物力从事东南亚生态史的研究。反映这一时期研究成果的代表性著作有两部，分别是以京都大学东南亚研究所从事自然科学研究的研究人员为主编纂的《事典东南亚：风土、生态、环境》和综合地球环境学研究所

---

① 石井米雄，桜井由躬雄，《东南アジア世界の形成》，讲谈社，1985年。

② 高谷好一，《热带デルタの农业发展》，创文社，1982年；《东南アジアの自然と土地利用》，劲草书房，1985年。

的秋道智弥监修的三卷本《季风亚洲生态史论集》。[1]《事典东南亚》的主要编集者是古川久雄等人。这是一部以百科全书形式表现日本学者对东南亚的作为基础的自然环境、利用自然的各种生产形态、建立在生产基础上的社会制度、及其历史变迁的独特著作，是从生态理论的立场来研究地域问题的集大成著作，出版后赢得了非常高的评价。[2]《季风亚洲生态史论集》是由综合地球环境学研究所的秋道智弥领导的"亚洲和热带季风地区生态史的综合研究：1945—2005年"课题组在2003—2007年集体完成的，是从地域范围（主要以湄公河流域为研究对象）对人与环境相互作用的研究，是用跨学科方法对东南亚的历史、文化和生态进行的综合研究成果。

与欧美的东南亚环境史研究相比，日本的东南亚生态史研究具有自己的特点。第一，日本的东南亚生态史研究注重从自然科学的角度来进行地域研究，不同于欧美学者从历史学出发来研究环境史的学术路径。第二，日本的东南亚生态史研究注重跨学科研究，但他们的研究成果在很大程度上表现为论文集，很少形成具有统一理论和分析框架的体系。第三，日本的东南亚生态史研究非常注重实地调查和遥感等技术的使用，其研究定量的分析更多，其成果因此而比欧美学者的似乎更具科学性。但是，因为日本学者绝大部分习惯于用日语写作和发表，因而国际学术界对其研究知之甚少。日本的东南亚生态史研究需要和欧美的同行进行更多的交流。

总之，尽管东南亚环境史研究的兴起比起美国、欧洲和非洲的要晚，尽管东南亚环境史研究主要是由非东南亚学者完成的，但是环境史研究的推进不但在物质、政治和文化环境史等方面取得了许多成果，而且正在用自己的新思维对东南亚研究产生重要影响。虽然欧洲学者对自己的东南亚研究的学术传统、概念框架和所依据的史料已有一定程度的警觉，不过，本土学者的参与和本土资料的挖掘将是东南亚环境史研究必须尽快突破的瓶颈。

---

① 京都大学东南アジア研究センター编集，《事典东南アジア：风土·生态·环境》，弘文堂、1997年。秋道智弥监修，《论集：モンスーンアジアの生态史—地域と地球をつなぐ》，全3卷，弘文堂，2008年。

② 立本成文教授为支持古川久雄教授获得"大同生命地域研究赏"写的推荐词，题为"《东南アジア地域の生态论理の解明の研究》に对して"。

第七章

澳大利亚环境史研究

澳大利亚是一个独特的国家，它的环境史研究不仅内容丰富，而且富有特色。澳大利亚环境史研究的是人与自然在历史上的互动关系，研究它们是如何随着时间的流逝而变化的。它包括三方面的内容：一是澳大利亚的环境史；二是把澳大利亚与其他地方进行比较的环境史；三是在澳大利亚研究的其他地方的环境史。澳大利亚环境史研究不但改变了澳大利亚是一个孤立国家的传统形象，还对重新认识这个国家的历史提供了新的视角和启发。它把自然作为历史中的一个能动因素来对待，同时也把人作为自然戏剧中的一个演员来认识。这样的新思维必然对重新结构澳大利亚甚至世界历史都会产生积极而深远的影响。

本章探讨三个问题，分别是澳大利亚环境史研究是如何兴起的？澳大利亚环境史研究的主要成就是什么？澳大利亚环境史研究的主要特点是什么？希望通过对这些问题的分析来更为准确地认识它在国际环境史研究中的地位。

第一节　澳大利亚环境史研究的兴起和发展

根据澳大利亚著名的环境史和可持续性研究专家斯蒂芬·多弗斯的说法，标志着澳大利亚环境史研究兴起的代表作是梅尼格在1962年出版的《在美好地球的边缘》，第一部从全国范围研究澳大利亚环境史的著作是博尔顿的《破坏和破坏者》，第一部成为畅销书的环境史著作是罗斯的《百万英亩荒野》，第一次明确向全世界读者亮出环境史概念的是多弗斯编辑的论文集《澳大利亚环境史：论文和案例》。[①] 从此以后，环境史研究在澳大利亚大发展，一是这一领域的研究和出版物迅速增加；二是出版商很愿意出版以环境史命名的著作；三是公众对环境史的兴趣大大提高。从这些诸多个第一中，我们还可以发现，澳大利亚环境史研究走过了自己独特的道路，其后隐藏的动力机制也与众不同。

首先，澳大利亚环境史研究的兴起和发展得益于英国和澳大利亚本土的历史地理学的发展。著名环境史学家理查德·格罗夫甚至认为，1970 年代出现的“环境史”（Environmental history）不过是先前地质学家和考古学家定义第四纪和前历史时期自然环境变迁的一个名词，环境史的真实渊源可以追溯到 17 和 18 世纪欧洲殖民者及其博物学家等对热带环境变迁的感知，从 19 世纪到 20 世纪中期环境史的发展就是以“历史地理学”的名义进行的。[②] 我认为，格罗夫反对美国在环境史领域的学术“霸权”，创立了足以与美国的《环境史》杂志相抗衡的《环境与历史》杂志，并且提出了世界环境史研究的“南方计划”，这些无疑都是非常有意义的，但是他把环境史（Environmental history）等同于环境的历史（the history of the environment）、把环境史不加区分地等同于历史地理学（Historical geography）却是不妥当的。其实，研究第四纪和史前的环境变迁强调的是自然因素在其中发挥的重要作用，而环境史研究强调的是人及其社会与环境的其他部分之间的互动关系。这两者无论是在研究的重点时段、研究的主要内容、使用的方法等方面都有着很大不同，不能混为一谈。澳大利亚的历史地理学具有很强的英国传统，其研究方法是地理学的方法，缺乏历史学叙述的特色，其关注的重点主要是农牧业生产模式与景观的变化等，其研究目的是为了重建历史上的地理环境。这些都与新兴的环境史具有很大区别，但是，随着问题意识

① D. Meinig, *On the Margins of Good Earth: The South Australian Wheat Frontier, 1869—84*, Chicago: Association of American Geographers, 1962. G. Bolton, *Spoils and Spoiler: Australians make their Environment, 1788—1980*, North Sydney: Allen & Unwin, 1981. E. Rolls, *A Million Wild Acres*, Melbourne: Thomas Nelson, 1981. Stephen Dovers (ed.), *Australian Environmental History: Essays and Cases*, Melbourne: Oxford University Press, 1994.

② Richard Grove, “Environmental history”, in Peter Burke (ed.), *New Perspectives on Historical Writing*, Second Edition, Pennsylvania State University Press, 2001, p.261.

的变化，历史地理学中的许多学者开始不断拓展自己的视野，日益关注当前环境问题形成的历史过程，也采用历史学的研究方法，在许多方面确实做出了环境史的研究成果。[①] 从这个意义上说，尽管在1960—80年代澳大利亚尚未正式出现环境史的名称，但确实出版了一些环境史的研究成果。这些成果直接得益于历史地理学的发展，所以，可以不夸张地说，澳大利亚的历史地理学就是环境史出现的温床。

其次，澳大利亚环境史的出现也是对当时国家面临的日益严峻的环境和社会问题在学术研究上进行的回应。澳大利亚环境在1970年代左右也经历了巨大变化，森林面积减少，沙漠化不断扩展，受厄尔尼诺和南方涛动的影响经常发生气候异常和旱灾，所有这些都需要自然科学家和环境管理者提出应对之策。但是，自然科学家和环境管理者要判断这些正在发生的现象是正常还是异常，就必须和过去的状态进行对照，也就需要研究历史上的环境变化以及造成这些变化的原因。但是，澳大利亚的历史学界并没有关注环境问题的传统，所以很多自然科学家和环境管理者要么自己动手进行研究，要么求助于与此接近的历史地理学家。在这种来自现实的需求的驱动下，历史地理学家纷纷转向研究环境史。环境史研究因为其跨学科和跨行业的特点而开始大发展，相反，作为孕育环境史的母体之一的历史地理学却日渐衰落。在整个澳大利亚，硕果仅存的是国立大学的人文地理系，而且只有三个研究人员。[②] 随着环境史研究范围不断扩大，许多先前是历史地理学研究的题目和领域纷纷被环境史“插足”，并且做出了更好的研究成果。[③] 另外，澳大利亚是一个移民社会，白人和土著的矛盾一直存在。随着多元文化主义的兴起，土著权利问题成为影响澳大利亚社会稳定和民主发展的重要问题。从环境的角度来看，土著问题主要涉及两个方面：一是欧洲殖民者到来的时候，大量的土地是否都是“无主土地”或“空地”？二是当时的环境是否是荒野？是否必须通过欧洲人的改造才能取得“进步”？通过对这些问题的研究才能判断白人先前对土著人的行为是否具有合理性或正当性。

---

① J. M. Powell, “Historical geography and environmental history: An Australian interface”, *Journal of Historical Geography*, 22, 3(1996), pp.253—273.

② 这个观点出自作者2002年12月12日对澳大利亚环境史学家利比·罗宾的访谈。

③ 这个观点出自作者2003年1月对澳大利亚环境史学家斯蒂芬·多弗斯的采访。

这就要求历史学家和人类学家提供历史依据。于是，澳大利亚环境史的研究就从只重视欧洲人的澳大利亚推进到土著人的澳大利亚甚至是更早的生物物理性质的澳大利亚。[①]

第三，地球环境问题的整体性和频繁的国际学术交流也对澳大利亚环境史研究的兴起发挥了一定作用。前面提到的梅尼格实际上并不是澳大利亚人，而是为了更好地认识地球环境问题到澳大利亚进行访问研究的美国地理学家。他的研究动机无疑受到了托马斯在《人在改变地球面貌中的作用》和格拉肯在《罗德海滨的足迹》中表达的思想的启发和影响。[②]被格罗夫誉为在澳大利亚环境史研究中真正占有重要地位的、赢得了世界性的关注的著作是威廉姆斯的《南澳大利亚景观的形成》，但作者自己说，该书的思想直接继承了英国历史地理学家霍斯金斯在《英国景观的形成》中表达的思想，即注重对地方史和物质文化的反映。细心的读者甚至可以发现这两本书的名称都基本一致。另外，该书也受到了美国地理学家博金斯·马什的启发，尤其是他关于在把人的影响作为地理变迁的动力来考察时要特别注意澳大利亚经验的提醒。[③]在水资源管理和环境管理的历史研究方面取得重大成就的澳大利亚资深历史地理学家鲍威尔在他的著作《澳大利亚的环境管理，1788—1914》中，大量借鉴了当时已经兴起的美国环境史研究的概念和范式，如环境价值和态度、非人环境（Nonhuman environment）和人工环境（Built environment）、非功利性保护（Preservation）和利用性保护（Conservation）等。他明确指出，正在兴起的美国环境史研究将对促进澳大

---

① 三个澳大利亚的说法是多弗斯提出来的。他认为，澳大利亚于1.5亿年前从冈瓦纳大陆分离出来并在7000—5000万年前与南美和南极分离，形成了具有自己独特生物物理性质的澳大利亚（Biophysical Australia）。在距今5—6万年前，土著人到达澳大利亚，并用火和狩猎等方式改变了大陆的景观，创造了“土著的澳大利亚”（Aboriginal Australia）。两百多年前，欧洲人来到澳大利亚，并利用其强大的技术和经济文化彻底改变了当地的环境，创造了适合自己生存目标的新环境，这是“欧洲人的澳大利亚”（European Australia）。Stephen Dovers (ed.), *Australian Environmental Histroy: Essays and Cases*, Melbourne: Oxford University Press, 1994, pp.2—3.

② W. L. Thomas (ed.), *Man's Role in Changing the Face of the Earth*, Chicago, 1956. C. Glacken, *Traces on the Rhodian Shore: Nature and Culture in Western Thought, from Ancient Times to the End of the Eighteenth Century*, Berkeley, 1967.

③ Michael Williams, *The Making of the South Australian Landscape*, London, 1974, p.1. Richard Grove, "Environmental history", in Peter Burke (ed.), *New Perspectives on Historical Writing*, Second Edition, Pennsylvania State University Press, 2001, p.276.

利亚环境史研究的发展产生难以估量的价值，他的书事实上就受到了在人类中心主义哲学指导下的美国同类著作的深刻影响。[①]

应该说明的是，这里探寻澳大利亚环境史研究的兴起是从现在向当时追溯的，这三个因素并不是同时发生作用的，也不能等量齐观。正是由于它们在不同阶段发挥了不同的作用，因此澳大利亚环境史研究的发展也呈现出不同的阶段性和特点。第一阶段从1962年到1994年；第二阶段从1994年到现在。分界点是多弗斯主编的《澳大利亚环境史：论文和案例》一书的出版。

在第一阶段，澳大利亚环境史研究受到环境主义运动的推动，从历史地理学中脱胎出来，但不可避免地带有历史地理学的很多痕迹，处于过渡状态。具体表现为：第一，大多数环境史著作都是由历史地理学家撰写的，最典型的代表是曾经担任"澳大利亚地理学家组织"主席和《澳大利亚地理学研究》主编的鲍威尔教授。他主要研究19世纪和20世纪初澳大利亚一些地区与资源评估和环境管理相关的移民定居、环境态度及其与政策和实践发展的关系等问题，先后出版了《澳大利亚的环境管理》、《让花园之州不再缺水：1834—1988年维多利亚的水、土地和社会》、《希望的平原和天定的河流：1824—1991年昆士兰的水管理及其发展》等著作。[②]第二，大多数环境史著作仍然遵循历史地理学的传统，注重对地区景观变化和资源管理的研究。如汉考克的经典著作《发现莫纳诺》描述了莫纳诺这个地方环境史的发展；罗斯的著作分析了引进的害虫和松柏树种对新南威尔士中部景观的重新塑造。[③]不过，随着澳大利亚环境政治的发展和国际学术交流的深入以及学科自觉性的加强，这种情况在进入90年代以后迅速得到改变。

在第二阶段，澳大利亚环境史研究呈现出蓬勃发展的势头，表现出与前一阶段不相同的特点。第一，对澳大利亚环境史进行理论探讨的文章不断增多。例如多弗斯和罗宾以及格里菲斯多次发表文章探讨澳大利亚环境

① J. M. Powell, *Environmental Management in Australia, 1788—1914*, Melbourne: Oxford University Press, 1976, p. 5.

② 可参看其个人主页：http://www.arts.monash.edu.au/ges/staff/jpowell.php

③ W. K. Hancock, *Discovering Monaro: A Study of Man's Impact on His Environment*, Cambridge: Cambridge University Press, 1972. E. Rolls, *They All Ran Wild*, Sydney: Angus & Robertson, 1969; *A Million Wild Acres*, Melbourne: Thomas Nelson, 1981.

史的定义、标准、特点和历史。这些探讨凸显出澳大利亚环境史学家自己对于澳大利亚环境史及其功能的认识，不但在澳大利亚的学科体系中给它以明确定位，也想在世界环境史研究的谱系中为澳大利亚找到合适而独特的位置。第二，澳大利亚虽然尚未成立自己的环境史学会，但是澳大利亚环境史研究的组织程度有了比较大的提高。澳大利亚环境史研究中的一个重要分支森林史有自己的学会，致力于推进从不同视角来研究澳大利亚人与森林和林地环境的互动关系的学者之间的交流和协调，但是因为澳大利亚森林史研究主要是由联邦和各州的相关部局为了搞清历史遗产和土地利用等问题而提出来的，所以，为了保持学科的科学性，"澳大利亚森林史学会"从不轻易介入当下关于森林政策的讨论，也不接受各相关利益团体的捐赠。尽管它在 1988 年已经成立，但在 1990 年代中期后表现得更为活跃，先后召开了 7 次全国性森林史研讨会，出版了总题目为《澳大利亚变化不定的森林》的系列会议论文集 6 部，编辑发行学会通讯 48 期。[①] 另一个重要组织保障来自澳大利亚国立大学的环境史研究项目。以前，国立大学的环境史学家虽然分布在不同的学院和研究中心，如"资源与环境研究中心"和"资源环境和社会学院"，但他们能够以环境史为纽带形成松散自由的学术合作关系。通过合作研究、组织学术会议、编辑书籍、开办专题网站等活动使澳大利亚国立大学迅速成为环境史研究的重镇。2007 年，国立大学为了强化研究实力，进一步整合了研究力量，把前述两个机构合并成立了"芬纳环境与社会学院"，以促进从不同学科交叉融合的角度研究如何应对日益严峻的全球性可持续发展的挑战。[②] 无疑，这给环境史研究的发展创造了进一步发展的物质和学术条件。澳大利亚国立大学环境史研究的组织化并不仅仅局限于国立大学之内，它在与国内其他学术单位和与国际环境史学界的联系上也发挥了重要作用。其中的一个重要平台就是罗宾主编的电子版"环境史网络"。[③] 该网络不但列出了澳大利亚环境史研究的著作目录，还提供了部分环境史学家的资料，对外界了解澳大利亚的环境史研究非常有用，也很便利。另外，罗宾和格里菲斯还组织并领导着一个从事环境史研究的博士

---

① 可以参看其网页：http://www.foresthistory.org.au/

② 可参看其网页：http://fennerschool.anu.edu.au/

③ 可参看其网页：http://fennerschool-associated.anu.edu.au/environhist/network/

生的全国性研究组织，每两年召开一次全国性会议。应该说，这是非常具有战略眼光的，关乎澳大利亚环境史研究的未来发展。第三，除了不断推出环境史著作之外，澳大利亚环境史学家还在国际主流环境史杂志上大量发表研究论文。从1995—2005年，《环境与历史》杂志几乎每一卷都有关于澳大利亚环境史的论文，十年间共发表17篇论文。1998年第2期出版了由达格维尔编辑的澳大利亚环境史研究专辑，10年后再次推出了由罗宾和斯密斯编辑的澳大利亚环境史研究专辑。[①] 从这两个专辑内容的变化可以折射出澳大利亚环境史研究的巨大而全面的发展。1998年专辑发表了6篇论文，其中5篇是研究新南威尔士的，重点在于森林和生态叙述。这也反映了当时环境史关注的重点在于正如火如荼执行的"地区森林协定"以及由此而展开的政治斗争的现实。2008年专辑发表了10篇论文。从地域上讲，几乎涉及澳大利亚各个区域；从内容上看，不但有对先前的定论进行反思的，还有开拓诸如海洋环境史等新研究领域的；从作者队伍来看，绝大部分是初出茅庐的新锐学者，他们在一定程度上代表着澳大利亚环境史研究的发展方向和未来。[②]

从以上分析可以看出，澳大利亚环境史研究是在当代环境问题和环境意识推动下，传统的历史地理学随着国际学术交流的深入发展而不断转化的结果。由于这些动力在不同阶段发挥作用的强度不同，澳大利亚环境史研究呈现出不同的阶段性特点。经过近半个世纪的积累，澳大利亚环境史研究已经成为国际环境史学界的一支重要力量。

第二节 澳大利亚环境史研究的主要成果

受现实问题的影响和历史学传统的约束，澳大利亚环境史研究主要集中在以下几个领域，取得的成果也比较突出。这些领域包括：森林史研究、

---

① John Dargavel edited special issue: "*Australia*", *Environment and History*, Vol.4, No.2, 1998. Libby Robin edited special issue: "*Australia Revisited*", *Environment and History*, Vol.14, No.2, 2008.

② Libby Robin and Mike Smith, "Australian Environmental History: Ten Years On", *Environment and History*, Vol.14, No.2, 2008, pp.135—143.

火的历史研究、资源管理和环境运动史研究、比较环境史研究等。

在澳大利亚森林史研究中，对它进行全景式描述的第一本著作是罗斯在1981年出版的《百万英亩荒野》；[①] 对澳大利亚的林业进行全面分析的第一部专著是卡农在1985年出版的《澳大利亚林业史》，不过，现在澳大利亚森林史研究的领军人物是达格维尔。[②]

《百万英亩荒野》出版以后，影响巨大而深远，不但连续出了9个版本，多次获得年度最有影响的著作称号，而且还被改编成电影《荒野》，并在1994年的旧金山国际电影节上获得环保类电影大奖。在这部著作中，作者生动地描述了欧洲殖民者在自己并不熟悉的土地和森林上按照自己的理想模式进行改造的历程，这种改造不仅让欧洲人在这块土地上立住了脚，创造了财富，也对当地的环境造成了难以挽回的破坏。作者进而饱含激情地分析了人与森林的复杂关系。卡农的著作以联邦政府和州政府之间的关系演变为背景，论述了澳大利亚林业政策和森林管理思想的变化。如果说罗斯展示的是森林和各种动植物在殖民者作用下的生和死的话，那么卡农更多地呈现给我们的是林政史，是当时的社会和政府如何利用和管理森林的画面。达格维尔的《改造澳大利亚森林》以木屑出口争论为切入点，从纵向上追溯了自土著人进入森林到工业化发展侵蚀森林的森林管理和利用史，从横向上展现了出口商、伐木城镇、劳工、环保人士、国家和政府等在这场争论中的立场和观点，同时还分析了木材采伐和出口给澳大利亚带来的环境影响，最终揭示出森林本身以及人类对它的认识都是社会建构的深刻道理。[③] 与达格维尔关注全国森林不同，格里菲斯关注的是墨尔本以东和以北的、被烧成灰烬的森林的历史。不过，虽然关注的范围不同，但最终都想达到的目标是一致的，就是从环境史的视野出发把地方与全球联系起来。格里菲斯关注的核心事件是发生在1939年的、140万公顷森林被烧毁的那个"黑色星期五"，然后通过对世界上最高大的硬木材质的、澳大利亚独有的

---

① 参看达格维尔纪念在2007年逝世的罗斯的文章：*Newsletter of Australian Forest History Society*, No.48, January 2008, p.2.

② L. T. Carron, *A History of Australian Forestry*, Australian National University Press, 1985. 达格维尔教授不但自己著述丰富，还坚持在"澳大利亚森林史学会"担任领导工作多年，有力地推动了森林史研究在澳大利亚和新西兰的发展。

③ John Dargavel, *Fashioning Australia's Forests*, Melbourne: Oxford University Press, 1995.

桉树种的生长习惯的分析，发现并分析了“自然的节律往往会被人类文化夸大”[①]的现象，从而把一般人习以为常的自然灾害变成了一个必须从人与环境的关系角度来分析的环境史事件。

前面四部著作尽管内容各有差异，但都采用的是传统的历史研究和叙述方法，比较重视对文字资料的搜集和解读。在后现代主义蓬勃兴起以后，澳大利亚的森林史研究也不甘落后，博什曼的著作《人民的森林》就是在这一方面进行探索的创新之作。首先，他使用了大量的口述历史和影像资料。他访谈了88位年龄相差达40岁的林务员、农民、伐木者、环境主义者等与森林相关的人员，书中配有大量历史图片，书后还附有记录采访场景和关于森林的歌曲的光盘。这种叙述历史的方式完全是进入数字化时代后对历史发生和认识场景的保存和再现。其次，本书一改过去森林史研究关注生态、技术、社会、政治等因素的风格，转而关注森林的文化史。从对不同人士在对待森林问题上所展示的形象的分析中解读出背后隐藏的权力关系以及绿化大地与贪婪求木这两种意识形态的博弈。[②]

和文化遗产与土著人问题关系最为密切的莫过于对火的研究和重新认识。澳大利亚的自然文化遗产非常丰富，但是如果不能对这些遗产进行正确认识，它就不会得到有效保护和利用，尤其是那些涉及土著人的遗产，必须进行深入和精心的研究，才能大体上恢复其本来面貌并认识其原有功能。土著人用火实际上与他们和环境的相互作用密切相关，但是，对这个关系的认识经历了一个曲折的过程。最初殖民者到达澳大利亚的时候，认为这是一块无主土地，是没有开垦的处女地，是欧洲人通过自己的劳动把荒野变成了进步的基础。欧洲人带来了现代化的人与环境新关系，这也意味着土著人与环境的关系被一笔勾销。环境主义运动兴起后，人们的认识发生了180度的大转弯，认为环境破坏是欧洲殖民者造成的，相反，在殖民者到来之前土著人与环境是和谐相处的。这种认识中包含着一个潜在的方案，就是要用土著人的环境智慧来拯救被现代人破坏的环境。但是，随着学术研究的深入，人们发现土著人与环境的关系并不是田园诗式的，而是通过发明用火

---

① Tom Griffiths, *Forests of Ash: An Environmental History*, Cambridge University Press, 2001, p.189.

② G. Borschmann, *The People's Forest: A Living History of the Australian Bush*, The People's Forest Press, 1999.

等技术来利用环境。早在1969年，琼斯就提出土著人发明了“拨火棒农业”（Fire-stick farming）的重要观点。但是，在如何认识土著人用火的后果上存在着三种不同的观点。第一种以琼斯和弗拉德为代表，认为澳大利亚的所有景观都被周期性用火完全改变了。第二种以霍顿为代表，认为澳大利亚植被的构成和范围完全是气候和当地地形条件作用的结果，就对生态系统影响的频率和结果来看，土著用火和自然火很难区分。第三种以海德为代表，认为澳大利亚景观是自然和文化等多种因素相互作用的结果。这三种观点中的前两个显然是走向两个极端，最后一个是调和了前两种观点的中间观点。

琼斯认为，用火是土著人经济体系的一个有机组成部分，在欧洲人到来之前，土著人已经通过系统而广泛地用火对整个大陆实行了殖民、剥削和控制，用火的主要目的是扩大可以利用的土地面积，增加食物生产，促进人口繁衍，所以，拨火棒农业不仅扩大了耐火植物的生长范围，还制造并维持了生态不平衡。[①] 弗拉德也认为，与今天大片用火不同，土著人用火是定期的、低密度的和事先制造了隔离带的小片用火。这种用火方法在欧洲人到来之前已经在全大陆普遍使用，它有效地增加了可以食用植物的产量。[②] 霍顿依据孢粉分析资料得出相反的结论，认为人为用火对景观的影响很小，植被和动物群落的分布是由自然火而不是人为定期用火造成的。气候变化造成植被分布的变化和用火情况的变化，而用火情况的变化进一步引起植被的变化。这才是认识土著用火的正常时序和因果关系，把人作为用火的起点不但颠倒了正常的因果关系，还把原本复杂的问题简单化了。其实，土著从未在整个大陆用火，因为大量残存的森林就是证明，而且这种马赛克式的植被分布是由不同区域的湿度和地形造成的，拨火棒农业只是在烧过的土地上努力提高可食植物和动物的产量。[③] 海德通过个案研究认为，澳大利亚并不存在一个文化完全相同的土著，也不存在一个生态一致和普遍都烧过的澳

① R. Jones，“Fire-stick farming”，*Australian Natural History*，No.16，1969，pp.224—228.

② J. Flood，“Fire as an agent of change：Aboriginal use of fire in New South Wales”，*Forest and Timber*，22（1986），pp.15—17.

③ D. R. Horton，“The burning question：Aborigines，fire and Australian ecosystems”，*Mankind*，13（3），1982，pp.241—242.

大利亚，土著人用火的方式也不尽相同。另外，从方法论来看，把所谓“狩猎采集文化中社会具有普遍的用火动机和方法”的“普遍原理”简单应用到澳大利亚也是不合适的。[①] 所以，她主张在分析澳大利亚火、植被和土著的关系时应采用一种多因素相互作用的模式。

应该说，上述不同观点对认识土著人的文化遗产和澳大利亚环境变迁都是不可缺少的。之所以形成这么多的不同观点，原因主要有两个。一是可以依据的资料有限。就民族志来说，澳大利亚北部的保存较多，但欧洲人最先登陆的东南部就相当少；就殖民者留下的文字资料而言，问题更多，因为当时殖民者是以自己的标准来记录的；就自然遗存资料来说，也不能完全依据孢粉和碳的堆积程度来判断其年代和用火情况。当前可以依据的资料尚不足以对澳大利亚土著人用火的情况做出准确而全面的判断。二是在分析这些资料时必须注意其后隐藏的政治含义。不同立场和利益集团的代表在分析同样的资料时会产生不同的观点。如政府官员会因为现实利益而把土著人用火等同于殖民者用火，从而为自己的火和森林管理提供知识依据；学者的分析同样也会被政治家利用，如果学者认为周期性用火是好的森林管理方式的话，城市里设立的森林公园就要重新讨论了，同时澳大利亚现在的火和森林管理就必须学习土著人在200多年前行之有效的做法。如果学者认为土著也是和欧洲人一样使用火的殖民者，那么土著争取自己权利的政治道德优越性将丧失殆尽。因此，对关于火的“退化叙述”的研究还将继续争论下去，争取占有尽量丰富的史料和让更多的人参与研究应是今后努力的方向。

所有国家和地区的环境史研究都不可能忽视对环境管理和环境运动的研究，澳大利亚也不例外。早在1976年，鲍威尔就出版了《1788—1914年的澳大利亚环境管理》。他采用历史文化分析的视角，探讨了欧洲人在没有全面认识澳大利亚的主要生态特点情况下，就在进步观念指导下对当地环境进行索取和管理。完成这样的研究在环境主义兴起的时代是很不容易的，

① L. Head, “Landscapes socialised by fire: post-contact changes in Aboriginal fire use in northern Australia, and implications for prehistory”, *Archaeology in Oceania*, 29(3), 1994. “The (Aboriginal) face of the (Australian) Earth”. The Jack Golson Lecture Series. Centre for Archaeological Research, ANU, 2006, p.8.

因为当时普遍认为土著是环保主义者，白人移民是掠夺者，在道德上应该受到谴责。鲍威尔认为，自然并不是可以脱离人的主观动机和期望就能存在的超然之物，其实，人的选择决定着自然被利用的幅度和范围，所以，任何一个社会都会为了自身的生存而剥削自然环境，而且不同人群之间会因占有自然资源的不同而产生差异，反过来这些差异会进一步加剧和强化社会的分化。从这一新认识出发，他不但卸掉了研究白人环境管理的道德负担，同时也为分析白人环境管理提供了新的框架。[①] 把自然环境与人工环境联系在一起的是环境态度和环境政策。环境态度研究当时人们如何认识、感知和设计环境，环境政策是在人们的环境态度基础上制定的管理和利用环境的规章制度。澳大利亚的环境管理就是通过把效率、专业知识和系统概念注入公共政策，通过促进对环境的聪明利用和对资源的有效管理来在一个欠开发的国家促进现代化。由此可见，鲍威尔是把环境管理完全置于当时的社会历史大背景中来考察的，是完全以人为中心的。

1999 年，亲自参加了澳大利亚环境运动的哈顿和康纳斯夫妇联袂推出了《澳大利亚环境运动史》，从把环境运动看成是一场社会运动的视角展现了它的历史发展，梳理了它的演变谱系，分析了它独特的社会动员的动力机制和其战略的周期性变化。他们把澳大利亚环境运动的历史分成 5 个阶段，分别是："第一波"（1860 年代—约 1945 年）；"第二波"（约 1945—1972 年）；"不断发动反对战役的运动"（1973—1983 年）；"专业运动"（1983—1990 年）；和"在黑暗中起舞"（1990 年代以后）。在进步时代兴起的各种科学和博物学研究会是第一波中的主力。它们在狩猎和出口经济大发展的时代提出一系列科学主张，一方面要通过帮助认识当地环境来促进经济增长；另一方面主张为了科研需要必须保护许多独有的物种。在第二波中，政府雇用的科学家为保护运动提供了科学基础，从昆虫学、野生植物学、杂草和害虫控制等生态学方面把先前流行的功利性保护变成了科学保护。在 1970 年代，澳大利亚与世界的经济关系经常紧张，国内的土著问题、劳工问题不断激化，环境运动趁势与其他领域结合，掀起了连绵不断的绿色抗议运动。在 1980 年代，澳大利亚环境运动在组织治理上官僚化，在人员构成上专业化，在支

---

① J. M. Powell, *Environmental Management in Australia, 1788—1914: Guardians, Improvers and Profit, An Introductory Survey*, Oxford University Press, 1976, p.3.

持力量来源上进一步草根化。但是，随着澳大利亚政治的保守化和经济的全球化，在积极争取参政的同时，环境运动正在寻求重新成为人们关注的焦点的新思路和新道路。[①]《澳大利亚环境运动史》不但给我们呈现了澳大利亚环境运动的发展历程，还对澳大利亚传统的历史编纂法形成了强烈冲击。澳大利亚民族主义史学兴起后，基本上受制于占主导地位的工党意识形态。和平运动和女权主义兴起后，澳大利亚历史中加入了性别和和平的元素。但是直到1980年代环境运动大发展的时候，澳大利亚历史学才开始关注资源的开发和环境保护问题。哈顿夫妇的著作通过把环境议题与科学、劳工、性别、土著解放、政党政治等结合起来对澳大利亚人先前习以为常的历史解释和叙述形成了有力挑战。

与澳大利亚孤立在南太平洋的地理现实不同，澳大利亚环境史研究特别注意与世界其他地区的比较研究，注意把自己放在整个世界环境史中来认识。1986年，美国著名环境史学家克罗斯比在1972年出版的《哥伦布引起的交流》的基础上出版了重要著作《生态扩张主义》。[②]他把人既看成是社会和政治的人，又看成是和其他物种相同的一个物种。同时他还以动植物和病菌等自然因素在包括美洲和新西兰的"新欧洲"形成过程（包括人口替代和景观再造）中的作用来说明欧洲扩张成功的生态原因，强调生态因素和偶然因素在历史发展中的重要作用。应该说，克罗斯比的观点在当时具有冲破传统束缚和开阔视野的重要意义，但是，现在看来还是存在一些问题。一是它强调生态因素，有意无意地忽视了人的历史创造性，也割裂了人与生态因素之间的复杂关系。二是他没有有效回答为什么生态征服主要有利于欧洲人以及"哥伦布引起的交流"为什么是不平等的问题。第三，他在研究欧洲的生态扩张时没有把南非和澳大利亚包括在"新欧洲"之内。澳大利亚学者也想探索欧洲殖民主义和移民殖民地生态变迁的关系，尤其是通过把澳大利亚放到整个移民殖民地的大范围中进行考察后，发现克罗斯比

---

① Drew Hutton and Libby Connors, *A History of the Australian Environmental Movement*, Cambridge University Press, 1999.

② Alfred W. Crosby, *The Columbian Exchange: Biological and Cultural Consequences of 1492*, Westport, 1972; *Ecological Imperialism: The Biological Expansion of Europe*, 900—1900, Cambridge University Press, 1986.

关于欧洲人因为频繁接触而比较适应病菌的观点过于简单。其实，比起澳大利亚来，欧洲不过是一块较晚被人垦殖的“新土地”，它的植物区系因为是在最后一次冰期后重新开始而比较简单，当地生长的主要是那些逐渐适应了被改造过的环境的外来入侵动植物。[①]“生物旅行箱”有些是欧洲殖民者有意带到殖民地去的，有些是无意带去的，而且殖民者在殖民地对这些自然武器一部分是放任其肆虐，对另一部分还是有所限制的。这种控制是依据按实用的殖民价值观改造后的生态学（包括土壤学、动物学、植物学等）来进行的，欧洲的知识体系往往都是以毁灭性的方式改造边疆环境的。另外，各种生态因素的交流也不是单向的，从澳大利亚输出的植物对欧洲的景观也产生了重要影响。

邓拉普在英国人移民殖民地的范围内比较了澳大利亚环境史和美国、加拿大、新西兰环境史的异同，认为尽管这些国家存在着地理位置和幅员、人口数量等差异，但由于它们都是英国人的移民殖民地，在如何认识新占领的土地，如何处理与这些土地的关系，以及这些土地如何改造和重新塑造了英国移民等方面具有类似的经历。[②] 在这样一个适应和改造的过程中，科学发挥了非常重要的作用，尤其是随着博物学向生态学的转化和科学化程度的不断提高，科学对大众的影响逐渐转向间接并通过社会精英来辐射，于是对环境的改造力度不断加大同时保护环境的力度也在不断加大。但是，由于这些国家基本环境因素的不同，澳大利亚在人与环境关系的处理上也与其他英国移民殖民地存在着数量或强弱程度上的不同。例如，澳大利亚和美国都存在着超验主义的体验和思想，但美国有缪尔这样的思想家并拥有一批信众，而澳大利亚却没有；澳大利亚和美国人都在讨论荒野和建设国家公园，但美国的力度显然要比澳大利亚大得多，两者在国际上的影响也不可同日而语等等。由此也可以看出来，环境史的叙述很容易建立在对移民破坏环境的基础上，环境史学家也因担心落入环境决定论的窠臼而极力回避对环境影响人的一面的研究，不过，在比较环境史研究中，通过探讨和比较

① Tom Griffiths and Libby Robin (eds.), *Ecology and Empire: Environmental History of Settler Societies*, University of Washington Press, 1998, p.8.

② Thomas R. Dunlap, *Nature and the English Diaspora: Environment and History in the United States, Canada, Australia, and New Zealand*, Cambridge University Press, 1999.

不同国家环境形塑移民者的不同方式，这样的担心应该可以在一定程度上得到比较有效的化解。

总之，澳大利亚环境史研究重点突出，无论是在具体内容还是在研究方法上都做出了新的探索。它的研究成果不但给世界环境史研究提供了一个独特而又不可缺少的案例，同时又通过比较研究为自己找到了进一步深化研究的新视野。与美国和欧洲的环境史研究相比，澳大利亚环境史研究在范围上尚需向城市环境史、海洋环境史、沙漠环境史、技术和工程环境史等领域大力开拓；在议题和视角上还需要增强自主性，需要从澳大利亚看世界的角度对全球环境史提出自己的阐释。

第三节 澳大利亚环境史研究的特点

澳大利亚环境史研究是世界环境史研究中的一支重要力量，它与世界不同地区的环境史研究相比既具有许多共性，但同时又具有自己的特点。

澳大利亚学者强调环境史是一个跨学科的研究领域，这与国际上一般认为环境史是历史学的一个分支学科有所不同。无论是美国还是欧洲的环境史研究，都是在历史学“碎化”的过程中，历史学家通过从现实中发现新问题和发掘新的历史资料，进而通过分析形成了环境史的研究成果。尽管在欧美环境史研究中，也有不同学科的学者参与共襄盛举，但主力是历史学家。澳大利亚环境史研究的主力并不是历史学家，而是从事环境问题研究的各类专家和从事环境管理的各类公职人员。在多弗斯主编并于1994年和2000年分别出版的两本论文集中，在全部23位作者中，只有两位来自大学历史系。[①] 这种情况非常特殊，以至于澳大利亚环境史学家加登竟然发出了“历史学家在哪里”的“寻人启事”。[②] 在澳大利亚的历史学传统中，人们最初是以征服者和文明传播者的姿态来撰写历史的；后来历史学逐渐采用

---

① 一位是Bill Gammage，来自阿德莱德大学历史系；另一位是Ross Johnston，来自昆士兰大学历史系。

② Don Garden, “Australian environmental history: Where are the historians?” http://www.h-net.org/~environ/historiography/australia.html

了“辉格派观点”，歌颂先辈用血汗征服和开发自己并不熟悉的土地的英雄壮举以及在边疆推进过程中形成的对企业家精神、民主制度和社会经济平等等观念的认同等。因为在白人的历史经历中，澳大利亚的环境是不适合欧洲人居住的，是欧洲人把它改造好的，现在的环境就是文化的造物。直到1970年代，绝大部分历史学家仍然忽视环境在历史发展中的作用，最多把它看成是人类活动的舞台和原材料等用于生产和创造财富的来源。即使在性别史和种族史得到重视的时代，环境问题也引不起历史学家的兴趣，因为他们根深蒂固地推崇“进步、基督教、资本主义”等信念，对非白人的一切都持“蔑视”的态度，觉得总是带有悲观色彩的环境史与要把人们从黑暗带向光明、要给人以美好未来和希望的主流历史学格格不入。也正因为澳大利亚强调环境史是一个多学科或跨学科的研究领域，所以，它很难组织起一个真正属于环境史的全国性学会和全国性合作研究项目，也没有一个大家共同接受的环境史定义和研究目的，所以，其研究无论从方法论、选题到结论都显得非常多元化。

虽然历史学家对环境不重视，但现实的环境问题要求从事环境研究的专业人员和管理工作者必须探讨环境史，[①]于是，环境史在澳大利亚就变成了一个多学科或跨学科的研究领域（Multi-disciplinary study，Interdisciplinary arena）。[②]多学科研究就是从不同学科对环境史进行研究，其中也包括历史学；跨学科研究是从不同学科的交叉和融合角度对环境史进行研究。虽然都是研究历史上人与环境的关系问题，但两者之间还是存在着细微的差别。从学科分类和功能来看，历史学家在叙述和结构历史方面是行家，科学家在精确分析和提出对策方面擅长，但是两者都应该认识到自己的局限和缺陷。历史学家在跨学科时要注意不能把某个理论、假设或方法当成是共识，科学家在跨学科时既不能把某个历史结论当成普遍的理论，也不能把某个史料看成是铁定的史实。具体到澳大利亚环境史研究，土著人到来之前的环境

---

① 参看 Libby Robin and Tom Griffiths，“Environmental history in Australasia”，*Environment and History*，10(2004)，p.453.

② Stephen Dovers，“Commonalities and contrasts，pasts and presents：An Australian view”，in Stephen Dovers，Ruth Edgecombe and Bill Guest. Athens (eds.)，*South Africa's Environmental History: Cases and Comparisons*，Ohio University Press，2003，p.232.

史需要借助于地质学和孢粉学以及碳沉积的研究；对土著人澳大利亚环境史的研究需要更多利用人类学和民族学的方法和视野；对欧洲人的澳大利亚环境史研究不仅需要倚重现代社会科学，也不能忽视后现代主义的新思维。当然，所有的环境史研究都离不开对生态学和环境科学的借鉴。不过，生态学是19世纪末兴起的，而且这门年轻的学科日新月异，经常发生理论转换和方法论的重构，所以，环境史研究在借鉴时一定要注意其历史发展并深入了解其对某地生态系统的特点和功能的全面论述。在研究19世纪末以前的欧洲人的澳大利亚环境史时，必须充分重视博物学的资料，但是也要清醒地认识到，这些材料是殖民地政府科学家做出来的，在使用时必须解读其背后的意图和立场。只有这样小心翼翼地合作，才能避免多学科研究中经常会出现的“瞎子摸象现象”；只有认识并避免相互的局限和充分发挥各自的优势，跨学科研究才能得出相对理想的、注重整体性的结果。

澳大利亚环境史研究既是对澳大利亚历史解释产生影响的新思维，更是讲究实用价值的应用史学。所谓新思维，包括三个方面的含义：一是让自然成为历史的创造者，改变原来只有人一枝独秀的片面性；二是打破自然只是人创造财富的基础和把对自然的过度索取也赞美成进步或现代化的错误倾向，使自然的可持续性成为衡量历史发展的一个重要标尺；三是把地方和全球有机联系在一起，使人及其社会的历史和自然界的变化在各个层面都得到表现。[①] 不过，澳大利亚环境史研究更强调它的实用价值。多弗斯认为，美国学者沃斯特提出的环境史定义是没有可操作性的，可行的环境史概念应该对下面两个问题给出圆满的解答，即我们是怎么走到现在所处的地方？为什么我们生存的环境变成了现在这个样子？研究环境史的目的是通过对现在遇到的问题的历史探讨为将来可能遇到的问题和机遇提供说明。所以环境史研究要能为解决一些重要的问题提供智力服务，要积极介入关于可持续议程的讨论。只有这样，环境史研究才能在澳大利亚获得广泛的承认和支持。[②] 在人文科学不断萎缩的情况下，不管从业者是否喜欢，与现实问题和未来的相关性将是决定澳大利亚环境史研究能否存在下去的生命线。

---

① Tom Griffiths, *Forests of Ash: An Environmental History*, Cambridge University Press, 2001.

② Stephen Dovers, “Sustainability and pragmatic environmental history: A note from Australia”, *Environmental History Review*, Fall 1994, p.29.

具体来说，就是与资源和环境管理者合作，为社区组织、公共机构和工业界提供他们解决急迫问题和制定政策所必需的历史背景。例如，在从环境史视角研究可持续性问题时，土著人的土地权和环境知识是不可忽视的问题。现在，澳大利亚大约17%的土地是土著人所有或由其管理，许多国家公园和保留地也由土著与国家机构共同管理。这就意味着，如果人们一直在争论这个问题，那么，与此相关的环境史研究的动力就不会枯竭。[①] 所以，如果环境史能发出前所未有的声音，它就既是公共史（Public history），也是应用史（Applied history），还是人民史（People's history）。[②] 不过，在我看来，这样的“委托”研究和由相关机构出题目的研究尽管具有有利的一面，但也有不利的一面。那就是不利于形成大家公认的环境史定义，不易于形成大家认同的研究热点，不利于学科自觉的建设。

澳大利亚环境史研究把澳大利亚并不看成一个已经稳定的移民社会，而是看成一个仍然在发展中的移民社会。如果认为澳大利亚已经是一个移民社会，就意味着移民只是一个历史事件，而且特指白人的移居。这就容易把欧洲人的澳大利亚和土著的澳大利亚以及生物物理的澳大利亚割裂开来，不易破除已经形成的对土著人与环境关系的“退化叙述”或“和谐迷思”，更何况它在关于科学、政治和历史的讨论中并未得到证实。相反，如果把澳大利亚看成是一个仍在发生中的移民社会，那么，不但可以自然破解其中隐藏的现代政治自认为自己理性和科学的管理而罔顾现实的不确定性和复杂性的问题，同时对环境管理者和历史编纂来说都可以提供更长时段的认识视野。土著问题是澳大利亚现代历史和环境史研究都无法绕开的问题。原来白人认为，移民是从1788年开始的，之前土著数千年的移居历史被一笔抹煞。从1960年代开始，土著掀起了文化复兴运动，挑战这种叙事，高等法院1992年的判决也加速了这一进程。这就要求环境史研究必须把白人的澳大利亚与土著的澳大利亚综合起来考虑，把澳大利亚各个种群与环境的关系看成是一个仍然没有终结的过程来处理。只有这样，不但符合历史进

---

① 这一观点出自作者在2003年1月对斯蒂芬·多弗斯的采访。

② Stephen Dovers, “Commonalities and contrasts, pasts and presents: An Australian view”, in Stephen Dovers, Ruth Edgecombe and Bill Guest. Athens (eds.), *South Africa's Environmental History: Cases and Comparisons*, Ohio University Press, 2003, p.239.

程，而且有助于当前问题的解决。从国际比较的角度来看，不但可以发现澳大利亚移民社会与其他移民社会的异同，还可以把环境史与地方社会而不是先前的宗主国北美或欧洲联系起来。这无疑有助于打破以欧美为中心的研究取向。如波尼哈蒂的《殖民土地》，由于它更多地关注了殖民地本土的环境知识和环境管理能力，就能有效改变先前一直把殖民地环境管理看成是来自宗主国的知识和影响随着帝国主义扩张而不断扩散的过程和结果的陈旧说法。[①] 也正因为澳大利亚本土环境史学家有意识地采用这样一个新的视角，使之对澳大利亚环境史的认识更贴近它固有的复杂性和多样性，从而有效地避免了外国学者研究澳大利亚环境史中非常容易出现的简单化和过分普遍化的问题。

最后，编织澳大利亚环境史的核心概念是可持续性（Sustainability）。传统的历史编纂原则是进步，而且绝对是以人为中心的，但环境史兴起以后，历史编纂的逻辑正在发生变化。在澳大利亚环境史研究中，衡量历史演变和组织历史故事的标准变成是否可持续。即不光考虑是否进步，还考虑这种进步是否是可持续的，是否是代际公平的，等等。对历史的这种审视不仅仅局限于当代历史，同时也应用于古代历史；不光应用于人类社会的发展并注意其延续性和断裂，同时也应用于人与环境的关系，考察历史上对环境的破坏和保护。以可持续性为核心来编纂历史也可以有效避免现在环境史研究中普遍存在的严重悲观主义情绪。受现代环境主义的片面影响，大部分环境史著作重在揭露现代文明对环境的破坏，让人从中看不到解决环境问题的希望。澳大利亚环境史研究最初也具有这个特点，但随着它的迅速发展，从业者开始意识到这不但不能吸引更多人对它感兴趣，而且还对制定解决当前问题的政策没有什么益处和启示。用可持续性思想指导环境史编纂不但可以指出文明的缺陷及其造成的环境问题，还能发现人类对解决环境问题的思考和所采取的行动，让读者在看到问题严重性的同时又能获得希望。

澳大利亚环境史研究之所以能形成这些特点，原因大致可以归纳为两方面。一是澳大利亚的人文研究和环境现实要求它只能这样推进，二是它

① Tim Bonyhady, *The Colonial Earth*, Melbourne University Press, 2003.

有效借鉴了国际环境史研究发展的经验教训。在这两者的共同作用下形成了它鲜明的共性与差异并存的现状。澳大利亚环境史研究的这些特点反过来也会为国际环境史研究的发展提供独特的地方性经验，促使国际环境史研究向更加全面和客观的方向发展。

作为世界上在生态危机和管理、环境破坏和文化损失等方面经历比较独特的国家之一，澳大利亚的环境史研究必然会受到世界环境史学界的关注。经过多年研究产出了一些特点突出的成果，但由于历史的局限许多领域仍有待大力开拓。澳大利亚环境史研究强调实用性、跨学科研究等特点使之能在比较复杂和艰难的学科生存状况下得到发展，但必须注意的是随着发展条件的逐渐改善，环境史作为历史学分支的自觉应该得到逐步加强。另外，多样性虽然有利于澳大利亚环境史研究的繁荣，但必要的、真正属于环境史的组织性和共同研究可能更有利于澳大利亚环境史研究在国际上占有自己应得的一席之地。

第八章

中国环境史研究

环境史作为一个分支学科或多学科的研究领域早在1970年代已经出现，随后世界许多地区和国家也相继开展了环境史研究。中国环境史研究虽然起步晚但发展迅速，其进程本身就需要梳理和反思。本章将从中国环境史研究的兴起、取得的成就、呈现的特点和未来需要克服的问题等方面进行探讨。

第一节　环境史研究在中国的兴起

众所周知，“环境史”一词最早是由美国环境史学家R.纳什在1970年作为学术名词使用的。[①] 此后美国环境史学家对它的定义、性质、内容、理论和方法进行了积极探索，使之逐渐形成了发展极快、比较成熟的分支学科，在战后的国际史学发展中大放异彩。与国际环境史学的快速发展相比，中国环境史研究兴起晚，与社会的现实要求还有相当距离。

作为一个学术名词，“环境史”一词是从英文直译过来的。早在1990年代，高岱、侯文蕙、曾华璧就著文介绍了美国的环境史研究和环境思想史。[②] 笔者从1995年开始在德国学习环境史，4年后在北京大学历史系开出了名为“人类发展与环境变迁”、实为“简明世界环境史”的本科生选修课；5年以后发表了《环境史：历史、理论与方法》的论文，比较系统地研究和介绍

① R. Nash, “American environmental history: a new teaching frontier”, *Pacific Historical Review*, 41 (1972).

② 高岱，“美国环境史研究综述”，《世界史研究动态》，1990年第八期。曾华璧，“论环境史研究的源起、意义与谜思：以美国的论著为例之探讨”，《台大历史学报》，第23期，1999年。

国外的环境史研究，提出了中国学者对环境史的解释以及建立中国环境史学派的初步设想。[①] 此后陆续有许多学者以环境史来命名自己的论文或者自觉地把自己的相关论文归入环境史的范畴之内。

为什么在1990年代后期环境史研究会在中国兴起？首先是中国的环境形势不断恶化和中国党和政府的指导思想的变化迫切要求学术研究为环境治理提供必须的和最新的智慧。经过20多年的改革开放，中国的经济得到快速发展，综合国力得到显著提高，但是中国的环境问题越来越严重。城市环境污染严重，空气质量下降；农村过度耕种、过度放牧，森林、草原和植被破坏；恶性环境事故和灾难层出不穷。典型代表就是日益频繁的沙尘暴、肆虐全国的1998年大洪水等。与此同时，每一年的环境保护指标都不能完成，人与环境的矛盾愈演愈烈。这就迫切需要反思发展到底是为了什么等根本性问题。中国第四代领导人上台后根据中国发展遇到的阶段性问题的变化，适时发展了“发展就是硬道理”的理念，提出了科学发展观和建立和谐社会的新治国方略。其中的一个重要内容便是保持人与自然的和谐。现实和政治发生变化以后，无论是政治人物还是社会底层都要求学术界给予深刻解释。许多社会科学研究迅速跟进，但历史学的反应相对比较迟钝和滞后。令人遗憾的是，环境科学、生态学以及环境工程学都不能给出完整的答案，因为它们只关心自然因素的作用。环境伦理学、环境社会学、环境经济学作出了自己的分析，可惜的是缺乏历史的深度和力度。

中国严峻的环境现实和政治变化要求历史学挺身而出，给出自己的解释。尽管部分历史学家已经开始行动起来，希望从历史发展的角度回答现实提出的、人民群众迫切需要了解的问题，但是中国传统的历史教育只注重对人类本身历史知识的传授，不涉及人与环境关系的变迁史。这也意味着历史学家基本上没有从事环境史研究的知识积累和知识结构。但是，中国年轻的历史学者并不满足在旧研究领域做添砖加瓦的研究工作，他们敏锐地意识到也希望能在时代巨变的历史机遇中寻求本研究领域的范式突破。他们不但勇于学习和吸收其他学科的新知，而且乐于积极借鉴其他学科的思路和研究方法。在中国历史研究中根基深厚的经济史和社会史都把寻求

① 包茂红，“环境史：历史、理论与方法”，《史学理论研究》，2000年第4期。

突破的目标瞄准到与环境史交叉融合。研究经济史的夏明方教授就撰文提出，经济史正在从"资本主义萌芽"、"现代化"转向第三个范式，形成经济史研究中的"生态学转向"，也就是要用环境史的方法来重新探讨人口压力、环境变化、市场变迁、阶级分化等诸多因素错综复杂的交互作用，进一步揭示明清中国社会经济结构的演化和转变规律。[①] 研究社会史的王利华教授也在"中国历史上的环境与社会"国际学术研讨会的开幕主持词中提出，中国的社会史研究经过"探讨社会发展规律"、"自上而下降落民间"、"日常生活史"的范式，正在转向与环境史研究结合的新阶段，着重探讨环境诸要素的变化、环境变迁与经济发展、环境变迁与社会构造和运行空间、环境与社会生活和文化等专题。[②] 这两个预测宣示了环境史虽然在中国处于起步阶段，但却受到了越来越多的重视和应用。

其次，中国历史地理学的发展为环境史的出现提供了一定的知识基础。中国有源远流长的地理学和历史地理学传统，写于战国后期的《禹贡》堪称中国最早的地理学著作，成书于公元1世纪的《汉书・地理志》是中国第一篇历史地理著作。虽然"历史地理"作为一个学科在1901—1904年从日本传入中国，[③] 但到1960年代已在中国变成了界定明确、茁壮成长的新学科。历史地理学作为现代地理学的分支学科主要研究人类历史时期地理景观的变化及其演变规律，试图复原过去的地理景观。[④] 其中的历史自然地理研究和人地关系研究关注的问题与环境史相似，其研究成果也给环境史研究奠定了一定基础。但是历史地理学毕竟不是环境史，两者还存在一定的区别。[⑤] 可喜的是一些致力于历史地理学研究的青年学者开始自觉与生态学和环境科学融合，希冀用学科交叉的优势从学科传统中脱颖而出，作出了许多更为

---

① 夏明方，"老问题与新方法：与时俱进的明清江南经济研究"，《天津社会科学》，2005年第5期。

② 本次会议于2005年8月17—19日在天津南开大学召开，主要的主办方是南开大学中国社会史研究中心和中国农史学会。笔者参与组织了会议，帮助邀请了几位境外著名环境史学家与会。会后出版了论文集。王利华主编，《中国历史上的环境与社会》，生活・读书・新知三联书店，2007年。

③ 侯甬坚，"历史地理学科名称由日本传入中国考"，《中国科技史料》，2000年第4期。

④ 侯仁之，"历史地理学刍议"，《北京大学学报》（自然科学版），1962年第1期。

⑤ M. Williams, "The relations of environmental history and historical geography", *Journal of Historical Geography*, 20, 1 (1994). J. M. Powell, "Historical geography and environmental history: an Australian interface", *Journal of Historical Geography*, 22 (1996), pp.253—273.

接近环境史的探索。

第三，改革开放为中国学术界和学者提供了更多与西方学术界交流的机会。中国学术界先后翻译出版了多部西方环境科学、生态学和环境史的著作，例如《寂静的春天》、《我们共同的未来》、《只有一个地球》、《人口炸弹》、《封闭圈》、《绿色政治——全球的希望》等。这些著作对中国学者的环境史研究起到了启蒙的作用。更为重要的是中国年轻学者可以直接到欧美国家的大学进修环境史专业，修补自己有严重缺陷的知识结构，接受最新的环境史研究方法和理论成果。由此也可以看出，中国环境史研究是中外知识交融的产物，是地方性知识和国际化趋势结合的结晶。也正由于它既适合了社会和历史发展的要求，又契合了国际学术发展的潮流，因而具有无限广阔的前景。

中国环境史研究的快速发展表现在许多方面。从学术会议召开的情况来看，2005 年先后在南开大学、山西大学和中国人民大学召开了环境史的会议，2006 年先后在中国社会科学院经济学研究所、西北农林科技大学、青海师范大学、台湾“中央研究院”等地召开了环境史的国际研讨会。[①] 尽管这些会议讨论的主题有所区别，但从举办会议的频次、参会学者人数、提交论文的数量和质量，以及办会的财力来看，环境史研究正在成为中国历史学研究的一个热点。从科研课题的申请指南来看，国家哲学社会科学基金和教育部的基金申请指南中大幅度增加了环境史的内容，尽管它的绝对数量还不多，但与以前几乎没有相比，还是有了很大增加。这表明国家的主管部

---

① 2006 年 8 月 5—7 日，由陕西师范大学西北历史环境与经济社会发展研究中心、国家清史编纂委员会典志组、青海师范大学人文学院联合主办的“清代中国生态环境特征及其区域表现”国际学术研讨会在西宁召开。2006 年 8 月 17—18 日，由西北农林科大人文学院、中国灾害防御协会灾害史专业委员会、中国西部防灾研究联络会等共同发起、承办的第三届中国灾害史学术研讨会在陕西杨凌召开，主题是“西北地区灾荒史与区域社会经济发展”。2005 年 8 月下旬，中国人民大学清史研究所和国家清史编纂委员会在北京香山共同举办了“清代灾荒与中国社会”的国际学术研讨会。2005 年 10 月 15 日，山西大学社会史研究中心和山西大学历史文化学院联合举办了“明清以来山西人口资源环境与社会变迁”的国际学术讨论会。2005 年 11 月 17 日，《中国经济史论坛》在中国社会科学院经济所主持召开了“环境史视野与经济史研究”的学术研讨会。2002 年 11 月 14—16 日，台湾“中央研究院”台湾史研究所筹备处在台北主持召开了“环境史研究国际学术研讨会”。2006 年 11 月 8—10 日，台湾“中央研究院”台湾史研究所在台北主持召开了“环境史研究第二次国际学术研讨会”。

门正在利用行政手段有意识地促进环境史研究在中国的发展。从研究生的培养来看，在北京大学历史系、南开大学历史学院、北京师范大学历史学院、中国人民大学历史系、陕西师范大学西北历史环境变迁与社会经济发展研究中心和复旦大学历史地理研究所先后设立了环境史方向的硕士或博士招生方向，开设了多门不同层次的环境史课程。① 环境史研究方向也逐渐成为学生报考的热门。相继被邀请到中国讲学访问和参加会议的国际环境史学家也迅速增加，仅笔者在 2005 和 2006 年就邀请了 8 位学者，包括美国著名环境史学家 John McNeill，Sing Chew 和 Martin Melosi，德国环境史学家 Joachim Radkau，日本环境史学家原宗子和井上坚太郎等。译介到中国的外国环境史学家的著作也越来越多。如果说以前主要翻译的是环境主义的普及读物的话，那么现在翻译的更多的是严肃的、具有很高学术价值的环境史著作。② 最突出表现中国环境史研究发展的是，新成果如雨后春笋层出不穷。

---

① 例如，笔者在北京大学历史系的硕士和博士生招生方向是“环境史和亚太区域史”，开设的环境史课程有：本科生通选课《人类发展与环境变迁》，研究生选修课《环境史学史》、《南非环境史》、《环境史文献选读》和《亚太区域环境史》，设立了由国外第一流的环境史学家主讲的《环境史前沿系列讲座》，形成了比较完整的课程培养体系。

② 例如，弗・卡特，汤姆・戴尔著，庄崚，鱼姗玲译，《表土与人类文明》(*Topsoil and civilization*)，中国环境科学出版社，1987 年。古迪著，郑锡荣等译，《人类影响——在环境变化中人的作用》(*The Human Impact on the Natural Environment*)，中国环境科学出版社，1989 年。麦茜特著，吴国盛等译，《自然之死——妇女、生态和科学革命》(*The Death of Nature*)，吉林人民出版社，1999 年。菲利普・沙别科夫著，周律、张建发等译，《滚滚绿色浪潮——美国的环境保护运动》(*A Fierce Green Fire: The American Environmental Movement*)，中国环境科学出版社，1997 年。彭慕兰著，史建云译，《大分流：欧洲、中国及现代世界经济的发展》(Kenneth Pomeranz, *The Great Divergence: Europe, China, and the Making of the Modern World Economy*)，江苏人民出版社，2003 年。斯蒂芬・J.派因著，梅雪芹等译，《火之简史》，三联书店，2006 年。拉铁摩尔著，唐晓峰译，《中国的亚洲内陆边疆》(Owen Lattimore, *Inner Asian Frontiers of China*)，江苏人民出版社，2005 年。沃斯特著，侯文蕙译，《自然的经济体系：生态思想史》(Donald Worster, *Nature's Economy: A History of Ecological Ideas*)，商务印书馆，1999 年。庞廷著，王毅，张学广译，《绿色世界史》(Clive Ponting, *A Green History of the World: The Environment and the Collapse of Great Civilization*)，上海人民出版社，2002 年。沃斯特著，侯文蕙译，《尘暴：1930 年代的美国南部大平原》，三联书店，2003 年。约阿希姆・拉德卡著，王国豫，付天海译，《自然与权力——世界环境史》(Joachim Radkau, *Natur und Macht: Eine Weltgeschichte der Umwelt*)，河北大学出版社，2004 年。克罗斯比著，许友民，许学征译，《生态扩张主义：欧洲 900—1900 年的生态扩张》(Alfred W. Crosby, *Ecological Imperialism: The Biological Expansion of Europe, 900—1900*)，辽宁教育出版社，2001 年。克罗斯比著，郑明萱译，《哥伦布大交换——1492 年以后的生物影响和文化冲击》(*The Columbian Exchange: Biological and Cultural Consequences of 1492*)，中国环境科学出版社，2010 年。艾尔弗雷德・W. 克罗斯比 (接下页)

需要说明的是，这些成果可能并不都是环境史学家撰写的，但都研究了中国环境史的内容。另外，见于2000年以后发表的论文众多且非常分散，本章关于这一时期的概述主要以公开出版的相关著作来进行概括。这些现象充分说明中国环境史的研究正在有条不紊地持续向前推进。

第二节　中国环境史研究的主要内容

虽然作为分支学科的环境史研究是中国史学领域的新来者，但是环境史研究的成果并不局限于这一时段，其部分研究成果出现的年代可以追溯到以前，虽然那时这些成果并不被称为环境史研究。中国的环境史研究不但包括中国学者对本国环境史的研究，也包括中国学者对外国环境史的研究；不但有理论的探讨，更多的则是实证研究。

在环境史的理论研究方面，梅雪芹、王利华、李根蟠、高国荣和笔者都进行了一些初步探索，但由于所从事的研究领域、学者本人的知识积累和结构以及环境体验的不同，对环境史中的许多基本问题都产生了不同认识。如在环境史的性质上，有人强调环境史要重视研究以环境为媒介的人与人的关系，有人强调环境史的政治史特性；在环境史的功能上，有人从广义上强调它是一种历史新思维，有人从狭义上强调它对传统历史编纂学的补充作用；在中国环境史研究的起源上，有人强调它的本土性，甚至还有人认为

（接上页）著，王正林，王权译，《人类能源史——危机与希望》（*Children of the Sun: A History of Humanity's Unappeasable Appetite for Energy*），中国青年出版社，2009年。贾雷德·戴蒙德著，谢延光译，《枪炮、病菌与钢铁：人类社会的命运》（Jared Diamond，*Guns, Germs, and Steel: The Fates of Human Societies*），上海译文出版社，2000年。贾雷德·戴蒙德著，江滢，叶臻译，《崩溃：社会如何选择成败兴亡》（*Collapse: How Societies Choose to Fail or Succeed*），上海译文出版社，2008年。威廉·H.麦克尼尔著，余新忠，毕会成译，《瘟疫与人》（*Plagues and Peoples*），中国环境科学出版社，2010年。布赖恩·费根著，董更生译，《洪水、饥谨与帝王：厄尔尼诺与文明兴衰》（*Floods, Famine, and Emperors: El Niño and the Fate of Civilization*），浙江大学出版社，2009年。梅棹忠夫著，王子今译，《文明的生态史观》（《文明の生态史观序说》），上海三联书店，1988年。威廉·贝纳特，彼得·寇茨著，包茂红译，《环境与历史：美国和南非驯化自然的比较》（*Environment and History: The Taming of Nature in the USA and South Africa*），译林出版社，2008年。原田正纯著，包茂红，郭瑞雪译，《水俣病》，北京大学出版社，2012年。等等。

中国历史地理学在从传统的沿革地理学向现代历史地理学转化时就催生了中国的环境史研究，有人强调它的国际性和本土性的结合。其实，在环境史学科基础仍显薄弱的时候，来自不同领域、不同专攻的学者，对环境史的理解各有侧重，这并不奇怪。随着研究的进一步深入和学科的发展，相信会形成大多数学者可以认同的环境史定义。解决这个问题的一个行之有效的办法是深入研究外国环境史学史，通过对不同国家和地区环境史研究的发展历程、主要成果以及存在的问题的探索和把握来让自己的研究站在一个比较高的起点上，澄清国际环境史学界的一些争论和焦点问题，进而既可以避免不必要的重复劳动，迅速走向学术前沿，与国际环境史学界接轨，也有利于开辟出新的研究领域，实现中国环境史研究的又好又快发展，甚至占领国际环境史研究的某些制高点。

在外国环境史研究方面，与整个中国世界史研究的风气相一致，就是重视对强国或大国的环境史和大国主导的国际环境治理体系的研究。侯文蕙主要研究美国环境主义史。她不但翻译了多部美国环境主义的经典著作，而且在1995年出版了《征服的挽歌——美国环境意识的变迁》一书，深入分析了美国环境思想的发展历程。中国社会科学院世界历史研究所的徐再荣和高国荣以及南开大学历史学院的付成双也都致力于美国西部环境史或美国环境保护政策史的研究。北京师范大学历史学院的梅雪芹主要研究英国环境史，尤其是工业化以来污染治理的历史。[①] 中日环保研究中心的专家研究了日本环境政策的演变，分析了支撑它发展的社会、经济和政治结构。[②] 中国人民大学的刘大椿教授还与日本相关学者组成联合课题组，共同探讨东亚国家在经济起飞过程中出现的环境恶化和有效治理，研究中日环境合作的发展过程。[③] 相对来说，对亚非拉发展中国家和地区的环境史及其环境史学史的研究实属凤毛麟角。[④] 对外国环境史的研究开阔了中国环境史研究

---

① 梅雪芹，《环境史学与环境问题》，人民出版社，2004年。

② 任勇等著，《日本的环境管理及产业污染防治》，中国环境科学出版社，2000年。

③ 刘大椿，明日香寿川等著，《环境问题：从中日比较与合作的观点看》，中国人民大学出版社，1995年。夏光等著，《中日环境政策比较研究》，中国环境科学出版社，2000年。

④ 包茂红，《森林与发展：菲律宾森林滥伐研究（1946—1995）》，中国环境科学出版社，2008年。包茂红，《中国の环境ガバナンスと东北アジアの环境协力》，北川秀树监译，はる书房，2009年。

的视野，为进行国际比较研究提供了可能。我们固然要学习和借鉴发达国家环境史的经验教训，但无论是从世界环境史是一个整体、发展中国家环境史是其一个不可缺少的有机组成部分的学术现状，还是从在当今国际环境斗争中需要发展中国家的合作与支持的现实需要来看，外国环境史研究中的这种失衡情况都必须迅速改变。

中国学者对中国环境史的研究成果颇丰，为了叙述方便，将按专题进行归纳。

中国环境思想文化

在这一领域，讨论的重点是儒家、道家、佛教思想中的生态和环境因素，特别是“天人合一”思想的出现、形成和发展。中国学者喜欢把中国传统环境思想与基督教环境伦理进行比较，意在昭示中国传统文化中尊重自然的一面，从而提升自鸦片战争以来处于弱势的中国传统文化的地位，为解决当代全球环境问题提供理论和思想的启示。[①] 近年来，环境史学界在继续研究主流环境思想的同时，在一定程度上重视了对少数民族环境文化的研究，出版了几部相关的著作。廖国强等分析了生产、制度和宗教领域中的生态文化，总结出少数民族朴素而深邃的生态伦理观，其中包括作为自然之子的对自然的亲情和伙伴意识，有恩必报的对自然的知恩图报意识，天人之约的对自然的义务观，以及推己及物的对自然的善恶观。当然，作者也并未一味赞美少数民族的生态文化，而是能够正视传统类型的少数民族生态文化面临危机与崩解的现实，提出了少数民族生态文化必须进行新的创造性转换和发展的思路。[②] 尹绍亭与秋道智弥组织了“云南热带季风区生态环境史研究”课题组，采用文化人类学方法，选择了滇西南十多个民族的许多村寨，调查研究了近50年这一地区的水文化和水资源变迁、植物和农作物的文化及其变迁、传统农业和土地变迁等问题，企图构建“云南西南部热带季风区生态环境史”。[③] 何群在研究鄂伦春环境文化的基础上，指出小民族的传统文化

---

① 冯扈祥，《中西环境伦理研究》，人民文学出版社，1997年。徐嵩岭等著，《环境伦理学进展：评论与阐释》，中国社科文献出版社，1999年。

② 廖国强等，《中国少数民族生态文化研究》，云南人民出版社，2006年。

③ 尹绍亭，秋道智弥主编，《人类学生态环境史研究》，中国社会科学出版社，2006年。

是适应环境的产物，是一种与外界很少接触的简单文化，当其周围环境发生急剧变化时，简单文化一方面因缺乏迅速调整和适应的能力而陷入生存危机，另一方面因社会没有给他提供足够的时间和机会而难以主动改变自己来适应新环境。鄂伦春人走出危机的希望在于在社会充分尊重的前提下自身通过学习达致文化的创造性转换，进而成为促进和校正现代化的力量。[①]从这三本书的研究来看，环境史研究在中国还有另外的视角，即人类学，包括文化人类学和生态人类学。它通过实地调查的方法主要研究较短时期、较小区域的、文字资料并不发达的民族的环境史。这对中国这样一个“多元一体”民族格局的国家的环境史研究具有重大意义，是不可缺少的。

中国农业环境史

中国历来是以农立国的大国，农业与环境的关系应该是环境史研究的重中之重。农业发展离不开气候，靠天吃饭是中国古代大部分地区农业生产的真实写照，气候变化成为农业环境史研究的一项重要内容。竺可桢1972年在《考古学报》第一期上发表的《中国近五千年气候变迁的初步研究》一文树立了中国气候史研究的理论体系和方法论，是一篇经典论文。在此基础上，学者们陆续研究了中国环境史上气候的变异现象及其文化内涵、气候变化与生物分布及农业收成的关系等。气候史研究不但有助于理解历史上其它环境因素的变迁史，而且对理解经济发展史、政治变迁和冲突等都具有启发意义，尤其是对理解北方少数民族周期性南下与中原王朝的更替之关系提供了新的视角。[②]但是，在中国农业发达地区，尤其是黄河中下游地区和江南地区，农业在很大程度上依赖于水利事业的发展。魏特夫曾经把中国传统社会命名为“治水社会”，可见水利在中国历史上的重要性。黄河因为决溢次数最多（达1775次）而成为研究重点。学者们经过艰苦研究，基本弄清了黄河河道的变迁，发现了黄河决溢改道频繁的根本原因是中游

---

① 何群，《环境与小民族生存：鄂伦春文化的变迁》，社会科学文献出版社，2006年。

② 龚高法等，“历史时期我国气候带的变迁及生物分布界限的推移”，《历史地理》，第五辑。张丕远，《中国历史气候变化》，山东科学技术出版社，1996年。满志敏，“唐代气候冷暖分期及各期气候冷暖特征的研究”，《历史地理》，第八辑；“光绪三年北方大旱的气候背景”，《复旦学报》，2000年第6期。王宏昌，《中国西部气候生态演替：历史与展望》，经济管理出版社，2001年。

植被破坏加剧了水土流失。[①] 对长江的研究主要集中在经常发生泛滥的中下游平原地区。对洞庭湖、鄱阳湖面积变化与当地农业发展关系的研究表明：围湖造田缩小了湖泊面积，使其调节江水的功能降低。这是长江水灾加剧的一个重要原因。[②] 近年来开工建设的三峡工程举世瞩目，对长江上游植被变化与长江水患的关系之研究成为热点。上游的过度开发造成水土流失，使河水泥沙量增大，河床不断升高，影响长江流域的生态安全。[③] 对珠江、辽河、海河、松花江、钱塘江、塔里木河、罗布泊、白洋淀、太湖、西湖、鉴湖、居延海的环境变迁也有很多研究，由于篇幅限制，恕不一一介绍。[④] 在中国集约种植制度定型之后，要解决迅速增加的人口的吃饭问题，最关键的是引进外来物种，改变原有的物种结构和种植结构。中国物种丰富，但随着经济发展和社会进步，有经济价值的物种或扩大了生长范围，如水稻、小麦，或被捕猎几近灭种，如珍稀动物。海陆大道通畅之后，不断有外来物种被引入中国，如玉米、番薯，进而逐渐改变了中国人的饮食结构和衣着风尚。[⑤] 这些研究在一定程度上可以补充世界物种变迁和交流史中中国案例不足的缺

---

① 谭其骧，“何以黄河在东汉以后会出现一个长期安流的局面”，《学术月刊》，1962年第2期。谭其骧主编，《黄河史论丛》，复旦大学出版社，1986年。水利部黄河水利委员会编，《黄河水利史述要》，水利电力出版社，1982年。中国水利学会水利史研究会编，《黄河水利史论丛》，陕西科技出版社，1987年。

② 长江流域规划办公室《长江水利史略》编写组，《长江水利史略》，水利电力出版社，1979年。谭其骧，张修桂，《鄱阳湖演变的历史过程》，《复旦学报》，1982年第2期。张修桂，“洞庭湖演变的历史过程”，《历史地理》（创刊号）。湖南省水利电力科学研究所编，《洞庭湖变迁史》，1967年。

③ 蓝勇，“历史时期三峡地区经济开发与生态变迁”，《中国历史地理论丛》，1992年第1期；“明清时期三峡地区农业垦殖与水利建设研究”，《中国农史》，1996年第2期；“历史时期长江三峡地区森林分布的演变规律”，《历史地理》，第十六辑；“历史上长江上游水土流失及其危害”，《光明日报》，1998年9月25日。张修桂，“长江宜昌至城陵矶河床历史演变及其影响”，《历史地理》，第二辑。华林甫，“清代以来三峡地区水旱灾害的初步研究”，《中国社会科学》，1999年第1期。辛德勇，“历史时期长江上游地区的农业开发进程及其经验教训”，《历史地理》，第十六辑。刘沛林，“历史上人类活动对长江流域水灾的影响”，《北京大学学报》（哲学社会科学版），1998年第6期。

④ 参看王苏民、窦鸿身，《中国湖泊志》，科学出版社，1998年。

⑤ 文焕然，《中国历史时期植物与动物变迁》，1995年。何业恒，《中国珍稀兽类的历史变迁》，河南科技出版社，1993年。华林甫，“唐代粟、麦生产的地理布局初探”，《中国农史》，1990年第2、3期；“唐代水稻生产的地理布局及其变迁初探”，《中国农史》，1992年第2期。韩茂莉，“论宋代小麦种植范围在江南地区的扩展”，《自然科学史研究》，1992年第4期；“宋代桑麻业地理分布初探”，《中国农史》，1992年第2期。曹树基，“清代玉米、番薯分布的地理特征”，《历史地理研究》，第二辑，1990年。

陷，也可以进一步说明哥伦布和麦哲伦远航在旧大陆东部造成的环境影响。

中国的农史研究在近年来也非常注重环境的内容，中国农史学会先后出版了两部论文集，开辟了农业环境史研究的新方向。《中国经济史上的天人关系》中收录了17篇论文，集中探讨了中国历史上农林牧业中蕴涵的天人关系的思想及其实践。其关键是“三才”理论（简单说就是天时、地利、人和的有机统一）。“三才”理论是古代劳动人民农业实践的结晶，反过来又是中国传统农业和传统农学的指导思想。从这个角度（即人与自然关系史）进行研究似乎也是理解中国传统的有机农业经济的一把钥匙。[①]《生物史与农史新探》收录了在2003年于广州华南农业大学召开的“中国生物学史暨农学史学术讨论会”上发表的44篇论文。主要研究了历史时期的农业开发、生态变迁与环境保护，和近代生物学、农学在华的传播等问题，实现了自然科学与人文科学和社会科学的对话与交流。[②] 从这两本论文集的内容可以看出，中国农史学者在采用环境史的视野不断推进中国传统农学和农业史的研究的同时，开始关注现代西方生物学和农学在中国的传播问题，实际上就是在探讨中国农学和农业的现代转换问题。这无疑是一个值得投入更多人力和物力来研究的新学术方向。

中国古代城市环境史

城市环境史研究既包括对城市本身出现的环境问题的研究，也包括对城市与周边腹地的环境关系的研究。《唐宋开封生态环境研究》运用生态学和历史学的理论和方法，突破了前人仅仅从气候、水文、地形地貌与土壤、生物资源探讨古代生态环境变迁的框架，加入了城市建设和规划、城市的公共环境（包括木材与燃料供应、火灾及其防护、供排水系统、垃圾处理和污水排放、重大疾疫及其防治等）等被忽略但又非常重要的因素。作者认为，唐宋开封的生态环境处于良性循环的状态，但由于自然环境因素的影响和中国经济重心南移与政治政策变化的影响，开封的环境在12世纪以后不可逆转地严重退化了。[③] 对古代城市环境及其周边平原环境的关系之研究主要

---

① 李根蟠，原宗子，曹幸穗编，《中国经济史上的天人关系》，中国农业出版社，2002年。

② 倪根金主编，《生物史与农史新探》，台湾：万人出版社有限公司，2005年。

③ 程遂营，《唐宋开封生态环境研究》，中国社会科学出版社，2002年。

集中于几大古都，如西安、北京、杭州等。学者们探讨了关中平原、华北平原和杭嘉湖地区优越的生态环境给古都的经济发展、物资流通和城市建设提供了物质保证，而中央政府的相关政策对当地环境或起到积极保护作用、或起到破坏的消极作用。周边生态环境的毁坏也在一定程度上促成了国家经济、政治和文化重心的转移。[①]《汉唐长安与关中平原》是在日本文部省科学研究经费支持下、由中日合作研究的“中国黄土高原的都城与生态环境变迁”课题的成果之一。有意思的是在中国召开的有关学术研讨会的题目更多地表现出历史地理学的特征，而在日本召开的有关学术研讨会的题目更多地表现出环境史的特征，如“中国黄土地带的环境史”，“黄土高原的城市与生态环境史”，“中国黄土地带的城市与生态环境的历史”等。论文集分为三个部分，汉唐都城，水利开发，和环境变迁。[②]其中只有极少量文章论及长安与关中平原环境变迁的关系，这说明城市环境史的研究在绝大部分中国历史地理学家眼里还是内向的，并没有与所在区域的环境有机联系起来。其中反映的深层问题是历史地理学和环境史所依据的理论基础之间的差异，即现代地理学和环境科学的关注点的不同。从中国城市环境史的研究状况来看，尽管它仍然非常薄弱，但由于受到日本环境史学家的影响（程遂营的研究重点参考了日本环境史学家佐藤武敏、梅原郁、妹尾达彦、和鹤间和幸的著述[③]），其理论认识已经超越了单纯研究城市空间分布的阶段，已经开始把城市看成是一个与周围腹地紧密联系的生态代谢体。[④]理论上的突破为城市环境史在今后的发展开辟了广阔的天地。这些成果对古城改造、城市景观设计等都有现实指导意义。

---

① 朱士光，“西安关中地区生态环境特征与都城长安相互影响之关系”，《陕西师范大学学报》，2000年第3期。于希贤，“北京市历史自然环境变迁的初步研究”，《中国历史地理论丛》，1995年第1期；“北京地区天然森林植被的破坏过程及其后果”，《环境变迁研究》（创刊号），1984年。武伯纶，《西安历史述略》，陕西人民出版社，1979年。王伟杰等，《北京环境史话》，地质出版社，1990年。

② 史念海主编，《汉唐长安与关中平原》，陕西师范大学中国历史地理研究所出版，1999年。

③ 佐藤武敏，“唐宋都市饮水问题”，《中国水利史研究》，1975年第五期。梅原郁，“宋代的开封与都市制度”，《鹰陵史学》第三、四号，1977年。妹尾达彦，“唐代长安城与关中平原的生态环境变迁”和鹤间和幸，“汉长安城的自然景观”，载史念海主编，《汉唐长安与关中平原》。

④ 美国的城市环境史研究经过激烈的争论也形成了类似的理论观点。参看包茂红，“马丁·麦乐西和美国城市环境史研究”，《中国历史地理论丛》，2004年第4期。

自然景观变迁史

自然景观的变迁主要指人类活动造成的地貌从自然状态向人为状态的变化。黄土高原景观变迁史的研究主要是由史念海先生带领众弟子完成的。他们通过研究发现，黄土高原在古代森林茂密、植被丰富，但是随着黄河文明的不断发展，过度垦殖、过度放牧造成植被锐减、水土流失、沟谷纵横。治理黄土高原的方法是变粗放农业为精耕细作、植树种草、固土蓄水。[①] 这一历史教训的总结为中国政府在西部大开发过程中提出"再造秀美山川"政策提供了历史依据和理论基础。这一研究还在不断深入，特别是学者们开始注意到了自然环境变迁与农业技术选择的问题。[②] 实际上就是把生产力与环境直接联系起来，这无疑使传统的历史叙述具有了初步的理论探讨的色彩。沙漠景观的形成史是由北京大学地理学系的侯仁之教授开创的研究领域。他通过深入研究发现，内蒙古部分沙漠原来曾经是草原，有河流经过。之所以变成了沙漠，除了气候干化等自然因素作用之外，主要原因是过度放牧造成植被减少、土壤裸露、沙化加剧。[③] 沙漠中有绿洲，对绿洲形成和利用的历史研究也是沙漠史研究不可缺少的一部分。黄盛璋认为，绿洲是人类开发特殊自然环境的产物，形成它的自然条件主要是日照强而长、降雨少、蒸发量大、温差大、风大；但人为因素也相当重要，主要是在绿洲进行干旱地区的灌溉农业。[④] 这一研究对当前治理愈演愈烈的沙尘暴具有重要启示意义。与前述内陆景观不同，海岸与沿海地区成陆史涉及海洋与陆地环境的交错和相互作用。对中国东部面向太平洋一边的成陆过程的研究不仅有助于了解东部沿海的环境变迁，对东部沿海的经济社会发展也大有裨益。在这方面的研究中虽然更多地融入了地质学的知识，但环境史学家强调了

---

① 史念海，《黄土高原历史地理研究》，黄河水利出版社，2001 年。史念海，曹尔琴，朱士光，《黄土高原森林与草原的变迁》，陕西人民出版社，1985 年。朱士光，《黄土高原地区环境变迁及其治理》，黄河水利出版社，1999 年。

② 萧正洪，《环境与技术选择——清代中国西部地区农业技术地理研究》，中国社会科学出版社，1998 年。李心纯，《黄河流域与绿色文明：明代山西河北的农业生态环境》，人民出版社，1999 年。

③ 侯仁之，"从红柳河上古城废墟看毛乌素沙漠的变迁"，《文物》，1973 年第 1 期。景爱，"清代科尔沁的垦荒"，《中国历史地理论丛》，1992 年第 3 期；"沙坡头地区的环境变迁"，《中国历史地理论丛》，1994 年第 3 期。

④ 黄盛璋，"论绿洲研究与绿洲学"，《中国历史地理论丛》，1995 年第 2 辑。

人类活动对成陆过程的巨大影响和海岸环境对城市形成和聚落分布的制约，尤其是对上海沿海地区和渤海湾西岸的海陆变迁的研究，为上海和天津等沿海城市产业布局、城市规划提供了历史资料和理论依据。[①]

在从不同的分支景观领域进行研究的同时，中国学者也从自然环境整体的视角研究了环境变迁。1973 年，由谭其骧、史念海和陈桥驿负责的“中国历史自然地理”项目启动。经过多次调研、反复集中讨论和多次实地考察，终于在 1982 年出版了《中国自然地理：历史自然地理》一书。[②] 该书集中了当时国内在本领域的顶尖学者，反映了当时的最高学术成就。该书分为历史时期的气候变迁、历史时期的植被变迁、历史时期的水系变迁、历史时期的海岸变迁、历史时期的沙漠变迁等五个专题，详细分析了环境在历史时期的发展变化及其动力机制，指出自然界本身的运动推动了环境变迁，但是人类活动愈来愈广泛地改变了自然面貌，并逐渐成为环境变迁的主导力量。人类活动造成的这种变迁，其速度和规模，较之自然界的地质循环大得不可比拟。另外，环境各组成部分的变迁也不是孤立的，而是相互联系和不断运动发展的。环境变迁的过程也不是直线发展的，而是反复交替、错综复杂的曲折过程。当然，过度向环境索取也会引起环境的报复。正如恩格斯所说：“我们不要过分陶醉于我们对自然界的胜利。对于我们的每一次胜利，自然界都报复了我们。每一次的这种胜利，第一步确实达到预期的结果，但第二步和第三步却有了完全不同的意想不到的结果，常常正好把那第一个结果的意义又取消了。”[③] 这一理论架构已经冲破了斯大林和毛泽东的极左思想的束缚。斯大林批判“环境决定论”，认为环境的影响“并不是决定的影响，因为社会的变化和发展比地理环境的变化和发展快得不可比拟。”[④] 毛泽东

---

① 陈吉余，《中国海岸发育过程和演变规律》，上海科学技术出版社，1989 年。谭其骧，“上海市大陆部分的海陆变迁和开发过程”，《考古》，1973 年第 1 期。张修桂，“上海地区成陆过程研究中的几个关键问题”，《历史地理》，第十四辑。侯仁之，“历史时期渤海湾西部海岸线的变迁”，《地理学资料》，1957 年第 1 期。天津市文化局考古发掘队，“渤海湾西岸考古调查和海岸线变迁研究”，《历史研究》，1966 年第 1 期。

② 中国科学院《中国自然地理》编辑委员会，《中国自然地理：历史自然地理》，科学出版社，1982 年。

③ 恩格斯，“自然辩证法”，《马克思恩格斯全集》（第 20 卷），人民出版社，1971 年，第 519 页。

④ 斯大林，“论辩证唯物主义和历史唯物主义”，《斯大林文选》，人民出版社，1962 年，第 193 页。

更进一步，提出了"人定胜天"的口号。[①] 这种理论上的突破为环境史研究奠定了正确的理论基础，开辟了新的前景。

疫病史

疫病史的研究因SARS的流行带来的社会恐慌而成为学者关注的一个焦点。赖文和李永宸在《岭南瘟疫史》中，收集了大量来自中医学和民间的疫情资料，重建了1911年以前瘟疫在岭南实际发生和流行的情况（即"疫情"），探讨了岭南瘟疫的时空分布以及相关的自然、社会背景情况，特别对晚清时期霍乱、鼠疫传入岭南并多次爆发和持续流行以及各界应对新瘟疫袭击的举措进行了重点研究。[②] 余新忠在《清代江南的瘟疫与社会》中，分析了瘟疫产生的生态社会环境、时人对瘟疫的认识、瘟疫的成因，着重说明了瘟疫与社会的互动。[③] 换句话说，是从瘟疫来观察清代的社会发展问题，尤其是清代的市民社会或公共领域问题，指出在疫情面前社会与国家的合作是江南不同于欧洲的重大区别。曹树基和李玉尚在《鼠疫：战争与和平》中，认为鼠疫史就是生态史。由于中国各地环境复杂多样，中国的鼠疫自然疫源地也不可避免地具有多样性和复杂性。鼠疫的传播也因和平与战争年代的不同交往而形成两种模式：在和平时代，不同地区居民的生产和生活方式之间的交流以及不同运输工具的出现都会扩展鼠疫的流行范围；在战争年代，随着人口的大规模非正常流动形成大战之后必有大疫的局面。鼠疫的流行必然会引起社会各界的反应，尤其是国家权力介入鼠疫防治，形成环境与政治的互动。由此可见，社会变迁的本质即是环境变迁，而环境变迁的本质也是社会变迁。换言之，环境变迁与社会变迁是密不可分的，说不清究竟谁影响谁。[④] 这些研究在中国大陆都具有开创性，提出了新见解。

---

① Judith Shapiro, *Mao's War Against Nature: Politics and the Environment in Revolutionary China*, Cambridge University Press, 2001.

② 赖文，李永宸，《岭南瘟疫史》，广东人民出版社，2004年。

③ 余新忠，《清代江南的瘟疫与社会》，中国人民大学出版社，2003年。

④ 曹树基，李玉尚，《鼠疫：战争与和平——中国的环境与社会变迁（1230—1960年）》，山东画报出版社，2006年。

灾荒史

中国地域辽阔，气候和地形多样，经常发生各种自然灾害。其中有些是自然环境变迁引起的，有些是人为因素造成的。这些灾害通常都会引起人口和其他物种的大量迁徙与死亡，引发社会动荡。为了维持江山社稷的安定和体恤子民，统治者发展出一套官方的救荒制度，辅之以民间士绅的慷慨捐助，企图以此渡过难关。[①] 在邓拓之后，对灾荒史进行系统研究的重镇是中国人民大学李文海教授领导的研究小组。他们不但整理了近代灾荒史的资料，还对它进行了编年，进而探索了灾荒与当地环境、政治清明、经济状况之间的关系。[②] 夏明方更进一步，把灾荒置于中国早期现代化的进程中进行考察。他认为，中国在 19 世纪中后期出现了“灾害群发期”，其特点是频次大增、成灾面积扩大、水、旱、震、蝗等灾迭发。产生的原因从长时段来看与包括天文系统在内的自然变异有关，但是清末的自然变异程度较弱，自然因素并不能完全解释灾害发生的动力机制。人类社会的发展在其中起到重要作用，具体而言就是清代人口的持续增长加剧了人地关系的矛盾，过度种植和无限扩大种植范围恶化了生态环境，不能丰衣足食弱化了老百姓抵御灾害的能力。资源占有不合理及建立在此基础上并维护这种关系的政治制度也强化了灾害的影响。反过来灾荒减少了政府的岁入，抑制了民间和官方对近代企业的投资；灾荒制造出的流民在灾荒过后大多重新返回故里土地，即使在工矿企业做工的百姓也是季节性的流动劳工，灾荒并未为工业化制造出大量与土地完全分离的自由劳工；灾荒时期购买力下降，市场整体需求不振，但部分洋货由于价格低廉抢占了大量市场份额，中国近代工业发展的市场拉动力明显不足。灾荒迟滞了中国的早期工业化。在近代中国环境中，洋务派虽然革新了传统的“天象示警”的灾异观，与近代自然科学知识结合形成了实用主义的“灾祥祸福论”，试图为工业化开道，但顽固派同样利用其中的风水观念掣肘新政。同样，传教士参与救荒给中国带来了近代赈灾机制和新型救荒意识，但是以救荒为契机，接踵而来的是福音传播和

---

① 邓云特，《中国救荒史》，上海书店，1937 年。

② 李文海主编，《灾荒与饥馑》，高等教育出版社，1991 年；《中国近代十大灾荒》，上海人民出版社，1994 年；《近代中国灾荒纪年》，湖南教育出版社，1990 年。

全面西化理论的大发展。[1]由此可见，灾荒与中国早期现代化具有密切而复杂的关系。

近年来，灾害史研究继续保持着上升的势头，在灾害与社会、荒政等方面取得了新进展。[2]《自然灾害与中国社会历史结构》是一本论文集，从微观与宏观研究相结合的角度分析了灾害的过程与规律、灾害与人口的关系、灾害中官僚系统与地域社会的作用、灾害与社会风俗等问题，总结了中国历史上的自然灾害与社会经济和政治文化的关系。[3]海洋灾害史是灾害史研究的一个重要组成部分，但是长期以来中国海洋灾害史的整体研究几乎是一个空白。于运全从海洋史学的视角做出了有益尝试。作者通过对历史时期海洋灾害资料的系统整理，重现了海洋灾害发生的历史场景，探寻灾害爆发的时空分布特征，进而探讨灾害与海洋和沿海经济社会之间的关系。[4]在中国灾害史研究中，对古代和近代的灾荒史研究比较多，成果层出不穷，但对新中国成立后的灾害史几乎没有涉及。《中国共产党执政以来防灾救灾的思想与实践》是这方面的开拓性成果。康沛竹在梳理了新中国成立以来的重要自然灾害的基础上，分析了自然灾害与社会发展的互动关系，阐述了中国的减灾救灾机制和中国共产党三代领导人的防灾减灾救灾思想，最后初步总结了新中国减灾救灾的经验教训。[5]从这些研究成果可以看出，灾荒史研究在中国正在从广度和深度上都向前发展，一些青年学者在许多前人没有开掘的领域进行了非常可喜的探索。

---

① 夏明方，《民国时期自然灾害与乡村社会》，三联书店，2000年；“从清末灾害群发期看中国早期现代化的历史条件”，《清史研究》，1998年第1期；“中国早期工业化阶段原始积累过程的灾害史分析”，《清史研究》，1999年第1期；“论1876至1879年间西方新教传教士的对华赈济事业”，《清史研究》，1997年第2期；“略论洋务派对传统灾异观的批判与利用”，《中州学刊》，2002年第1期。

② 除正文中要重点介绍的三部著作外，其他灾荒史的著作和译著还有：卜风贤，《周秦汉晋时期农业灾害和农业减灾方略研究》，中国社会科学出版社，2006年；《农业灾害论》，中国农业出版社，2006年。陈业新，《灾害与两汉社会研究》，上海人民出版社，2004年。康沛竹，《灾荒与晚清政治》，北京大学出版社，2002年。王林主编，《山东近代灾荒史》，齐鲁书社，2004年。汪汉忠，《灾害、社会与现代化：以苏北民国时期为中心的考察》，社会科学文献出版社，2005年。蔡勤禹，《民间组织与灾荒救治：民国华洋义赈会研究》，商务印书馆，2005年。孙绍骋，《中国救灾制度研究》，商务印书馆，2004年。魏丕信，《十八世纪中国的官僚制度与荒政》，江苏人民出版社，2002年。

③ 复旦大学历史地理研究中心主编，《自然灾害与中国社会历史结构》，复旦大学出版社，2001年。

④ 于运全，《海洋天灾：中国历史时期的海洋灾害与沿海社会经济》，江西高校出版社，2005年。

⑤ 康沛竹，《中国共产党执政以来防灾救灾的思想与实践》，北京大学出版社，2005年。

西部环境史

西部环境史随着西部大开发的深入推进而成为近年来研究的另一个热点，出版了比较多的研究成果。西部环境史可以分为西北和西南两个部分。与西北和华北地区不同，西南地区主要是处于亚热带的高原和盆地地形，居住着多个少数民族。西南师范大学的蓝勇教授系统研究了这一地区不同生境中植物、动物、气候、水文等环境因素的变迁，论述了不同民族的环境意识和环境保护行为，试图揭示历史上经济开发与生态变迁的关系。[①] 西北地处温带干旱和半干旱地区，农牧业对环境影响甚巨。在《明清内蒙古西部地区开发与土地沙化》中，肖瑞玲等在概述了明清以前内蒙古西部地区农牧文化交错变化与生态基质环境在时空上的共振关系后，重点研究了明清政府的开边屯戍或移民实边的边疆政策以及粗放无序的滥垦经营对本地区土地沙化的诱发和加重作用。[②] 最后还从历史研究中为当前正在进行的西部开发总结出了经验教训，即要全面深刻认识该地的自然环境，通过提高劳动生产率而不是扩大耕地面积来实现西部的可持续发展。在《农牧生态与传统蒙古社会》中，王建革主要利用了日本南满洲铁道株式会社和其他日占时期的资料，辅之以档案资料和实地调查的材料，运用生态人类学和历史学的方法，以畜群为纽带详细分析了草原和游牧生态及其与蒙古社会的关系，进而分析了汉人农耕文明北来之后对蒙古社会产生的影响。[③] 在《清代西北生态变迁研究》中，赵珍从清政府的移民和拓殖政策入手，在注意自然因素的破坏作用的基础上，着重分析了制度的实施对西北不同区域的森林和水环境造成的影响，从而发现人与生态关系变化的阶段性和地域性特点[④]。在《草原与田园：辽金时期西辽河流域农牧业与环境》中，韩茂莉研究了辽金两朝发生在生态脆弱的、农牧交错的西辽河流域的人地关系，揭示了契丹人在保持畜牧业的前提下把农耕民族带入草原并逐渐发展出插花式农业以及田园不断扩大的空间轨迹。[⑤] 发生这样的环境变迁与10世纪中后期发生的气候

---

① 蓝勇，《历史时期西南经济开发与生态变迁》，云南教育出版社，1992年。

② 肖瑞玲等，《明清内蒙古西部地区开发与土地沙化》，中华书局，2006年。

③ 王建革，《农牧生态与传统蒙古社会》，山东人民出版社，2006年。

④ 赵珍，《清代西北生态变迁研究》，人民出版社，2005年。

⑤ 韩茂莉，《草原与田园：辽金时期西辽河流域农牧业与环境》，生活·读书·新知三联书店，2006年。

变化肯定有关系，但人类自身农牧业活动才是应该关注的重点。对西部环境史的深入研究既有利于西部大开发战略的实施，又能为通过比较不同地区环境史进而写出全国环境史奠定一定基础。

森林和环境保护史

环境保护史是环境史研究的重要内容，也是最易被一般读者接受的部分。中国学者不但在森林保护等领域进行了细致研究，还尝试写出了中国古代环境保护史。国门大开之后，帝国主义国家为获得商业价值通过各种方式掠夺中国的森林和生物资源。他们大肆猎取中国的园艺动植物，输出珍禽羽毛和各类兽皮，盗走大量动植物标本，砍伐原始森林，造成中国生物和森林资源的急剧减少和大量损失，恶化了林区生态环境。这种情况引起了一些有良知的在华西方人士和接受了近代西方生物科学的中国知识分子的关注和思考。他们抨击列强竭泽而渔的做法，要求国家制定保护法规、提高国民环境意识，以求生物和森林资源的持久利用。民国政府先后颁布了《森林法》、《狩猎法》、《渔业法》以及《森林法施行细则》和《造林奖励条例》等法规，要求除科学研究之外不得随意狩猎对人类有益的鸟兽，提倡植树造林、涵养水源和土壤，进而淳厚风俗、增强国力和政治。国家明令禁止盗猎大熊猫出境，成立了“中国水杉保持委员会”。为了引种、保存和繁殖珍奇植物，组建了一些近代植物园，如占地 3600 亩、培育国内外植物 2500 余种的中山陵植物园。在植树造林方面，政府把每年的清明节定为植树节，后改为总理逝世纪念植树节。各级政府和民间齐动员，开展广泛的植树活动。军队与地方联合兴办国防林场，大专院校种植教学林；为保护江河水源设立水源林，在黄泛区种植治黄林，在西北风沙区植造风沙林。政府造林一般是通过“以工代赈”来完成，有些地方的百姓为生活自救或改善生活自发组织种树护林，既保护了环境，又获得了经济效益。但是由于当时列强入侵、国运动荡，保护和治理并未达到预期效果。[①] 中国古代环境保护史一般以朝代

---

① 钱天鹤，《保护山禽野兽与狩猎法》，《科学的中国》，1933 年第 1 期。陈嵘，《历代森林史略及民国林政史料》，中华农学会，1934 年；《中国森林史料》，中国林业出版社，1983 年。罗桂环，舒俭民编著，《中国历史时期的人口变迁与环境保护》第四章之第五节“近代生物资源保护”和第五章之第四节“辛亥革命前后的森林保护”，冶金工业出版社，1995 年。

更替为经、以环境各要素为纬来编织中国古代环境史的框架，较为详细地分析了中国自“人猿揖别”到清末漫长历史中环境的变迁、环保意识的发展和环境保护政策与措施的实行，企图揭示中国古代人与环境相互作用的演变规律，为当代中国人更好处理人与自然的关系提供历史借鉴。这种环境史编纂法明显打上了中国传统编史方法的烙印。[①]

中国环境史的资料整理

中国的历史资料非常丰富，中国环境史的资料也不例外。[②] 中国历史学家历来重视资料的编辑整理，中国环境史学家也继承了这一优秀传统。最近陆续出版的环境史大型资料集包括，中国科学院地理科学与资源研究所、中国第一历史档案馆编辑的《清代奏折汇编——农业·环境》（商务印书馆，2005 年）和李文海、夏明方主编的《中国荒政全书》（北京古籍出版社，2004 年）。《中国荒政全书》系统收集了先秦至清末写作和流传下来的有关灾荒和抗灾救灾的论著，主要包括未出标点本的单行本和丛书及一些散在论文。这些著作，有的全面论述政府荒政，有的记述某次重大灾荒，有的专论如何备荒防灾的，有的针对某种特定灾害等。这本资料集的出版对了解不同历史时期中国古代政府和人民应对自然灾害的思想、制度、政策和措施以及进行灾荒史研究提供了宝贵的第一手资料，也为现在进行防灾、抗灾和救灾提供了生动的历史借鉴。清朝的档案相对来说保存完好，但缺乏系统整理。《清代奏折汇编——农业·环境》的编者查阅了中国第一历史档案馆收藏的朱批奏折和军机处录副奏折内的雨雪粮价、屯垦耕作、黄河水文灾情、全国水利、自然灾害、自然现象、天文地理等类档案及上谕档、户科题本农业类等各档共 21 万余件，从中摘取了反映各地官吏关于屯田、垦荒、耕作、农作物品种、种植、禾苗生长、自然灾害的灾情和防治，以及植树造林、桑蚕经营等情况的奏报（其中也包括一些清廷对于这类问题的旨意）共

---

① 袁清林编著，《中国环境保护史话》，中国环境科学出版社，1989 年。李丙寅等著，《中国古代环境保护》，河南大学出版社，2001 年。罗桂环等著，《中国环境保护史稿》，中国环境科学出版社，1995 年。

② 参看约翰·麦克尼尔，“由世界透视中国环境史”，载刘翠溶、伊懋可主编，《积渐所止：中国环境史论文集》，台北：“中央研究院”经济研究所，1995 年，第 53－54 页。

3142件。这些资料按年月编排成册，比较系统全面，对于研究清代农业、土地利用与土地覆被及气候与环境变化等都具有重要价值，是不可缺少的重要参考资料。

中华人民共和国建立后，随着社会主义建设事业的不断推进，环境问题越来越突出。但是由于种种原因，对这一时期环境史的研究却相当贫乏，不过本时期的资料非常丰富。主要包括：（1）国家环保部（以前是环保局）编辑的《中国环境年鉴》、《中国环境状况公报》、《全国环境统计公报》等。（2）国家环保部和全国人大环境与资源委员会编辑的《中国缔结和签署的国际环境条约》。（3）党和国家领导人的演讲集，如《新时期环境保护重要文献选编》、《万里论环境保护》等。（4）国家环保部编辑的环境法规集，如《中国环境保护行政二十年》。（5）环保类的报纸和杂志，如《中国环境科学》、《环境保护》、《中国环境报》等。（6）网上资料，主要是国家环保部信息中心主办的“中国环境保护网”（http：//www.zhb.gov.cn）。（7）全国各地环保局编辑的资料汇编。尽管这些资料并不全面，但为将来进行环境史研究提供了比较可信的基础。如要继续补充和完善资料，尚需进行详细的实地调查、对相关当事人进行采访，以收集更为详细和丰富的资料。特别需要指出的是，资料汇编本身就是一项很有意义的研究工作，它还为进一步深入研究和进行理论综合提炼、进而为研究本时期的世界环境史都提供了坚实的基础。

第三节　中国环境史研究的主要方法和特点

中国的环境史研究起步虽晚，但相关的成果并不少。出现这种状况的重要原因在于中国环境史学家自觉采用了正确的方法。

跨学科研究是环境史研究的主要方法。20世纪的中国环境史学家最早是从事“疑古”研究的，他们继承了乾嘉学派重考据的传统，注重对文献资料的订正，希望把复原历史上的环境建立在坚实可信的历史史实之上。考古学在中国发展以后，环境史学家迅速认识到考古资料的重要性，积极利用了考古报告和实物遗存，并把它与文字资料相互印证，使所用资料进一步得到考实。1960年代以后，中国环境史学家接受了地理学、地质学常用的野外考察的方法，跳出小书斋，走向大自然。最为突出的是侯仁之和史念海。侯仁之从1960到1964年多次深入中国北方沙漠地区，从沙漠中的历史遗存入手，结合文献和考古资料尽力揭示了沙漠变迁的历史，开辟了沙漠环境史研究的新领域。史念海从1970年代起历20年时间对黄土高原和黄河中下游地区进行实地考察。在野外考察中，现场解决了一些文献资料解决不了的问题。研究方法的突破使环境史研究的风貌大变化，环境变迁的研究逐渐成为可能和时髦。[①]新技术推广和应用以后，环境史学家也热情拥抱了自己并不熟悉的孢粉和沉积物分析、C14年代测定法、遥感技术、地理信息系统(GIS)等。撰写《人口、资源、环境关系史》的乌沧萍、侯东民是人口学家，他们利用人口学的方法研究历史上人口与资源环境的相互制约和影响的关系，具体而言，就是历史上人类的生产活动和消费行为对自然资源及生态环境的影响，以及自然资源和生态环境对人口各个变量的影响和制约。这些方法的应用补充了前述方法的不足，可以解决前者不能解决的问题，不但拓宽了研究范围，还增加了研究的科学性，提高了质量。[②]环境史研究中跨学科方法的应用不但带来研究题目的变化，也对传统的历史学给予方法论的启示，全面推动了环境史研究的发展。

学科的渗透和交叉融合使环境史在当前的中国学术界更像是一个交叉或多学科的研究领域(interdisciplinary arena)，而不像是历史学的一个分支学科(subdiscipline)。从参与前述专题研究的学者的学术背景来看，有历史学家、地理学家、人类学家、人口学家、生态学家、环境科学家等。从他们采用的基本理论和方法来看，既有历史学的、人类学的，也有地理学的、流行病学的、生态学的和环境科学的。这反映了环境史研究在中国仍处于起步阶段所必然具有的不成熟性。从某种程度上说，正因为如此，我们现在仍然看不到中国学者撰写的像伊懋可的《象之退隐：中国环境史》这样的著作。不过，有两部“面向21世纪课程教材”值得注意和参考。蓝勇编著的《中国历史地理学》从人地关系的视角研究，在综合中国历史地理学界多年

---

① 史念海，《河山集(四集)》，陕西师范大学出版社，1991年，谭其骧的序。

② 刘沛林，吴宏歧，“遥感技术应用于历史地理学刍议”，《中国历史地理论丛》，1991年第1期。陈渭南等，“毛乌素沙地全新世孢粉组合与气候变迁”，《中国历史地理论丛》，1993年第1期。

研究成果的基础上，概述了中国自然环境和人文景观的变迁。[①] 乌沧萍、侯东民主编的《人口、资源、环境关系史》[②] 论述范围非常广阔，从时间上看从古到今，从地域上看涵盖世界和中国，系统论述了人与环境的关系史。这两部著作因其采用了不同于传统历史地理学和人口学的理论和方法而不同于传统的历史地理学著作和人口学著作。尽管它们都不是典型的环境史著作，但从内容上看，它们与环境史有很多的重叠，是研究中国环境史的重要参考书。

中国的环境史研究坚持了中国历史传统的叙述方法。中国是世界上少有的史学大国之一。自司马迁以来，中国的历史学都采用叙述的编纂方法，近代西方史学传入中国后，中国史学在编年的基础上融合了章节体，形成了与传统史学一脉相承的新体系。中国的环境史继承了这一传统编纂方法，把人与环境关系的历史变迁置于王朝更替的框架之中，赋予环境史以当时的时代特征。由于中国环境史研究的主要功能是复原历史上的环境并参透人与环境关系的奥秘进而给现代人以历史智慧，因此环境史写作中必然蕴涵着改造不利于人与环境和谐相处的社会的道德关怀和价值判断，这就要求环境史的写作必须采用既能发挥大众教育功能，又能忠实于史实的叙述方式。因此中国环境史与其他采用跨学科方法研究的分支学科相比，不但逻辑性强，而且文采斐然，余韵无穷。[③]

区域研究是中国环境史研究的另一个行之有效的法宝。中国地域辽阔，历史悠久，不同地区的自然环境和人地关系差异很大。适应这种具体国情，中国的环境史研究形成了不同的区域重点。例如以史念海为首的陕西师范大学“西北历史环境变迁与经济社会发展研究中心”就是重点研究黄土高原和黄河流域环境史；西南师范大学的蓝勇就是重点研究西南地区和三峡的环境史。这种布局有利于对局部生境的历史变迁做深入细致的研究。当地学者具有得天独厚的优势，既能充分利用当地的方志等地方史料，又比较熟悉当地的环境与社会，研究成果自然比较贴近实际，多一份道德关怀。他们

---

① 蓝勇编著，《中国历史地理学》，高等教育出版社，2002 年。

② 乌沧萍、侯东民主编，《人口、资源、环境关系史》，中国人民大学出版社，2005 年。

③ 朱士光，“丰功伟业利当世，一代宗师泽后人——史念海教授的治学思想及其成就”，《山西大学学报》，1994 年第 1 期。

的研究也容易引起当地政府和人民的注意，能及时发挥环境史的社会功能。另外，凸现地方特色的区域研究也为不同区域环境史的比较研究和全国性的整体研究奠定了一定基础。

总之，中国环境史研究虽然起步晚，但它具有“后发优势”。在研究方法上因地制宜，既坚持了中国传统的历史编纂方法的精华，又广泛吸收了其他学科的新方法和先进技术，最终促成了中国环境史研究的迅速发展。

与其他相关学科以及国外的环境史研究相比，中国的环境史研究具有自己的特色，主要是经世致用和厚古薄今。

环境史本身就是现代环境主义运动催生的一个新兴分支学科，反过来又给环境主义的发展不断提供智慧、指明前进方向。中国的环境史研究除了具有这种功能之外，还有强烈的服务现实的特点。例如对三峡地区经济开发与环境变迁关系的研究就是要为三峡大坝建设提供历史依据和经验教训；对北方沙漠化的研究就是要为治理沙尘暴提供历史借鉴；对黄河、长江泛滥史的研究就是要为治理水患提供启示；对黄土高原植被和地貌变化的研究就是要为治理水土流失找根据。也就是说，是现实的环境问题和环境治理问题成为环境史发展的强大、不竭的动力。当然中国的环境史研究也确实给环境治理提出了某些具体对策或政策启示。例如史念海关于黄土高原的研究成果被部分化作西部大开发过程中的生态建设政策。他还根据自己的研究成果[①]就根本解决西安城市用水问题向陕西省政府提出了具体建议，即尽快恢复秦岭北坡森林植被、保护水源涵养林。[②]这些研究成果被采纳也就意味着环境史是一门有实用价值的学问。[③]在世纪之交，环境史研究的这一特点表现得更为明显。随着中国环境问题日益突出，自然灾害频发、疫病流行等都给环境史研究提出了现实的课题。党中央提出并实施的“西部大开发”战略要求环境史学家提供历史的经验教训，其中也涉及少数民族在开发中的“去文化化”（Deculturation）问题。也正因为现实提出了这样

---

① 参看史念海，《黄河流域诸河流的演变与治理》，陕西人民出版社，1999年。

② “关于根本解决西安城市用水问题的建议”，见史念海，《黄土高原历史地理研究》，黄河水利出版社，2001年，第177页。

③ 陕西省林业厅，“关于史念海教授建议解决西安用水问题的意见报告”，见史念海，《黄土高原历史地理研究》，黄河水利出版社，2001年，第177—178页。

的问题，环境史研究义不容辞必须做出自己的回应。另外，由于有现实需要，从事与此相关的历史研究在当前仍未走出“史学危机”的环境中易于获得经费支持。因此，中国的环境史研究不但是学科发展的结果，也是有用于世的学问，[①] 具有很强的“经世致用”和现实关怀的色彩。

中国环境史研究也表现出强烈的厚古薄今的特点。中国历史学的一个传统就是后朝修前朝史，喜欢盖棺论定，认为这样可以在撰史时更超脱和客观，因为当世人修当代史容易受到现实影响，不易秉笔直书。中国的环境史研究也不例外。从客观上看，当代环境史与政治关系密切，相关资料有些尚未解密，在对口述资料等的认识没有突破的情况下，研究当代环境史显然有很大难度。在中国环境史学家刻意避开风险的同时，也形成了一种潜在的、忽视当代史的倾向。这些因素客观上都促成了中国环境史学家重视古代环境史研究的取向。因为研究对象远离现实，研究内容和规范更具学术性。同时古代环境史研究的深入发展有利于理解中国传统的环境思想和实践，为近现代环境史研究提供了深厚的历史积淀，增加了中国环境史的历史厚重感，有利于发挥历史给人以智慧的作用。

中国环境史研究的这两个特点从表面上看似乎相互矛盾，按常理要更好发挥经世致用的作用最好是研究与现实贴近的近现代环境史，事实上厚古薄今和经世致用是现在最好的搭配。经世致用可以使本学科受到重视得到发展，厚古薄今可以避免环境史研究纯粹为现实服务，忽略学科本身发展规律的偏向，在既可以为现实提供启示又与现实保持一定距离的前提下，使环境史研究能按学术规律健康发展。

第四节　中国环境史研究中需要克服的问题

中国环境史研究虽然取得了很大成就，初步形成了具有中国特色的方法论和特点，但与环境史研究比较发达的国家相比，中国环境史研究仍有一些问题需要克服。归结起来有以下几个方面：

---

① 史念海，“发挥中国历史地理学有用于世的作用”，《中国历史地理论丛》，1992 年第 3 期。

第一，中国环境史研究理论基础薄弱。《历史地理学杂志》的前任主编阿兰·贝克在考察了中国的历史地理研究后说："中国的历史地理学家在其研究中不大注意理论分析"，[①] 中国环境史研究的理论建设急需加强。中国的历史研究一向注重叙事，重在给人以智慧和启迪，忽视解释框架的创造和应用。环境史研究也同样存在这样的问题。造成这种理论滞后的原因是：中国环境史学家满足于在既定的历史分析框架中工作，没有尝试进行具有创新性的整体研究，醉心于"碎化"研究、对综合缺乏兴趣自然就不会创造出新的理论。对实证研究的过度追求也遏止了理论探索的激情。没有强大的理论指导，中国环境史研究就很难得到质的飞跃。那么，现在从国外直接引进环境史理论行不行呢？我认为，吸收先进的理论可以激活中国环境史学家进行理论探讨的兴趣和热情，但照搬这些理论是行不通的。中国的环境史研究毫无疑问需要中国特色的环境史理论。这个理论只能是在把实证研究和先进理论结合、进行新的探索、不断总结归纳的基础上产生，这不但需要环境史学家要有理论探索的意识和勇气，还需要营造一种社会氛围。

第二，中国环境史学家绝大部分都缺乏环境科学和生态学的知识储备，对当代环境主义运动的道德关怀不够。中国的环境史研究是在中国环境恶化的紧迫要求下起步的，环境史学家的知识积累不够，更没有亲身参与环境主义运动的经历，因而与欧美和澳大利亚等的环境史学家相比，往往冷静有余，热情不足。环境史研究与环境主义运动几乎没有什么直接关系，两者之间几乎没有相互渗透和影响。促使欧美环境史快速发展的一支主要力量在中国似乎很难看到。这是影响中国环境史发展及其前景的重要障碍。克服这一障碍有赖于中国政治的开放和公民社会的建设。[②] 另外，环境史研究虽然是历史学的一个分支学科，但它也是一个跨学科的研究领域，因此，中国的环境史学家在掌握和坚持历史学基本方法的前提下，还需要学习和采用其他学科的最新研究技术。例如地理学和环境科学中普遍使用的地理信息系统（GIS）。GIS是强有力的表现时空变化的技术支持系统，环境史研究正

---

① 阿兰·贝克，"阿兰·贝克谈中国历史地理研究"，《中国历史地理论丛》，1996年第4期。

② Peter Ho, "Greening without conflict? Environmentalism, NGOs and civil society in China", *Development and Change*, 32 (2001). Bao Maohong, "Environmental NGOs in transforming China", *Nature and Culture*, 4(1), 2009.

好要反映历史上环境要素在人类作用下在时空上的变化。所以，诸如GIS这样的新技术不但可以帮助环境史学家进行研究，还可以帮助他们形象地展示自己的研究成果。

第三，中国近现代环境史研究急需加强。中国古代历史悠久，但基本上是一个农耕社会，人与环境的关系并没有发生根本性变化。但自明清出现资本主义萌芽、特别是鸦片战争以后资本主义大举进入造成中国人与环境关系的大变化，尤其是自然环境的商品化把环境因素纳入到资本主义的世界体系，中国人与环境的关系发生了质变。人类及其社会对环境的索取规模大增，影响日剧；环境对经济发展和国家安全愈显重要，环境问题对人类的惩罚也与日俱增。中华人民共和国成立后，社会主义政权宣布包括环境在内的一切都公有，人与环境的关系再次发生巨变。为了超英赶美而进行的高度统制体制下的社会主义建设在工业上就是资源密集工业化，在农村就是人定胜天，"敢叫日月换新天"。这是典型的不顾自然规律、随意改造的行为。改革开放后，社会主义市场经济建设又一次改变了人与环境的关系，提倡迅速致富的时代精神使人们根本不顾环境的承载力和有限性而过度开发，造成中国环境问题大爆发、大泛滥。但是中国的环境主义运动却并没有迅速发展。可以说在这100多年的时间里，中国环境史发生了多次前所未有的巨变，对这么重大的课题缺乏研究实在让人很难理解。具体而言，以下几个方面需要进行集中研究和突破：一是近现代工业发展对环境的影响。这是国际环境史研究的主要内容，但在中国几乎没有重要的研究成果出现。或许有人会说，西方已经接近完成工业化，而中国还正在进行工业化。其实中国的工业化与西方发达国家的工业化是有区别的，关键在于中国是压缩型、赶超型工业化，即在很短的时间内要完成别人三百多年走过的路，造成的环境问题也就必然是密集的、恶性的。二是现代城市环境卫生和工厂职业病。在中国加速工业化和城市化的进程中，城市环境问题和工厂的职业病越来越严重，直接影响市民的生命健康。如果在研究中国古代环境史时把重点放在农业和农村是可行的话，那么在研究现代环境史时重点一定要转向城市和工厂。三是中国环境退化与政治制度的关系。近代以来，中国的政治制度多次发生巨变，各种主义和政治试验纷纷登场。这一时期出现的任何环境问题都与国家政策、中央与地方的关系等密切相关。研究中国环境史不联系政权和权力结构的变动肯定是不行的。近现代环境史也为比较不同政权和政治制度与环境的关系提供了一个平台和背景。四是性别、族群与环境的关系史。长期以来，中国是一个多民族的男权社会，以前的研究重点是从男人的视角关注了汉族的环境观，对少数民族和妇女的环境认识和态度缺少研究。而这正是当前国际环境史的新发展方向（即环境史与社会史的结合）。笔者认为，近现代环境史是一个大有作为的资料和研究空间，随着中国民主化进程的加快，对近现代环境史的研究必将形成一个热潮。加强对近现代环境史的研究不仅是形成中国环境史学派的基本前提，恐怕也是中国环境史学界最能为世界环境史发展作出贡献的部分。

第四，中国环境史研究急需加强对外国环境史的研究和对外交流。环境史研究确实具有地域特点，但是环境又是一个整体，不同区域的环境相互联系。这就要求环境史研究既要重视区域研究，更要重视整体研究。当然整体研究不光是指中国环境史这个整体，自然也包括世界或全球环境史。中国环境史研究需要世界的大视野，世界环境史也离不开中国环境史。[①] 但是中国的外国环境史研究非常薄弱，不但尚不能给中国环境史研究提供借鉴，也不能适应社会要求理解国际环境问题和环境主义运动的愿望。中国环境史研究必须置于世界环境史中进行。纯粹只研究中国某个地区的某个环境问题当然可以做得很细致、比较深入，但不容易看到中国环境史的整体以及它的独特性。这样的研究也不能为世界环境史贡献出更大的知识和视角。中国的环境史研究也难于取得和中国环境史在世界环境史中的地位相称的地位。解决这个问题的一个最便捷的办法是加强中外环境史学界的学术交流。我们已经开始了这个进程，但仍嫌太少。即使是在中国召开环境史的国际会议，请来的外国学者也主要是研究中国环境史的。中国环境史学家要走出国门登上国际讲坛确实存在着外语和经费的客观问题。根据笔者的实践，最好的办法是双方合作研究，取长补短，各显神通，加深理解，

① 在现有的部分世界环境史著作中，基本上没有中国环境史的内容。如 Jared Diamond，*Guns, Germs, and Steel: The Fates of Human Societies*，W. W. Norton & Company，1999. Clive Ponting，*A Green History of the World: the Environment and the Collapse of Great Civilizations*，New York，1992. Sing C. Chew，*World Ecological Degradation: Accumulation, Urbanization, and Deforestation, 3000 B. C.-A. D.2000*，AltaMira Press，2001.

共图世界环境史研究的发展。随着中国经济的发展，外国学者对中国环境史越来越感兴趣，中国学者的研究条件也会得到改善，实现双方对话和平等交流的日子为期不远矣。中国环境史研究还需要一个自己的学术组织来统筹。学会可以把从事这方面研究的学者团结起来并给大家提供交流的平台。但在中国现在公民社会仍不发达的情况下，东北亚国家的同行如果能够利用各自的优势组织起来，就一定会推进环境史研究在这一地区的发展，就能尽快在国际环境史学界赢得一席之地。[①]

---

① 现在国际上比较著名的环境史组织有：美国的“美国环境史学会”（American Society for Environmental History—ASEH，http://www.aseh.net），欧洲的“欧洲环境史学会”（European Society for Environmental History—ESEH，http://www.eseh.org），澳大利亚的“澳大利亚森林史学会”（The Australian Forest History Society—AFHS，http://www.foresthistory.org.au/），印度的“南亚环境史学家联合会”（the Association of South Asian Environmental Historians—ASAEH，http://asaeh.org），拉丁美洲的“拉美和加勒比海环境史学会”（Latin American and Caribbean Society for Environmental History—SOLCHA）等。“欧洲环境史学会”正准备在2009年成立“国际环境史学家组织联盟”（International Consortium of Environmental History Organisations—ICE-HO）。但要求会员必须是一个国家或地区的环境史组织。现在的东北亚国家似乎都不可能单独成立自己的组织，如果能够联合起来，则可以达到多赢的目的。

第九章
日本环境史研究

日本是一个地小人多的国家。在面积狭小的日本列岛上，日本创造了两次震惊世界的现代化奇迹，同时也留下了“公害岛国”和“公害治理先进国”的环境历史遗产。但是，由于语言独特等原因，日本的环境史研究鲜为外界所知。其实，日本的环境史学史不但内容丰富，而且富有特色，值得仔细研究。

日本的环境史研究最初是以公害史研究的形式出现的，后来逐渐演变为环境史研究。本章将利用已经收集到的资料和自己在日本实地考察获得的认识，对日本环境史研究的兴起、主要成果和特点等进行初步分析。

第一节　日本环境史研究的兴起和发展

战后日本经过1940年代末的短暂恢复迅速进入经济快速发展时期。以重化工业为主导的产业结构在向国际开放的体制下高速扩张，国民生产总值从1950年的110亿美元增加到1979年的10085亿美元，按实际价值计算，日本经济在这三十年间扩大了10.4倍，从1955年名列资本主义世界第35位的“中进国家”一跃而成为仅次于美国的世界经济大国。然而，正如经济学家内野达郎所说：“昭和40年代前半期是日本经济的黄金时代，是光芒四射的时代，但同时又是一个经历了因高速增长而引起各种矛盾的痛苦时代。”就环境而言，遍布全日本的工业开发带来的是环境公害，“山青水秀”的日本变成了“山赤水浊”、城市弥漫着“七色空气”的“公害岛国”。在当时震惊世界的八大公害事件中，日本就占了四个，分别是四日市哮喘病、富山县痛痛病、熊本县和新泻县水俣病。面对日益严峻的公害问题，在日本比较完善的法制体制和独特的地方自治体制下，住民掀起了声势浩大的公害诉讼运动，地方自治体率先制定了比较严格的反公害条例。根据厚生省环境卫生科的调查资料，1958 年大气污染引起的申诉事件达 2968 起，噪声和振动引起的申诉事件达 8246 起。[①] 1949 年，东京首先制定了自己的“工场公害防治条例”，之后神奈川县和大阪府也相继在 1951 年和 1954 年推出了“事业场公害防治条例”。在地方政府和住民反公害运动的推动下，日本政府终于在 1967 年制定了《公害对策基本法》，并在 1970 年末召开的公害临时国会上，制定和修改了有关公害的 14 个法律，基本形成了反公害法律体系。[②] 在公害造成的惨烈影响和反公害运动的刺激下，学术界开始行动起来，最先是医学界介入，帮助确定致病原因；其次是工学界介入，帮助设计和建设反公害设施；再次是社会科学界积极声援住民反公害运动。在学者们用自己的专业知识为解决公害问题作贡献的同时，有些具有历史感的学者开始思考公害史的问题，尤其是公害中存在的人类文明与自然环境关系恶化的问题。他们希望能找到公害的原点，进而从源头上开始对公害问题进行整体思考和治理。其中的代表人物就是宇井纯。他毕业于东京大学工学部应用化学专业，从 1965 年起在东大工学部都市工学科担任助手。在公害频发的 1960 年代，他多次去熊本和新泻进行实地考察，寻找水俣病发生的原因。回到东大后，和学生一道进行治理技术的开发，从不同专业如应用化学、矿山、电气、船舶、土木等对学生进行专业训练。在这个过程中，他逐渐意识到仅凭专业技术并不能解决公害问题，公害更多地是一个社会问题。于是，他开始在东大工学部开设系列公害讲座，追根溯源，从多方面探究公害的发生、发展和解决之道。[③] 也就是说，日本的公害史研究最先是由从事工学、医学和社会科学研究的学者推动的。

战后的日本历史学界风云际会，变化迅速。在经济恢复时期，马克思主义史学因社会矛盾突出而兴盛。进入高度经济成长时期，社会矛盾得到

---

① 庄司光，宫本宪一著，张乙，曲圣文等译，《可怕的公害》，中国环境科学出版社，1987 年，第 6 页。

② 原田尚彦著，于敏译，《环境法》，法律出版社，1999 年，第 14 页。

③ 宇井纯，《公害原论》，亚纪书房，1990 年，第 6—16 页。

部分缓解，加之马克思主义史学研究者机械套用西欧模式和僵化的阶级斗争论而快速式微，近代化论、计量史学等外来的史学流派乘势在日本传播开来。[①] 无论是马克思主义史学还是新史学，都关注人类经济和社会的进步和发展，历史与环境的关系不但没有得到重视，甚至成为战后日本历史研究中的禁忌，"环境决定历史" 这样的话在当时（1960 年代后半期）是不能说的，被认为是不科学的、不合适的。[②] 日本马克思主义史学之所以视研究环境为禁忌，关键在于在对魏特夫的"东方专制主义" 理论进行批评时形成的紧张气氛。魏特夫曾是共产党员，脱党之后用自己的研究成果为反马克思主义政治张目。对他的政治性和学术性批评使具有很强政治性的日本马克思主义史学投鼠忌器，不敢谈论环境在历史上的作用。日本马克思主义史学的代表人物之一羽仁五郎甚至绝对地说："不是地理、环境或者自然，也不是种族和民族，实际上，只有发展阶段的理论原则，才是我们世界史学理论形成的最重要表现，也是唯一具有真理性的原则。"[③] 经济史致力于从物价和人口等因素的变化来反映日本资本主义的形成，不关心环境与经济发展的关系。与历史学紧密相关的地理学也在日本战后的高速发展和学科分野背景下不再关注对人地关系的研究。一方面，在资源稀少的日本能够实现经济的高速增长使地理学转向了"人类历史与环境没关系" 的极端方向；另一方面，随着学科专业化的进一步发展，属于理学部的关东地理学科只研究自然，属于文学部的关西地理学科只研究人，把人与自然整合在一起的视角消失了。历史地理学关注城市的形态和功能、课税地清册、农村聚落和土地利用，对历史上人与环境的关系并未进行深入研究。[④] 因此，与法国环境史的兴起得益于历史学与地理学天然结合的传统和英国环境史研究得益于其强大的历史地理学基础不同，日本环境史研究缺乏这些得天独厚的先天条件。不过，战后日本历史学的大转折为各种专门史的出现开辟了可能，日本环境史研究的兴起只是时间问题。

---

① 沈仁安，《日本史研究序说》，香港社会科学出版社，2001 年，第 326、397—421 页。

② 石弘之、安田喜宪、汤浅赳男，《环境と文明の世界史》，洋泉社，2001 年，第 15—16 页。

③ 羽仁五郎，《転形期の历史学》，中央公论社，1946 年。

④ Akihiro Kinda, "Some traditions and methodologies of Japanese historical geography", *Journal of Historical Geography*, 23, 1 (1997), p.62. 姜道章，《历史地理学》之第九章"日本的历史地理学"，三民书局，2004 年，第 181—218 页。

与历史研究中环境缺位不同，日本比较文明论研究对环境异常重视。早在明治维新提出文明开化的国策之时，西方资产阶级的文明史学就传到了日本。后来，带有强烈现实批判性的文明论随着自由民权运动的开展而风靡全日本。福泽谕吉提出了“文明”、“半开化”、“野蛮”的分析结构，西方列强是文明国家，日本是半开化国家，而虾夷、朝鲜等就是野蛮之地。“如果想使本国文明进步，就必须以欧洲文明为目标，确定它为一切议论的标准，而以这个标准来衡量事物的利害得失。”[①] 这种文明论在反映日本被“他者化”的同时又给日本制造了一个“他者”，为日本自身脱殖民化和对其他地区进行殖民化提供了理论基础。战败后的日本成为美国在亚洲的“小兄弟”，但是由于美国在日本强制实行了民主改革，于是，战后的日本似乎又回到了与明治时期类似的三元结构中，美国是民主的文明国家，日本虽然民主化了但又保留了天皇制而且保留了美国的军事基地，是半文明国家，亚洲的“共产主义国家和尚未开发的军事独裁政权”是野蛮的他者。[②] 然而，随着日本经济的恢复和高速增长，日本学术界掀起了重新给日本文明在世界文明中定位的热潮。与明治时期向西方文明学习不同，这时的日本认为自己已不再是西方文明亦步亦趋的追随者，而是与西方文明并驾齐驱的文明者。

在这样的时代背景下，梅棹忠夫提出了“文明的生态史观”。[③] 他认为，日本文明并不是西洋文明的一个变种，日本近代化的成功也不是因为模仿西洋文明而成功转向的。相反，从生态学理论出发，把欧亚大陆的文明分为第一地区（边缘的温带森林地区，包括日本和西欧各国）和第二地区（中心的干旱地带，包括旧大陆除日本和西欧之外的地区），与第二地区在古代的辉煌和现在的专制不同，第一地区是当今世界最为发达和民主的地区。同属第一地区的日本（照叶林）与西欧文明（硬叶林）也是在不同的生态条件下“平行并进”的。在梅棹看来，“从生态学的观点看，历史就是人与土地相互作用的结果，亦即主体环境系统自我运动的结果。在决定这种运动的形式的各种主要因素中，最重要的是自然因素。而自然因素的分布，并不是

① 福泽谕吉著，北京编译社译，《文明论概略》，九州出版社，2008 年，第 17—21 页。

② 小森阳一，《ポストコロニアル》，岩波书房，2007 年，第 99—121 页。

③ 梅棹忠夫，《文明の生态史观序说》，《中央公论》，1957 年 2 月号。

杂乱无章的，它表现出几何学的特征。”① 川胜平太指出，梅棹的“文明的生态史观”在日本学术发展史上具有六大重要意义。第一，它是与司马辽太郎的《坂上的云》、西田几多郎的《善的研究》和夏目漱石的《我是猫》一样对日本思想界和民众最有影响的20世纪的经典名著。第二，它是日本世界比较文明学研究的先驱，使此后文明的其他史观的提出成为可能。第三，对苏联的崩溃等具有极强的预见性。第四，突破了欧洲中心主义，散发出自由探索学术的精神。第五，赋予实地考察研究形式与书斋问学一样的价值。第六，利用生态学的“演替”理论对历史从空间上进行了新的理论探索。②

从环境史研究的兴起来看，梅棹的理论同样具有重要意义。其中最重要的是，梅棹作为一个生态学家，并没有受日本历史学界一些传统的成说如认为环境在历史发展中不起作用等之束缚，勇敢地提出了世界文明演替模式之不同关键在于各地生态之不同的观点，为后来环境史的出现开辟了道路。

从公害史向环境史的转化还有赖于整个社会对环境的认识的提高。据不完全考证，“公害”一词古已有之，但用它来对应英美私法中的public nuisance并概括现代生产对人体造成的损害最先可能出现在明治十年的大阪府议会中，那时它只是与“公益”相对的概念。后来，随着日本资本主义产业化的发展，对人体损害的事件不断增多，公害的外延和使用范围逐渐扩大，大正年间全国各府县的条例中都出现了这个词，主要指大气污染、水污染、噪音、强振动、恶臭等公共卫生问题。③ 在战后经济快速发展时期，公害的含义进一步扩大，在1967年的《公害对策基本法》中，公害指由于事业活动和人类其他活动产生的相当范围内的对人体健康和生活环境带来的损害，大体上包括大气污染、水污染、土壤污染、噪声污染、振动、地面沉降、恶臭等七种。显然，公害意义上的环境主要指生产和生活的环境，并不包括与人类生产和生活环境不直接相关的环境。1972年，日本颁布了《自然环境保全法》。其中的自然环境主要指两类：一是处于原生态、尚未受到人类活动影响的环境；二是奇特的地质景观和森林荒野，保持良好自然状态的海

① 梅棹忠夫，《文明の生态史观ほか》，中央公论新社，2002年，第211页。
② 梅棹忠夫编，《文明の生态史观はいま》，中央公论新社，2005年，第63—82页。
③ 宫本宪一编著，《“公害”の同时代史》，平凡社，1981年，第2页。

岸、湖泊、河流、沼泽、湿地及栖息其中的野生动植物。[①] 显然，这是与公害意义上的环境不同的自然环境。1972 年联合国人类环境会议让日本意识到，环境应该是一个整体，不应该因为公害问题紧急和危害大而对它进行人为分割，一般意义上的环境概念开始在日本流行。1992 年的联合国环境与发展会议促使日本转向把环境与发展协调的可持续发展方向。1993 年，日本通过了《环境基本法》。其中的环境概念发生了很大变化，认为地球环境是一个需要保持生物多样性和生态平衡的整体，在这个人类存续和受惠的基地上，日本必须通过全球合作、广泛参与和循环利用来降低自己的活动引起的环境负荷，以保持人与环境互惠共生的关系。[②] 由此可见，日本的环境概念经历了从公害意义上的环境向自然环境再到全球环境的转变，与此相应，日本的环境史研究也经历了从公害史到农业和农村环境史再到文明论环境史的发展过程。需要说明的是，由于这三个意义上的环境概念内容相互重叠和交叉，加之这三类环境史在出现的时间上差距也并不大，因此，在很多情况下，它们几乎是平行并进、互相补充和促进的。

与美国、欧洲、印度和拉丁美洲的环境史研究相比，日本环境史研究在组织程度上尚有较大差距。坦率地说，日本还没有自己专门的环境史杂志，也没有专业的环境史学会，日本环境史学家也很少出现在国际环境史学术交流的会场上。日本的环境史学家绝大部分也不是来自历史系，一是正统的历史学家不关注人与环境的关系史；二是日本独特的、以问题或地域为基础的学科分野使西方意义上的不同学科只要对人与环境的关系史感兴趣就都可以进行研究。在日本，环境史研究与其说是历史学家的专利，不如说是一个跨学科的研究领域。研究反公害运动史的饭岛伸子是社会学家，研究季风亚洲环境史的秋道智弥是生态学家，研究公害史的宇井纯是工学家，研究近世公害史的安藤精一是经济学教授等等。日本研究环境史相对比较集中的单位主要有四个：一是综合地球环境学研究所，文明环境史研究是其五大重点研究项目之一，其他四项中也都有相关的环境史小项目。二是日本国立历史民俗博物馆，重在从考古学和民俗学研究古代日本环境史，尤其是绳文弥生时代的生产生活和日本的稻作渔捞文明。三是国立民族学博物馆，

① 参看《自然环境保全法》第十四条第一款。

② 参看《环境基本法》第三、五、十四条。

从人类学和民族学研究人类资源利用和环境保护的历史。四是国际日本文化研究中心，集中了日本文明环境史的主要研究者，重点研究文明与环境的关系，出版了一系列在日本产生重要影响的著作。环境史论文的发表比较分散。《公害研究》和《环境与公害》刊发了比较多的公害史论文；《史学杂志》和《历史学研究》等主流历史学刊物也会发表关于古代、中世和近世的环境史论文；《人类与环境》和《环境情报科学》也不定期的刊发专题的环境史论文。近年来，日本学者不但出版了一些通史或断代史的环境史著作和论文集，[①]也编著了一些很有用的工具书，[②]还比较注意把自己的研究成果译介给国际环境史学界，[③]也开始组织环境史的小型国际研讨会，如神户研究所和牛津大学合作于2007年9月12—14日在神户召开了题为“日本与欧洲的环境史”的第一次研讨会，像 Poul Holm，Mark Elvin，Chris Smouts 等欧洲著名环境史学家与会与日本同行就共同关心的环境史问题进行切磋交流。第二次会议于2010年9月在神户召开。日本环境史研究正在形成集团力量并开始走向世界。

总之，在现实需要和文明论研究的推动下，日本环境史研究兴起。由于日本对环境的认识经历了不断深化的过程，日本的环境史研究也表现出公害史、农业和农村环境史和文明环境史杂陈的局面。由于学科分野等独具日本特色的原因，日本环境史研究的组织化和专业化程度并不高，不过，值得欣喜的是日本环境史学家已经迈开了走向国际环境史学界的步伐。

---

① 例如，井上坚太郎，《日本环境史概说》，大学教育出版，2006年。石井邦宜监修，《20世纪の日本环境史》，（社）产业环境管理协会，2002年。桥本政良编著，《环境历史学の视座》，岩田书院，2002年。《环境历史学の探究》，岩田书院，2005年。

② 下川耿史编，《环境史年表》（1868—1926：明治·大正编），河出书房新社，2003年。《环境史年表》（1926—2000：昭和·平成编），河出书房新社，2004年。

③ 如 Jun Ui（ed.），*Industrial Pollution in Japan*，Tokyo：United Nations University Press，1992. Nobuko Iijima（ed.），*Pollution Japan: Historical Chronology*，Tokyo：Asahi Evening News，1979. Shigeto Tsuru，Helmut Weidner（eds.），*Environmental Policy in Japan*，Berlin：Ed. Sigma Bohn，1989. Ryoichi Handa（ed.），*Forest Policy in Japan*，Tokyo：Nippon Ringyo Chosakai，1988. Yoshiya Iwai（ed.），*Forestry and the Forest Industry in Japan*，Vancouver：UBC Press，2002. 等等。

第二节　日本环境史研究的主要成就

尽管日本环境史研究诞生的原因与美国不同，但日本学者在借鉴和吸收欧美环境史研究成果的基础上，根据日本环境史的实际努力提出自己的环境史定义和研究目标。日本以前并没有“环境史”的概念，只是在1982年，日本学者通过翻译environmental history一词把环境史术语引入日本。① 但是，这并不意味着日本在此以前没有环境史研究，其实它的公害史研究早在1970年代就活跃起来了。② 环境史术语一被译介过来，便迅速在日本落地生根。鸟越皓之和嘉田由纪子从区域社会学的视角对环境史概念进行了自己的改造。鸟越认为，环境史就是研究居民在支配当地环境过程中形成和积累的历史知识（传统）；③ 嘉田更进一步，认为环境史研究的是，在给环境问题在历史和文化的脉络中进行定位的基础上，从生活者的角度分析地域的传统。④ 显然，他们的环境史比较接近于环境民俗学。饭沼贤司试图提出自己的环境史概念。他认为，环境史是“测量人与自然距离的历史学”，基本研究方法是实地调查，研究重点是反映人类与自然作用的庄园村落遗址，从这个意义上说，环境史就是文化遗产学。⑤ 与从研究中世庄园史转向环境史的饭沼不同，研究第四纪考古学的安田喜宪从梅棹的“文明的生态史观”中得到启发并对它进行扬弃，提出了自己的生态史概念。他认为，生态史并不仅仅是把生态学理论应用于人类历史找出平行进化的规律，而是要在详细复原主体（人类）与环境相互作用的历史并在地域性比较的基础上理解人类史与自然史相互作用的法则。与梅棹把自然看成是人类历史发生的固定不变的基础不同，安田认为，不但人类的文化和生活在变化，而且包围着它的自然环境也在不停地变化，从研究这两者相互作用的历史中可以重新认

---

① 中山茂，《环境史の可能性》，《历史と社会》，1982年第1期，第161—183页。

② 冈部牧夫，《现代史研究と环境史の视点》，《年报日本现代史》，2000年，第337页。

③ 鸟越皓之，《方法としての环境史》，鸟越皓之、嘉田由纪子编，《水と人の环境史》，御茶の水书房，1984年，第327—347页。

④ 嘉田由纪子，《环境史と日常生活论——地域社会学から环境问题への新接近》，《社会学评论》，总第147期，第369—377页。

⑤ 饭沼贤司著，《环境历史学とはなにか》，山川出版社，2004年，第4、11、85页。

识人类的作用并正确预测未来。[1] 来自加拿大的安妮·麦克唐纳在日本几所大学的大学院用英语讲授“环境史概说”课程，把欧美流行的环境史概念介绍给日本同行。她认为，环境史就是研究历史上人类社会与自然环境（非人环境）相互作用关系的学问。[2] 由此可见，日本环境史学界对什么是环境史有不同认识，研究者从各自的专业领域出发提出了具有不同学术背景的环境史或生态史概念，但从认识的发展过程可以发现，日本学者的环境史概念在保持日本特色的同时正在与国际上比较公认的定义接轨。

尽管日本环境史研究不太为外界所知，但日本环境史学家确实取得了许多成果，大体上可以从三个方面来介绍：公害史研究产业化对人类健康和居住环境造成危害的历史，这是日本学者用力最勤、成果最多也最深入的研究领域；农业和农村环境史研究日本农业生产（包括林业和稻作渔捞）和聚落模式与环境的关系史，这是日本环境史研究的另一个重点；文明论环境史通过研究人类文明与环境的关系史来给日本文明在世界文明中寻找恰当的位置，这是日本环境史研究中最具世界视野和理论意义的部分。

（一）公害史研究

公害在日本具有悠久的历史，早在17世纪中叶就有金矿因为污染而被关闭的事例。[3] 不过，那时的公害只发生在局部地区。明治维新以后，采矿业成为日本推进工业化的一个重点领域，足尾、别子、日立和小坂铜矿相继发生了“矿毒”事件。宇井纯认为足尾铜山矿毒是日本公害的原点，战后出现的大规模、全方位的公害不过是从原点的再出发。[4] 公害史研究包括公害发生的原因、住民反抗和诉讼运动、认定过程中科学和政治的关系、反公害法律史、受害者的赔偿、受害地的环境再生等内容。

在研究日本公害发生的原因时，传统的观点认为公害的发生和振兴产

---

① 安田喜宪，《环境考古学事始：日本列岛2万年の自然环境史》，洋泉社，2007年，第10—11页。

② 矶贝日月编，《环境历史学入门：あん·マクドナルドの大学院讲义录》，清水弘文堂书房，2006年，第28页。

③ 安藤精一，《近世公害史の研究》，吉川弘文馆，1992年。小田康德，《近代日本の公害问题—史的形成过程の研究》，世界思想社，1983年。

④ 宇井纯，《公害原论》，亚纪书房，1990年。宇井纯，《日本の产业公害の历史》，《历史学研究》，增刊号，1998年10月，第151—153页。

业相关。但菅井益郎通过对足尾矿毒事件进行全面研究得出了足尾铜山矿毒事件是日本资本主义确立期的公害问题的新结论。宇井纯在研究水俣病问题时也发现，水俣病并不简单的是工厂处理污染物的技术问题，而是涉及日本从经济政策到社会结构和政治体制等全方位的问题。追逐利润最大化是资本主义的本质。在日本资本主义向垄断发展的时期，采矿业是形成财阀的重要载体，古河氏与绝对主义官僚和军国主义政府相勾结，通过节约公害防止费用、欺骗和弹压被害农民运动来发展生产和积聚财富，对由采矿和冶炼引发的环境破坏和人身损害仅以"无过失责任"来赔偿。[①] 熊本水俣病发生后，企业坚持利益至上主义，中央和当地政府为了实现经济高速增长的目标没有采取实质性防止措施。这些都反映了资本的逻辑，那就是尽量减少公害防止设备的投入，以获取最大限度的剩余价值（利润）。[②]

公害导致被害者身体和生活环境遭破坏，自然会引发被害者的反抗活动。饭岛伸子从社会史的视角对此进行了全面论述和总结。在足尾矿毒事件中，被害居民一方面成立了"足尾矿毒被害者救济会"，通过请愿、谈判等方式寻求赔偿和减免土地税；另一方面在田中正造领导下利用明治宪法赋予的生存权和财产权、以议会斗争和向天皇直诉的方式希望达到关闭矿山的目的。田中正造提出了"山不荒、川不涸、村不破、人不杀"[③] 以及人、社会、国家、自然共生共存的文明观。1956 年，熊本发现水俣病。当地受害者仍然沿用谈判抗议的方式要求赔偿，加害者新日本氮素厂以无法确定因果关系为名只给受害者支付每人 30 万日元慰问金，并声明不管今后调查结果如何都不再进行任何赔偿。1964 年，新泻县发现水俣病患者。当地同情受害者的团体组成了"新泻民主团体水俣病对策会议"，受害者组成了"新泻水俣病受害者大会"。这两个组织掀起了反公害住民运动，提起诉讼并最终获得胜诉。这一胜诉具有非常重要的意义，因为它第一次明确了加害者

① 东海林吉郎、菅井益郎，《足尾矿毒事件 1877—1984》，新曜社，1984 年。菅井益郎，《足尾铜山事件——日本资本主义确立期の公害问题》，《公害研究》，第三卷，第三、四号，1967 年。

② 神冈浪子，《日本の公害史》，世界书院，1987 年，第 9 页。

③ 安在邦夫、鹿野政值、小松裕、坂野润治、由井正臣编，《田中正造选集·第六卷》，岩波书店，1989 年，第 226 页。另外，田中正造全集编纂会还编辑了 20 卷的《田中正造全集》，从 1977 到 1980 年由岩波书店出版。1973 年成立的渡良濑川研究会编辑发行了《田中正造与足尾矿毒事件研究》杂志。

的法律责任，形成了间接反证责任的推定原理，宣扬了企业经营活动必须尊重人的生命的理念。日本的反公害运动形成了自己特色鲜明、行之有效的方法和道路。[①]

在认定企业生产与环境损害的关系时，科学在其中发挥了重要作用，但是政府、企业和受害者都有自己的科学家代理人，他们对同一事实的认定却发生了很大分歧。在足尾矿毒事件中，企业也对污染和损害问题进行科学研究，认为企业生产给国家带来巨大“公利”，除去给受害者带来的“社会之害”，还产生了很大的“公益”，从中可以拿出一部分赔偿受害者，因此铜矿可以继续经营。政府两次设立的“矿毒问题调查会”在确保实现“富国强兵”的总目标的前提条件下，提出修筑预防工程以减轻污染和损害的主张，进而谋求协调工业化和农业发展之间的矛盾。[②] 熊本水俣病发生后，当地的医生协会、保健所等组成“奇病对策委员会”，委托“熊本大学医学院水俣病研究班”探索致病原因，最后提出有机水银说。认为氮素厂排出的无机水银与其他废弃物结合形成甲基水银化合物，人因食用含有此物的鱼贝而生病。厂方拒不接受，反而采纳了日本化学工业协会提出的炸药说，认为污染根源是二战后期遗弃于水俣湾内的炸药等军需物资。[③] 在认定致病原因上的差别实际上反映的是背后各方利益的不同，也是加害者和受害者的对立。科学成为不同群体为维护自己利益而建构的知识，尽管它是以客观严谨的面目出现。

战后日本反公害主要通过诉讼来完成，它所依据的是一系列相关的法律。这些法律的制定和内容的完善都经历了曲折的过程。除了前面提到的三个基本法之外，日本还建立了比较完善的公害救济法、公害控制法、公害防止事业法的体系。救济法可以分为两个部分，一是适用民法中侵权行为法和无过失责任特别法（如矿业法、大气污染法、水质污浊法、原子能损害赔偿法等）；二是由公害纠纷处理法和公害健康损害补偿法组成的行政救济制

---

① 宇井纯，《公害の政治学：水俣病を追つて》，三省堂，1994年。饭岛伸子，《环境问题と被害者运动　改订版》，学文社，1993年。

② 小野崎敏编著，《足尾铜山》，新树社，2006年。村上安正，《足尾铜山史》，随想舍，2006年。

③ 桥本道夫编，《水俣病の悲剧を缲り返さないために—水俣病の经验から学ぶもの》，中央法规，2000年。

度。控制法包括控制公害发生源（包括大气污染、水质污染、土壤污染、噪音和振动、地面下沉、恶臭、矿害、原子能公害、日照和电波妨害等）的法律、防止二次公害发生的法律以及规定其他与公害防止相关的事业者的法律。事业法包括关于工厂适当配置、防止公害事业、都市环境整顿、保全自然环境、资助和优惠政策等的法律。应该说，诸多公害法在把日本从“公害岛国”变成“公害治理先进国”的过程中发挥了非常积极和重要的作用，但是，这些法律都是以环境的无限性和无偿性以及承认人有权进行自由经济活动为前提，对可能引起公害的企业经营活动只施加了最小限度的制约。[①]显然，这是头疼医头脚痛医脚的公害对策，并不能从根本上保证人类与环境的和谐。1993 年制定的“环境基本法”在一定程度上改变了这种状况。

在依据公害法律判决时，明确责任和赔偿费用负担对受害者来说是非常重要的，日本学术界就此提出了许多原则。环境费用包括事前费用（如用于开发公害防止技术的投资、预防出现环境问题的费用、环境保护的诸费用等）和事后费用（如被害补偿费用、被害修复费用等）两部分。这些费用应该由谁来负担呢？诸富彻总结出四种不同观点，分别是：造成环境费用的原因者负担；造成环境费用过程中的受益者负担；由纳税人共同负担；由潜在的责任当事者或扩大原因者负担。[②]寺西俊一总结为四种观点，分别是：负担主体根据负担能力分配负担份额的“应能原理”（ability principle）；受益主体根据受益情况分配负担份额的“应益原理”（benefit principle）；原因者主体根据作用程度承担费用份额的“应因原理”（cause principle）；以及根据相关程度来承担责任和费用的“应关原理”（commitment principle）。[③]其实，这些不同观点也可以归纳为三个原则，分别是：日本版的 OECD 之污染者负担原则（polluter pays principle—PPP）；“废弃物最小化国际研讨会”提出的扩大生产者责任原则（extended producer responsibility—EPR）；以

---

① 加藤一郎编，《公害法の生成と展开》，岩波书店，1968 年。原田尚彦著，于敏译，《环境法》，法律出版社，1999 年，第 14—19 页。

② 诸富彻，《环境保全と费用负担原理》，寺西俊一、石弘光编，《环境保全と公共政策》，岩波书店，2002 年。

③ 寺西俊一，《〈环境コスト〉と费用负担问题》，《环境と公害》，第 26 卷第 4 号，1997 年。寺西俊一，《编集长インタビュー〈环境にかかわる“社会的费用”をどう考えるか〉》，《季刊 政策・经营研究》，2007 年。

及扩大生产物责任原则（extended product responsibility）。学术上的这些探讨为在不同情况下解决具体的费用分担和赔偿问题提供了理论基础，有效地促进了日本公害问题的处理。

在公害发生地，除了救济受害者之外，还应该改善当地被破坏或污染的环境，实现“环境再生”。[①] 环境再生从地域上讲，包括城市再生和农村再生；从内容上讲，包括自然环境的清洁化和再创造，当地经济社会的活性化及其与环境的和谐。在足尾铜山，各种环境非政府组织积极参与当地森林、土壤、水质和物种的恢复，[②] 总结铜矿开采造成污染和破坏的教训，甚至要把它申请成为世界文化遗产。当地人还在冶炼所旧址附近建立了环境教育中心，发行宣传资料，帮助更多的后来人提高环境意识。笔者在 2008 年去足尾做实地研究时，深为日本人致力于环境再生的努力与成就而震撼。在四日哮喘病诉讼于 1973 年获胜后，四日市不但经常邀请专家来做环境保护和提高环境质量的讲座，而且以普通市民为主力广泛开展创造环境再生型城市的运动，其实就是要建设可持续城市。可持续城市应该包括几个方面：一是保护自然，循环利用资源；二是实施严格的环境标准，用征收环境税来改造城市社会和经济发展；三是充实公共交通体系，抑制私家车交通，建立节约和可持续的交通体系；四是再生城市中心区，抑制城市向郊区的蔓延，保护农地和绿地。[③] 总之，环境再生反映了日本反公害运动从受害者救济向追求受害地人与环境共生的方向转化，从以受害者为中心向以市民为中心转化，从防止公害向建设可持续社会转化。

（二）农业和农村环境史

如果说公害史主要是工业和城市环境史的话，那么农业和农村环境史就主要是森林、稻作渔捞、庄园和景观的环境史；如果说前者重在研究工业

---

① 永井进、寺西俊一、除本理史，《环境再生》，有斐阁，2002 年。

② Tomohide Akiyama, *A forest again: Lessons from the Ashio copper mine and reforestation operations*, Tokyo: Food and Agriculture Policy Research Center, 1992. 足尾に绿を育てる会编，《足尾の绿》，随想舍，2003 年。

③ 宫本宪一监修，《环境再生のまちつくり：四日市から考える政策提言》，ミネルウア书房，2008 年。

对人体的损害的话，那么后者重在研究人与自然环境的互惠关系。到过日本的人都会为它占国土面积67%的森林覆盖率（其中54%是天然林）而震惊，创立了“梅原日本学”的梅原猛认为，日本最值得夸耀于世界的是它的森林，森林思想是日本文化的原点，因为日本的宗教无论是神道教（树木崇拜）还是佛教（山川草木悉皆成佛）在本质上都是一种森林宗教（众生皆有神性，平等，生死循环）。为什么日本能保存如此高的森林覆盖率呢？一是因为日本输入不附加牧畜的稻作农业比较晚；二是日本对森林没有放任不管，换句话说，就是日本具有良好的森林管护体系。[①]

日本的森林史资料丰富。早在1879年，明治政府为了起草森林法，命新成立的山林局编纂江户时代的森林档案。各藩官员除了提供档案的副本之外，还要提供一份详述自己辖区内的林业活动的报告。这些资料在1882年被编成一本《山林沿革史》。可惜的是，在1923年东京大地震的火灾中，该书被烧毁。1925年，在从灾难中恢复过来之后，政府组织人力重新编纂相关资料，最后形成了几乎覆盖全国但重在森林茂密的41个藩和幕府的、记述林业制度沿革的、多卷（每卷150—250页）本的《日本林制史调查资料》，分三份分别藏于农林省、东京帝国大学图书馆和德川林政史研究所。1930—1935年，从浩瀚的史料中精选出版了30卷本的《日本林制史资料》，其中还收录保存了江户时代农学家宫崎安真（1623—1697）《农业全书》中的林业部分。在太平洋战争中，收藏于农林省的副本在东京大轰炸中被毁，其它幸存的两部被制成缩微胶片供研究用。[②]昭和时代的有关机构还以编年顺序编纂了内容包括明治时代鲜为人知的林政、森林管理、林业教育、林业社团等方面的资料的《明治林业逸史》和《明治林业逸史续编》。不过，这两部书也在昭和20年5月28日大空袭的战火中被烧毁，现在流传的是复刻本。应该说，这些资料的整理非常珍贵，为后代学者进行学术研究奠定了坚实基础。

日本森林覆盖率并不是固定不变的，经历了周期性的减少与增长的变

---

① 梅原猛著，卞立强，李力译，《森林思想——日本文化的原点》，中国国际广播出版社，1992年，第116、133页。安田喜宪把森林称为“日本文化之母”。安田喜宪著，蔡敦达、邬利明译，《森林——日本文化之母》，上海科学技术出版社，2002年。

② Conrad Totman, “A Century of Scholarship on Early Modern Japanese Forestry, 1880—1980”, *Environmental Review*, 9: 1 (Spr 1985), pp.34—53.

化过程。日本学者泉英二认为，19 世纪中期以前的日本森林史可以分为几个阶段，分别是：绳文时代人对森林的依赖（公元前 11000 年—公元前 300 年），这是维持原状的周期；本地人对森林的掠夺（公元前 300 年—公元 500 年是小规模掠夺，公元 500—900 年是大规模掠夺）；区域和全国性的多元（包括"割山"、"年季山"和"部分林"三种）掠夺（900—1500 年是区域性小规模多元掠夺，1500—1650 年是全国性大规模掠夺），这两个阶段是森林面积持续下降的周期；小规模森林保护和植树造林（1650—1850），这是森林面积上升的周期。[①] 随后日本进入因频繁战争等因素造成的森林面积下降周期；只是到了 1961 年开始大幅度进口木材和开展全民植树造林运动之后，日本开始进入森林面积大幅度上升的周期。所以，日本人与森林关系并不像森林文化学者所言（日本文化似乎是永远与森林友好的文化）的那样，而是经历了一个曲折的过程。现实需要（农耕、各种建筑、筑城、林产品多元利用等）导致对森林的过度利用，产生木材供应紧张、社会矛盾激化、生态体系恶化等问题，这就迫使日本人重新调整自己与森林的关系，森林保护和育成林业兴起，日本人与森林的关系逐渐向可持续林业方向发展。[②]

日本的森林大都是天然次生林，在很大程度上是一种文化遗产。造林史是日本森林史研究的一个重要组成部分，也是对其他生态已遭破坏国家最具借鉴意义的部分。早在 17 世纪，秋田藩家老涩江正光就指出："国家之宝者山之宝也，若'山野之木'全部伐光，山就失去价值。山野衰退，国之衰退也。树木消失之前必须采取有效防止措施。"日本农学家宫崎安真在《农业全书》的《树木卷》和《森林卷》中提出了森林利用和造林的四原则，分别是：森林与国和民一样，都具有重要价值；森林的价值是相对的；森林利用和培育要有计划；造林与土壤特性关系密切。19 世纪，佐藤信渊提出了"开物"思想，即在对地区进行了认真细致的调查研究之后，开发山川、湖泊，将平原、荒地变成耕地，通过开发创造各种财富并对财富进行合理利用。对

① Eiji Izumi，"A brief history of Japanese forests and forestry up to the 19th century"，in Ryoichi Handa（ed.），*Forest Policy in Japan*，Tokyo：Nippon Ringyou Chousakai，1988，pp.151—160.

② 所三男，《近世林业史の研究》，吉川弘文馆，昭和 55 年。松波秀实，《明治林业史要》，大日本山林会，大正 9 年。林业发达史调查会（林野庁），《日本林业发达史》，昭和 35 年。日本林业发达史编纂委员会（大日本山林会），《日本林业发达史（农业恐慌·战时统制期の课程）》，昭和 58 年。

森林的合理利用就是要开发与造林并举。造林主要有三种方法，分别是实生造林、扦插造林和抚育管理。[①]抚育不但是通过补植和保护措施来保证优质林木的生长，还可以采用间伐技术和“巡视”制度来达到提高林木蓄积量的目标。在战后的植树造林运动中，生长慢的阔叶树被以柳杉、日本扁柏和日本落叶松为代表的针叶树取代。为了激发造林热情，国家出台了一系列鼓励政策，如发放造林补助金、幼林抚育补助金、间伐抚育补助金、提供低息贷款、森林火灾国营保险等。

日本具有运行良好的、完善的森林管理体系。明治之前，日本主要通过改变所有权和使用权以及限伐等措施来管理林野；明治之后，日本通过各种森林立法来管理林野。在4世纪末，日本出现了最早的“林政”记录，即应神天皇在皇室所有林中设置山守部，负责管理和提供林产物。不过，除特定区域之外，百姓可以进入一般林地获取林产品。在中世，林野由领主直接管辖，当地农民靠给领主劳动换取从领主领地上获取木材、薪材、饲料和叶草类绿肥而且免税的权利。在近世，林野除了武家领、公家（皇室）领和社寺领三部分之外，还有藩有林、村有合同山（村山或入会合同山）和个人山林（百姓山）。1873年，明治政府在实行地税改革的同时把森林划分为国有林（包括官有林和官林）、公有林（由合同山转化而来）和私有林三部分。1882年，日本通过了《森林法》草案，但因地主反对而没有实施。1897年，明治政府颁布了日本历史上第一部得到实施的《森林法》。该法由“总则”、“营林监督”、“保安林”、“森林警察”、“罚则”和“杂事”等章组成，提出“维持林地生产力不但是林业经济发展的基础，也是国土保护的基础，营林监督制度和保安林制度的设立就是把两者结合的媒介”的理论。[②]1907年，日本颁布了第二部《森林法》，与第一部相比，其不同之处在于加入了扶持森林产业发展和设立强制加入的森林组合（保护类、土木类、造林类、施业类）的条款。[③]1951年，日本颁布了第三部《森林法》，与前面的法律相比，最

---

① 日本学士院编，《明治前日本林业技术发达史》，新订版，财团法人野间科学医学研究资料馆，昭和55年。德川宗敬，《江户时代に於ける造林技术の史的研究》，西ヶ原刊行会，昭和16年。

② 筒井迪夫，《日本林政史研究序说》，东京大学出版会，1974年。

③ 萩野敏雄，《日本近代林政の发达过程：その实证的研究》，日本林业调查会，1989年。萩野敏雄，《日本近代林政の基础构造：明治构筑期の实证的研究》，日本林业调查会，1984年。香田彻也，《日本近代林政年表——1867—1999》，日本林业调查会，2000年。

大的不同在于引入了森林计划制度，把强制加入森林组合改为自由加入和退出。为了适应战后经济发展的形势，日本于1964年制定了《林业基本法》，其最为突出的两点内容是：把林业作为经济或经营问题对待；家族经营的林业是林业结构改造政策之根本。如果说森林法重在保护国土和培育森林资源，那么林业基本法就极力促进林业产业的发展。2001年，第151次国会通过了《森林林业基本法》，实现了森林政策从以林业生产力为中心向以持续发挥森林多种功能为中心的转变，希望通过林业的健康发展和保障林产品的供给和利用，促进森林多种效益的持续发挥。①

稻作是日本种植农业的基础，大米是日本人每日饮食中不可缺少的食品。对稻作史的研究在日本是一个长盛不衰的话题。日本的稻作是从哪里来的？在何时传入日本？稻作渔捞对日本人的社会形成和精神发展意味着什么？稻作渔捞对日本农业生态环境产生了什么影响？在这些问题上，学者们都提出了不同观点。

日本稻属于起源于普通野生稻的亚洲栽培稻。日本农学家渡部忠世等在对亚洲各地的栽培稻地区进行实地考察之后，提出了栽培稻的发祥地在印度阿萨姆、中国云南的部分地区、缅甸北部等山岳地带的假说，亦即稻作农业的山地起源说。后来，栽培稻沿着众多的大江大河扩散到亚洲季风区，传到印度是籼稻，传到中南半岛的是湄公河系列水稻，传到东方的是长江系列粳稻。大约2000年前，粳稻从长江下游传播到日本。② 由于阿萨姆、云南正好位于照叶林带的中心，因此，中尾佐助和佐佐木高明等学者提出了照叶林带存在着共同的固有文化的理论，佐证了水稻起源于阿萨姆、云南的假说。③ 但是，1970年代后，随着中国农业考古学的发展，先后在浙江余姚河姆渡、湖南澧县的彭头山、湖南道县玉蟾岩发现了分别距今7000年前、9100年前、14000年前的稻作遗址，极大地冲击了稻作印度起源的说法。中

① 金丸平八，《日本林政史の基础的研究》，三弥井书店，1969年。西尾隆，《日本森林行政史の研究——环境保全の源流》，东京大学出版会，1988年。萩野敏雄，《日本现代林政の战后过程：その五十年の实证》，日本林业调查会，1996年。

② 渡部忠世著，尹绍亭等译，《稻米之路》，云南人民出版社，1982年。

③ 佐々木高明，《照叶树林文化の道 ブータン·云南から日本へ》，日本放送出版协会，1982年。佐々木高明、大林太良共编，《日本文化の源流　北からの道·南からの道》，小学馆，1991年。佐々木高明、中尾佐助共编，《照叶树林文化と日本》，くもん出版，1992年。

国的严文明教授在此基础上，借鉴了宾福德（L. R. Binford）和哈兰（J. R. Harlan）在研究西亚农业的起源问题时提出的、农业是在最适于其野生祖本植物生长的地区周边首先发展起来的边缘理论，提出了稻作农业于7000年前甚至更早起源于长江流域的新理论。安田喜宪对稻作遗址进行比较研究后画出了早期稻作分布和传播图，即“东亚稻作半月弧”。水稻从湖南道县玉蟾岩遗址到湖南省澧县城头山、彭头山、八十垱遗址再到江西仙人洞、吊桶环遗址最后到浙江河姆渡遗址，并于3000多年前传到日本。

在福冈县的板付和佐贺县的菜畑都发现了属于绳文文化晚期的稻作和水田遗址。关于水稻传入日本的途径有四种观点：第一种认为是从中国的华北到东北、再经朝鲜半岛传到日本九州，是为“北路说”。第二种是由日本学者安藤广太郎首倡的“中路说”，他认为无论是从航海条件、社会动因、地理意识、人种特征还是从相关文化现象的地域分布特点来看，都不可能是来自朝鲜半岛的稻作民给日本带去水稻和稻作技术，更为可能的是来自中国吴越的百越族人（日本史称“渡来人”）从长江下游地区直接跨海传到日本。日本考古发现了约160处的稻米文化遗址，大部分分布在九州地区。后来又从九州传到其他地区，临近朝鲜的对马和壹岐岛的稻作也不例外。第三种是由民俗学家柳田国男等提出的“南方渡来说”。[①] 他们认为，日本的栽培稻是经过中国台湾、琉球、再经冲绳传到九州地区的。第四种是静冈大学的佐藤洋一郎从遗传学的角度提出的日本水稻传入的“二元论”。[②] 他认为日本栽培稻来源于两个系统，分别是中国的温带粳稻和源于中国台湾、菲律宾、印度尼西亚等热带岛屿（或经过此地）的热带粳稻。

水田稻作并不是单纯的种植水稻，其实它是一种有机的复合农业。水田还是水田鱼类和野鸭等动物栖息和生长的场所，在水稻生长期内，农户可以进行多次渔捞。水稻收获之后，几乎就无鱼可捕。水田渔捞使用的器具和方法都不同于海洋和湖沼河川渔捞。这种季节性要求农民必须学会用烘烤、熏制等方法来贮备鱼肉，以保四季都有动物蛋白质供给。水田是候鸟过

---

① 柳田国男，《海上の道》，岩波书店，1978年。柳田国男著，安藤広太郎编集，《稲の日本史》，筑摩书房，1969年。

② 佐藤洋一郎，《稲の日本史》，角川书店，2002年。佐藤洋一郎，《稲作の起源》，《科学》，岩波书店，Vol.77，No.6，2007年6月。

冬或迁徙中的休憩之地。农户大都从事捕猎水鸟的活动，但只能使用传统方法而不能使用火器，以防过度狩猎。水稻种植也采用一年两熟制，即稻麦轮作，于是，在日本饮食中就形成了独特的在稻米中掺入大麦混合而成的麦饭。水田是人们进行稻作的空间，是人工环境，但是，在水田中除了生长水稻之外，还有鱼和鸟，从这个意义上说，它又不完全是人工环境。日本农民在整备、创造水田进行生产的同时也对它怀有自然的亲近感。[①] 研究水田稻作渔捞环境史有助于突破把人与自然二分、或集中于人对自然的作用和自然对人的作用这样的单向作用的传统环境史研究的局限。

稻作农耕在日本形成了独具特色的稻作文化。弥生时代初期，日本人开始在低湿地开辟水田，种植水稻。中期后，修水渠引地下水灌溉低洼地以外的水田，并使用排水设备调节稻田湿度。在此基础上形成了日本最基层的文化，即稻作文化。以农学家盛永俊太郎和民俗学家柳田国男为代表的"稻作史研究会"对稻作文化进行了深入研究，揭示了稻作文化的制度意义。稻作的性质决定了古代日本人与人的关系，形成了牢固的、较大的共同体结构。种植水稻需要大量的灌溉水源，日本虽然河流众多，但短促流急，需要拦截水源以利灌溉，大量的小规模灌溉工程应运而生。治水是个人或小团体无法完成的，需要形成较大的共同体。另外，日本的稻田灌排不分，灌溉时从上游田块依次到下游田块，排水时下游田块是上游田块排水的必经之道。于是，稻田灌排必须由同一地域的所有农户协商有序地完成，进而形成村落共同体。农户个人利益取决于共同体的利益，只有当共同体利益最大化时，农户才能获得自己相应的利益。这决定了日本人对"群"的巨大的依赖性，进而形成弥漫日本社会的群体主义和自我意识缺乏的独特文化。这种文化在很大程度上规定着日本经济、政治、社会发展的方向。

在农业社会，农业生产与气候变化密切相关。但是，传统的历史学并不关注自然和自然灾害在历史上的作用。正如历史学家峰岸纯夫指出的，先前的日本历史学并不注意对自然灾害进行研究。因为，伴随着经济的高度成长，人类逐渐确立了对自然的优越性，认为自然只是人类的开发对象，这

---

① 安室知，《水田の环境史：なぜ日本人は稲を选んだのか》，安室知编，《环境史研究の课题—历史研究の最前线 2》，吉川弘文馆，2004 年。安室知，《水田渔捞の研究——稲作と渔捞の复合生业论》，庆友社，2005 年。

种观念无疑导致了对自然和自然灾害的轻视。因此，有必要从环境史的视角来重新全面认识日本中世史。①

在日本中世史研究中，温暖化一向被认为有利于农业发展，平安时代后期因此而被认为是“大开发的时代”。但是，温暖化也会加剧疫病流行和旱灾引起的饥荒，迫使国家必须在政策和制度上做出重大调整。改革税制、鼓励荒废公田再开发等新政策的实施为12世纪以来的庄园公领制的形成奠定了基础。② 另外，日本中世史研究中似乎存在一个约定俗成的定见，即“生产力顺利发展史观”。但矶贝富士男利用气候学的研究成果试图颠覆这一成说。他认为，日本在镰仓后期到南北朝时期都处于寒冷期，寒冷造成作物歉收和饥馑，农业生产力大倒退，在此背景中产生了奴隶和奴隶社会。③

在应对自然变化的过程中，住民的聚落形式也发生了变化。户田芳实认为，在民众对山野领有的权门领主的斗争中产生了中世村落的萌芽。④ 村落居民在生产和生活即与自然的作用过程中形成了村落的范围，水野章二把它分成了四个部分，分别是村落、村落周围的耕地（以日常耕作活动为主形成人与自然深度交流的区域）、近山（居民采集薪碳等生产和生活必需自然资源的公用山）、里山或深山（日常使用的山区之外的山区）；中世初期村落发展的模式是从近山向里山拓展。⑤1980年前后，日本进行了大规模的庄园调查，用考古学和地理学的方法调查了庄园依赖的地形、地质和水利等自然环境状况，形成了庄园景观论。⑥ 海老泽忠从河川开发的规模出发把庄园分成大庄园、小庄园和村落庄园三种类型。大庄园一般位于大川大河的上游和水量丰富的支流，不需要建造水道和灌渠；小庄园位于支流上，多为庄园主自行开发的小规模耕地；村落庄园就是村落周围、以雨水灌溉为中心的耕地。⑦ 但是，这里的景观只是似乎没有变化的自然环境，其实，庄园景观在很大程度上是先前人和自然相互作用的产物，是“第二自然”或“人工

---

① 峰岸纯夫，《中世 灾害 战乱の社会史》，吉川弘文馆，2001年。

② 西谷地晴美，《中世前期の温暖化と慢性的农业危机》，《民众史研究》，第55期，1998年。

③ 矶贝富士男，《中世の农业と气候》，吉川弘文馆，2002年。

④ 户田芳实，《日本领主制成立史の研究》，岩波书店，1967年。

⑤ 水野章二，《日本中世の村落と庄园制》，校仓书房，2000年。

⑥ 高木德郎，《日本中世史研究と环境史》，《历史评论》，总第630期，2002年，第22页。

⑦ 海老泽忠，《庄园公领制と中世村落》，校仓书房，2000年。

自然”。由此可以破除或修正“里山是与自然调和的社会”、“人与自然的关系是开发或破坏的单向运动关系”等观点，树立人与自然是双向互动关系的新思维。[①]

（三）文明论的环境史

日本的文明史研究形成了不同流派，如伊东俊太郎的“文明的交流史观”、川胜平太的“文明的海洋史观”等，但在1990年代初，各派都不约而同地将关注和研究的重点转向了环境。1991至1993年间，以国际日本文化研究中心的学者为主的研究组承担了文部省的重点研究领域项目“地球环境变化与文明盛衰：寻求新文明的范式”。该课题主要研究：第一，地球环境变化与文明兴亡的阶段；第二，地球环境变化与文明兴亡的周期；第三，地球环境变化与文明兴亡的共时性；第四，地球环境和文明兴亡中时代演进的相似性；第五，建立能够避免危机并以共生循环的平等主义为基础的、自然和人类循环的文明；第六，指出控制欲望并复活东洋敬畏自然的观念的必要性，进而发现新事实提出新范式。[②] 1995年，课题组开始陆续公布了研究成果，出版了15卷本的《文明与环境》系列著作。[③] 从文明的起源与环境的关系到环境在文明崩溃中的作用、从农耕与文明的关系到环境教育等，几乎进行了全方位多层次的研究。应该说，这是迄今为止日本最全面的文明论环境史的研究成果。但是，由于它是多人合作的成果，是以论文集形式表现的，显得系统性不够。最具体系性和日本特色的是安田喜宪提出的“文明的环境史观”。

文明的环境史观是在吸收和扬弃文明的生态史观、文明的海洋史观和文明的交流史观基础上提出来的。梅棹的文明的生态史观虽然以今西锦司的生态学理论为分析工具强调了生态在历史发展中的重要作用，但那是陆基的，不包括海洋。川胜平太受沃勒斯坦的“现代世界体系”理论和布罗代

---

① 佐野静代，《日本における环境史研究の展开とその课题——生业研究と景观研究を中心として》，《史林》，89卷，5号，2006年，第112—113页。

② 伊东俊太郎、安田喜宪编，《文明と环境》，日本学术振兴会，1996年，第ii页。

③ 梅原猛、伊东俊太郎、安田喜宪总编集，讲座《文明と环境》，第1—15卷，朝仓书店，1995—6年。山折哲雄编著，《环境と文明：新しい世纪のための知的创造》，NTT出版，2005年。

尔的地中海历史研究的影响，认为应该把关注点从陆地转向海洋，在梅棹划分的第一和第二地区之外，还有海洋，而海洋恰恰是促使西欧和日本崛起的关键因素，即近代是从亚洲的海洋诞生的。在近世成立期，日本和西欧都从亚洲脱离出来，西欧脱离的是伊斯兰文明圈，日本脱离的中华文明圈。但作为海洋岛国，无论是西欧还是日本，海洋是立国的根本条件。它们拥有的共同海域和物产交流中心是东南亚海域。东南亚海域处于伊斯兰贸易圈和中国海贸易圈之间，在15—17世纪盛行以港市体系为主的自由贸易网络。日本与西欧一样，通过加入东南亚贸易而不断发展壮大，进而成为世界舞台上举足轻重的角色。[①]

与川胜把关注的焦点转向海洋不同，伊东俊太郎关注的是文明的交流。他认为，世界上存在23个由基本文明和周边文明组成的文明交流圈，这些文明在纵向上经历了不同的阶段；在横向上处于不同的文明交流圈中。日本文明从内部来看，经历了滥觞期（公元前10万年—公元300年）、准备期（300—700年）、形成期（700—1200年）、确立期（1200—1550年）和成熟期（1550—1990年）；从与世界的关系来看，经历了“传闻”时代、“布教”时代、“锁国下的通商”时代、“开国后”时代、“近代化”时代和“后现代”时代。日本文明的形成是在“东中国海文明交流圈”、“日本海文明交流圈”和“太平洋文明交流圈”三者相互交流中完成的。[②]后来，伊东也开始关注文明与自然的关系，他把文明的演化分为六个阶段，对应的是六种不同的自然观。分别是：人类革命——图腾崇拜和万物有灵论之前的自然崇拜；农业革命——万物有灵论和“大地母亲”；都市革命——神话世界；精神革命——泛物理宇宙论的世界；科学革命——机械论自然观；环境革命——自然的生命世界观。[③]从文明和自然观的历史演变中，可以看出随着文明的进步，自然观经历了从人与自然一体到对立再到统合的过程。

尽管川胜和伊东都做出了自己的探索，推进了文明论研究的深入发展，特别是在一定程度上摆脱了欧洲中心论的束缚，开始形成以亚洲为中心的历史观，但在安田看来，无论是梅棹的大陆还是川胜的海洋，都无一例外是

---

① 川胜平太,《文明の海洋史观》, 中央公论新社, 2006年。

② 伊东俊太郎,《比较文明と日本》, 中央公论社, 1990年, 第2—4章。

③ 伊东俊太郎,《文明と自然：对立から统合へ》, 刀水书房, 2002年, 第二章。

静止不变的；无论是川胜的物产交流还是伊东的文明交流，都没有强调变化中的客观自然与文明的相互作用，环境只是文明上演的舞台或装饰。安田喜宪要从弱者的视角，用科学的年缟分析法来重建变化中的文明与环境关系史，为21世纪人类文明和日本文明的持续发展提供理论指导和支持。他的环境史观主要包括下面几方面的内容：第一，环境是不断变化的，亚洲季风区是世界海陆环境变化的引发器。第二，环境变化与文明兴衰是对应的关系。第三，从季风亚洲的传统历史观中建构东亚新历史观。第四，以复原高精度的环境史为基础重建可以让日本人获得自信的日本文明史，并通过与不同文明环境史的比较研究来阐明日本文明在人类文明史中的独特性和特殊地位。①

建立科学的环境变化序列依赖于年缟分析法的使用。在研究第四纪气候变化时，先前最常采用的方法是对格陵兰岛厚达3000多米的冰核进行C14测定，发现距今2.5万—1万年的气候变化幅度很大。不过，这个方法测定的精度有限，合理差值经常达几百年。这样的测定结果在与变化迅速的文明史对照时几乎没有可比性。20多年前，安田喜宪首先在亚洲发现了年缟并为之命名。年缟是在地壳运动过程中持续下沉形成不易受风力影响而上下翻动的钵状湖盆中沉积的像年轮一样的堆积物，其中含有花粉、硅藻、浮游生物、灰尘、大型动物遗体以及粘土矿物等。对这些物质进行分析和测定最终可以以年甚至季节为单位复原环境史的精确演变过程。安田领导的"亚洲湖泊钻探项目"不但高精度地复原了季风亚洲环境史，还与欧洲环境史进行了比较，在一定程度上找出了环境史与文明史的对应关系。

传统的气候编纂史是以对欧美北部曾被大陆冰床覆盖的地区的研究为基础的，认为极地及其周边的欧洲（阿尔卑斯冰核）的气候变动代表着整个地球气候变动的统一模式，其他地方的气候变化图都是以此为基础来绘制的。这不过是第四纪研究是在欧洲诞生并以欧洲经验为基础建立的反映。安田通过年缟分析发现，格陵兰岛及欧洲地区的气候变化几乎是在无人的特殊环境条件下发生的，并不能代表整个地球的气候变化。季风亚洲的气候变化既受到了季风环境的影响，还受到了极地变化的影响，其变化不但发

① 安田喜宪，《文明の环境史观》，中央公论新社，2004年，第一章。

生在陆地上，也发生在海洋中，因此，季风亚洲很可能是地球气候变化的策源地。这一结论意味着，在安田的环境史观中，地球环境史研究中的极地中心史观将被季风亚洲中心史观取代，同时也意味着欧洲中心的大陆史观将让位于亚洲中心的海洋史观。[①]

高精度的年缟分析既有利于恢复不同地域的环境史，还有助于发现环境变迁与文明兴亡的对应关系。在日本，对福井县水月湖和三方湖的年缟进行C14测年补正后，发现在没有受到冰床影响的日本，森林民在16500年前开始了世界上最早的陶器制作和定居文化，而欧洲的陶器文化比它晚了7000年。在距今15000—14500年前的气候温暖湿润化时期，在季风亚洲的森林与湿地草原之间的峡谷中，稻作农耕开始；在西亚的森林与草原之间的峡谷中，麦作农耕起源，并伴随着牲畜饲养。5700年前，气候干燥化，畜牧民向处在干燥与湿润之间的大河流域集中，引发畜牧民与旱作农耕民之间的交流，促成四大文明的诞生；在季风亚洲的大河流域，早在6400—6100年前，气候开始变冷，于是形成了稻作农耕民与渔捞民创造的“稻作渔捞文明”，形成了控制灌溉水源的都市和王权。寒冷期提前使季风亚洲都市文明的出现比西亚提前了500年。民族迁徙带来了文明的接触和交流，进一步导致旧文明崩溃和新文明诞生。但是，欧洲学者通过对人体遗骸进行DNA分析来找寻民族流动之信息的研究大体上已经陷于停滞不前的境地，日本的年缟分析可以为其复原高精度环境史提供科学根据，由此可以清楚地发现历史上重要的骑马民族迁徙都是在气候变化的寒冷周期中发生的，而海洋民族的迁徙大都是在温暖期发生的，前者创造了新的国家和文明，后者没有创造出大帝国，也没有引起文明的大变化。正由于此，人类文明的兴亡具有共时性。[②] 在4200—4000年前，气候再次干燥化、寒冷化，四大文明先后遭遇粮食和用水危机，其中三大文明崩溃，黄河文明的恶化引发向南部长江流域的移民。北方旱作畜牧民南下导致了长江文明的崩溃。在日本，出现了以三内丸山遗址为代表的绳文中期文化的崩溃。在公元前850年开始的寒冷期，铁器代替了青铜器，父系社会代替了母系社会，一神教开始流行。进入14世纪后，气候再度寒冷，鼠疫再度流行，但日本因为保留了里

① 安田喜宪,《文明の环境史观》, 中央公论新社, 2004年, 第三章。

② 同上。

山（位于神灵居住的深山和人类居住的城镇之间的灰色中间地带）而幸免于难，在欧洲流行的女巫审判并未在日本出现。在第二个小冰期即18世纪，英国用煤炭革命和工业革命度过了上一个小冰期造成的森林短缺导致的能源危机，实现了劳动生产率的最大化，日本通过增加人力替代家畜的勤勉革命达到了产量最大化。这说明，随着人类对环境影响的加大，全球气候变化在不同地域会产生不同影响，使西欧和日本率先走上了工业文明之路。[①]

在对欧洲历史观进行解构之后，建立在传统历史观基础上的东亚历史观呼之欲出。在亚洲季风区，自然主要表现为森林和海洋，文明也是建立在森林和海洋基础上的。依赖夏季丰富的降水，形成了以夏季作物种植为中心的生产体系。随着稻作的推广和普及，人们对自然的认识不同于旱作农业区。另外，由于自然极其威猛，人们形成了顺从敬畏自然的习惯，万物有灵和大地母亲的观念根深蒂固。森林居民形成的是循环史观，稻作渔捞民形成的是和平共存史观，还有盛行于亚洲季风区的对所有生命敬畏的自然史观。这些思想中包含的精神正是21世纪建设循环社会所需要的资源。

在安田的环境史观中，21世纪的文明必须是回归大地的、全球化的多元文明，森林之王将支配地球文明。日本文明的内核是绳文文化，是典型的森林文化，在此基因上发展出的日本文明将是知足的“美与慈悲的文明”。因为知足，日本才能成为地球上为数不多的森林民族，成为反对暴力、追求慈悲的民族，成为反对斗争、追求审美的文明。

日本环境史研究从公害史到文明论环境史的发展历程反映了日本社会对环境认识的变化，也折射出日本学术界随着日本国际地位的提高而做出的学术上的配合。从这个意义上说，日本环境史研究是国际环境史学界的一朵奇葩。

① 安田喜宪，《文明の环境史观》，中央公论新社，2004年，第五章。

第三节 日本环境史研究的特点和问题

日本环境史研究内容丰富，成果丰硕，呈现出一些特点。第一，日本环境史研究中运用和企图超越历史唯物主义的倾向共存。第二，日本环境史研究具有很强的新民族主义性。第三，日本环境史研究是一个研究领域，具有很强的应用性。

在战后的日本学术界，马克思主义一度处于主导地位，东京大学成为日本马克思主义学术的大本营。应该说，在战后日本的恢复和高速增长时期，贫富分化加剧，社会矛盾复杂，加之国际社会主义运动风起云涌，马克思主义为认识和解决社会问题提供了可行的思路，但当时历史学界并没有摆脱人类中心主义思维的束缚，虽然历史学中有大塚史学，但对环境与人的关系的历史并不感兴趣，只是那些把公害看成是一个历史和社会问题的工学部、医学部、社会科学部的教授们纷纷采用马克思主义来分析公害问题的资本主义本质，但他们无法得到正常升迁。宇井纯在东京大学无法得到教授职位，只好流落冲绳国际大学。具有讽刺意义的是，在宇井纯去世后，他的追思会是在东京大学的安田讲堂举行的。在1980年代，当日本进入丰裕社会、公害问题基本得到解决以及发现社会主义国家也发生了触目惊心的环境问题的时候，先前使用马克思主义作为分析工具的一些学者纷纷缄默失语，原本就对马克思主义持有异议的学者开始活跃起来。年轻时的安田喜宪因为研究环境史而在广岛大学只能担任助手，长达15年无法晋升助教，后来转入国际日本文化研究中心。安田认为，马克思主义并不是没有关注自然，相反把它看成是人类进行生产和劳动的媒介和基础。尽管如此，马克思主义从总体上看还是人类中心主义的，是以阶级斗争为动力的五种生产方式和社会形态递进的理论，并没有意识到不同环境条件下不同民族与自然的关系会影响其发展道路。川胜平太仔细考察了马克思主义与达尔文进化论的关系，也认为马克思主义是强调弱肉强食生存竞争的单线进化论。因此，他们都主张要发掘日本思想中固有的自然观，突破西方思想对日本学术的束缚，提出自己独特的历史认识。川胜继承了从西田几多郎到今西锦司再到梅棹忠夫的平行进化理论，提出了文明的海洋史观，安田通过采用先进的自然科学方法，在承认马克思为弱者发声的立场上，要以季风亚洲的自然观为前提构筑新的文明论。应该说，马克思主义在日本环境史研究中发挥了一定作用，但其影响力随着日本国内外形势的变化而变化。

其实，川胜和安田都对马克思、恩格斯关于人与自然关系的论述做了为我所用的理解。日本研究马克思主义环境哲学的岩佐茂教授的有关论述可能会让我们看到一个更全面的马克思主义环境思想。他认为，在马克思、恩格斯看来，人是自然的存在物，具有自然的本质，而自然是人的无机的身体，具有人的本质，人与自然的关系应该是自然的人本主义与人的自然主义的统一。具体而言，人和自然的关系既是纯粹的物质代谢，也是以劳动为中介进行调节和控制的物质代谢。从这个意义上讲，劳动和自然都是财富之源，劳动是财富之父，土地是财富之母。而代谢的断层或扰乱造成了自然破坏，同时也造成依靠自然并在自然中生活的人的破坏，进而在往后或再往后招致自然意想不到的报复。因此，人在作为生产力中最活跃的因素发挥作用的时候，必须是作为自然的一部分的人在认识和正确运用自然规律的前提条件下支配自己和外部自然。[①] 从岩佐茂教授的论述中，我们可以发现，即使是在日本学术界内部，对马克思主义环境观也存在不同认识，采取贸然否定的态度是不可取的。

另外，即使是马克思主义环境史研究也在发生变化，不断与时俱进。例如，日本马克思主义经济学家宫本宪一在论述公害问题时曾经提出了“生产关系说”，认为公害是伴随着资本主义生产关系而发生的社会灾害，是私有制企业、个人的资本主义经济活动和扶植这种活动的国家造成的。因此，公害是阶级对立的表现，加害者是资产阶级，受害者主要是农民和工人阶级。宫本的理论在学术上得到都留重人和加藤邦兴的支持，在实践中受到公害受害者和反公害者的支持。[②] 但是，这个理论不能解释在资本主义体系没有

---

① 岩佐茂著，韩立新等译，《环境的思想：环境保护与马克思主义的结合处》，中央编译出版社，2007 年，第 103—132 页。刘大椿，岩佐茂主编，《环境思想研究：基于中日传统与现实的回应》，中国人民大学出版社，1998 年，第 102—140 页。

② 庄司光、宫本宪一共著，《恐るべき公害》，岩波书店，1964 年。宫本宪一，《日本の环境问题—その政治经济学的考察》，有斐阁，1975 年。都留重人，《现代资本主义と公害》，岩波书店，1968 年。《公害の政治经济学》，岩波书店，1972 年。加藤邦兴，《日本公害论—技术论の视点から》，青木书店，1977 年。

实质变化的条件下，日本为什么能够解决公害问题，也不能解释为什么在社会主义国家会发生类似日本公害的环境问题。宫本在坚持采用从现实的素材到体制这一马克思主义基本分析方法的条件下，反思了自己在最初建立公害理论过程中所犯的错误，根据中间系统论的政治经济结构论重新论证了公害产生的原因。认为资本形成（积累）的结构、产业结构、地域结构、交通系统、生活方式、国家力量干预的形态等中间领域决定了环境的政治经济结构，于是，无论是在资本主义还是社会主义国家，中间领域发生问题都会产生公害或环境舒适性被破坏等问题。[①] 从这个意义上说，以马克思主义为指导的公害史研究并不是一成不变的，是随公害问题的复杂化而不断深化的。因此，作为跨学科研究领域的环境史研究，应该正确理解和应用一切有助于认识人与环境相互作用历史的、不断深化的思想成果，不应该因为政治形势的变化而进行简单的取舍。

日本的文明论环境史研究表现出强烈的新民族主义性，主要表现在两个方面：一是与权力结合，为特定的政治利益服务；二是鼓吹和宣扬大和民族文明优越论。学术研究是对某一未知领域进行系统、专门的探索和研究，而政治是经济的集中表现，是在法律限制下为统治阶级的利益服务的。学者在选取所要研究的问题时，或者从学术史上梳理出来，或者从现实需要出发回溯。但是，研究过程必须遵循学科的规范和逻辑，方能得出比较客观的结论。这样的研究才可以称得上是专业的、学术的研究。学术研究是自由的，但不一定完全正确。从这个意义上说，文明环境史学者都曾经是专业的学者。伊东俊太郎从文明交流的视角，用比较和语言发生学的方法，考察了日本历史上人对自然的认识；川胜平太通过把观察的视角从陆地转向海洋，研究了近代文明发生之源；安田喜宪采用年缟分析方法，找出了文明史与环境史相互作用的对应关系。应该说，这些研究都是在日本重新崛起之后，日本学者为突破欧洲中心论做出的学术探索，或者说是日本学者对日本崛起带动的国际局势变化从文明史角度做出的理论回应。

但是，政治家喜欢利用学术研究成果为自己的利益服务。如果学术成果是正确的，利用得比较得当，就会产生好的效果，但如果学术成果本身仍

---

① 宫本宪一著，朴玉译，《环境经济学》，生活、读书、新知三联书店，2004年，第54—56页。

是不确定的或错误的，再被不当利用，必然产生破坏性的后果。如果学者主动逢迎权力，学术就变成了御用工具。文明环境史学者在做出好的学术研究成果之后，纷纷加盟由中曾根康弘创设并主导的、由文部省支持的“国际日本文化研究中心”（梅原猛曾任创所所长，川胜平太曾任副所长），同时迅速晋身不同首相的智囊团，成为高级顾问，让学术主动沦为权力的工具，从而失去了专业学者及其学术上的独立性。在此后出版的环境史著作中，其最后一章基本上都在论述日本在文明的某某史观中的地位或日本在21世纪世界文明中的地位，得出的结论也不外乎是日本将领导新的世界文明。梅原猛曾经担任海部俊树的智囊团“面向21世纪思考应当争取的社会恳谈会”的会长，并以自己的“森林思想”为基础向政府提出了报告和建议。川胜平太在成为小渊惠三的顾问（“21世纪日本的构想恳谈会”）之后，迅速从其文明的海洋史观中引申出“21世纪日本国土构想”和“海洋联邦论”。在国内，以“富国有德”为理想，要把日本建成“太平洋上的庭院之国”；在国际上，希望形成海洋丰饶半月弧并在21世纪发挥主导作用，日本因处于其中的关键位置而将发挥重要作用。[①] 显然，这个构想有对抗以中国为代表的大陆亚洲的考虑。小泉纯一郎和安倍晋三（川胜平太是其智囊机构“建设美丽国家企划会议”的成员）进一步把它发展为海洋亚洲民主之弧，企图从地缘战略和价值观上对正在崛起的中国实行围堵。他们在国际上卖力地推销这一构想显然是别有用心的，也是错误的。

文明论环境史研究注重突出日本环境史的特殊性和优越性。伊东俊太郎通过与欧洲和中国的比较，强调日本自然观的特殊性。梅原猛从日本文明与欧洲哲学的比较研究中突出了日本文化的基因——绳文文化的优越性。安田喜宪采用年缟技术、从传统史观上展示了日本文明是通向21世纪新文明的合理性。他们都认为，西方文明像瘟疫一样威胁着现代世界，只有从东方文化、尤其是日本文化或日本精神中才能找到医治的灵丹妙药和出路。因此，日本文明论环境史学者利用一切机会，努力要把日本文化推向全世界，介绍给全人类。它在把日本环境史研究推向新高度的同时，也给它披上

---

① 海洋丰饶半月弧指从鄂霍次克海开始，经日本列岛、台湾、岛屿东南亚到澳大利亚的广大地区。川胜平太，《文明の海洋史观》，中央公论新社，2006年，第249—256页。川胜平太，《富国有德论》，纪伊国屋书店，1995年。《海洋连邦论——地球をガーデンアイランズに》，PHP研究所，2001年。

了新民族主义的外衣，这是令人担忧的、需要警惕的现象。

与欧美或印度、非洲的环境史研究更多地表现为历史学的分支学科不同，日本的环境史研究更像是一个研究领域。在日本，一方面，来自不同学科的学者只要对环境史感兴趣或觉得需要研究，就可以从不同视角来探讨；另一方面，环境学部几乎包括与环境有关的各个学科，其中每个研究科似乎都要从自己的研究出发了解相关的历史知识。于是，日本的环境史研究就呈现出全面开花但没有共同的概念、方法和理论范式的奇特景观。另外，直到现在，历史学并没有给予环境问题以应有的、足够的重视，历史学的全国性组织也不注意团结和组织从事环境史研究的力量。日本的环境史研究既没有形成自己的学会，也没有自己的专业发表园地。因此，作为一个研究领域的日本环境史研究虽然显得生机勃勃但学科自觉性有待加强。

与日本环境史研究是一个跨学科研究领域相应的是，它呈现出强烈的应用性。公害史研究因为大多是由社会科学和工学专攻的学者从事的，因而不可避免带有这些学科的特点，与传统的历史学科或纯学术研究相比，其应用性比较明显和突出。经济学研究的主要目标是“经世济民”，从环境经济学的基本原理出发进行的环境史追溯大致上也是为这个目标服务的。社会学主要研究社会行动结构的变迁，1990年成立的“日本环境社会学研究会”的宗旨之一就是“对环境问题的解决做出贡献”，要建立一种以解决问题为目标的“行动的社会学”。环境社会学还被定义为“研究有关包围人类的自然的、物理的、化学的环境与人类群体、人类社会之间的各种相互关系的学科领域”。[①] 也有学者认为，社会学是以社会存在的人作为研究对象的学问，分析社会中出现的各种与环境相关的事实就是环境社会学的目的，也就是说，环境社会学是站在生活者的角度思考的人与环境关系的学问。[②] 如果把研究时段从当下扩展到历史时期，那么环境社会学中的环境史研究就变成了“行动的环境史”。工学和医学研究更是一种寻求解决问题的对策的实用学科，其对环境史的关注更多地是为解决问题提供历史依据或从历史智慧中寻求解决问题的灵感。需要特别说明的是，呈现从前述学科进行的

---

① 饭岛伸子著，包智明译，《环境社会学》，社会科学文献出版社，1999年，第2、4页。

② 鸟越皓之著，宋金文译，《环境社会学：站在生活者的角度思考》，中国环境科学出版社，2009年，第2、6页。

环境史研究的应用性并不否定它的科学性和学术性。相反，从社会科学和自然科学进行的研究比从历史学进行的环境史研究似乎更具自然科学意义上的科学性和学术性，因为它更多地使用了社会科学和自然科学的方法，这些方法比起历史学的方法似乎更具确定性。日本环境史研究的应用性的另一种表现是喜欢向世界、主要是发展中国家推广自己治理公害的经验。[1] 确实，日本快速、有效地治理了自己的公害，创造了成功的经验，发展中国家也确实从中获益不少，但是，日本的经验是日本独有的，与日本的社会结构、传统文化、环境条件以及当时的国际经济和政治秩序紧密相连，并不具有普遍意义。

与欧美环境史学界普遍把环境问题看成是现代性的消极后果并要在现代文明的框架内进行调整治理不同，日本环境史学界普遍认为，环境问题是采用西方环境观带来的恶果，治理之道在于回归东方尤其是日本传统的优秀环境观。与亚非拉国家和地区的环境史研究重在批判殖民主义对当地环境与环境文化的破坏和替代不同，日本环境史研究重在探索自己环境文化传统的连续性和优越性。从这个意义上讲，日本环境史研究确实是独树一帜的。中国正在崛起，时代要求中国史学界不能再重复或变相宣传“欧洲中心论”，而是要提出与自己国家在国际上的地位相匹配的新历史观。在这个过程中，日本环境史研究的经验教训值得汲取和反思。

---

① 宫本宪一编，《アジアの环境问题と日本の责任》，株式会社かもがわ出版，1992年。日本大气污染控制经验研讨委员会编，王志轩译，《日本的大气污染控制经验：面向可持续发展的挑战》，中国电力出版社，2000年。

第十章

国际环境史研究的新动向

——聚焦第一届世界环境史大会

环境史作为历史学的分支学科和交叉学科研究领域，自兴起以来一直蓬勃发展，现已蔚为大观。尽管一些主要国家和地区都成立了自己的环境史学会，但各地环境史研究的发展并不平衡，交流也因经济实力和语言等多种原因而并不充分。在美国森林史学会、美国环境史学会和欧洲环境史学会等组织的倡导下，来自世界45个国家和地区的560位学者2009年8月4—8日齐聚于丹麦的哥本哈根和瑞典的马尔默召开的第一届世界环境史大会，400多位学者在会上进行了发言。从这些发言中，我们可以感受到，国际环境史研究正在发生深刻的变化。一些传统的研究领域仍在继续推进，大量新的研究领域被开拓；传统的研究方法和框架不断得到完善，新的概念和方法层出不穷；对传统史料之解读更加精深，对新史料发掘的力度空前加大。

第一节　老树新花：旧领域的新探索

尽管世界各地环境史研究兴起的动力机制不尽相同，但大致都比较注重对影响人们日常生活以及传统历史学相对容易关注的环境问题进行历史研究，如城市大气、水污染，农村森林破坏和土壤侵蚀，人对环境问题的感知，不同人群中的环境正义等。显然，这样的环境史研究并不能完整反映历史上缤纷繁复的人与自然其他部分的相互作用。在世纪之交，富有远见和责任感的环境史学家纷纷就环境史研究中存在的问题和未来发展趋势发表看法。环境史研究的领域和主题日新月异，为了方便起见，我们不妨把环境史研究兴起时学者关注的那些领域称为传统领域，把大约十年前提出的有些研究领域称为旧领域。在这次世界环境史大会上，许多早已成名的环境史学家在传统领域的研究百尺竿头更进一步①；诸如海洋环境史、战争环境史、俄罗斯和前苏联环境史等旧领域的研究也产生了新突破，推出了一系列新成果。

海洋是人类生命起源地之一，其面积占到整个地球的70%，但环境史研究长期以来只注重对人与陆地生态系统关系的研究，没有给海洋以应有的重视。1995年，日本学者川胜平太从反思梅棹忠夫的生态史观的视角提出了文明的海洋史观。② 1999年，丹麦、英国和美国的相关研究机构和大学合作，设立了"海洋动物数量变化史研究项目"，并利用年会、暑期学校和博士后计划培养年轻一代海洋环境史学者。尽管已经发生了积极变化，但美国环境史学家麦克尼尔还是认为，环境史研究仍然偏重陆地，海洋生态系统得到的关注不够，这种现状必须改变。③2005年，负责"海洋动物数量变化史研究项目"的子课题"西南非洲大陆架"的兰丝·范·西特尔特在就环境史下一步应该而且可以研究的课题发表意见时呼吁，环境史学家应该重视对地球上其他十分之七的面积的研究，在用跨学科方法对海洋进行历史化研究时，不应完全屈从于海洋科学模式，要坚持人文学科的文化取向。④

在本次大会上，除了邀请主办方罗斯基勒大学前校长、欧洲环境史学会前主席、海洋环境史研究的领军人物朴尔·霍尔姆发表了主题演讲之外，还有16个发言探讨海洋环境史的问题。从这些论文中可以发现，海洋环境史正在从先前局限于渔业史向真正的海洋环境史发展，具体表现在以下方面：

---

① 如在 John R. McNeil 主持的题为 Forests and Civilization 的小组中，就有如下的知名环境史学家做了发言：J. Donald Hughes，"Ancient deforestation revisited". Richard Tucker，"Forests and warfare: The state of research". Mauro Agnoletti，"Wood and civilization". Jose Augusto Padua，"Slavery and deforestation: Brazilian perceptions during the 18th and 19th centuries".

② 参看包茂红，"海洋亚洲：环境史研究的新开拓"，《学术研究》，2008年第6期。

③ John R. McNeill，"Observations on the nature and culture of environmental history"，*History and Theory: Studies in the Philosophy of History*，Vol.42，No.4，December 2003，p.42.

④ Lance Van Sittert，"The other seven tenth"，*Environmental History*，Vol.10，No.1，January 2005，pp.106—109.

第一，海洋环境保护史得到重视。在20世纪前半期，丹麦开始保护瓦登（Wadden）海的生物多样性。在保护计划的制定和执行过程中，不同人群所奉行的不同文化价值发挥了重要作用。在冷战时期，北大西洋公约组织发起的防止海洋污染的环境保护运动在很大程度上受到了美国总统尼克松的环境思想的影响。而台湾东部的捕鲸港在美国政府和国际环境保护主义者的压力下改成了著名的观鲸点，在台湾人的认识中，海洋从统治和掠夺的对象变成了生态保护的对象。在保护鲸鱼的环境非政府组织中，科学知识对不同组织具有不同的功能，"绿色和平"因为反对捕鲸而认同捕鲸会造成鲸类灭绝的知识，但挪威的"贝罗纳组织"就认为捕鲸没有问题；即使是在都支持捕鲸的非政府组织中，它们也以不同的方式利用科学知识为其环境主义运动服务。① 第二，就海洋与陆地的生态关系而言，参会学者并不像川胜平太那样极力把大陆和海洋截然分开，而是回溯海岸作为生态交错区的历史演变。认为从事捕鱼和其他海洋活动的当地群落后来逐渐被以消费海滩为目的的移民群体代替，随之而来的是海岸变成了大陆环境和海洋环境的分界线，海岸的生物多样性减少和社会的均质化。当海岸在面对自然和人为灾害越来越脆弱的时候，人们应该从历史中汲取教训，重建陆地与海洋的可持续关系。② 第三，就海洋及其利用造成的环境问题而言，学者们虽然仍然重视航海和捕鱼技术变迁的作用，但更强调文化因素的作用。在古代，海洋和其中的资源是无主和公用的，只是到了中世纪后期的欧洲，法官在处理海洋纠纷时才发明了领水和渔权的概念并应用于司法实践。海湾也由谁都可以利用其中资源的公共财产变成了工商业性质的港口设施和维持生计或获取商业利益以及倾倒废弃物的场所。这些变化导致渔业生产过度并造成鱼类资源减少，于是形成海洋环境保护主义，如国际捕鲸委员会在1986年对商业捕鲸实行的暂禁令。不过，暂禁令主要针对的是工业性捕鲸，对利用传统方式捕鲸并未限制，这说明不同文化传统下的捕鲸实践造成的环境后

---

① Anne Husum Marboe, Poul Holm, Peter Calow, "The impact of cultural values on marine environment conservation". Jacob Hamblin, "Guardians of the Atlantic: Ocean pollution and NATO environmentalism in the Cold War". Tsuo-Ming Hsu, "The history of Taiwan's fishing ports and the imagination of the sea along the No. 2 road of Taiwan". Morten Haugdahl, "War over whales: radical environmentalist organizations and scientific knowledge in whaling controversies".

② Hohn Gillis, "From ecotone to edge: the changing nature of a coastal environment".

果是大不相同的。在重新塑造人与海洋关系的近海水产养殖业中，科学在支持和反对水产养殖的人群中也起到了完全相反的作用。这种争议在很大程度上是本地知识和随资金流动和市场扩展而来的富国的知识相互碰撞的结果。[①]

在传统的环境史研究的四项主要内容（环境变迁史，物质或经济环境史，政治环境史和文化环境史）中，军事环境史是缺失的一环。在军事史研究中，人们很少注意环境在战争中发挥的作用。把军事史和环境史结合起来、开拓战争环境史新领域的是美国环境史学家埃德蒙·拉塞尔。2001年，他出版了《战争与自然》一书，研究了从第一次世界大战到《寂静的春天》出版这一时段化学战和害虫控制之间的复杂关系，分析了军事工业复合体如何把制造化学武器技术应用于民用杀虫剂生产。[②] 2003年，麦克尼尔大声疾呼要加强对军事环境史的研究。[③] 2004年，埃德蒙·拉塞尔和理查德·塔克合编的《自然的敌人，自然的盟友：战争环境史》[④] 出版，预示着一个新研究领域的出现。不过，战争环境史的研究内容仍然局限在战争对环境的影响和战时疾病流行等范围，其内涵和外延都比较有限。从这次世界环境史大会上的有关发言来看，学者们似乎更乐意使用军事环境史的概念，因为它可以大大拓宽研究视野，进而引起对先前已经探讨过的问题的新理解。

军事环境史的新变化主要表现在以下三个方面。第一，对战争与环境的关系的认识进一步深化。一般情况下，环境在战争动员、军队的供给、战争的胜败等方面都发挥着重要作用，反过来，战争也对环境产生了深远影响。本次大会上的一些发表不但在相互作用的具体内容上有所拓展，还进行了一些理论思考和升华。在法属殖民地的殖民战争中，军人眼里的当地

---

① Tim Sistrunk, "The fish of the sea in late Medieval law". Ken Cruikshank and Nancy B. Bouchier, "'Her Majesty's Property': environment, regulation and popular use of Hamilton harbour". Karen Oslund, "Global whaling politics in the North Atlantic and South Pacific". Stephen Bocking, "Local knowledge in a global industry: the formation and movement of the science of Salmon aquaculture".

② Edmund P. Russell, *War and Nature: Fighting Humans and Insects with Chemicals from World War I to "Silent Spring"*, New York: Cambridge University Press, 2001.

③ John R. McNeill, "Observations on the nature and culture of environmental history".

④ Richard Tucker and Edmund Russell (eds.), *Natural Enemy, Natural Ally: Towards an Environmental History of Warfare*, Corvallis: Oregon State University Press, 2004.

环境中包含着土著人，对当地环境的征服、破坏和管理实际上也意味着对当地人的征服和管理。在新西兰，战争带来了更多征服自然的技术，也从自然中获得了更多战争所需要的供应，但是，自然的反击力度并没有变得更为猛烈，相反，战争带来的技术进步被应用于农业生产减轻了自然反击的力度。在战争中，与人处于竞争状态的有害植物往往被当成敌人来消灭，这种形象和隐喻因为这些植物往往是由妇女引进而被男权主导的农业和科学团体认定为有害植物而具有了性别特点。另外，从环境的视角来看，由于战争造成的环境破坏和生态系统内的生存竞争往往会在战争结束后以更为剧烈的方式呈现出来，所以，传统意义上的“战争环境”和“和平环境”就必须重新认识。① 第二，军事训练营地成为研究新热点。1940 年，英国国防部强行赶走当地耕种的农民，征用塞尼布里奇为训练营地，激起持久的反抗运动。与此同时，双方关于塞尼布里奇环境的话语也针锋相对。当地人认为，赶走了当地农民的塞尼布里奇是死寂之谷；军队认为，清空农民确保了塞尼布里奇的生物多样性。在法国向淡绿社会迈进的过程中，其军事营地和训练基地的军官、士兵和工程师们评估了当地的地质、气候等条件，在与抗议者协商之后在营地内建立了保护区，还与法国环境部签署了保护环境的协议，把尚武主义、环境主义、当地社会和环境有机结合起来。② 第三，战争中建立的独特商品链拓展了资源环境边疆，把遥远的资源产地变成了参战国家的资源腹地。世界大战要求提供充足的战略物资供应，对铝的需求导致加拿大铝产地的环境大变，战时形成的巨大生产能力根据路径依赖原理迅速在战后转化为满足消费市场的生产。西欧对石棉的需求使加拿大乃至世界经济都在战时出现了“石棉景气”，美国加入盟军参战使加拿大变成了美国或盟军的资源腹地，却不能成为盟国的一员。③

---

① Bertrand Taithe, “The ecology of colonial famines and wars in the French African empire, 1864—1916”. Tom Brooking and Vaughan Wood, “Nature’s counter attack: War and New Zealand environmental history”. Neil Clayton and Fiona Clayton, “Contested places: Weeds and ‘warfare’ in the South Pacific”. Dorothee Brantz, “The concept of the environment and the practice of total war during world war I”.

② Tim Cole, “Environmental discourses on British military training estates: The SENTA range and the Epynt”. Chris Pearson, “Combat ecologies: environmental histories of militarism in postwar France”.

③ Mathew Evenden, “Aluminum, commodity chains and the environmental history of the second World War”. Jessica Van Horssen, “Allies burning for a hinterland: Asbestos and the second World War”.

俄罗斯国土占世界总面积的1/6，世界历史上第一个社会主义国家在这块土地上诞生，俄罗斯或前苏联环境史研究具有重要意义。[①] 在英语世界，道格拉斯·维纳是研究苏联环境史的第一人。他对从十月革命到苏联解体的环境主义运动进行了细致研究，揭示了苏联生态学的演变以及以生态学理论为武器的科学家对与国家计划相左的自然保护运动的推动，让人们看到了即使是在斯大林专制统治时期，苏联也有尊重科学和允许科学自由发展的一面。[②] 这有力地改变了整个西方世界对苏联的僵化认识。对维纳的研究，在俄罗斯有不同评价。“莫斯科博物学家协会”曾授予他俄罗斯图书奖，使之成为唯一获此殊荣的美国人，但俄罗斯仇外周报 *Zavtra* 的编辑在 1994 年谴责他，认为是他的书打倒了苏联。[③] 尽管维纳的研究在俄罗斯和西方世界激起了强烈反响，但与美国、西欧、非洲和印度的环境史研究相比，俄罗斯环境史仍是急需加强的研究领域。2003 年，麦克尼尔也作出了同样的判断。[④] 在 2004 年，《环境与历史》杂志为纪念出版十周年而组织的史学史专刊中没有俄罗斯环境史的位置，麦肯齐在解释原因时说，这大体上反映了俄罗斯环境史的研究现状。[⑤] 2007 年，安迪·布鲁诺发表文章，综述了 2005 年前出版的俄罗斯环境史论著，认为俄罗斯环境史研究的现状与其在世界环境史上的重要性很不相称，将来可能在四个有潜力的领域得到发展，分别是：资源保护史，对自然的文化理解，对人与自然相互作用的科学评估，帝国的边疆扩张。[⑥]

---

① 参看包茂红，“苏联的环境破坏和环境主义运动”，《陕西师范大学学报》，2003 年第 4 期。

② Douglas R. Weiner, *Models of Nature: Ecology, Conservation, and Cultural Revolution in Soviet Russia*, Bloomington: Indiana University Press, 1988. *A Little Corner of Freedom: Russian Nature Protection from Stalin to Gorbachev*, Berkeley and Los Angeles: University of California Press, 1999.

③ Dennis St Germaine, *Soviet Ecology: Movement Provided Vehicle for Attempted Social Change Under Communism*, 2002.

④ John R. McNeill, “Observations on the nature and culture of environmental history”, p.30. 担任欧洲环境史学会的斯拉夫地区代表的阿列克赛·卡里莫夫的估计相对比较乐观。笔者在 2003 年曾对他进行过采访，希望了解俄罗斯学者自己的环境史研究。可惜采访尚未结束，他就在参加完在捷克召开的欧洲环境史学会年会后返回莫斯科的途中遭遇车祸，不幸辞世。

⑤ John MacKenzie, “Introduction”, *Environment and History*, Vol.10, No.4, 2004, p.372.

⑥ Andy Bruno, “Russian Environmental History: Directions and Potentials”, *Kritika: Explorations in Russian and Eurasian History*, Vol.8, No.3, Summer 2007, pp. 635—650.

在本次世界环境史大会上，俄罗斯和其他国家的环境史学家就俄罗斯的环境史发表了最新研究成果。第一，在俄罗斯扩张过程中，多元水法影响殖民统治。俄罗斯水法有不同起源（在西部省份源于天主教，在格鲁吉亚源于东正教，在中亚和高加索地区源于伊斯兰教），受到不同法律传统的影响（沙里亚法、罗马法，以及融合不同成分的俄罗斯国家法）。这些法律对水权的不同规定成为统一的帝国政府必须解决的问题。① 第二，俄罗斯现代化进程中对资源的不同利用方式。在涅瓦河畔，彼得大帝建设北方之都，圣彼得堡成为通往西欧的窗户，涅瓦河的洪水泛滥成为关注的焦点。其实，涅瓦河流域当地人赖以为生的渔业因为首都的水污染、修建水坝等而衰落，偶尔可见的钓鱼成为当地富人的休闲活动。在科拉半岛，苏维埃政府发展了驯鹿饲养和磷矿开采加工业。虽然前者被认为是传统和落后的，后者被认为是现代和发达的，但它们都是按社会主义模式改造了自然，在建设社会主义的城市工业文明的同时，还创造出社会主义的生态系统。② 第三，科学考察和旅行指南对建立民族国家认同发挥了重要作用。1760 年代末，俄罗斯科学院组织对西伯利亚草原地带的科学探险一方面促进了肥沃黑土地上的谷物种植，另一方面为土壤学和草原生态学等现代科学研究奠定了基础。诺顿斯克奥德在 1875 和 1876 年对鄂毕河和叶尼塞河的探险促进了科学（土壤学）和经济（转运谷物）的结合。多库切夫提出的新土壤概念催生了景观学等相关学科。当时编纂和出版发行的旅行指南帮助去那里旅行的人们建立了领土意识，形成对旅行地的认同感。由此可见，知识生产和国家认同之间存在某种必然联系。③

---

① Ekaterina Pravilova, “The rhetoric of water law: Russian colonial experience and the problem of legal pluralism”.

② Alexey Kraykovskiy, “The Neva river in the identity, economy and culture of ‘the Northern Capital’ of Russia”. Andy Bruno, “Of rocks and reindeer: Making sense of state-socialist modernization and environment”.

③ David Moon, “German scientists on the Russian steppes: The Russian Academy of Science’s expeditions of the late 18th century”. Seija Niemi, “A combination of science and economy: A. E. Nordenskiold’s expeditions to the Siberian rivers Obi and Yenisei in 1875 and 1876”. Jonathan Oldfield, “V. V. Dokuchaev and the emergence of landscape science in Russia”. Alexandra Bekasova, “The experience of landscape through a coach window: Guidebooks and national identity in Russia during the first half of the 19th century”.

综上所述，环境史研究在最近几年发展迅速。在所谓的旧研究领域，学者们进行了新开拓。一些先前不被注意的主题得到了重视，一些先前已经得到讨论的主题被进一步深挖，一些先前被几乎研究透了的主题得到理论总结和升华。由此可见，环境史研究也是常维新的学术。

第二节　小荷初露：开拓新领域

尽管有人断言环境史研究正在进入成熟期，但是，全球环境史研究中仍然存在一些盲点或空白。本次世界环境史大会上的部分发表填补了一些空白，形成了一些新研究领域。最引人注目的是对极地环境史、奥斯曼帝国环境史和世界体系环境史的研究。

极地地区因为人迹罕至而在以前不被环境史学家关注，但是，随着全球化进程的深入发展，极地环境史成为环境史研究的新领域。北极地区因为与加拿大、美国和前苏联等国接壤而受到较多关注。1958 年，受“国际地球物理学年”的影响，加拿大设立了“极地大陆架研究项目”，派出科学家多次到高纬度北极地区进行地球物理学、水文测量学和地图学研究。其实，加拿大进行科考的深层原因是为了保护自己的主权和国防安全。于是，科学家就不得不把自己的科学知识服务于国家的政治经济需要。苏联科学家受政治和意识形态影响，不承认极地地区环境的变异性和气候等自然因素对环境的影响，片面强调人可以按自己的意志控制自然。以此为指导制定的对极地地区进行经济开发的计划遭到挫折，造成了诸如捕捞鳕鱼计划失败和航行遭遇海难等问题。科学家遭受当局的惩罚。这说明，科学家在环境和政治的变异性中，如果不能坚持科学原则，就只能成为政治的牺牲品。冷战中，北极地区成为美苏争霸的场所。为了在未来的冲突中应对或战胜苏联，美国五角大楼积极关注极地变暖问题，并通过提供研究资助和建立研究机构形成了美国的北极地球科学研究团体。其研究结果是在美国环境运动兴起之前形成了独特的极地环境学，它与我们熟悉的普通环境学的不同在于，它更重视实用性和可操作性。[①]

与北极的环境史渗入政治和军事因素不同，南极洲的环境史似乎更具科学内容。从1913到1939年，英国政府的一个跨部门委员会组织了多次对南极洲法克兰群岛属地水环境的科学考察，其目的是既保持殖民帝国的政治荣光，又在捕鲸业中获取经济利益。但是，因此而形成的南极海洋环境学不但以特殊的经济资源为中心，而且具有明显的目标主导的特点，是对殖民环境进行合理控制的科学研究结果。随着越来越多国家对南极洲的主权归属问题感兴趣以及南极捕鲸业的衰落，在国际地球物理学年之后，12个国家在1959年12月1日签署了南极洲有限国际化的《南极协定》，把南极洲变成了"科学大陆"(continent for science)。在这个过程中，南极环境(简单而纯正)、南极科学和南极政治都发挥了一定作用，但起主导作用的是政治上的实用主义，是政治把南极洲变成了科学大陆。美国在南极洲建立的"南极气候中心"通过观测和整合气象资料，描绘出南极每日气候变化图。当南极气候变化图被结合进世界气候变化图时，就会发现南极冷气团对赤道南北大气环流产生的影响。这为我们认识今天的全球气候变暖、冰川退缩、臭氧空洞化等提供了基础资料和可能。[②]

奥斯曼帝国地跨欧亚非三大洲，地中海曾经成为其内湖。因其所处环境独特，其环境史肯定丰富多彩，但由于语言等因素的限制，其环境史仍是一个未解之谜。在本次世界环境史会议上，我们欣喜地看到，来自土耳其和欧洲的年轻学者开始尝试揭开笼罩其上的面纱。19世纪初，作为奥斯曼帝国中心，伊斯坦布尔不但人口众多(至少有30万)，而且进口贸易和市场交易兴盛，吸引着大量寻找食品和生计的人口移入。移民劳工改变了城市的资源利用和分配模式，形成适合自己职业、民族和宗教背景的社会文化和生

---

① Richard Powell, "Geopolitical science? Field practices in the Canadian Arctic, 1955—1970". Julia Lajus, "Controversial perceptions of Arctic warming in the 1930s in the context of Soviet polar exploration and resource use". Ronald E. Doel, "Military patronage and new attitudes towards the Arctic environment after World War II".

② Peder Roberts, "All the empire's whales: Scientists, bureaucrats, and the construction of an Antarctic marine environment, 1913—1939". Adrian Howkins, "Creating a 'continent for science': Environmental history and the origins of the 1959 Antarctic Treaty". Kathryn Yusoff and Simon Naylor, "'Weather Central': Antarctic science, globalism, and climate".

态景观。奥斯曼帝国是一个崇尚武力的帝国，在经历每一次战争之后，就会有大量人民流离失所，迁徙他方。在19世纪末20世纪初，奥斯曼帝国先后经历了克里米亚战争、俄土战争、巴尔干战争和第一次世界大战，涌入城镇的移民冲击了当地的社会经济组织，对当地资源环境及其传统的管理体系形成很大压力，尤其是移民为了生计而不顾国家的政策清理森林，造成省级政府森林官员上下为难，移民与移入地当地群众矛盾激化，迫使政府重新安置部分移民，同时现代林学传入逐渐成为奥斯曼帝国管理森林的指导思想，通过行政当局的要求和对资源利用和分配的垄断，形成了以森林国有为主要特点的独特森林政治和法律体系。具有不同宗教文化背景的当地人、移民和森林资源相互作用的关系变化可以折射出奥斯曼帝国政治经济的转型和国家与社会关系的变化。在奥斯曼帝国的东欧部分，从1850年代开始大量切尔克斯人和高加索人涌入达鲁贝河流域的维丁县，与当地人发生持续不断的冲突，导致奥斯曼帝国不得不在1877年后开始撤离这一地区。在此期间，随着奥斯曼帝国经济的转型，自然资源（尤其是土地）的商业价值迅速提高，具有不同文化背景的三支移民（来自俄罗斯的切尔克斯人，逃亡塞尔维亚的穆斯林和保加利亚当地的移民）就如何认识和利用自然资源展开激烈争论。在实践中，移民定居给当地人的传统土地利用模式形成巨大挑战。[①] 应该说，奥斯曼帝国环境史研究虽然只是在这块宝藏上挖开了一个眼，但已展现出独特魅力，对多民族杂居与环境的复杂关系的进一步探索将会更为引人入胜。

尽管环境史研究环境与人类全方位的相互作用关系，但相对于社会科学而言，作为历史学一个分支学科的环境史的研究明显缺乏理论支撑，尤其是世界或全球环境史的撰写尚未找到一个合理的、令人信服的分析框架。在历史社会学领域颇负盛名的世界体系理论虽然已经风光不再，但仍有一些学者希望通过对它的深度绿化来尝试解释世界范围的生态退化。这方面

---

① Cengiz Kirli, "Labor migrations and urban environment in Istanbul in the early 19th century". Selcuk Dursun, "Population displacement and forest resource management in the Ottoman empire". M. Safa Saracoglu, "Those cattle thieves: Immigrants, land-use and violence in a nineteenth century Ottoman".

的代表作是美籍华人社会学家周新钟的三部曲。[①] 近年来在对世界体系理论进行改造并应用于世界环境史整体研究方面表现最为突出的是美国年轻的环境史学家詹森·莫尔。[②] 在本次世界环境史大会上，他和其他年轻学者一起发表了他们富有启发性的研究成果。在布罗代尔所谓的“16世纪（1450—1557）”的大扩张中，中欧是世界上银和铁的积累和生产中心。到1570年代，随着铁的生产中心转向瑞典、银的生产中心转向波托西，中欧沦为世界经济中的次级生产者。到18世纪，铁和银的生产中心再次转移，相继转到俄国和新西班牙。冶金业的每一次发展都伴随着对大批矿物的消耗和环境破坏如森林滥伐，但它仍能继续增长。之所以能维持发展，关键在于现代世界经济和资源边疆的迅速、不断扩展和工业化国家生态紧张的缓和。在北罗得西亚铜矿带上，殖民者在重组社会生态关系的基础上建立了榨取型的矿业经济和殖民统治。在这个过程中，殖民政府发挥了关键作用，它利用政府的理性和权力机制把殖民者和殖民地的人和资源有机联系起来。殖民当局按自己的目标创造了一批具有资本主义精神的、自觉追求物质进步的个人，他们通过引进与税收制度结合在一起的环境政策改变了原有的社会生态关系，进而扩展殖民统治的范围。这遭到了当地人和当地生态系统的抵制。从1880到1904年，国际金融中心伦敦积聚了大量资金，注册了9000多家探矿公司和采矿辛迪加。资本的贪婪性促使它在世界各地掀起了一浪高过一浪的采矿热，扩展了榨取型经济的边疆，进而改变了当地的社会生态景观。榨取型经济的环境史可以从矿业的双重性格来理解，一是通过使用能源来改变矿物的存在状态的物质过程，二是通过生产来增加价值的经济过程。前者改变了采矿地的环境，后者通过物质流入改变了更大范围的环境。不同地区和社会之间的生态不平等交换和对土地进行密集劳动力投入带来

---

① Sing C. Chew, *World Ecological Degradation: Accumulation, Urbanization and Deforestation 3000 B. C.-A. D. 2000*, Altamira Press, 2001. *The Recurring Dark Ages: Ecological Stress, Climate Changes, and System Transformation*, AltaMira Press, 2006. *Ecological Futures: What History Can Teach Us?* AltaMira Press, 2008.

② 2007年，他在伯克利加州大学地理系完成了题为《生态与资本主义的兴起》的博士论文，该文已编辑成书，即将由加州大学出版社正式出版。他2003年发表在《理论与社会》上的论文“作为环境史的现代世界体系？生态与资本主义的兴起”荣获美国环境史学会2004年的“阿丽斯·汉米尔顿论文奖”。

的生态条件改善或恶化都对存在联系的不同地区或社会的景观造成了深刻影响。环境史上的这种变化必然对现在制定可持续发展政策产生影响。[①] 显然，这是对相互联系的世界环境史的一种新历史唯物主义的解释。

从大的地域范围来讲，极地环境史和奥斯曼帝国环境史可能是环境史研究的最后边疆。对这两个地域环境史研究的开展在一定程度上意味着撰写真正的世界或全球环境史成为可能。世界体系环境史的新探索为把 15 世纪以来的世界环境史有机地连为一体提供了一种选择。从这个意义来说，对这些新领域的开拓具有特别重要的意义，将对世界或全球环境史研究产生深刻影响，特别值得进一步关注。

第三节　新资料新方法

与历史学的其他分支学科一样，环境史研究的任何新开拓也都必须建立在新资料的发现和新视角的使用基础上。环境史研究是跨学科的研究领域，研究者易于从其他学科的研究中寻找史料、借鉴思路和方法。这个特点在本次世界环境史大会上也得到了充分体现。

史料是环境史研究的基础，但环境史的史料不同于一般人类史所注重的书面资料和口述资料，除此之外，它更关注来自地质学、考古学、遥感等的资料。在本次世界环境史大会上，为了重建气候变化的历史，环境史学家不但竭力发现新史料，还在解读史料方面作出了新的尝试。在文字资料方面，研究中世纪暖期的学者发掘了来自阿拉伯（伊拉克、埃及、叙利亚、巴勒斯坦、阿拉伯半岛西南部和也门）和中欧（德国及其周边国家，如法国和捷克）的文献。这些文献都按编年记载了某个城镇与气候相关的信息，尤

① Jason W. Moore, "'The wildness is taken from the forest by the metalworks': The Political Ecology of Extraction in the Making of the Modern World-System, 1450—1800". Tomas Frederiksen, "Unearthing rule: nature, colonial rule and the production of an extractive economy on the Zambian Copperbelt". Gavin Bridge, "What drives the 'extractive frontier'? The City of London and the capitalisation of the mineral kingdom in the late 19th century". Eric Clark and Huei-Min Tsai, "Ecologically unequal exchange, landesque capital, and landscape transformations: On the historicalpolitical ecology of Kinmen Island and Orchid Island".

其是像洪水、干旱、地震等极端天气及其对当年收成、食品供应和社会发展的影响。对大多数欧洲国家来说，利用文献资料（包括书面报告、每日天气记录、个人通信、官方经济记录、科学论文等）可以复原过去500年的气候变化，对低地国家甚至还可以复原得更早，甚至可以到8世纪。有意思的是，从历史记载中透露出来的农田范围和作物类型的变化中，环境史学家发现了先前不被注意的气温和降水变化的信息。因为不同的农作物适应的是不同的土壤和降水条件，气温升高时农田就会向高纬度扩展，气温降低时农田会向低纬度收缩。什一税的记录变化也反映了作物收成的好坏，风调雨顺时税额增大，天气不好时税额下降。借此可以复原比利时和荷兰17和18世纪的气候状况。瑞典什一税记录可以帮助复原1540—1680年的气候情况。对海洋气候研究而言，航海日志是最重要的资料来源，其中关于风力、风向的描述可以大致判断英国海域1685—1750年的气候变化情况。当然，这些文字资料需要与自然档案（树木年轮、冰芯和湖底沉积）以及航拍照片、遥感资料、卫星成像、地理信息系统等相互印证。①

由此可见，环境史的史料来源丰富，除了继续发掘先前被忽略的传统史料之外，更应重视从认识上拓宽史料的范围。经济史、自然史、地质史等学科的研究成果经过进一步处理也可以成为环境史研究的史料基础。随着史料的增多，以前认为不可研究的问题也开始柳暗花明、迎刃而解了。

在从事环境史研究过程中，我们经常会遭到来自自然科学学者的诘问和责难，即环境变化主要是由自然因素引起的，环境史研究强调人类活动的影响在很大程度上偏离了主题。对于这样的质疑，环境史学家从前似乎也没有给出很好的回答。在本次世界环境史大会上，主办方邀请1995年获得

---

① Ruediger Glaser, “Connecting Arabic and European medieval documentary data for reconstructing climate”. Petr Dobrovolny, Rudolf Brazdil, Christian Pfister, et. al., “The 500—year reconstruction of European climate derived from historical archives”. Adriaan de Kraker, “Farmland and crops as providers of climate information in Belgium and the Netherlands during the 17th and 18th centuries”. Lotta Leijonhufvud, “Swedish grain tithes as a source for climatic reconstructions: 1540—1680”. Stefan Norrgard, “Taking microclimate into consideration: comparing ships’ logbooks and fort journals at Cape coast castle 1750—1800”. Dennis Wheeler, “Using ships’ logbook to reconstruct past climates of Oceanic regions: A case study for the North East Atlantic (1685 to 1750)”. Emmanuel Kreike, “Imag(en)ing time traveling trees: Aerial photography, GIS, digitalization, and re-reading African landscapes”.

诺贝尔化学奖的保罗·克鲁岑作了题为《人类世：人是推动全球环境循环的营力》的主题演讲，把他发明的"人类世"（The Anthropocene）概念介绍给广大环境史学家，解答了环境史的发展是以人与环境的其他部分的互动为动力的合理性。

"人类世"概念是在2000年由克鲁岑提出的。[①]他认为，自工业革命以来，地球地质发生了革命性变化，用以前通用的"全新世"概念已经难以概括其特点。在过去的200多年，人类成为推动地球环境变化的主要角色，其作为地球物理营力的影响[②]足以构成一个新地质时代，地球地质进入了"人类世"。这个世仍在发展中，大致至少还要延续一万年，换句话说，人类要把环境恢复到工业时代以前的状况尚需万年时间。这个概念提出后，虽然也受到置疑，但得到许多科学家的支持。简·扎拉西维齐和马克·威廉斯等学者全面回应了各种疑问，肯定了"人类世"概念的适用性，并向地球环境研究领域推广。[③]中国研究第四纪和黄土高原环境的科学家刘东生院士不但号召中国科学家积极开展对"人类世"的研究，还认为这是促使自然科学和人文社会科学结合的契机。[④]

在克鲁岑看来，我们人类现在生活的地质时期是显生宙新生代第四纪中的人类世。人类世最重要的特点是大量使用化石燃料，因此，大气中二氧化碳的含量可以成为衡量人类世演进的单一指标。工业革命之前，大气中的二氧化碳含量为270—275 ppm，到1950年增长为大约310 ppm，此后大加速，现在已达380 ppm，过去30年的增长量占工业革命以来全部增量的一半以上。据此可以把人类世大体上分为三个阶段：第一阶段是工业时期，从1800到1945年；第二阶段是大加速，从1945到2015年左右；第三阶段大约从2015年开始，何时结束尚不清楚，人类能否最终成为地球系统的管

---

① Paul J. Crutzen and E. F. Stoermer, "The 'Anthropocene'", *Global Change Newsletter*, 41, 2000, pp. 17—18.

② 主要表现在四个方面，分别是：沉积物的腐蚀及其类型发生的巨变；碳循环和全球气温出现大的波动；生物从开花时间到迁徙类型都发生了大规模改变；海洋酸性化，位于食物链底层的小型海洋生物的生存受到威胁。

③ Jan Zalasiewicz, Mark Williams et al., "Are we now living in the Anthropocene?", *GSA (Geological Society of America) Today*, 18(2), 2008, pp. 4—8.

④ 刘东生，"开展'人类世'环境研究，做新时代地学的开拓者"，《第四纪研究》，第24卷第4期，2004年。

理者也不能确定。不过，现在是人类与地球系统的关系发生变化的关键时期。要改变现在这种由人类造成的压力威胁地球生命支持系统的状况，人类必须从三个方面着手努力。一是改变现有的支持大加速的政治经济制度；二是改变现有的社会价值和个人行为；三是进行地球工程干预。[①]

从克鲁岑对人类世的界定可以发现，他为整合人类史和地球史提供了一个概念支撑，同时也提出了思考环境史的新方法，就是把人与环境其他部分的相互作用的关系作为基础和动力来整合全球环境史。与此相应，环境史研究需要把地球物理资料和人类历史资料结合起来，用共同研究和集体讨论的方法把不同学科的视角、理论、分析方法和知识有机结合起来，形成跨越传统的社会科学、人文科学和自然科学的界限的新方法，编织把过去、现在和未来融为一体、把人类发展与地球环境变迁契合的环境史。[②] 作为方法的人类世概念的提出及其应用有助于刻画出地球在历史上为什么和如何变化的复杂图景，有助于通过把人看成是自然的有机组成部分来重新认识人类在地球环境变化中的作用，有助于正确预测人类在未来文明发展和地球环境演化过程中应该发挥的作用。

总之，新史料的发现和对史料的新认识促进了环境史研究的发展。新概念的提出和新方法的应用不但可以解答其他学科对环境史研究的质疑，而且给环境史研究的进一步发展提供了坚实的理论基础。中国的环境史研究虽然刚刚起步，但已显露出良好的发展势头。如果能和国际同行进行更多的深度交流，如果能尽快借鉴吸收国际环境史学界的新选题、新概念、新理论、新方法，中国的环境史研究实现又好又快发展不是不可以期待的。

---

① Will Steffen, Paul J. Crutzen, and John R. McNeill, "The Anthropocene: Are Humans now overwhelming the great forces of nature", *AMBIO: A Journal of Human Environment*, Vol.36, No.8, 2007, pp.614—621.

② Robert Costanza, Lisa J. Graumlich, and Will Steffen (eds.), *Sustainability or Collapse? An Integrated History and Future of People on Earth*, Cambridge: The MIT Press, 2007, pp.4—5.

终 章
结论和展望

环境史学尽管在世界各地发展程度不一，但经过40多年的发展，不但自身已经日益壮大、赢得了越来越多的读者和大众的关注，而且正在进入历史研究的主流并开始改造传统的历史编纂思维，促动历史编纂的范式转换。在这个关键时刻，对环境史学的历史进行总结不但是环境史学走向自觉的需要，也是人类进入21世纪后在处理日益严峻的全球环境问题时对环境史学提出的现实要求。尽管研究世界环境史学史困难重重，但是，只要勇敢地走出这拓荒的第一步，就必将迎来环境史学百花齐放、万紫千红的满园春。

在环境史学界，一般认为，环境史学的兴起是1960年代的反主流文化运动和历史学内部的创新冲动相互作用的结果。从美国、德国等国家的环境史的兴起来看，这个结论大体上反映了环境史学兴起时的现实社会背景和学术界的内部动力。但是，如果放眼世界，就会发现，这个结论是有局限的，甚至是以偏概全的，或者是把美、德等国的经验过度普遍化的。一方面，在非洲，环境史学的兴起主要是非洲民族主义史学寻找非洲人的历史首创精神的结果；在俄国和前苏联，尽管环境问题已很突出，也曾经发生了声势浩大的环境主义运动，但是，环境史学并没有在俄国蓬勃兴起；在广大的工业化国家和地区，尽管自罗纳德·里根在美国执政后，西方环境主义运动逐渐陷入低潮甚至出现衰退，但是这些国家的环境史学的发展势头依然强劲。另一方面，在史学传统深厚、创新能力突出的法国，环境史学不但兴起较晚，而且发展速度缓慢；在具有独特史学传统的阿拉伯世界，直到现在也没有出现环境史学的萌芽。这些史实充分说明，环境史学在世界不同国家和地区的兴起都是当地不同因素凑合在一起并相互作用的结果。在某些国家，可能是学者个人的学术兴趣发挥了重要作用，在另一些国家，可能是国际学术交流成为诱发学者关注环境史的主要因素；在某些国家，环境主义运动成为环境史学兴起的催化剂，在另一些国家，史学或与环境相关的其他学科的变化成为学者转向环境史研究的主要动力。

由此也可以重新认识某些美国环境史学家提出的另一个观点，即环境史学从美国兴起后向世界各地传播。确实，环境史学较早在美国兴起，而且美国环境史学的研究水准在当今国际环境史学界从整体来看无可争辩地处于领先地位，但这并不能证明，其他国家和地区的环境史研究就是从美国传播过来的。另外，尽管同是工业化国家，西欧和日本的环境史研究主题就与美国大不相同。美国注重荒野史研究，而欧洲注重工业污染史，日本注重公害史研究。这些差异实际上反映的是不同国家天赋的自然环境和人为造成的环境问题的不同。即使是研究同一个主题如自然保护和国家公园，非洲和美国的侧重点也大不相同，甚至完全相反（美国学者强调完全排除人的、非利用性的自然保护，而非洲环境史学家强调在保护自然的同时关照人的生存权和发展权或参与性保护）。这说明，世界环境史学带有强烈的地方性色彩，是不同国家和地区环境史学分栖共生、竞相争艳的大花园。

在世界环境史学的大花园里，尽管植株（研究主题）和营养来源（研究基础）并不相同，但是不同国家和地区的环境史研究进行着频繁的相互交流和影响。美国环境史学具有强大的辐射功能，毫无疑问是出超方；印度、非洲等南方国家和地区的环境史学虽然是入超方，但不示弱，它们为美国环境史学的深化和拓展贡献了独特的视角和思路，为美国环境史学的国际化和美国的世界环境史研究提供了无可替代的帮助。这种相互交流尽管仍不平衡，但为打破南方的地方性知识被忽视和被贬低的状况、为破除环境史学中的“欧美中心论”开辟了道路；为最终实现世界环境史学的“各美其美、美人之美、美美与共”迈出了坚实步伐。

世界不同国家和地区的环境史学尽管发展程度不同、研究主题各有侧重，但都认为除人之外的环境具有历史创造能力，是历史大舞台上的主角之一。认为环境因为没有主观能动性而不具备历史创造力，以及仅仅把环境看成是历史上演的舞台或背景或把自然现象看成是历史发展的助力和催化剂的观点不但片面（是人类中心主义在历史学中的典型表现）而且不符合现代脑科学和生态学的新发现。环境不但参与其中而且在与人的相互作用中与人一起创造了历史。正因为如此，环境史研究就不是单纯使用历史学方法能够完成的，它不但需要汲取自然科学、工程科学和社会科学的资料和方法，还要形成自己独特的跨学科或交叉学科研究方法。通过这样的研究和探讨，最终把自然规律与社会规律统一起来，使历史由孤立的、进步的人类史变成整体的、复杂的、真实的历史。

在未来的发展中，环境史学需要处理好以下五对关系。第一，在环境史学的定位中必须保持作为史学的一个分支学科和多学科的研究领域之平衡。在美国、非洲、印度等国家和地区，环境史学更多地表现为历史学的分支学科，因此，它们的环境史学似乎更易于被历史学科接受，也易于在既定的学科框架中发展。在澳大利亚、日本、拉丁美洲等国家和地区，环境史学更多地表现为多学科的研究领域，因此，它们的环境史学是任何学科只要有需要就都可以进行研究的领域，既没有自己的统一组织，也没有相对能够为大多数人接受的环境史定义。但是，无论怎么定位，环境史学在这些国家和地区都发展迅速，成果丰硕。如果要在未来求得可持续发展，那么最方便可行的办法就是相互吸收对方的优点。前者可以借此吸取更多其他学科的学者加入，变得更为开放和包容；后者可以借此形成更具凝聚力和认同的新优势，在既有学科结构中获得更大发展空间。

第二，环境史研究必须平衡选题之小与大的关系。随着环境史学专业化程度的加深，其选题越来越小。无论是从地域范围还是从时间尺度上看，仿佛选题越小，研究就越深入，学问越大。当然，这种变化无疑可以促使环境史的研究选题和研究方法多元化，但是也不可避免造成对环境史发展大趋势的忽视，产生只见树木不见森林的弊端。其实，第一代环境史学家在开拓环境史研究时，他们的初衷是对传统的历史编纂发出挑战，要改变历史编纂忽略环境因素的片面性以及由此而产生的历史思维的排他性。因此，随着环境史学研究的时空范围大幅度的扩张，对历史发展大趋势的把握似乎更显重要。环境史学需要在克罗斯比等前辈学者开创的宏观研究基础上再出发。进而言之，宏观的、长时段的研究与专题研究和个案研究并不完全冲突，宏观研究甚至可以以专题研究的形式来进行，专题研究也应该具有宏观的视野。

第三，环境史研究需要把握悲观与乐观的平衡。环境史学诞生时具有强烈的“倡议史学”的特点，充斥着由“衰退论”和“退化论”等带来的悲观情绪。这些内容当然反映了一部分历史事实，能够激起读者对环境问题的担忧和关注，但是，时间一长，这样的内容一多，这样的担忧就会变成悲观失望，不但对环境史学失去信心，也对环境治理和人类通过吸取教训改善环境的能力产生怀疑。随着环境史学研究的深入，在看到人类造成的环境灾难的同时，也应该看到人类通过文化不断适应新的环境以及保护环境的成就。这方面的内容不但可以纠正先前对人与自然的其他部分关系的片面认识，还能帮助人们形成乐观的情绪，树立信心。这两者之间的平衡是环境史学走向成熟的标志之一，也是它能够持续吸引读者和继续走向辉煌的基本保障。

第四，环境史学在强调纯学术性的同时需要加强其应用性。在环境史学兴起之后，环境史学家努力使之更加专业化和规范化，其最重要的研究目标是探求历史真相。这固然使环境史学的学术性大大提升，但也出现了脱离实际、远离读者的现象。当然，环境史学家也并不是一点都不关注自己研究成果的社会功能，只是他们希望环境史学研究中显露的历史智慧能够出现“下滴”效应，启发相关的有心人。但是，在当今知识爆炸的时代，这样的期待等来的只是不被人问津，因此，环境史学需要恢复兴起时的传统，主动关注社会和环境热点问题，在注重学术性的同时，具体指出需要汲取的历史教训和实用的解决问题的思路，为政策制定者、环境主义者等提供指南和方案。也就是说，环境史学家要从纯粹的理想主义者变成实践的理想主义者。但是，学术性和应用性之间必须保持适当的平衡，日本部分环境史学家用学术研究为政治服务而产生了许多非学术性的问题，这个教训值得认真记取。

第五，环境史学需要平衡历史学和环境科学之间的不同要求。一方面，环境史学极力希望进入历史学的主流或用自己的新思维改造传统史学；另一方面，环境史学不断从环境科学等非历史学科吸收材料和方法。在进入历史学主流上，环境史学除了研究传统历史学并不关注的问题、提供新知识之外，更重要的是对传统历史学重点关注的问题提出新的环境史的解释，如启蒙运动、宗教改革、法国大革命、罗斯福新政、纳粹德国、两次世界大战、非殖民化、明治维新、中国革命、东亚崛起等。在借鉴环境科学研究成果的同时，环境史学还应该就它们关注的问题展开研究，如飓风、海平面上升、全球气候变暖、臭氧空洞的修补等，为它们的研究提供历史学的资料和方法。只有这样，才能在一定程度上跨越自然科学、社会科学、工程科学和人文科学之间的人为藩篱，在大科学的框架内为环境史赢得在不同学科中的平等、均衡的发展契机。

中国的环境史研究仍处于起步阶段，但是，随着中国综合国力的增强和国际学术交流的加强，中国的环境史研究将会发展得更快。在这样的背景下，中国的环境史研究尤其要重视基础性研究工作，要在了解国际环境史研究发展历程和趋势的基础上向前推进。同时，中国的环境史学人应该选好重点突破口，积极参与国际环境史学界的交流。中国环境史学者首先应该总结中国环境史上的经验教训，向国际环境史学界贡献出自己的独特知识。其次，中国周边地区，如前苏联和阿拉伯世界，其环境史不但与中国有这样或那样的关联，而且是国际环境史学界研究最为薄弱的两个“黑洞”，如果中国环境史学者能够有意识地投入人力和精力，那么实现中国的环境史研究的又好又快发展就不是不可以期待的。因此，如果能有意识地贴近国际环境史研究的前沿、顺着最新的潮流探索，那么中国的环境史研究就会少走很多弯路，就会像改革开放以后中国的快速发展一样绽放出绚烂光华。

下　编

访谈和评论编

第一章

唐纳德·沃斯特和美国的环境史研究

唐纳德·沃斯特是美国当代著名的环境史学家。1941 年生于美国加州，祖籍堪萨斯。1963 年和 1964 年在堪萨斯大学分别获得学士和文学硕士学位，1970 年和 1971 年在耶鲁大学分别获得哲学硕士和哲学博士学位。毕业后，先后受聘任教于缅因大学，夏威夷大学，布兰德斯大学。1980 年获聘美国学教授，1989 年返回母校和家乡，就任堪萨斯大学的霍尔美国史杰出讲席教授，主持环境史的研究生计划。他的研究和教学范围包括：北美和世界环境史，美国西部史，19 和 20 世纪美国史，科学和自然思想史，跨学科环境研究等。他是美国西部史学会、美国历史学会、美国历史学家组织的会员，曾经担任过美国环境史学会的主席（1981—1983）。他学富五车，著作等身，主要包括《西流的河：约翰·威斯利·鲍威尔的一生》（2001）；《人居的大草原：泰利·埃文斯图片集》（1998）；《从繁荣到萧条：1936—1949 年堪萨斯的资料图集》（1996）；《未定之乡：美国西部景观的变化》（1996）；《自然的财富：环境史和生态想象》（1993）；《在西部的天空下：美国西部的自然和历史》（1992）；《地球末日：现代环境史的视野》（1988）；《帝国之河：水，干旱和美国西部的成长》（1986）；《尘暴：30 年代的南部平原》（1982）；《美国环境主义的形成阶段：1860—1915》（1973）。发表论文近百篇，最为重要的有：《自然和历史的无序》（《环境史评论》，1994 年夏季号）；《秩序和混沌的生态学》（《环境史评论》，1990 年春夏合刊号）；《地球的转型：历史的农业生态学视野》（《美国历史杂志》，1990 年 3 月号）；《脆弱的地球：迈向星球史》（《环境评论》，1987 年夏季号）；《新的西部，真实的西部：阐释地区史》（《西部历史季刊》，1987 年 4 月号）；《作为自然史的历史：其理论和方法》(《太平洋历史评论》, 1984年2月号);《没有国界的世界:环境史的国际化》(《环境评论》, 1982年秋季号)。他的重要著作一经问世,几乎都会掀起一阵讨论热潮,获得多项奖励。例如,《西流的河》出版后就获得了十几项大奖,《尘暴》还荣获了1980年的班克罗夫特奖。他的多本著作多次再版或被译成多种外文出版,例如《自然的经济体系》已经出版了6种外文译本。沃斯特也是一个热心的环境史的传播者和推广者。他的足迹不但遍及北美各地,而且深入亚非拉美、澳洲和欧洲,发表了大量的关于环境史的演讲和评论。他主持编纂由剑桥大学出版社出版的"环境与历史专题研究"系列丛书,长期担任有关环境史研究的期刊《环境史》,《环境与历史》,《生态学家》,《环境伦理学》,《大平原季刊》和《西部史季刊》等的编委,培养了数十位环境史的博士,为环境史的学科建设作出了突出贡献。

本章分为两个部分:第一部分简单介绍沃斯特最有影响的美国环境史研究成果,第二部分是作者对沃斯特的访谈,希望通过这个访谈来进一步深化对他的环境史理论和观点的认识,同时也对世界环境主义运动和环境史的发展作出预测。

第一节 沃斯特美国环境史研究的主要成果

唐纳德·沃斯特对美国环境史发展的主要贡献可以从以下几个方面进行简要概括:关于环境史的理论;环境思想史或知识史;"新西部史"的环境史模式。

沃斯特是美国第一代环境史学家中最富创造力的一位,他对环境史的解释在一定程度上左右了90年代以前美国环境史的发展。现在已崭露头角的一些第二代环境史学家在当时曾经狂热地追随他从布兰德斯到夏威夷再到堪萨斯,这在当时的美国史学界形成了一道亮丽的独特景观[①]。他从自然具有内在价值的深度生态学出发,反对传统历史学只注重人类这个"超自然"物种的政治史、漠视自然并把它排斥在历史叙述之外的错误倾向,强调环境史的原则目标不是初期的道德和政治诉求,而是深入理解历史上人与

① Hal Rothman, "A Decade in the Saddle", *Environmental History*, Vol.7, No.1, 2002, p.12.

自然的关系，即人如何受到自然环境的影响，反过来人又如何影响自己的环境以及这些影响造成的结果。[①]应该指出的是，这个自然仅指非人类世界，它在最原初的意义上没有受到任何人类创造活动的影响，它不包括社会环境（由于人类之间的相互作用而形成的"第二自然"）和人造环境（这是一种文化的表现）。环境史有三个研究层次或三个需要回答的问题。一是理解历史上的自然是如何结构和运作以及人类是如何进入自然的食物链的；二是通过代表生产方式的工具和劳动来理解社会经济政治体系与自然的关系；三是人在与自然对话过程中形成的思想或知识表现。这三个层面构成了一个涵盖古今的有机整体。由于环境史涉及自然，因此，它的研究需要传统历史学家所不熟悉的新知识，如地质学和生态学的方法。生态学研究有机体之间以及有机体与其自然环境的相互关系，其成果为环境史研究奠定了知识和史料的基础。这也是有些环境史学家把环境史称之为"生态史"或"历史生态学"的原因。但是生态系统的常态是稳定还是浑沌、它的失衡到底是人的介入造成了破坏还是自然力作用的结果等等根本问题的解决也有赖于生态学的发展。[②]人与环境的分离并非自然的结果，而是人为作用的结果，其中的关键是人创造了文化。文化的核心是物质文化。从生态学的视角来看，研究物质文化就是探索人为什么要利用和如何利用自然，人怎样把自然结合进社会以及自然和社会各自是如何发展的，简言之，就是研究人类经济活动与自然环境的关系。其中利用何种自然资源和发明与使用什么样的技术成为问题的核心。因此，研究环境史还必须从人类学和经济学中吸取营养。马文·哈里斯用"文化唯物主义"概括了技术对环境的应用，表达了对资源有限和缺乏的忧虑；卡尔·马克思用"辩证唯物主义"来解释不同社会经济阶层的冲突并以此为历史发展的首要动力，但把自然当成被动的背景。沃斯特把二者结合起来，认为在导致生态不平衡和破坏的诸因素中，一个重要的因素就是阶级之间和国家之间的竞争；对资源的争夺也导致了阶级和阶级冲突的产生。人不但会用工具，他还是有思想的动物。这种关

---

① Donald Worster, "Doing environmental history", in Donald. Worster (ed.), *The Ends of the Earth: Perspectives on Modern Environmental History*, Cambridge University Press, 1988, pp.290—92.

② Donald Worster, "The Ecology of Order and Chaos", *Environmental History Review*, Vol.14, No.1, 1990.

于自然的精神文化不但以物质生产为基础，而且还受制于社会组织、生产方式和权力等级结构，是一个社会建构。科学也不例外。环境史要进行文化分析，既研究人类如何对非人世界进行感知和价值判断，又要研究这种思想升华又如何塑造了自然。因此，环境史还要利用美学、伦理学、文学、神话学和神学的研究成果来构筑自己的体系。后现代主义的挑战在某种程度上使传统历史学失序，环境史在一定程度上能较容易地作出回应。[①] 这样一个三层次的环境史定义从某种程度上使之成为必须用跨学科方法研究的、包罗万象的"整体史"。历史的视野被大大拓宽了，环境成为这种历史的一个有机组成部分。这种历史当然就超越了人类中心主义的自大模式，进入了生态中心主义的新阶段。

蕾切尔·卡逊发表《寂静的春天》以后，生态学成为学界最时髦的话题，环境主义仿佛也找到了新的动力和科学依据。沃斯特从环境史的视角积极投身这一潮流，作出了开创性的贡献。他通过系统梳理生态学的历史发展和仔细分析主要生态学家的研究背景发现：生态学并非传统意义上的自然科学，它的形成和演进受到了当时社会环境的很大影响。生态学从阿卡狄亚理想、梭罗的浪漫主义、达尔文的进化论、克莱门茨的顶极群落到当代深度生态学的演变都深刻反映了社会的剧烈变动。自然也不完全是一个被动的客观实在，而是一个受到文化塑造的经济体系[②]。具体到美国的环境主义思想，沃斯特认为，美国初期的、反映人与自然关系的游牧主义理想被科学的发展、尤其是达尔文主义所扬弃，产生了进步时期以"明智地利用"为口号的功利性环境主义。因为，在19世纪后半期，美国正在向以汽车、大众消费和大都市为标志的新时代过渡，一切（当然包括自然）都成了科学改造的对象，所有经过科学改造的就都变成了文明的产物。森林被看成是"木材制品的制造厂"，管理森林就是要让它具有产出最多的能力。土地被当成用之不尽的资源，要通过大规模的区域规划来最大限度利用水资源，进而最大限度促进经济增长[③]。这种环境主义虽然具有保护自然资源的道德色彩，但

---

① Donald Worster, "Nature and the Disorder of History", in Michael E. Soule and Gary Lease (eds.), *Reinventing Nature: Responses to Postmodern Deconstruction*, Island Press, 1995.

② Donald Worster, *Nature's Economy: A History of Ecological Ideas*, Second edition, 1994.

③ Donald Worster, *A River Running West: The Life of John Wesley Powell*, Oxford University Press, 2001.

更多的是具有提高效率、促进国家安全和持续发展的爱国意义。与工业化相伴而生的是迅速的城市化。城市设计师根据赫胥黎的“人间伊甸园”思想提出了建设“花园城市”的理想。即城市的一切都要为人更好地生活服务。文明人由于审美和道德的需求需要与自然亲近，于是，就要在城市建有公园，在住家周围建有家庭花园。与此同时，游牧主义理想并未完全绝迹，相反，它也从达尔文主义中找到了新的增长点。因为，在进化谱系中，人只是生态网络中的一员。如果否定他与其他生物的同一性，也就意味着把他开除出生物圈。这两种新旧思想的结合产生了以生物为中心的、革命性的环境主义思想。同样是达尔文主义，同样是游牧主义理想的背景，但不同的科学家得出了完全对立的结论。这说明科学家的价值取向在他们阅读资料、进行研究时起到了关键作用。科学的权威实际上变成了矛盾的统一体。① 这种观点有助于破除环境主义运动中的极端崇拜科学技术的迷信，促使环境主义者在更广阔的视野和更深刻的层次上规划环境主义运动的方向和目标。环境主义运动和环境史的发展都有必要整合这些相互矛盾的环境话语。

唐纳德·沃斯特是美国“新西部史”的领军人物之一。他研究西部史的原始动力来自他本人及其家族的切身经历。他的祖父在堪萨斯西部经营农场，大萧条和尘暴之后举家迁往加州。他本人就出生在科罗拉多河畔的尼得莱斯。50年代迁回堪萨斯后，亲身经历了尘暴的洗礼。参加工作以后，多次在西部体验生活，进行田野考察。与印第安人时代相比早已面目全非的西部带给他的感受不再是对传统的、征服西部形成美国精神的自豪，相反，他深深感受到了人们在广袤的西部造成的破坏和灾难。西部史不能再这么狭隘地研究下去，需要扩大视野，形成新的地区（Region 而不是 Area）史。新西部史企图把西部置于世界大视野来关照，要超越旧西部史中的美国道德独特论、超越对白人征服者的英雄般的歌颂，要恢复特纳没有考虑到的、那些并非美好的历史，要恢复在西部被征服的那些人在历史上的地位，要揭示促进西部经济发展的动力中残酷掠夺自然造成环境破坏和毁灭的那一面，进而发现那个极具隐蔽性的、主宰着西部的集权统治体制。总之，就是要从

---

① Donald Worster, *American Environmentalism: The Formative Period, 1860—1965*, John Wiley & Sons, Inc.1973, pp.5—10.

历史研究中纠正特纳假说中的缺陷，重新发现西部史的同一性和特色。[①]

发生在“肮脏的三十年代”的美国南部平原上的尘暴无疑是人与自然关系恶化的一个典型事例。沃斯特把它放到美国甚至世界资本主义发展的时空背景中研究，发现这场灾难并非自然灾害，而是资本主义文化的罪过，1929 年的大旱只是在一堆干柴上点了一个小火苗。土著美国人比较珍惜土地，白人来到这块土地后，带来了资本主义农业生产方式。在市场竞争压力和追求剩余价值的利益驱动下，农民普遍使用大犁深耕、直线耕种、施用化肥、盲目扩大种植面积等手段增加粮食生产，导致土壤侵蚀现象越来越严重。印第安人对此曾提出了警告，一些先知先觉的白人环境主义者也曾想改变这种情况，推行土壤保护措施。但是，资本主义文化这种不可抗拒的力量使之愈演愈烈，因为，资本主义把自然完全商品化了。资本主义关于自然的准则是：自然是一种能够获得利润的资本；人为了自己的进步有权或义务使用这种资本；个人财富的持续增长应该得到社会秩序的许可和鼓励。所以说尘暴是这种社会制度、这一套价值和经济秩序的必然产物。[②] 这也说明技术进步是一把双刃剑，对技术和人的聪明才智的绝对依赖、以为它可以帮助人持续利用自然的想法和作为都是不明智的。

生产方式可以对环境造成影响，同样环境也会影响社会的性质。在沃斯特看来，亨利·梭罗笔下的、西部自由人联合体社会和特纳边疆史模式中的个人主义、权力分散等美国式民主并不存在。他们之所以出现这种错误是因为他们把自己的局部观察和经验扩大到了整个西部，犯了以偏概全的错误。瓦尔特·韦布看到了西部有不同的生态环境，需要不同的技术和制度；但是他认为由于技术是从已经工业化的东部引进，所以，西部就变成了美国的殖民地。沃斯特继承了韦布对西部环境、技术和制度的特殊性的认识，但认为西部早已在内容上形成了自己的隐性帝国，二战后变成了事实。因为，在美国西部存在着一个现代治水社会。在西部干旱地区，水尤其珍贵。在管理水的过程中形成了阶级的分化、官僚等级制度和集权体制。很显然，这里的价值观是集体取向的，并未形成个人主义和民主。治水技术虽然进步

① Donald Worster, *Under Western Skies: Nature and History in the American West*, Oxford university Press, 1992, pp.12—15.

② Donald Worster, *Dust Bowl: The Southern Plains in the 1930s*, Oxford University Press, 1979, pp.5—6.

很快、能解决干旱地区的一些现实问题，但是，技术的有限性和对它造成的后果的不可完全预知性使其形成的社会必然像古代两河流域和古代中国的社会一样陷于崩溃。美国现在流行的自由概念（可以随心所欲做任何事）肯定也和自然的整体性发生冲突。美国西部的发展需要尊重西部环境的整体性，形成像河一样思考、适应河流的新价值观，进而形成新的西部社会发展模式。[①]

尽管在后现代主义学者看来要完全恢复过去的历史几乎没有可能，但沃斯特带着他的经验和历史想象、用田野考察和文献分析结合的方式为我们展现了一个丰富多彩的、真实的、新西部史。

沃斯特的环境史研究形成了自成一体的格局。他的环境史理论指导着他对自然思想史和西部史的研究，同时，他对具体历史事件和历史人物的研究也丰富和深化了他的理论。对历史上文化与自然相互作用关系的阐释是他环境史研究的永恒主题。

第二节　唐纳德·沃斯特访谈

2002年底，作者在美国就环境史研究中遇到的一些问题对沃斯特教授进行了采访。他在百忙中挤出时间就一些有争议的问题发表了自己的独特看法。当事人的见解无疑对我们深入研究环境史学史会有启迪和帮助。

问：记得您在耶鲁读研究生时，您的同学曾戏问您："难道你要像熊一样思考吗？"[②] 他们不理解您为什么要研究环境史。现在美国环境史研究的状况怎么样？环境史发展的动力机制是什么？

答：确实如此。当我在耶鲁作研究生时（大约是1969或1970年），我尝试探索一种把自然纳入其中的新型历史。我的同学给我提出了一些好笑的问题，其中一个同学开玩笑说我正在给熊写历史。不过，他不久就忏悔了，

① Donald Worster, *Rivers of Empire: Water, Aridity, and the Growth of the American West*, Pantheon Books, 1985, pp.331—335.

② Char Miller and Hal Rothman (eds.), *Out of Woods: Essays in Environmental History*, University of Pittsburgh Press, 1997, p. XI.

他现在明白了我当时是在做很重要的事。

环境史有许多创立者和对它的发展作出卓越贡献的学者，其中有些人甚至生活在现代环境主义兴起前几十年。但环境史作为一个新领域兴起于70年代中期，随着地球日和公众对环境和污染问题的认识觉醒而出现。罗德里克·纳什，苏珊·福雷德和约翰·欧皮对此作出了重要贡献，我也是第一批教授这门课的学者之一，那是在1970—1971学年给耶鲁的本科生上讨论课。五、六年后成立了由约翰·欧皮领导的"美国环境史学会"，办了一份杂志，现在叫《环境史》。据我所知，环境史领域的第一次学术会议是由研究俄国史的学者肯达尔·E. 贝利1982年1月1—3日在加州大学尔湾分校组织召开的。参加会议的除了贝利和我，还有纳什、萨缪尔·海斯、卡若琳·莫茜特、克拉伦斯·格拉肯、道哥拉斯·维纳、阿尔弗雷德·克罗斯比等，这些人后来都成了这一领域举足轻重的人物。十年后，环境史这一新领域吸引了整整一代的年轻学者，包括威廉·克罗农，理查德·怀特，马丁·麦乐西等等一些人。现在，美国环境史学会的会议能吸引数百人参加，而且来自其他国家的学者越来越多。印度、中国、拉美和整个欧洲也开始研究环境史，他们确实作出了一些令人激动的新成果。

推动环境史研究的动力来自现代环境运动在政治和思想领域的成长与影响。正如环境运动要改革社会和经济一样，它也呼唤教育改革。像生态学、地理学、人类学、心理学和经济学这些学科都逐渐具有了环境意识。今天，即使是从事文学艺术研究的教授也拥有了人与自然界相互依存的新意识。历史学更是处于人文和社会科学的前列。此外，正在兴起的国际相互依赖意识和全球旅行与贸易也给历史学提供了一个新视野；局限在独立的民族国家的疆界内或局限在孤立国家的政治与文化范围内来谈论历史似乎不再有意义。最后，世界上水、大气和生物遗产的大变化迫使我们认识到：人类正给地球施加巨大影响，同时我们面对环境变迁也变得非常脆弱。历史学家突然明白了，他们所研究的历史其实已深深地受到了自然（气候，冰河作用等）和人与地球的基本关系的形塑。

问：环境史作为一个分支学科似乎越来越成熟，那么，有没有一个大家公认的环境史定义？

答：在环境史领域，有多少学者就有多少环境史的定义。麦茜特教授曾经提出了四个她认为最有影响的定义[①]。但即使是这四个也必须给美国和其他国家正在开展的环境史研究让路。

问：您的回答似乎非常强调历史学家作为主体在历史认识中的作用。从认识论的角度来看，后现代主义、语言学转向和生态学的修正派都向环境史的客观性提出了挑战，您对此有何回应？在中国，有学者主张中国传统的“天人合一”思想可以解决现在西方世界面临的环境危机，您对此有何评价？

答：我认为文学家和人文学科的其他学者的工作把我们从对自然科学的权威的盲目依赖中完全解脱了出来。我自己的著作《自然的经济体系》就在这方面做了努力。它揭示了科学并不是铁板一块的权威，有关自然的思想永远在某种程度上受制于历史时期的文化和社会。但是，我不想越过顶峰，掉进完全彻底的相对主义深渊。正如我所构想的：环境史需要了解自然科学，而且要尊重它的洞察力和方法。科学把自然当成是一支真实和重要的力量，独立于人类文化之外。这种定位也是我能接受的。

我对回归世界上任何地方（包括中国）的“传统”环境思想都不抱太大希望。原因之一是，很难真正地、完全地回到那个属于几千年前的生活之一部分的思维方式。现代科学和经济完全占据了我们的头脑，以致我们根本不能回到从前。更何况那些传统的态度在实践中并未完全发挥好的作用。祈祷“天人合一”很容易，但我们知道，这种祈祷有时是无视不和谐的现实情况的。我认为，在中国传统社会，尽管有和谐的哲学，但确实也连续发生环境毁灭。我承认现代世界存在着科学、世俗态度以及所有的其他因素造成的生存危机，但我也相信我们必须设法在现代思维的框架内形成对人在地球上的位置的新看法。这种新观点的形成既需要自然科学的复杂思维，也需要强烈的历史意识（这两者传统社会都没有）。

问：您在研究环境史时提出了农业生态史的分析模式[②]。有些环境史

---

① 麦茜特认为有四种典型的环境史定义，分别是唐纳德·沃斯特、威廉·克罗农、卡罗琳·麦茜特和阿尔弗雷德·克罗斯比的定义。

② Donald Worster, “Transformations of the Earth: An Agroecological Perspective on History”, and “Seeing bejond Culture”, *Journal of American History*, Vol.76, No.4, 1990, pp.1087—1106, pp.1142—1147.

学家基本同意，但加入了新的因素，如麦茜特的性别[1]；另一些环境史学家不同意您的模式，认为您的模式没有包含城市或人工环境[2]。您的模式和他们的城市环境史模式有何不同？您如何看待这场争论？

答：如果你读克罗农的《自然的大都会》或斯泰因伯格的新著《转向土地》[3]，你就会发现：环境史从本质上看是集中研究土地、食物、纤维、森林这些把人类文化和自然界联系起来的节点。所以，我认为这个模式仍然是好的、有活力的。麦茜特确实给这个模式加了个脚注，没有反对它，她想更多地讨论妇女和性别意识形态在我们利用地球和对地球施加影响中所扮演的不同角色。当然，也有一些学者对仅仅在城市里发生的事情——城市人的健康状况——更感兴趣。这根本就不是什么新东西。在环境史发明以前很久，就有许多书讨论这个话题。另有一种把城市消费者和土壤、农业、森林和自然资源审慎地联系在一起的城市史，克罗农写芝加哥的著作就是这种城市史的代表。这才是新的、重点在城市的环境史。这种环境史与我所倡导的环境史是非常协调的。有一些所谓的新环境史并没有真正研究环境和人对自然的态度。尤其是一些最近的研究重在诋毁或批判美国社会中的荒野保护思想。我认为这种全面的诋毁是没有道理的或没有用的，但它让我们回到海斯和纳什所代表的、旧的保护思想和环境主义。我的三层次模式当然包括城市，而且包括对待自然的态度，还有技术、农业和性别等等。我倾向于认为，环境史并非新的分支学科，而是对历史及其核心问题的广泛的、新的再想象。以往的历史只在社会——政治、家庭、种族关系、性别关系等范围内研究人的生活。这需要一场深刻的变革来开阔我们的视野，要把整个社会和全部人类活动放在自然和自然过程中来观察。这才是环境史

---

① Carolyn Merchant, *Ecological Revolutions: Nature, Gender, and Science in New England*, The University of North Carolina Press, 1989. Carolyn Merchant, “Gender and Environmental History”, *Journal of American History*, Vol.76, No.4, 1990.

② Christine M. Rosen & Joel A. Tarr, “The Importance of Urban perspective in Environmental history”, *Journal of Urban History*, Vol.20, No.3, 1994. Jonathan J. Keyes, A Place of its Own, “Urban Environmental History”, *Journal of Urban History*, Vol.26, No.3, 2000. Maureen A. Flanagan, “Environmental Justice in the City: A Theme for Urban Environmental History”, *Environmental History*, Vol.5, No.2, 2000.

③ William Cronon, *Nature's Metropolis: Chicago and the Great West*, New York, 1991. Ted Steinberg, *Down to Earth: Nature's Role in American History*, Oxford University Press, 2002.

要研究的。这是一场非常剧烈的意识变革和视野扩大。

问：请您再解释一下您的农业生态史模式和马丁·麦乐西、朱尔·塔尔、杰弗里·斯泰因等所倡导的城市环境史的根本区别[1]。

答：我认为，麦乐西和塔尔都是城市史学家，他们给环境史增添了一个有价值的维度，但是他们太多地把自己的研究聚焦于公众健康问题，与自然的健康问题脱节了。这是陈旧的历史学，而不是新的环境史。新历史学把自然和文化的对话置于核心地位，对全人类来说，无论是城市还是农村都被纳入这一对话。不论人住在城市还是乡村，他们都必须吃饭。这种与地球的联系是物质的、关键的和深入复杂的。这就是我为什么要起劲地研究环境史的农业部分的原因——当然这无论如何也没有排斥城市人。我还没有看到一种把人的健康或城市污染问题排他性地强调为核心的环境史。可以肯定这些问题不能忽略，但是环境史应该是研究自然与文化的。从中立的立场来看，这两派都要研究的问题包括农耕方法、林业、城市住区和技术。其中食物的生长和采集是最根本的。

问：您研究的另一个重点是美国西部的环境史。边疆史和环境史是什么关系？从环境史的角度如何解释荒野、美国精神等概念？

答：从某种意义上说，伟大的边疆史学家、弗雷德里克·杰克逊·特纳也是一位环境史学家——或者至少是：他也认为人类社会及其自然环境的相互作用是历史发展的一个决定性力量。自特纳时代以来，边疆研究和环境史或原初环境史也存在着紧密的关系。这时的边疆研究强调人进入一块新的土地，强调人对生态的冲击和生态对人的影响。荒野的思想和运动吸收了美国环境史的研究成果，这在世界上恐怕是独一无二的。前面提到的特纳谈到了荒野如何帮助形成了美国的特点，尤其是美国人思维中反国家和热爱自由的主题。或许这种说法太神奇了，经不住严肃的分析。但毋庸置疑的是，所谓的荒野也不是永远荒凉；毕竟它还是几百万土著美国人的家园，他们至少也对这块土地发生了影响。荒野的想象还产生了另外一个重要影响：那就是刺激美国人建立了国家公园、野生动物保留地和荒野区，这

---

① Joel A. Tarr, *The Search for the Ultimate Sink: Urban Pollution in Historical Perspective*, University of Akron Press, 1996. Martin Melosi, *The Sanitary City: Urban Infrastructure in America from Colonial Times to the Present*, John Hopkins University Press, 2000.

是一种具有世界影响的环境保护。

问：我知道，您对世界其他地区的环境史研究也很有兴趣。现在，第三次地球峰会正在南非召开，请您谈谈三次峰会对环境史研究的影响。

答：各次地球峰会都影响了环境史的发展，但仅仅是在这个意义上说的，即它鼓舞各地人民努力正确认识人与自然的关系。不过，最近这次峰会的讨论焦点很分散，以致生态问题经常被种族、正义、性别和贸易等其他事物所淹没。我认为，三次峰会本身不可能催生一个新的环境史；相反，峰会只是环境史也分享的、全球性的人对自然态度变化的另一种表现。世人皆知的“发达”国家和“发展中”国家之间的差距可能被夸大了。在美国，许多人的观点并非完全不同于“发展中”国家那些人的观点。乔治·布什就是一个例子。他和其他一些人仍然认为美国是个“发展中”国家！在他们看来，从来就没有足够的财富使之能停止对地球的剥削。另一方面，发展中国家的一些人，尤其是那些有石油可卖的国家的人，他们的发言听起来很像得克萨斯的商人。发展中国家的观点经常是由他们的城市精英来表述的，他们的思维很像许多发达国家的城市商人。穷人是怎么考虑自然的？我们很难知道。社会正义在所有国家都是一个实实在在的重要问题，它还经常会和环境保护发生冲突。我们能期待一个完全公正的社会吗？如果我们拥有这样一个社会，为了给每个人很高的生活水平，它会不会毁了我们的地球？在许多国家或全世界，环境史都没有一个唯一的观点。相对多地强调社会正义还是环境保护，这只是一个个人的决定，并不纯粹是一个把发达国家和发展中国家分开的事儿。它肯定随着个人的不同而不同。

问：“9·11”事件对美国社会和历史发展已经并将继续产生深刻的影响。作为美国最有影响的环境史学家之一，请您预测一下“9·11”事件后美国环境史的新走向。

答：“9·11”事件后，许多公众人物纷纷表示：“这是美国历史上最糟糕的一天”，“这是我们生活的转折点”。差不多所有的人都说：“我们将永远不会再像以前那样”。确实，我们从来就没有和以前一样，将来也不可能和现在一样。但更难应对的挑战是说出“9·11”袭击事件发生后什么发生了变化、什么没有发生变化。

美国发生了两个明显的变化。一是联邦警察坐上了客机，邮局增装了新扫描设备，阿富汗成立了新政府。从更深的层次来看，工业世界弥漫着新的脆弱感。过去用于征服自然的工具事实上反过来对付我们自己。现在我们最大也是最紧迫的恐惧来自飞机、摩天大楼、核电厂、实验炭疽和输油管线，而不是自然事件。难道现代社会的环境史从今以后要集中关注用于征服自然的、人为的技术保护层内天然附带的不安全吗？二是狂热的民族主义崛起，尤其是美国，被从头至尾涂成了红、白、蓝三色。这些颜色不会继续蔓延，但也不会很快消失。美国沙文主义很少能像现在这样甚嚣尘上、无处不在。甚至连环保组织也通过呼吁“支持你的国家”而卷入到爱国的情绪中。人们惊诧这一战略将对我们解释环境保护和环境运动的方式产生怎样的长远影响。从结果来看，人们尚不知道，爱国主义或民族主义对环境运动将起到好的作用还是使之自取灭亡？

美国人思想中三个固守的特征一直没有变，即使它们是把美国变成国际怨恨的靶子的罪恶之源。一是美国消耗了世界上大量的自然资源这一点没有变。美国人口占世界人口不到百分之五，但它消耗了世界石油生产的近四分之一，其他关键的自然资源消耗量也大体与此相当。美国经济占全世界经济总量的三分之一。我们是世界这个小池塘中的一头巨鲸。鲸鱼的本性就是要吞下更多的石油、钢材和木材。华盛顿的现政府并未对这种高消耗提出质疑。尽管美国花了很大精力处理“9・11”事件，但上至政治家下至平民百姓都无意讨论美国资源消耗问题。其实，美国的一些防卫措施不仅是保卫这个国家的疆界免受丧心病狂的暴徒的袭击，也是保护美国的消费权——用布什总统的话来说，就是保护“美国的生活方式”。二是美国忽视或漠不关心别的国家这一点没有变，我们信仰中的美国例外论也没有变。我们似乎还像以往一样坚信，外国的意见通常都是丧失理智的、在面对危险时是软弱和摇摆不定的，或者简单说来，与我们必须做的事无关。三是与其他许多国家一样，美国仍然在扩军、武器储备和高昂的国防预算这种意义上定义它的国家安全。如果布什总统继续当政，美国的军事预算将上升到世界武器和军队总支出的百分之四十；我们的开支将远远超过我们现实的或想象的敌人开支的总和。

在20世纪90年代，美国政治领袖虽然也谈论诸如苏联的崩溃在某种程度上归因于环境退化，水的冲突可能进一步加剧中东的不稳定，污染、气候变化和资源损耗都会给本已紧张的星球增添更多压力等话题，但是他们并没有认真对待国家安全与环境和自然资源的状况紧密相关的新思想。最近对国家安全进行重新定义的努力似乎也失败了。我们听到的更多的是关于中东宗教狂热的不稳定影响、对怨恨和仇视他人的狂徒的议论。我们很少听到关于石油对沙特社会的不稳定影响、或对中东地区长期以来滋生仇恨的贫困的探讨。这种贫困可以追溯到美国出现在这一地区之前，追溯到奥斯曼帝国的衰落和随后而来的欧洲帝国主义和掠夺。它甚至还可以进一步追溯至古代的土地退化和水退化。自那时起，中东就再也没有恢复过来。毫无疑问，在坚持旧的思维方式方面，美国并不孤独。但是由于我们有如此庞大的经济和军事力量，因此，缺乏变化的负面结果就会被放大，进而产生深远而又重要的影响。

在学术领域，环境史学家是一支很小的力量，在范围更大的社会中还显得形单影只。在深化公众对产生了如此多的暴力、自毁式仇视和痛苦的世界的认识上，我们能做什么呢？由于不能把我们的教室和杂志变成公开宣传的工具，我们能做的就是开始写作和教授更多的、从国际视野来观察的环境史。不管我们的课程是给研究生开的，也不管我们的祖国是哪一个，我们都要更清楚地意识到环境史的跨国界意义。无论是美国的学生，还是来自巴拿马、德国或加拿大的学生都比以往任何时候更需要我们的帮助，帮助他们理解诸如自己的消费方式，尤其是化石燃料的消费如何影响世界上其他地方这样的问题。他们需要知道全球不稳定和动荡的根源到底有多深。他们需要明白环境因素在当前世界政治的背景中处于什么地位、是如何起作用的。他们还需要研究无论是在过去还是现在环境退化如何导致了国际紧张和侵略。去年“9・11”事件发生的时候，正是我给学生上一门新课“世界环境史”（与其说是新课，不如说是我重新恢复的旧课更好）的第三周。我们当时正在讨论世界贸易中心衰落时的美索不达米亚与底格里斯河和幼发拉底河沿岸的古代大河文明。后来当美国轰炸阿富汗时，我们讨论了丹尼尔・希莱尔的《伊甸园之河》一书中的某些思想，这是一位研究土壤和水的科学家对环境问题如何导致中东冲突的看法[①]。超越美国或澳大利亚环境

① Daniel Hillel, *Rivers of Eden: the Struggle for Water and the Quest for Peace in the Middle East*, Oxford University Press, 1994.

史进而在我们的大学发展出更具国际或世界视野的环境史，现在恰逢其时。即使在那些继续教授或写作美国或其他国家环境史的地方，我们也应该时常问自己怎样才能使我们的分析和公民意识更多一些全球性。全世界都在满怀希望但已有点不耐烦地等着看，美国是否能像它扩展军事和经济霸权那样为世界提供道德上的领导。在历史上，这种领导(我认为是富兰克林·罗斯福时期)不但是保卫民主、自由和人权的努力，也是保护自然资源、教人尊重自然界的努力。在恢复这种领导权的过程中，环境史只能扮演一个小角色。它能鼓舞文化发生比我们自“9·11”以来看到的更为根本性的变化。总之，这样的历史将使人更多地意识到美国这头巨鲸对世界资源的影响，更多地关注我们这个星球的命运。

沃斯特的环境史学对美国乃至世界的环境史研究都产生了深远影响。他的学生斯泰因伯格被认为是美国正在崛起的、第二代环境史学家的主要代表之一。他的《转向土地》被认为是至今最好的一部美国环境通史。他写作这本书的目的就是要改变人们对美国史的传统看法，使之转而关注环境史。他第一次彻底把环境置于美国史研究的中心位置，认为环境变迁的最重要和唯一动力既不是人口增长，也不是技术更新，而是自然被商品化。从某种意义上说，这本书在一定程度上实践了沃斯特的理论。所以，他把这本书献给了沃斯特。这也从一个侧面反映了沃斯特对环境史研究的巨大贡献和他在环境史学界的崇高地位。但是，环境史研究毕竟还是要向前发展的。90年代以来，美国环境主义运动的发展日渐注重解决导致环境退化的社会现实问题，环境史的研究主题和分析模式日渐多元化，世界环境史研究也在逐渐展开。这都要求环境史学家要与时俱进，开拓创新，创造出更能给现代人以启迪和智慧的历史来。沃斯特仍然笔耕不辍，他的下一个出版计划是在2006年完成美国环境主义的先哲、约翰·缪尔的传记。沃斯特对中国的环境史研究期待殷殷。确实，没有中国环境史研究的大发展，要修成世界环境史几乎是不可能的。中国需要更多的环境史学家。

第二章

马丁·麦乐西与美国城市环境史研究

马丁·麦乐西是美国休斯顿大学杰出历史学教授，公共史研究所所长，主要研究环境史、公共史、能源史和外交史，是美国城市环境史研究的扛鼎人物，曾经担任“美国环境史学会”（1993—1995）、“公共史全国委员会”（1992—1993）和“公共工程历史学会”（1988—1989）的主席。出版了九部具有重要影响的著作，分别是：《公共政策和环境》（2004 年），《排放的美国：城市、工业、能源和环境》（2001 年），《环卫城市：从殖民地时期至今的美国城市基础设施》（2000 年），《城市公共政策：历史模式与方法》（1993 年），《托马斯·A. 爱迪生与美国现代化》（1990 年），《应对富裕：美国工业化时期的能源与环境》（1985 年），《城市垃圾：1880—1980 年的垃圾、改革和环境》（1981 年），《1870—1930 年美国城市的污染与改革》（1980 年）和《珍珠港的阴影：1941—1946 年关于突袭的政治争论》（1977 年）。马丁的论著多次获得重要奖励，1972 年初出茅庐就以“眼不见、心不想：1860—1920 年美国的环境与都市垃圾处理”一文荣获全国研究生优秀论文“乔治·P. 哈蒙德奖”。《环卫城市》一书出版后，好评如潮，先后荣获“美国环境史学会”2000 年优秀著作“乔治·伯金斯·马什奖”、“公共工程历史学会”2001 年优秀著作“亚伯·沃尔曼奖”和“美国城市史学会”2001 年优秀著作“城市史学会奖”。马丁教授曾经担任赫尔辛基大学和巴黎第八大学的访问教授，积极参与欧洲环境史学会和城市史学会的学术活动，在欧美城市环境史研究领域享有盛誉，在一定程度上引领着这一领域的发展方向。

本章分为两个部分。第一部分试图总结马丁教授对城市环境史研究的主要贡献；第二部分是对马丁教授的访谈，马丁教授就美国环境史研究中出现的一些重大问题做出了进一步的申论，这对我们深入理解美国环境史的发展无疑是非常有利的。美国城市环境史研究的另一位领军人物朱尔·A.塔尔教授[①]也对相关问题做了简短而又独特的回答，本章将以注释的形式列出。我国的城市化进程随着工业化的迅速推进而日新月异，但对城市史的研究仍以"城市郊区化"和"回归城市的新都市主义"的争论为主线，忽视了对城市环境史的研究。从学术研究的视角看这至少是不全面的，从可持续发展的现实要求来看是不适应形势的。相信马丁教授的研究会对我国的城市史研究和建设可持续发展城市有所启示和借鉴。

第一节　马丁·麦乐西的城市环境史研究

马丁教授从事城市环境史研究是从1971年在得克萨斯大学读研究生时开始的。当时美国的环境运动风起云涌，这是环境史研究兴起的时代大背景。但是与唐纳德·沃斯特等人的环境史概念不同，马丁认为环境史并非像社会史、政治史或城市史一样是一个特殊研究领域或分支学科，而是一种思维方式，是从更广阔的、人与环境的关系的视野来研究历史的工具，是观察我们社会的引人入胜的基本视窗。与一般的历史学研究不同，环境史从时间、空间和与文字资料具有同样史料价值的景观三个方面来研究历史现象。它虽然不能完全改变传统历史学研究以人为中心的取向，但自然环境从此成为形成和认识人类社会和文化的重要因素。环境史在兴起初期注重道德和政治呼唤，但在走向成熟时，环境史已经成为理解当前政策和塑造今

① 朱尔·A.塔尔是美国匹兹堡大学历史系教授，是美国城市环境史研究的开拓者和代表学者之一。马丁·麦乐西曾赞誉他的影响绝不仅仅局限于此，认为他的能量和聪明才智对城市环境史研究的贡献是多方面的。他编辑了多本城市环境史研究的专题论文集和杂志专辑，组织了多次城市环境史研究的专题讨论会，培养了多位城市环境史研究的博士和青年历史学家。Martin Melosi，"Foreword"，in Joel A. Tarr，*The Search for the Ultimate Sink: Urban Pollution in Historical Perspective*，The University of Akron Press，1996，p. XXI.

后政策的强大武器。[①] 所以环境史首先为我们提供了一种观察事物的新视野，其次才是提供了新观点。马丁认为，只有这样认识环境史研究，才能给它以合适的定位并消除一系列由于定义不当而引起的复杂问题。[②]

在这个大概念之下，马丁经过艰苦的研究和论争逐步形成了自己的城市环境史概念。城市环境史研究在美国的发展并不是一帆风顺的，因为在美国环境史研究中，唐纳德·沃斯特的农业生态史模式影响非常大。他认为，环境史研究自然在人类生活中的作用和地位，这里的自然指的是非人的自然，所以环境史研究的焦点应该是农村而非城市，城市是作为文化建构的人造环境，建筑史、技术史和城市史早已进行了很好的研究，新兴的环境史不必重复这个老题目，城市被他排除在环境史的研究主题之外。[③] 但是，马丁教授并没有盲目崇拜权威，而是为了给城市环境史正名毅然进行探索创新。他的勇气首先来源于他对城市的热爱。马丁生在城市、长在城市，日后还游历了欧美许多国家的城市，亲属中也有人从事环卫工作，所以从小就对城市的诸多问题感兴趣。但促使他走上城市环境史研究道路的主要或直接原因还是H. 韦恩·摩尔根教授开设的关于镀金时代和环境史的研讨课。摩尔根教授鼓励并引导马丁研究城市环境问题，也帮助他把自己的研究成果发表出来。这篇习作为他赢得了第一个全国性奖励，这种认可、褒奖坚定了他开拓城市环境史这一新领域的决心，即使被别人嘲笑为“垃圾史学家”（Garbage historian）也在所不惜。他坚信，城市环境史是一块有待开垦的处女地，具有很强的挑战性。环境史像关注荒野和自然保护一样关注所谓“人工环境”的时代很快就将到来。[④]

马丁教授勇敢地向沃斯特的主导环境史模式发起了挑战。马丁认为，沃斯特的主张是不合乎逻辑的，与其说他的定义是精心思考的结果还不如

---

① Martin V. Melosi, “Environmental history as a mode of thinking”, in Shannon K. McClendon and Martin Melosi (eds.), *Comparative Environmental Management in the Americas: Social, Cultural, and Legal Perspectives*, Houston: Institute for Public History, 1993, p.88, p.93.

② Martin Melosi, “Public History and the Environment”, *The Public Historian*, Vol.15, No.4 (Fall 1993), p.18.

③ 参看包茂红，《唐纳德·沃斯特与美国环境史研究》，《史学理论研究》，2003年第4期。

④ Martin V. Melosi, “Urban Pollution: Historical Perspective Needed”, *Environmental Review*, 3 (Spring 1979), pp.37—45. “The Urban Physical Environment and the Historian: Prospects for Research, Teaching, and Public Policy”, *Journal of American Culture*, 3 (Fall 1980), pp.526—40.

说是一个修辞的技巧性说法。他呼吁城市环境史学家要在前辈社会科学家开拓的概念的基础上发展出对城市成长和城市体系扩展进行生态分析的新概念，既要研究城市人工环境也要研究它对自然环境的影响。马丁在检视城市环境研究的发展历程后认为其中存在三类问题：一是城市在环境史中的地位仍然没能得到很好的定位和解释，城市环境的研究只是环境史的附庸而非有效整合，其中大部分仍然没有脱出城市史和技术史的窠臼；二是城市环境史虽然拓宽了我们对城市的认识，少数研究也吸收了城市生态学的有限知识，但其理论基础依然薄弱。三是现有研究多专注于狭隘的内在论和经验研究，多注重城市如何发挥功能，而忽视对城市如何对周围更大的自然环境发挥作用的研究。综合来看，最关键的问题是要从理论上廓清城市的环境史特点。

马丁梳理了美国与城市环境有关的各分支学科的研究成果，提出了自己对城市环境的新认识。他认为，在此之前，诸如地理学、政治学、社会学、心理学等社会科学已经研究城市环境，但缺乏历史视野。城市史学家更多地研究城市的成长及其政治、经济、文化等方面，并没有认真关注环境问题。环境史学家虽然注重对人与自然关系的研究，但实际上忽略了人作为城市居民的属性。所以，虽然出版了一些研究城市水污染、大气污染、噪音、废弃物、环卫和公共卫生等方面的文章和著作，但没有从整体上研究美国城市环境史的著作，也没有对城市环境史的理论进行探讨的文章。不过，社会科学的许多研究领域都对城市史和环境史研究提出了新的要求和启示，认为："在人类历史中，现在是一个环境和城市问题爆炸的时代。从更大的范围来看，城市的需求、功能和扩张导致了环境病。反过来，健康的城市生活要求我们理解和善待城市及其周围复杂的自然环境。"[①]也就是说，城市环境问题是一个急需研究的历史课题。新城市史的代表人物赫斯伯格顺应时代要求，呼吁城市史研究不能停留在把城市仅仅看做是一个地方的旧思维上，而应该把城市看成是一个过程，其动力模式是三大因素（环境、行为和团体经历）在更大的城市系统中的相互作用。[②]此后的城市史研究在三个层面上展开：

---

① Thomas R. Detwyler, Melvin G. Marcus(eds.), *Urbanization and Environment*, Belmont, 1972, p.VII.

② Theodore Hershberg, "The New Urban History: Toward an Interdisciplinary History of the City", *Journal of Urban History*, 5(Nov., 1978), p.33.

一是研究城市的成长和扩展，尤其是经济发展和技术进步与城市化的关系，并据此对城市发展进行分期。二是研究影响市民生活的城市形态和结构，引入了城市形象的概念。三是研究城市生活质量，从而把城市环境与人的反应直接联系在一起。[①]尽管城市史在研究环境方面有一定进展，但是它并未与环境史有机结合，关键问题是如何认识城市？它是一个文化建构还是一个自然环境呢？马丁教授详细分析了城市生态学的发展历程，从有机论、调节论、生态论和系统论中吸收了有用的因素[②]，提出了自己对于城市的观点。他认为，城市不但与生态系统有隐喻关系，而且至少还是自然界的一部分或派生物。城市还是自然界的主要调节者，城市的成长模式和社会秩序都具有生态意义。另外城市还是一个开放的系统。[③]应该说，对城市的这种生态学解释不但给批驳沃斯特把城市排除在环境史研究之外提供了理论基础，也给城市史与环境史的融合、城市环境史自身的发展奠定了内在的理论基础。也就是说，从此以后，城市环境史不但有了学科归属，其发展也名正言顺。

在此基础上，马丁教授提出了自己的、内涵更丰富、外延更宽泛的城市环境史概念。在此之前，塔尔已经提出了一个城市环境史定义，他认为，城市环境史"主要研究人造或以人为中心的结构（'人工环境'）和技术如何塑造和改变城市地区的自然环境，以及这些改变对城市及其人口随后发生了什么样的反作用"。[④]显然这个定义忽视了自然环境对城市的塑造作用。马丁认为，除了塔尔提到的研究内容之外，还应该包括城市地区的自然特点和

---

① Martin V. Melosi, "The Urban Physical Environment and the Historian: Prospects for Research, Teaching, and Public Policy", *Journal of American Culture*, 3(Fall 1980), pp.528—532.

② 有机论认为，城市可以比做人体，是一个自然系统、一个转型的资源联合体，也是"第二自然"。调节论认为，城市是废弃物生产者，也是个"热岛"，还对水循环和大气都产生了影响。生态论比较复杂，把城市放在"生态复合体"中分析其空间模式、组织结构、生态扩张和组成部分的成长。系统论认为，城市是城市体系中的一个子系统，这个系统不但是活动的，也是开放的，而且其中的技术系统既有内部影响也有外部影响。

③ Martin Melosi, "The Historical Dimension of Urban Ecology: Frameworks and Concepts", in Alan R. Berkowitz, Charles H. Nilon, Karen S. Hollweg (eds.), *Understanding Urban Ecosystems: A New Frontier for Science and Education*, Springer, 2003, p.197.

④ Joer A. Tarr, *The Search for the Ultimate Sink: Urban Pollution in Historical Perspective*, The University of Akron Press, 1996, p. xxii.

资源与自然力、城市成长、空间变化和发展，以及人类活动的相互形塑。正由于此，城市环境史把城市自然史的研究和城市建设史以及它们之间可能的关联这三部分整合在一起。[①] 城市既是自然的生态系统（这一思想早在18世纪末就已出现），具有像有机物一样的新陈代谢的功能；也是文化的建构，在某些方面区别于自然环境而与社会以及周边更广泛的自然系统紧密相连。因此城市环境史既与技术史、规划史、建筑史和政治史有关，也与它们有所区别，主要是利用城市生态学的理论研究城市的成长、基础设施、污染以及与城市相关的自然环境的历史演变。唐纳德·沃斯特认为城市只是文化的建构从而把它排除出环境史是没有道理的，同样认为城市就是一个有机体的说法也是片面的。[②] 应该说把"自然环境"和"人工环境"进行僵化的区分是不合适的，自然并不像人们想象的那样自然，它也是人类的文化建构之一，农业本身就是一个非自然的事业，[③] 城市也不例外。所以城市史学家关注城市本身，城市环境史学家研究城市的环境，即自然在人类生活中的地位。当然，这里所说的自然肯定不是沃斯特环境史概念中的那个自然。具体说来，城市环境史主要研究四个方面的问题，分别是：城市对自然环境的影响；自然环境对城市的影响；社会对这些影响的反应以及减轻环境问题的努力；人工环境的发展及其在作为自然环境一部分的人类生活中的作用和地位。

以此理论为指导，马丁教授对美国城市环境史进行了深入研究，重点是19和20世纪美国的城市——工业社会。研究这些问题无疑对接受外交史训练的马丁来说是一个巨大的挑战，但他并没有退缩，而是迎难而上，认真补习了市政府如何运作、技术如何发展、城市服务体系的扩展、城市财政政策的特点、垃圾处理和能源供应等方面的专业知识，开始探索城市成长、城市污染和工业化之间的相互关系。这样的研究显然已经超越了城市史、技

---

① Martin Melosi, "The Place of the City in environmental history", in *Effluent America: Cities, Industry, Energy, and the Environment*, University of Pittsburgh Press, 2001, p.126.

② Graeme Davison, "The city as a natural system: Theories of urban society in early nineteenth century Britain", in Derek Fraser & Anthony Sutcliffe (eds.), *The Pursuit of Urban History*, London, 1983, p.366. Spenser W. Havlick, *The Urban Organism*, New York, 1974, p.12.

③ William Cronon (ed.), *Uncommon Ground: Rethinking the Human Place in Nature*, W. W. Norton & Company, 1996, p.25, 80—81. *Nature's Metropolis: Chicago and the Great West*, Norton, 1991.

术史和一般环境史的范围，开拓出了具象的城市环境史的雏形。1980 年出版的《美国城市的污染和改革》全面考察了 19 世纪和 20 世纪初的工业化对城市成长的环境影响（污染和环境危机的范围，城市环境意识的出现，改革者在大规模的污染出现时为改善城市生活质量作出的努力），并以其范围的全国性和时间的历史性以及对将来该领域发展方向的正确预言而被公认为城市环境史的拓荒之作。[①] 综观其学术活动，他的研究成果可以从以下几个方面来概括：城市垃圾史；城市环境改革史；城市服务史；城市能源史；城市环境正义运动史等。在研究这些问题的过程中，马丁教授也深刻思考了美国城市环境史的功能问题。

垃圾自古以来就存在，因为人类要生产生活就必然会排放和处理废弃物。但是垃圾问题却不是一直存在的，垃圾只是在现代工业社会的城市才成为一个重要问题。垃圾问题是由工业革命以后大规模的工业生产和人口集中造成的。工业革命对城市生活的影响虽然并非都是负面的，但确实导致了史无前例的城市环境退化。与欧洲不同，美国的城市垃圾问题表现出不同特点：一是美国虽然自然资源丰富、空间广大，人口少，但是这些条件并没有让城市免受垃圾和流行病的困扰。二是美国工业的急速增长与城市化同步，出现许多工业城市集中的、深受拥挤、污染、噪音、垃圾和有毒废弃物困扰的城市带，形成了大范围的环境危机。人口迅速流入城市加重了环境危机，死亡率上升。三是解决环境危机的努力是零星的。在 1870 年代以前，美国主要解决对人体危害最大的污水问题，而煤烟却被看成是物质进步和经济发展的象征。水问题解决后，美国开始关注垃圾问题，承认它是工业时期的一个重要污染物。19 世纪末 20 世纪初，固体垃圾排放量急速增长，超出了传统的收集和处理能力。但当时人们并不认为垃圾是一种环境危害，而是把它看成是给人造成暂时不方便的讨厌事，因此只要把它移出人们的视线范围就算解决了问题。到 1970 年代，美国人逐渐意识到了垃圾问题与美国的物质消费和资源保护的联系，告别了治标不治本的做法。虽然这种意识没有成为环境保护思想的主流，但是超越仅仅处理垃圾转而探讨垃圾的起源确实是一大进步。垃圾被认为是城市过程的一部分，是与人口增减、

---

① Martin V. Melosi, *Effluent America: Cities, Industry, Energy, and the Environment*, University of Pittsburgh Press, 2001, p.7.

地理位置、气候波动、经济政治和社会条件纠结在一起的。解决垃圾问题的关键在于关注垃圾问题的“前端”即垃圾生成问题，要减少废弃物的生产而不是设法收集和处理垃圾。从此以后，主流的美国环境主义运动开始关注城市生活，探讨与荒野和农村不同的另一种环境模式。

成功处理垃圾问题不仅需要对污染问题的态度和处理技术发生改变，更需要城市环卫制度的改革。把垃圾问题看成是对整个城市社会的威胁的新认识促使城市居民把垃圾处理看成是市政公共责任，必须透过市政府的机制转换来解决，因为城市化规模的迅速扩大致使私人在垃圾处理方面无能为力。市政府要组织受过专门教育的环卫工程师形成垃圾处理的工作程序和计划，还要鼓励市民大众遵守环卫条例，促进公众参与清洁活动，说服他们采用更好的垃圾收集与处理方法。城市环境改革不但开创了美国历史上垃圾管理制度化的先例，而且对城市居民参与20世纪初的功利性保护运动和1960年代的生态运动产生了深远影响。但是这次改革也有局限性，它虽然注意到了物质进步只有在注重自然环境的质量的情况下才有意义，但是它确实没有反思并改革环境污染与工业化和城市化的经济利益之间的关系，更没有质疑造成严重的废弃物的经济体系和社会。显然仅仅研究城市环境改革并不能完全揭示出治理垃圾问题的复杂性和艰巨性。马丁教授的《城市的垃圾》一书超越了从政治改革探讨城市环境问题的做法，转而从“决策”的视角来观察污染政治和城市服务体系的发展，如工程师、卫生学家、市民领袖和市政官僚如何互动、私有企业如何承担公共职责、环卫技术的内在价值、政府的作用等。[①] 尽管已取得了丰硕成果，但马丁教授认为，城市垃圾与环境改革史的研究尚需继续努力，对诸如核废弃物对环境的影响、不同的运输形式造成的污染、公共环卫工程的发展、污染对特定城市的影响等问题的研究还需要加强。[②]

从城市垃圾史的研究中可以发现，能源在城市污染中发挥了重要作用；加上当时出现了能源危机，马丁教授逐渐深入到能源史研究领域。这里所

---

① Martin Melosi, *Garbage in the Cities: Refuse, Reform, and the Environment 1880—1980*, Texas A & M University Press, 1981.

② Martin V. Melosi (ed.), *Pollution and Reform in American Cities 1870—1930*, University of Texas Press, 1980, p.207.

说的能源主要指化学能、热能、机械能和电能。能源与国家的政治、经济、社会、文化和自然环境有密切联系。薪材、煤炭、石油、电力和核能的开发对美国的工业化和经济现代化发挥了重要作用，但能源被过度商品化导致了对其环境影响的忽视，在做出剥削能源的决定时几乎没有考虑能源的环境影响。另外由于美国是世界上资源最丰富的国家之一，美国也就成了世界上能源最浪费的国家之一。从能源史的视角可以把美国历史划分为四个阶段。第一阶段是从1820年到1914年、美国实现工业化的时期。在美国工业革命中，薪材和煤是基本的能源，石油是主要的照明来源，电力系统得到了发展。煤的开采和燃烧既破坏土地也污染了城市的大气。第二阶段是从1914年到1945年，石油成为最重要的能源，电力的生产和使用量急剧上升。石油开采造成的污染主要表现为油管泄漏，石油使用产生的问题主要是汽车尾气。第三阶段是从1945年到1970年，美国进入后工业时代，对能源的需求超出了自己的生产能力，开始从全球组织能源供应。重化工业的污染弥漫全国。第四阶段是1970年代以后，能源危机严重冲击美国的经济和价值体系，核能得以大力发展。[①] 能源生产和利用的环境影响越来越引起人们的注意。19世纪末和20世纪初的保护主义、效率运动和各种反污染运动都是某种对由浪费性或破坏性的能源实践造成的特殊威胁的直接反应。到1960年代末，现代环境运动和正在出现的能源危机的结合促使人类对能源利用的环境代价从经济和政治等方面进行反思。“大气质量法”、“清洁空气法修正案”、阿拉斯加输油管问题、三里岛事件等都与城市能源使用问题有直接关系。

在城市发展过程中，服务系统作为城市的循环系统和表达与城市生活和城市发展相关的当代环境思想的重要载体，在城市的功能和成长中发挥着不可代替的作用，不但形成了城市的基础设施，还规定了城市的生活质量。马丁教授从全国范围研究了从殖民时代到2000年的美国城市的水供应、废水、固体废弃物处理等环卫服务的发展、评估了它对城市成长和环境的影响。马丁分析城市环卫史的理论基础主要有三部分：第一是生态理论，它把环卫服务置于更大的有机环境范围内、评估它对城市及其环境的影响，据此

① Martin Melosi, *Coping with Abundance: Energy and Environment in Industrial America*, Temple University Press, 1985, p.8.

可以把美国城市环卫史分为瘴气（臭气引起疾病的环卫思想）时代（从殖民时代到1880年）、细菌学革命时代（1880—1945）和新生态学时代（1945—2000）。第二是系统理论，认为环卫服务不光是一个有机体，还是一个特殊的技术体系。这个体系与城市的其他部分相互作用，形成相互依赖的更大系统。据此可以鉴别和解释环卫服务本身的功能、动力、结构和发展。第三是路径依赖理论。它源于经济理论，认为第一代的选择毁掉了后一代进行其他可用的选择的可能。也就是说过去的选择对现在的可能性形成重要制约。新技术使用时还会出现闭锁现象，先使用者会把后使用者边缘化，并闭锁了其他技术的使用，产生对次好技术的途径依赖。[1] 在这些理论基础上，马丁教授主要探讨了三方面的问题：大众健康和生态理论对环卫服务实践的影响；主要决策者在决定提供何种服务中的作用——环卫人士、工程师、医生和政治领袖；这些选择的环境意涵。从这些具体研究中，马丁教授揭示了技术系统、城市成长和环境影响之间的紧密而又复杂的联系。

环境正义运动因为主要关注城市有毒废弃物的问题自然就成为马丁关注的另一个焦点问题。与环境正义相关的还有环境种族主义和环境平等。环境种族主义是传统的种族主义之有意或无意的扩展，主要指在政策制定、法律执行和把某个社区选定为污染工业和废弃物处理的地方等方面存在歧视。环境平等指在有关条例、法规和实践指导下平等地对待和保护所有民族，不偏袒多数民族。环境正义在外延上比前两者都要广泛，强调所有人都有权享有安全和健康的生活和工作空间。这里的环境不但包括自然环境，还包括社会、政治、经济等内容。现在的分析家、决策者、媒体和政治倡导者更乐意用环境正义这个概念。[2] 环境正义运动并不是从主流环境主义运动中发展出来的，其根源是1950—60年代兴起的民权运动，催化剂是1979年的瓦伦抗议运动。从此以后，美国公众对有毒废弃物的关注就像在三里岛事件后对核问题的担心一样强烈，环境正义运动很快从“不在我后院主义”（NIMBYism）发展成“不在任何人后院主义”（NIABYism，也包

---

① Martin Melosi, *The Sanitary City: Urban Infrastructure in America from Colonial Times to the Present*, The John Hopkins University Press, 2000, pp.2—14.

② Martin Melosi and Philip Scarpino (eds.), *Public history and the environment*, Krieger Publishing Company, 2004, p.227.

括发展中国家）。在许多学者看来，这是一种激进的环境民众主义（Radical environmental populism）。[①] 它的迅速发展推动联邦环保局成立了环境正义办公室，国会虽然至今没有通过环境正义法，但克林顿总统在 1994 年 2 月发布了第 12898 号总统命令，要求“联邦政府为了达到环境正义的目标，必须关注少数民族和低收入阶层所在社区的环境和人类健康状况。”由此可以看出，环境问题在某种程度上就是种族和阶级问题。从环境史的视野来看，环境正义运动提出了许多新研究议题，如环境正义与种族、阶级和性别的确切相互关系，是先有贫穷后环境恶化还是先环境恶化然后少数民族迁入？环境是一个文化建构还是一个自然存在？少数民族和主体民族的环境感知有何不同？环境正义运动中的人类中心主义取向与现代环境主义运动中的生态中心主义之间的冲突；直接影响居民生活质量的城市环境问题的重要性；环境主义运动本身的目标和性质问题等。[②]

环境史学毫无疑问也是长线的基础研究，它有什么用呢？它比传统的历史学在就业市场上有什么优势呢？马丁教授在这一方面也做了有益的探索。尽管初期的许多环境史学家被认为是环境倡导者，但环境史研究并没有得到公众的强烈响应。政策制定者、商业领袖和环境主义者也不会自觉吸取“历史教训”。当时还出现了严重的史学危机，年轻的史学家在历史学圈子内寻找工作的成功率极低，即使得到了职位，不但薪水低而且升迁机会少。马丁敏锐地意识到了这些问题的严重性，呼吁城市环境史与公共政策史和工程史结合。他认为，城市环境史的跨学科研究性质及其研究当前问题的历史根源的学术旨趣都会帮助年轻的历史学家跳出传统的束缚，超越狭隘的职业目标，积极向历史学圈外发展。1977 年，面对日益严峻的就业形势，美国专业历史学家成立了“促进历史学发展全国协调委员会”，鼓励历史学家积极向公共政策领域发展，还提供许多可能需要专业史学家的新领域的信息，包括政府的环境项目和规划，政府中需要以历史分析为管理工具的办公室和项目等。也就是说要把学生培养成面向社会、贴近市场的而

① Andrew Szasz, *Ecopopulism: Toxic waste and the movement for environmental justice*, Minneapolis, 1994, p.6.

② Martin Melosi, “Equity, Eco-racism and Environmental History”, *Environmental History Review*, Vol.19, No.3 (Fall 1995), p.11.

不是学究的公共历史学家（Public Historian）。其中一个广阔领域就是公共工程史，主要项目是历史自然和文化遗产。在这个领域，历史学家可以和公共工程专家结合起来，把历史分析应用于处理当前的公共服务和环境问题。城市环境史学家可以在以下四个方面发挥作用：在准备“环境政策法”委托的环境影响研究时提供历史分析（有说服力的资料和适当的分析框架）；研究申请专利时被忽略或拒绝的项目是否在当前可用；就城市规划进行咨询；为环境项目或为设立新项目提供专业证据（历史学家能鉴定历史证据的准确性和确定其适用范围）。到 1980 年代，公共史学也已走出为史学家寻找学术研究以外的工作的初期目标，转向了用历史学的通用方法技巧（研究、分析、解释和交流）影响大众。实际上，城市环境史作为一种思维方式非常强调交流和重视受众。公共史学与城市环境史在环境问题上的融合与互动就成了自然而然的事情。[①] 城市环境史研究为专业历史学家和大众开启了互动的大门，主要表现在两方面，一是把历史模式和方法应用于对当前环境问题的处理；二是历史学家可以通过多种方式把环境问题展示给大众。例如文化资源管理（濒危物种保护区、国家公园、文化生态旅行等），诉讼支持和环境补偿（专家见证和补偿认定），博物馆（环境展览）、媒体（传播环境文化的绿色荧屏）和历史学会（环境历史旅行），政策分析（用环境史的研究成果影响联邦环境政策和大众的选择）等。[②] 城市环境史研究者还可以成立历史咨询公司，通过向委托人提供历史资料和合理分析来帮助他建立信心。例如阿兰·奈韦尔的“历史研究同人有限公司”不但做环境影响评估报告和历史资源概览，也写自然资源管理史，还寻找有毒废弃物所在地的潜在负责方，还帮助诉讼方就水权、历史上的土地利用、河流的航行权等打赢官司或减免罪行。需要注意的是，这些公司的工作首先必须遵守国家的法律和有关规定，其次必须保守委托人的秘密，在与委托人的协议之下展开工作。某些国家机构也雇佣环境史学家来写历史、筹备展览、组织编写文集、或从事资源评估的工作。但必须注意不要成为“御用历史学家”（一味吹捧或为其辩护），也必须协调历史学家的兴趣和单位的特殊性与保密性之间的矛盾，

---

① Martin Reuss, Shelley Bookspan, “Environmental history and public historians”, *ASEH News* 2 (September, 1991), p.1.

② Martin Melosi and Philip Scarpino (eds.), *Public History and the Environment*, p.VIII.

也就是说机构史学家和专业史学家以及咨询员这三个角色之间要达成协调平衡。另外，无论是专业史学家、咨询员、机构史学家和咨询公司都应该设法普及自己的环境史研究：把自己学术化的成果转化为群众喜闻乐见的知识读本、儿童读物等；制成资料片或其他影视作品；与本专业圈子之外的专业团体讨论自己的环境史研究成果；举办更多的丰富多样的环境史展览；积极参与广泛的文化资源管理项目。一句话，就是要利用多种形式和渠道，把学术成果变成大众知识。

总之，马丁教授在美国城市环境史研究中不但进行了大量理论建设，还做出了深入细致的具体研究，更难能可贵的是他指出了美国城市环境史研究今后需要着力发展的方向。一是进行世界性的比较研究。世界各国的工业化、城市化和环境问题的具体表现肯定不相同，但城市成长、污染、服务处理等肯定有相同之处。美国的经验是进行比较的一个有用的参照系。二是社会史研究与环境史的相互交叉。在过去三十多年，社会史大发展，影响了许多新兴的分支学科，社会学家安德鲁·萨兹（Andrew Szasz）的"生态民众主义"对我们认识种族、阶级和性别在环境运动的演变中发挥的重要作用非常有益。三是深化城市环境史与公共史的相互渗透。2004 年 3 月召开的美国环境史学会的年会就是与公共史学会合作，就两者共同关心的问题进行深入研究。在这些认识的基础上，马丁把自己的下一个研究计划确定为撰写《环卫城市》的姊妹篇《网络化城市》，探讨网络城市的交通、运输和能源系统及其对环境的影响，最终回答他开始研究城市环境史时所提出的基本问题。①

① 马丁的城市环境史研究是从对两个基本问题发问开始的，一是城市如何适应自然界？二是蚁冢和城市有何区别？

第二节　马丁·麦乐西访谈

问：城市史和环境史都是相对较新的分支学科，这两个不同研究领域是怎么融合在一起的？

答：要回答这个问题既简单也复杂。环境史由于具有宽泛的关注点和多学科的视野而很有包容性。虽然环境史领域最初的研究重点聚焦在人与自然的关系上，但是把人放在一系列环境（包括城市）中来考虑似乎也是很合适的。城市环境史领域的大多数初期研究要么研究城市内部的自然发展及其环境含义（例如污染的发生），要么区分"自然环境"和"人工环境"。在许多情况下，"人工环境"被认为外在于自然，是人重塑自然或毁坏自然的产物。这种观点的主要内在假设是：城市建筑在本质上是非自然的，因此它外在于人与自然的关系，或者至少与它相反。如此一来，城市就被认为是人对自然的入侵。这一视角的问题在于：它假定人类的建筑物或耕种物在本质上都是非自然的、或者假定耕种的不同形式之间存在根本差异，换言之，就是把农业与城市建筑对立起来。通过这些假定，这个视角把人远远排除在自然界之外。它还假定非人的生命体形成的巨变——例如海狸形成的海狸坝——也必须用与看待城市建筑不同的眼光来关照。对我来说，这似乎与从历史角度研究环境所需要的基本前提是互相矛盾的。其实，城市史与环境史有合乎情理的交集。研究城市的内在发展和城市与周边地区的联系的城市生态学就需要也应该有一个历史基础。如果把城市看成是人为了不同目的而开拓的对象，那就肯定能把城市史和环境史协调起来。

问：在美国环境史研究中存在着城市环境史与农业生态史之争，您如何评价农业生态史模式？如何整合这两种观点？[①]

答：在某一段时间，您提到的这两种观点之间可能存在鸿沟，也肯定有观察环境和环境史的不同方式，但这更像是多元的视角而不是某种两极的

① 朱尔认为，沃斯特的农业生态史范式有很大的局限性，人们还必须研究城市和工业环境。在历史上，城市与它的农业地区和周边地区是相互作用的。城市既剥削城市所在地的环境，也剥削周边地区的环境。周边地区的物质流向了城市经济，反过来城市的物质也流向了周边地区，例如粪肥、废弃物等。

冲突。我认为，由于学者们经常试图区分自然环境和人工环境，这就形成了某种类型的知识鸿沟。其实，那些把知识资本全部投入农业生态史观点的学者通常不探讨城市问题，同样那些研究城市的学者也很少跃出城市的范围。但我并不认为这会形成某种知识冲突。进而言之，必须在比诸如城市与乡村、城市与自然等更广阔的背景中考虑它们的"位置"。我坚信，在大多数学术研究领域，这种类型划分现在已不再会流行。这种类型划分流行的领域是那些以特定的环境为研究对象的领域，主导这种环境的是一种或另一种人类耕作方式、自然扩张性、经济发展等。令人有点吃惊的是，研究欧洲环境史的许多学者比澳大利亚或美国学者在城市发展中投入的注意力要比研究自然多。然而，即使是这样的观察也存在粗率的简单化的问题，与20世纪的欧洲相比，10世纪的欧洲是非常不同的，因此对城市的关注在时间和空间上都是有局限的。最近出版的大部分环境史论著对问题的分析都很复杂深刻，都否定了简单的城市与农村、城市与自然的两极区分。学者们正在探讨超越了这两极的广泛问题。在许多方面，环境史的研究热点正在从旧时对"自然是什么"的冥思变成对新问题的探讨，这些新问题是从不同角度研究人与自然界的关系的新思维提出来的。对语言、感知、文化态度等的关注都要求我们超越诸如认为城市与自然必然发生冲突的静态建构。

问：您心目中的城市环境史是什么？它的主要内容和研究方法是什么？[①]

答：我认为，城市环境史就是城市及其所在地区的自然特点和自然资源既影响了自然力、城市成长、空间变化、发展和人类活动，又被这些因素塑造的历史。因此城市环境史就是城市自然史和城市建筑史研究的结合以及他们可能的相互作用。这种复杂化也许没有必要，但是它包含了人的构造物和城市以外的世界之间的互惠关系。我并没有把感知、思想和形象包括进这个定义，但城市环境史实际上也研究这些领域。如前所述，重要的

---

① 朱尔认为，城市环境史主要是这样的历史，即人造的、以人为中心的结构（人工环境）和技术如何塑造和改变了城市所在地的自然环境，这种改变的结果反过来又如何改变了城市本身和它的人口。城市环境史有许多仍在扩展的维度，其中的大部分可以包括在我所说的"城市新陈代谢"主题之内。还有一些涉及城市景观的重塑和环境平等与正义的重要问题，而且这些问题正在引起越来越多的关注。但必须强调的是城市不是树，即不是有机体。

是不把城市排除出我们对环境、自然界以及人与自然界的相互作用的理解之外。从历史的观点来看，城市处于经济发展、政治、文化等大多数人类活动的舞台的中心。城市至少具有这样的优势，它提供了一个在全世界、在任何时候都可以观察研究的对象和平台。所以，城市环境史的局限并不在于它的研究视野具有和地域限制一样多的局限性，相反，“城市历史”还包含了大量地域、位置、文化和环境的不同。城市环境史研究之所以引人入胜是因为它在时间和空间上有无限多样性。我不认为城市环境史研究有明确的方法论，但我认为城市环境史研究主要应集中于城市成长、基础设施和污染健康问题。大部分研究采用“内在论”的观点，也就是从内部看城市成长和发展的方式。威廉·克罗农和少数其他学者更多地采用了“外在论”的观点，把研究焦点对准城市与周边地区的相互影响。这两种研究各有优点，但肯定需要用整体的理论视野来更好地整合。我也欣赏这样的观点，即从把城市与环境史中的关键主题相联系的生态观点来考察城市。但这需要更为谨慎的扎实研究。

问：从城市环境史的角度看，您怎么评价克罗农教授研究芝加哥的著作？它是通向城市环境史的桥梁还是其他什么？[①]

答：威廉·克罗农的《自然的大都会》在许多方面都是开拓性著作。他通过对物质流动和关键物资的商品化的研究把城市与周边地区联系起来，这在弄清楚理解城市环境所必需的更大背景方面取得了长足进展。尽管这一研究赢得了广泛赞誉，但是很少有学者尝试在他的工作的基础上研究其他城市、或者深入分析《自然的大都会》曾经想展示给我们的问题。在更广泛的自然界中考察城市、认同城市与周边地区的一系列联系、探索更多的关于城市如何对商品、人和思想来说都像正在转型的机体一样发挥作用等都是非常有必要研究的问题。可以肯定，这些问题中的许多已经得到解释，但很少是在环境史的语境中解释的。我对这本书的主要意见是它没有深入理解芝加哥本身。研究物质流入流出城市并不能说明城市本身是怎么转型的？城市的哪些特点受到了克罗农已经清楚解释的、正在发生变化的经济和环

① 朱尔认为，克罗农的《自然的大都会》是研究城市周边地区的物质和自然资源开发、加工及其流进和流出城市的经典著作。不过，它并没有研究城市对其所在地的剥削和利用以及城市废弃物向周边地区的转移问题。

境冲击的影响？总之，《自然的大都会》是一部非常杰出的“外在论”的城市环境史，而不是一部“内在论”的城市环境史。

问：美国环境史学家正在重新建构“自然”概念，它的知识基础是什么？“第二自然”或“人工环境”的含义是什么？[①]

答：我多少知道一点后现代主义知识争论对环境史学家更深入地思考文化、语言和感知问题的影响。长期以来，“自然”已经具有相当固定的内涵，但仍有关于什么是自然、什么是荒野等诸如此类问题的争论。环境史学家研究人与自然界的关系，从历史上研究这种关系的变化也是绝对必要的。把自然看成是文化建构的概念似乎也是一个合适的研究切入点。“第二自然”这个概念已经从许多方面得到了解释，但最常见的是用它来刻画人类活动对自然的修正进而产生与原始状态非常不同的状态。我感到这个概念比较混乱模糊，因为“第一自然”与“第二自然”的关系似乎并不清楚。这似乎是在玩用不同术语就可以更好表现自然的文字游戏。“人工环境”过去常常被用于描述人类建构的自然特征，这些特征可能是从自然界中的自然资源中抽象出来的，但被人类的行动改变了。不过，这个概念并没有考虑除人之外的其他动物的活动。海狸坝或蚁冢是不是人工环境的一部分？如果它们不是，那就意味着我们把人类活动明显地置于自然界之外，也就是说，蚂蚁和海狸完全可以在自然的节律中做自己的事，但人类行动是非常不同的，常常不但自外于自然而且诅咒甚至加害自然。这样思考会提出一些让人不舒服的关于人类活动的问题，也会让人与自然冲突起来。如果不把人类活动看得如此复杂，可能会比较有利，但是必须把它重新整合进对在自然界活动的生命体的讨论中。如果我们想把人类活动看成是对自然的入侵，那么我们必须从把它看成是研究人在自然界发挥作用的大话语的一部分的角度来研究。我不同意这样的观点，即把人类活动看成是对自然的必然毁灭，因为这似乎否定了人的生物本质。

问：您怎么从城市环境史的角度考虑环境种族主义和环境正义运动？由于它的核心是人类中心主义，那么这意味着环境主义运动是进步了还

① 朱尔认为，如果出于描述的目的，第一自然和第二自然的概念就是有用的，但并不必然会被当成语言时尚来使用。人工环境是一个城市概念。根据我的理解，它涉及人类对城市基础设施及以此为基础的结构的建设问题。它不但包括基础设施的地上部分，也包括它的地下部分。

是后退了？[1]

答：环境正义运动实际上是作为一个具有强烈民权运动底色的政治运动开始的，它后来就变成了学术研究的对象。对环境正义的呼吁来自学术界、政界和草根民众。最初的许多论著是论战性质的，但是历史学家开始研究一系列涉及环境种族主义的个案，就为研究环境正义问题提供了许多必需的经验事实。由于这个运动是作为一个政治运动开始的，因此环境种族主义的诉求并没有建立在坚实的实证基础上。另外部分整合起来的行动团体也想把自己与传统的环境主义者分开。他们认为，传统环境主义者非常重视人与自然的问题，不重视城市环境问题。他们没有研究历史上的城市环境改革，但这些改革实际上弥补和加强了保护运动和荒野保护行动。环境正义运动确实是人类中心主义的，研究的更多的是穷人、有色人和被剥夺了公民权的人的悲惨命运而不是自然环境。虽然环境正义只是在环境史的范围内提出对种族和阶级的重要探索，但是它确实已经做出了巨大贡献。历史学家现在必须直面这些问题，这是前所未有的新情况。不过，认为废弃物的处理设施或有毒废弃物的排放点是被有意安排在有色人的居住点周围这个论点并没有坚实的事实基础。其实，环境种族主义的事例自古以来就存在，但在研究环境不平等时很难把种族和阶级分开。这些不平等经常影响穷人，也影响有色人。虽然环境种族主义的所有诉求不能得到全面证明，但是环境正义运动确实开启了讨论环境不平等问题的大门。从这一点来看，这个问题很重要，值得探讨。对城市环境史学家来说，它提供了更广阔的视野，这些研究必须包括种族、阶级和性别的内容。

问：请您谈谈技术在城市环境史中发挥的作用。[2]

答：与一般的环境史领域不同，技术在城市环境史中发挥着核心作用。大多数早期的著作都研究城市的经济转型以及随之而来的环境代价，尤其是工业革命时期的这些问题。事实上，各种技术确实在从制造设备到交通

---

① 朱尔认为，环境正义问题是一个非常重要的研究课题，在城市环境史研究中应该得到全面的探讨，但是这并不是说要把当前的标准强加给历史。我们应该清楚，我们理解的是过去发生的变化。它确实是人类中心主义的，不过许多其他的城市环境问题也是如此。

② 朱尔认为，技术是理解城市与环境的关系之关键。在历史上，技术既有积极影响，也有消极影响。应该全面理解这些，更何况在这一方面胜者也是败者。人们应该避免把今天的标准强加给昨天的现象出现。当前也有许多有助于把环境从以前的破坏中恢复过来的技术发展。

网络中都发挥着核心作用。能源利用和相关技术的变化就像各种城市服务的发展一样都引起了学者的关注。尽管技术在早期的城市环境史中发挥着重要作用，这种作用要比在荒野研究中的作用大得多，但是把技术理解成是对自然的入侵、是与自然力冲突的力量、最终会毁灭环境的认知仍然在城市研究文献中留下了深深的烙印。不管他们研究城市、乡村还是荒野，许多环境史学家在把技术看成是有点外在于自然力或与自然力相对这一点上是十分相似的。最近，城市环境史学家正在慢慢地改变给技术贴上邪恶或毁灭性力量的标签的做法，把注意力转向研究对技术应用的选择及其对城市成长和发展的复杂影响这些方面。这种变化与技术史研究领域的转向完全是同步的。在技术史研究中，技术的文化建构在近几年引起了极大的重视。城市环境史领域的一些最新研究已经超越了仅仅关注技术问题的狭隘思路，转而研究一系列与其相关的问题，包括由非人类活动引起的景观变迁的问题，气候问题，围绕种族、阶级和性别的一系列社会问题。以往的环境史学家并不是有意回避这些问题，但这些问题确实在其他学科中得到了更多的研究。总之，在研究人工环境时，技术和技术变化仍是研究的核心。希望能有更多地把环境史与技术史交叉融合起来进行研究的尝试。

问：“9·11 事件”对环境史研究有什么影响？环境史研究在未来会怎么发展？①

答：很难回答“9·11 事件”对环境史研究以及诸如此类的恶性事件对人民生活产生了什么具体影响。泰德·斯泰因伯格、麦克·戴维斯和其他学者已经对“自然”灾害做了一些研究，但没有直接涉及诸如“9·11 事件”这样的问题。对战争和环境的研究兴趣是最近才出现的，但它最终会把恐怖主义与诸如它的环境影响这样的相关问题整合在一起。有关“9·11 事件”对纽约城造成空气污染的最新报道肯定会引起现在的环境史研究者的重视。两年前，我参加了“美国民用建筑工程师协会”就“9·11 事件”举行的一次研讨会，我们讨论了“9·11 事件”，也讨论了其他许多民用建筑问题。我知道，“9·11 事件”会以许多不同的方式进入许多研究领域的文

---

① 朱尔认为，城市环境史将在环境史范畴内扩展，因为这个世界正变得更加城市化。不过，它可能更多地表现为社会和文化维度，这将会与现在更多地关注基础设施和制度问题形成鲜明对比。

献中，但是可能是以很微妙的方式而不是成为研究的中心。像我这样的历史学家并不太适合预测未来。不过，现在可以看得很清楚的一点是，环境史被越来越频繁地与“主流”历史问题联系起来。例如，种族、阶级和性别是大部分历史学分支学科研究的重心，现在也成了环境史学家越来越感兴趣的领域。对大的历史趋势的解释也以环境史的论题为基础，例如泰德·斯泰因伯格新近出版的美国环境史著作。对环境观点和视野的文化建构的兴趣肯定也会把环境史与某些后现代主义趋势联系在一起。大体上看，环境史可能会改变孤立的状态。我希望它的核心是在全球规模上研究广泛的历史问题，这种全球视野能把环境关注与许多重大问题联系在一起。

第三章
约翰·麦克尼尔与世界环境史研究

约翰·麦克尼尔是美国著名的环境史学家，乔治敦大学历史系和外交学院双聘教授。主要从事环境史和世界史的研究和教学。著作等身，成就斐然，在国际环境史学界享有崇高的声誉，现任美国环境史学会主席(2011—　)。先后出版的环境史著作有：专著《地中海世界的群山：环境史》、《阳光下的新事物：20世纪世界环境史》、《蚊子帝国：1620—1914年大加勒比海地区的生态和战争》；合著《人类网络：世界史鸟瞰》；主编《太平洋世界环境史》和《世界环境史百科全书》等。《阳光下的新事物：20世纪世界环境史》出版后，先后获得“世界历史协会著作奖”、“森林史学会威耶豪瑟著作奖”和“BP自然界图书奖”，并被先后译成意大利语、西班牙语、瑞典语和德语出版。他学术视野开阔，研究范围广大，不但从事大量的实证研究，也进行高深的基础理论探讨；从地域上看覆盖了除印度洋之外的整个世界，从时间上看穿越古今，这在当今国际历史学界极为罕见。本章分为三个部分：第一节从地域上探讨约翰·麦克尼尔的环境史研究[①]；第二节从时间维度分析他的环境史研究；第三节是笔者在2002年底就环境史研究中的一些重要问题对他的访谈。

在展开正文之前有必要先说明约翰·麦克尼尔的环境史定义。他认为，

① 约翰·麦克尼尔的研究范围非常宽广，涉及到除西亚和南亚以外的所有地区。就中国环境史研究而言，他还写过一篇“从世界看中国环境史”的论文，指导的博士论文中出现了“东北的森林滥伐研究”的题目，编辑的《太平洋世界环境史》一书中也收入了几篇中国环境史的名文。最近得知他即将撰写的新著《工业革命的全球环境史，1780—1914年》中将包括中国宋代认识和使用煤的历史。

“环境史就是研究人类和自然的其他部分的相互关系的历史”。[①] 显然，在这个定义中，人类只是自然的一部分，但是特殊的、影响越来越大的一部分。在强调人类的独特性时，也必须突出人类的生物性。另外，自然并不是完全被动的，而是有自己不以人的意志为转移的运行规律的。所有人类历史不仅过去而且将来都要在生态系统内展开。[②]

第一节　麦克尼尔的区域环境史研究

传统的历史研究大体上都是以民族国家为基本单位的，尽管环境史研究重视环境的整体性和有机性，但绝大多数环境史学家的研究仍然局限在一个国家的范围内。约翰·麦克尼尔与众不同，一出道即以区域为单位进行环境史的思考和研究。究其原因，大体上有两个：一是战后美国，尤其是在冷战时期，随着美国安全战略的改变，大学里兴起了声势浩大的区域研究浪潮。学者们致力于从更大范围、更为广阔的视角、对区域发生的不同问题进行多学科、长时段、综合性的全面研究。约翰·麦克尼尔正是在这个时候接受研究生教育和专业历史学研究训练的。二是得天独厚的家学渊源。约翰·麦克尼尔的父亲是国际著名的世界史学家威廉·麦克尼尔。威廉注重研究把历史连为一体的各种关系和交流，是美国世界史研究的旗手。耳濡目染，约翰在受到扎实的历史学基本功训练的同时，养成了大尺度思考和分析历史的史学观念和思维。

在区域研究中，我们耳熟能详的是以政治地理划分为单位进行研究，如中东研究，东南亚研究等。相对而言，以大洋为单位的研究很少。约翰·麦克尼尔独辟蹊径，瞄准在历史上发挥了重要作用、但没有受到历史学家应有重视的地中海和太平洋的环境史为研究对象，把历史研究尤其是环境史研究从陆地引向海洋，从微观研究引向中观研究。在海洋区域史研究中，最受

---

① John R. McNeill, “Observations on the nature and culture of environmental history”, *History and Theory*, Theme Issue 42 (December 2003), p.6.

② 笔者认同麦克尼尔对环境史的定义，但需要补充一句，即环境史是人类及其社会发展规律和自然规律共同作用的结果。

关注、基础最为雄厚的是地中海和大西洋，研究基础比较薄弱也不太受关注的是太平洋。研究地中海环境史具有深化地中海研究的意义，研究太平洋环境史具有拓荒的功能。约翰·麦克尼尔的研究在这两部分都占有重要地位。

地中海不但孕育了希腊罗马文明即西方文明的基础，而且开启了文艺复兴和启蒙运动即现代文明发生的序幕。年鉴学派诞生后，对地中海历史的研究注入了新的内容，那就是注重地理环境（Milieu）对历史发展的长时段影响。环境史兴起以后，对地中海国家环境史进行研究成为新热点。但麦克尼尔不满足于研究某个地中海国家的环境史，而是把地中海世界的环境史看做一个整体进行全面研究。有意思的是，他对地中海感兴趣并不是出于研究环境史的自觉，而是受到了传统古典学家的影响。牛津大学纳赛尔·梅格斯教授的演讲使他对古希腊史产生了浓厚的兴趣，并渴望去进行实地考察。在赴希腊途中，他再次拜访梅格斯教授，教授的一句话给他留下了非常深刻的印象。那就是现在希腊的景观已与亚历山大时期大不相同，你必须用自己的想象重建当时的森林景观。[1] 到了希腊以后，麦克尼尔深入山区，一边考察当地景观变迁，一边向山里的农民、牧羊人学习山地生态和日常生活的知识，积累了大量感性的认识。此后，他陆续走遍了意大利、西班牙、突尼斯、摩洛哥的山区，同时也广泛深入当地的档案馆、博物馆、图书馆，搜集文字资料。经过多年的分析资料和理论思考，终于在1992年出版了名为《地中海世界的群山：环境史》的著作。

区域史研究的难点在于如何处理好区域整体性和区域内不同部分特殊性的关系。如果过分强调了整体性，就可能出现过度综合和失之具体的问题；如果太过注重特殊性，则可能发生只见树木不见森林的问题。在地中海环境史研究中，麦克尼尔选取了五个具有典型意义的、足以代表广大的地中海世界的山区来分析，分别是：土耳其南部的陶鲁斯山区；希腊西北部的品都斯山脉；意大利南部的卢卡尼亚和亚平宁山脉；西班牙南部的锡拿内华达和阿尔普贾纳山区；摩洛哥的里夫山区。在个案研究的基础上，发现虽然环境自古以来就被利用，但是晚近以来的人类活动对环境造成了巨大伤害，其

---

① John R. McNeill, *The Mountains of the Mediterranean World: An Environmental History*, Cambridge University Press, 1992, p. XIII.

中最为关键的因素是在1800年后出现的人口增长和市场压力。

具体来说，大约在1800年后，许多山区出现了人口增长超过生态承载力的问题。山地环境不同于低地环境。山地人口增长对当地环境造成钢性压力，进而导致生活水平下降，因为山地资源环境很难通过技术改进来扩展。自美洲农作物在16世纪传入后，地中海人口增长速度加快，人类开始剥削以前被忽略的生境，进而造成过度垦殖，导致土壤侵蚀和森林滥伐，出现劳动生产率下降和为争夺有限资源而发生的战争，造成山区人口增长率下降或外流，形成人口增长与下降的周期性波动。人口减少同样会对环境产生不利影响，导致梯田崩溃、耕地废弃、灌溉工程荒废等严重后果。不管出现哪一种情况，当地的生态环境都会遭受损失，出现退化。地中海并不是孤立的，它是整个世界市场的一个有机组成部分。世界市场是由核心国家和核心城市控制的，偏远山区只能被动卷入，并没有发言权。市场整合导致核心国家的某些需求必须由地处偏远、资源相对集中的地区来生产和提供。世界市场的庞大需求和资本贪得无厌的本性必定对山区资源环境造成过度剥削，导致山区生态环境尤其是土壤和植被的毁损。经济进程毁灭性地改变了山区的生态过程，世界市场在让核心国家受益的同时把生态破坏的苦果留给了山区人民。同样是山区，里夫农民和西班牙、意大利农民遭受的苦难是不可同日而语的，因为殖民地和半殖民地与宗主国相比处于完全无权的地位。

尽管人口增长和世界市场给山区环境造成毁灭性破坏，但是山民并非完全被动的接受者，人类的能动性和适应能力还是谱写了一曲动人的悲壮乐章。山民的历史文化是在山地环境中诞生的，山民知道只有通过很好地经营或善待环境才能避免生态之崩溃。因此，当他们面对生态崩溃的威胁时，就要不顾一切地保护自己传统的生活方式。当这种努力失败后，他们只能加入到承诺给他们带来根本变革的政治运动中去，山民由国王和素丹的支持者变成了反抗者。山民的努力中的绝大部分不但没有保护当地的环境，增加其可持续性，反而加重了生态危机。因此，地中海山区的自然景观只不过是最近的造物，它的形成实际上是当地自然景观和社会景观相互作用的结果，是人与自然相互作用的结果。

太平洋区域是当今世界最具活力、人与环境关系变化最为剧烈的地区，但是巨大的差异性使其整体环境史研究并不发达。麦克尼尔教授开拓性地研究了在以前的历史叙述中不被重视、但在把观察视角转向环境史尤其是物种交流的过程和影响时具有特别重要意义的太平洋诸岛的环境史，并在编辑《太平洋世界环境史》的过程中提出了自己对太平洋环境史研究的总体构想。[①] 他认为，太平洋环境史研究的是太平洋诸岛和太平洋边缘的环境史。太平洋边缘除了日本、菲律宾等国外，还当然包括中国、俄国和美国等的沿海部分（不是全部），不过，研究沿海部分的环境史肯定离不开对整个国家政治、经济和文化关系的研究。所以，太平洋环境史的研究范围相当大，时间跨度是从古到今。但是，太平洋区域环境史并非本地区各个国家和地区环境史的凑合，而是要在多样性中发现统一性，重点研究区域性的、把不同部分联系在一起的全局问题。具体来说，有两方面值得特别注意：一是形成太平洋环境史的共同基础；二是把太平洋不同社会和生态区联系在一起的关系。

形成太平洋环境史的共同基础主要是指本地区的地质特性、洋流运动和气候状况。第一，太平洋地质活动非常活跃，各种不同板块碰撞、叠压、撕裂，使之成为火山和地震的多发区。频繁的海底火山喷发后形成的数以千计的岛屿使太平洋的航行比印度洋和大西洋都要困难，跨越太平洋的航行发生得比较晚。板块碰撞过程中的巨大压力改变了物质的化学结构，帮助形成大量矿藏。这些矿藏吸引了全世界的资本和劳动力来开发，带动了当地的经济发展和城市化，同时也污染了当地环境，甚至引发了大规模的抗议公害运动。[②] 第二，地质活动造成的堆积物为太平洋农业和渔业的发展提供了基础。处于大陆板块与大洋之间的沿海平原地区由于主要是大河入海时形成的冲积平原而成为农耕的重要区域，在南部主要是湿地水稻种植，在

① J. R. McNeill (ed.), *Environmental History in the Pacific World*, Burlington USA: Ashgate, 2001.

② 日本环境史研究中的公害史在二战以前主要是“矿毒”，二战后主要是“公害”。参看宇井纯，《公害原论》，亚纪书房，1990 年。Ui Jun (ed.), *Industrial Pollution in Japan*, United Nations University Press, 1992.

北方形成治水社会。[①] 河流向太平洋带入的大量腐殖质和营养元素在近海形成了规模庞大的渔场，例如世界上著名的秘鲁渔场和日本附近的西北太平洋渔场。火山爆发形成泻湖周围富氧化，供养大量鱼群。鱼群不但给太平洋人民提供了不同于其他地区的营养物质，还形成了大规模的太平洋捕渔业。捕渔业中折射出的是发达国家对公共海域和发展中国家经济专属区资源和环境的剥削。第三，太平洋地区幅员广大，处于不同气候带，赤道地区季风和洋流的变化经常使气候出现异常现象，如具有全球影响的厄尔尼诺和拉尼娜现象。当厄尔尼诺盛行时，太平洋的某些地方久旱不雨，有些地方洪涝成灾。久旱的地方容易发生大规模的林火，当地百姓逐渐学会用火进行生产和生活。用火会让耐火植物生存下来，进而改变当地人畜的饮食结构。久涝地区也会形成治理涝灾、分配水资源的独特制度。气压对太平洋社会和生态环境的影响以及当地社会对反复无常的气候的适应都是太平洋环境史研究的重要内容。[②] 总之，自然禀赋既是太平洋环境史的基础，也是它要研究的全局性的、重要问题。

把太平洋不同社会和生态区联系在一起的关系主要指物种交流以及与生态环境相关的各种联系。麦克尼尔本人对太平洋环境史的实证研究主要集中在岛屿间的物种交流。他把太平洋岛屿间的物种交流分为四个阶段。第一阶段是人移入之前的海岛。这时海岛的物种主要来自亚洲，虽然西部岛屿比东部具有更多的生态多样性，但由于相对隔绝，都比较脆弱，缺乏对外来物种的免疫力和抵抗力。第二阶段是从人移入到库克到来之间。人到达海岛后逐渐扩大了对自然的利用范围（从水生物种到陆生物种，从捕捞到开荒种地），建立了初级社会结构。麦哲伦航行太平洋后，引起了类似于“哥

---

① 这里所讲的治水社会与魏特夫的“治水社会”既有联系又有区别。笔者比较同意约克希姆·拉德卡教授的观点。参看约克希姆·拉德卡，“欧洲环境史中的例外论”，《史学月刊》，2004年第10期。这是作者2002年10月10日在华盛顿的德国历史研究所的演讲，约翰·麦克尼尔做了精彩评论。唐纳德·沃斯特在研究美国西部史时也得出了类似结论。Donald Worster, *Rivers of Empire: Water, Aridity, and the Growth of the American West*, Pantheon Books, 1985.

② Brian Fagan, *Floods, Famines, and Emperors: El Nino and the Fate of Civilizations*, New York, 1999. Richard Grove & John Chappell, *El Nino: History and Crisis*, The White Horse Press, 2003.

伦布引起的交流”的物种交流，[1]麦哲伦的到来虽然把太平洋岛屿与世界联系在一起，但太平洋的物种交流与大西洋的有所不同：大西洋的交流从人种到物种完全改变了美洲的自然面貌，为欧洲的崛起贡献了巨大力量，也改变了非洲人的作物种植结构；而太平洋的交流带给亚洲的更多，尤其是对中国的人口增长、农业发展和生态环境状况影响巨大，但对美洲的自然环境影响不大。[2]第三阶段是库克到来至1880年。库克到来产生了比麦哲伦带来的更为严重的生态后果。通过传入疾病和输入奴隶制造成当地人口减少，当地物种萎缩，外来物种疯狂蔓延。随后开始的大规模经济活动进一步强化了太平洋岛屿与世界市场的联系，加速了物种替代和当地生态的转型。第四阶段从1880年到现在。在这一阶段，汽船代替了帆船，种植园代替了原来对自然资源的简单掠夺，环境变迁加速。蒸汽铁甲船广泛应用于太平洋航线后，使用压舱水导致各港口之间的海洋生物交流更加频繁，形成了“泛太平洋世界港口生物区系”。1970年代以后，随着东亚的原料进口和产品出口的增加，“压舱物入侵”即东亚物种对美洲、澳大利亚和新西兰港口的入侵进一步加剧。不过，这些东亚物种并不完全是土生土长的当地物种，其中一部分可能是先前太平洋或世界性物种交流的结果。单一经济作物种植园造成陆地物种的进一步外地化，世界殖民主义的终结在环境史上并没有造成太大的不同，只是由美国、日本等代替了外太平洋国家而已。当地人具有朴素的保护意识，但在全球环境保护主义兴起后，太平洋的环境保护并没有勃然兴起，引人注目的是国际环境保护组织在这一地区从事反对捕鲸和核

---

① John R. McNeill, “From Magellan to MITI: Pacific Rim Economies and Pacific Island Ecologies since 1521”, in Sally Miller, A. J. H. Latham and Dennis Flynn (eds.), *Studies in the Economic History of the Pacific Rim*, Routledge, 1998.

② Robert B. Marks, *The Origins of the Modern World: A Global and Ecological Narratives*, Rowman & Littlefield Publishers, Inc. 2002. 彭慕兰著，史建云译，《大分流：欧洲、中国及现代世界经济的发展》，江苏人民出版社，2003年。尤金·N.安德森著，马樱，刘东译，《中国食物》，江苏人民出版社，2003年。黄邦和、林被甸编，《通向现代世界的500年：哥伦布以来东西两半球汇合的世界影响》，北京大学出版社，1994年。

试验的斗争。[①]

战后太平洋经济大发展导致区域性的环境污染和污染转移是太平洋环境史必须重点研究的另一重要关系。美国在战后出现非常严重的环境问题，引发了1970年代的环境主义运动。日本在第二次经济起飞中成为举世闻名的“公害岛国”。亚洲“四小龙”在经济高速增长的同时也造成了史无前例的生态破坏和环境污染。东南亚在进行追赶型发展的进程中大量出口自然资源，致使热带原始森林被毁，附近水域大量被污染。中国在崛起过程中，也同样造成了可怕的环境破坏和污染。在这个过程中形成了两类区域性环境问题：一是沙尘暴、酸雨和海洋污染等区域性环境问题。二是污染转移，由于亚太区域不同国家和地区存在着明显的经济发展水平的差异和互补性，发达国家总是在从发展中国家进口自然资源的同时转移或输出污染严重的产业，同时对来自发展中国家的商品实行绿色贸易壁垒并进行不平等的、有条件的环境援助。另外，太平洋地区存在两种不同的社会制度，它们与环境问题的关系为太平洋环境史研究提供了一个比较的对象和参照物，由此或许可以得出超越不同意识形态的普世性理论。[②]

从地中海和太平洋环境史研究中，我们可以发现，麦克尼尔的区域环境史研究在注重有代表性的案例研究的同时，偏重于对把区域形成一个整体的各种关系的研究；在研究区域环境史中各种关系时视野开阔，并未局限在区域内部，而是把目光投向更为广大的世界市场。从这个角度来看，区域环境史研究是介于宏观和微观、全球和国家之间的中观研究，是深化微观研究和奠定宏观研究的基础所不可缺少的中间环节。

---

① John R. McNeill, “Of rats and men: A synoptic environmental history of the island pacific”, *Journal of World history*, 5 (1994); “Islands in the Rim: Ecology and History in and around the Pacific, 1521—1996”, in D. O. Flynn and A. J. H. Latham (eds.), *Pacific centuries: Pacific and Pacific Rim history since the sixteenth century*, London: Routledge, 1999. “Pacific ecology and British imperialism, 1770—1970”; “Biological exchange and biological invasion in world history”, in Solvi Sogner (ed.), *Making sense of global history*, Oslo: Universitetsforlaget, 2001.

② 关于太平洋两岸环境思想的比较研究可参看：Karen K. Gaul & Jackie Hittz (eds.), *Landscapes and Communities on the Pacific Rim: Cultural Perspectives from Asia to the Pacific Northwest*, M. E. Sharpe, 2000.

第二节　从断代史到通史的环境史研究

在从横向研究环境史的同时，麦克尼尔也从纵向上对环境史进行深入探讨。《阳光下的新事物：20世纪世界环境史》就是断代环境史研究的一个成功范例。[1] 断代史往往选取环境变化最为剧烈的时代为研究对象，对环境变化的方方面面进行全面研究。就环境变迁的强度和人为因素在促使变迁发生上所发挥的核心作用来说，20世纪是无与伦比的。同样，在20世纪历史上，环境变迁是最重要的变化，其重要性甚至超过了第二次世界大战和社会主义国家和阵营的建立。

《阳光下的新事物》分为两部分。第一部分主要从岩石圈和表土层、大气圈、水圈、生物圈来分别描述20世纪的环境变化。地球表层的环境变化主要包括三个方面，分别是土壤炼金术（改造土壤并从中获利），土壤污染和地表物质（岩石和土壤）流动。大气圈的变化包括城市史和区域与全球史两部分。在城市大气变化中，主要分析采煤城市、煤烟城市和巨型城市的大气污染；在区域和全球史中，主要分析了日本的大气、酸雨、大气污染的影响、气候变化和同温层臭氧、太空污染。水圈环境变化可分为水资源（城市用水、河水、湖水、海水）利用和污染史与水资源（径流）减少、水坝修筑（驯服洪水、排干湿地）和海水转换（海岸线改造）两部分。在分析生物圈时分为微生物区系、土地利用与农业和森林、鱼类（捕鲸和捕渔）和生物入侵（生物多样性损坏）两部分。需要说明的是，分成这几个圈只是为了叙述的方便，实际上这些圈是紧紧联系在一起的。例如煤是从地下开采出来的，燃烧时释放的烟尘进入大气圈，雨水把大气中的部分烟尘降到水体，水中的污染物会沉降下来，煤在这几个圈中循环之后最终又回到了岩石圈。从上述分析可以看出，许多生态变迁过程在20世纪大大加速，在许多方面还出现了新变化，发生量变积累后的质变。环境变迁的规模和密度已经大到足以超越临界值的程度，地方或地区性的环境变化已经转换成全球性的环境变化，进而造成无法预知的非线型影响。

---

① John R. McNeill, *Something New under the Sun: An Environmental History of the Twentieth Century World*, W. W. Norton & Company Inc., 2000.

在第一部分概括了地球上出现的、有机联系的所有环境问题之后，麦克尼尔在第二部分要深挖造成20世纪环境变化的根本原因，要回答为什么这么巨大的环境变迁出现在20世纪而不是此前。这就要系统分析20世纪社会、经济和政治的发展变化，厘清它们与环境变迁之间的错综复杂的关系。毫无疑问，环境变化与社会发展的关系是紧密的、相互作用和不断变化的。熵、资本主义、人口过度增长、父权制、市场失灵、丰裕、贫困等精心构建起来的理论都不能对此做出合理解释。从环境史的视角看，麦克尼尔认为，20世纪的两大趋势（转向以化石燃料为基础的能源体系和非常迅速的人口增长：世界人口增长了四倍，全球经济扩张了16倍）和第三种力量（意识形态和政治对经济增长和军事权力的支持）共同作用促成了前所未有的环境巨变。因此，可以说，20世纪发生的史无前例的环境变化是社会、政治、经济和知识等的选择与应用的无意识的结果，是人通过自己的聪明才智和技术革新改变旧的经济、人口和能源结构与模式造成失衡的产物。反过来，一旦环境发生大变化，原有的经济、社会、政治和知识的结构与模式也会出现不适应。但是，这并不意味着一定会转向可持续的文明，因为在古代历史上，不同地区的农业文明多次发生崩溃现象，但在每一次崩溃发生之后，人类文明并未转向可持续的方式，相反只是通过进行一些或大或小的调节来延续，或用另一种不可持续取代了先前的不可持续。从这个意义上说，20世纪发生的环境巨变为技术影响更大、思想传播更快、再生产行为变化更迅速的未来带来的将是更大的不确定性。因此，人类必须立即采取措施以防止生态崩溃的到来，尤其要改变发展思路和调整国际关系。

20世纪环境史告诉我们，完整的、负责任的历史编纂必须把历史与生态熔为一炉。历史学不能忽视历史发生的生命支持系统，生态学同样不能小看社会力量和历史发展动力的复杂性。只有把地球生态史与人类社会经济史放在一起来观察，才能获得完整的意义。也只有对过去有了清醒的认识，才能明白今天的现状，才能对未来进行良好的思考，既可以避免重蹈覆辙，又可以产生科学的预测。

但是，约翰·麦克尼尔要研究的生态变迁只是与人有关的生态变迁，并不研究那些没有对人类事务产生影响的环境变迁。很显然，他的历史观是人类中心主义的。在历史观和历史认识论上，他与其父的观点一脉相承。

他们优势互补，珠联璧合，合力编纂了《人类网络：世界史鸟瞰》，共同创造了世界史研究中的网络学说。

在先前的世界史编纂学中，历史学家先后尝试用民族国家的政治或精英文化或生态扩张等来编织世界史的框架，但是以此框架只能结构出政治史或西方文明史或生态史，而不是合理的世界史。[①] 麦克尼尔父子用网络这个新分析框架来编织他们若干年前的思考结晶和最近的研究成果，用新瓶子装旧酒和新酒的混合物。网络指人与人之间的一系列联系和信息交流关系，是塑造世界史的力量。从世界历史发展的角度来看，网络经历了规模不断扩大的过程，跨越了不同的发展阶段。最初的网络是人类为了交流思想而发展出来的，此后不同群体相互联系形成地区网络。弓箭的传播促成了第一个具有世界规模的网络（First Worldwide Web）。农业出现后，网络联系更为紧密。城市兴起后，形成了以城市为中心和节点的城市网络（Metropolitan Webs）。在这种网络中，规模最大的是连接欧亚北非的旧世界网络。两大半球相遇之后，形成了一个联系更为密切、交流更为迅捷的世界网络（Cosmopolitan Web）。所有网络内部都发生合作和竞争，所有网络之间也都发生合作和竞争，在合作和竞争中不断扩大网络的规模，进而构成人类历史的整体结构。但是，网络只是形塑世界史的力量（Shaping force），并不是世界史发展的动力（Driving force）。世界史的动力来自人类改变现状、满足自己欲望的野心，网络是传递和协调人类野心和行为的场所。[②] 人类的首创精神在网络的大范围内逐渐形成了最终的结果。[③]

网络学说是人类中心主义的，这是毋庸置疑的，但是环境也在其中占据了一定的位置，这比一点都不关注环境的世界史来说，无疑是个进步。另外，网络思维与生态学中的有机论、整体论哲学有暗合之处，信息的传递实际上应验了能量流动的热力学第二定律。[④] 麦克尼尔父子在世界史中运用的是狭

---

① William H. McNeill, "An emerging consensus about world history?", *World History Connected*, Vol.1, No.1, November 2003.

② J. R. McNeill & William H. McNeill, *The Human Web: A Birds-Eye View of World History*, W. W. Norton & Company, 2003, p.4.

③ Donald A. Yerxa, " An Interview with J. R. McNeill and William H. McNeill on The Human Web", *Historically Speaking*, Vol.IV, No.2, November 2002.

④ J. R. McNeill & William H. McNeill, *The Human Web*, pp.319—328.

义的环境史思维，是人类中心的环境主义哲学。与本特利的文化相互作用构成的世界史[①]和沃尔夫·沙弗和布鲁斯·马兹利什以全球主义结构的新全球史[②]相比，网络世界史融会了环境史；与弗雷德·斯皮尔和戴维·克里斯蒂安为代表的、研究自大爆炸以来的地球史的大历史[③]相比，网络世界史中的环境史内容是薄弱的，是浅绿的。

历史研究重点关注的是历史上的变化。20世纪环境史研究的是人类历史上变化最为剧烈的一段，但在通史叙述的漫长历史中只是极其短暂的一瞬。反过来，人类历史上发生的众多重大变革都对环境产生了深远影响，但与20世纪的相比，无论是强度还是规模都相形见绌。因此，历史是能量利用强度不断扩大、复杂性日益升级的历史，人类社会的发展规律最终必须服从于自然规律，或两者必须合二为一。

第三节　约翰·麦克尼尔教授访谈[④]

问：您的名著《阳光下的新事物》迄今已获三项大奖，它对撰写全球环境史的最大贡献和启示是什么？T.C.斯姆特在书评[⑤]中认为您不像唐纳德·休斯那样强调连续性，而是强调20世纪与以前各个时代的断裂性，您怎么看待这个评论？

---

① Jerry H. Bentley, "Cross-Cultural Interaction and Periodization in World History", *American Historical Review*, 101(June 1996).

② Bruce Mazlish and Ralph Buultjens(eds.), *Conceptualizing Global History*, Boulder: Westview Press, 1993. Wolf Schäfer, "Global History: Historiographical Feasibility and Environmental Reality", in *Conceptualizing Global History*, pp.93—127. 约翰·麦克尼尔对沙弗批评的回应可以参看：John McNeill, "Global History, World History, Big History", *Ethik und Sozialwissenschaften*, 3(2002), pp.31—4.

③ Fred Spier, *The Structure of Big History: From the Big Bang until Today*, Amsterdam University Press, 1996. David Christian, *Maps of Time: An Introduction to Big History*, University of California Press, 2004.

④ 这些访谈是作者2002年底在美国访学时完成的。

⑤ T. C. Smout, Bookreview on "Something new under the Sun", *Environment and History*, 8(1), 2002, p.108.

答：拙作对全球环境史研究的基本贡献是公正恰当地对待了那些真正具有全球性的环境进程。这些进程包括：气候变化，同温层臭氧减少，酸沉降，海洋污染，生物交流等。进而言之，许多环境进程都发生在世界上广大而不同的区域，例如森林转型，土壤侵蚀，城市空气污染。全球视野允许研究者对不同地区发生的这些事情进行比较，当然那些对环境史发生影响的社会经济变迁也可以从比较的角度来认识，如工业化。

正如我在《阳光下的新事物》一书中所写，现代史（包括现代世界史）应该叙述人类事务发生的、不断变化的环境背景，仅仅叙述地理现实和环境制约是不够的。所有这些都在发生变化，过去100或200年里的变化比以往任何时候都要快速。所以我希望世界史和历史的各个领域都要逐渐扩大其视野，把人类活动的全部背景都包括进来。

斯姆特的判断是正确的。休斯的著作经常探索的是世界不同地区的、同一类型的、发生在不同时代的环境变迁。从它的结构来看，它并没有强调当化石燃料逐渐统治世界能源体系时出现的断裂性（我认为，这个进程出现于1780年左右，到1960年基本完成）。

问：您所说的比较是在民族国家之间还是不同生境之间进行？环境史的比较研究与历史学的其他分支的比较研究有何不同？您所说的断裂性（Discontinuity）是什么？您相信历史是一个进步的过程吗？

答：在环境史的范畴内，当探究的焦点是以国家政策或其他国家行为为关键议题（例如军事的环境影响）时，对民族国家进行比较成效将会很显著。但是对其他与民族国家无关的议题进行研究时，就需要寻找其他的比较单位。它可能是如您所说的生境，但并不一定就必须是生境。最新的一个非常有意义的、用生境（广义理解的）来组织人类历史的尝试是菲利普·费尔南德兹－阿迈斯托的著作《文明》。

我倾向于认为，比较史学对任何类型的历史研究都会有帮助，不论是环境史、政治史、社会史，还是其他什么历史。从某种意义上说，所有知识都是比较而来的——您理解某件事情是因为您也了解其他事情。

我所说的断裂性是什么意思？如果按您所认为的20世纪环境史不同于以往的环境史来判断，断裂性就包括以下三方面的含义：第一，这种断裂性主要表现在规模和范围上，主要是量的不同而不是质的不同（尽管后者确实也存在，在20世纪发生了一些从总体上看是史无前例的环境变化，例如同温层臭氧层变薄）。第二，化石燃料和能源利用更为普遍地占据了这种断裂性的核心位置。第三，我们尚不能理解它的全部意义，因为它离我们太近了。

说到历史是否是进步的，我不同意19世纪西方思想家的观点，因为他们认为进步就是向政治上完美的社会形态迈进。但是我认为，人类历史的演进有方向性，那就是向更复杂的社会和经济结构迈进，尽管偶尔会出现逆转（例如玛雅文明在公元900年后的崩溃）。从任何道义上讲，这都不是进步，但却是一个方向。我也注意到，这同样也是一个生物进化的方向，是向更复杂的生态体系和有机体进化，尽管也存在着诸如大规模灭绝事件那样的灾难性逆转。

问：您如何看待美国环境史研究中的农业生态史和城市环境史之争？如何整合这两个不同的维度？

答：我认为，唐纳德·沃斯特的农业生态史模式和马丁·麦乐西的城市环境史模式并不冲突，只是一枚硬币的两面。5000年来，城市一直就是人类生存的一个重要部分，也对农牧环境和林地环境施加了影响。农村和城市是环境史研究中的两个不同侧重点，很少有历史学家对这两部分同时进行研究（威廉·克罗农可能是个例外），但它们相互补充。我对城市环境史的思考在很大程度上受到了阿贝尔·吴尔曼在1965年首次提出的城市新陈代谢概念的影响，我觉得欧洲学者比世界其他地方的学者更愿意使用这个概念。我也喜欢某些加拿大学者（威廉·里斯）和斯堪的纳维亚学者经常使用的“生态足迹”概念。即使关于用多少土地来中和城市环境影响的计算不可避免地存在缺陷，但它在理论上肯定还是有用的。就我所知，尚未有人把这两个概念的任何一个运用到历史研究中去，尽管我听说有学者正在研究伦敦的城市新陈代谢史。如果我要写一部5000年的世界环境史，我将这样处理城市问题：把它看成是统治社会、引领文化发展趋势、组织货物和服务交流的地方；也可以看成是具有新陈代谢功能的、需要把足迹扩展到农村的地方。

问：作为一个著名的地中海环境史研究的专家，请问您的研究和年鉴派在这个问题上的认识有何区别与联系？进而言之，环境史与年鉴派是什么关系？

答：我发现年鉴派历史学家关注物质世界、地理、运输、人口等，他们的研究因此而富有启发性。我之所以写地中海环境史这样一本书，不是因为我想模仿布罗代尔，而是因为我喜欢这一区域，我也懂那里的几种语言，而且我还想弄清楚那里的景观怎么变成了现在这个样子。在布罗代尔研究地中海的著作中，他赋予地理环境非常崇高的地位，但是他表现的地理环境几乎是不变的。其实，许多年鉴派历史学家都受到了法国和德国地理学、尤其是可能论（Possibilism）的影响（可能论认为，地理环境决定着一系列可能的社会安排，但最终出现的却不是这些可能中的一种）。最近，在《年鉴》上写文章的一些学者表现出了对历史上环境变迁的深刻认识，但我认为他们已经不再是年鉴派历史学家了。《年鉴》杂志已经没有了费弗尔和布罗代尔的印记，刊登了许多采用各种不同方法进行研究的论文。我可以说，美国环境史并没有受年鉴派传统太多的影响，因为美国历史学家中只有极少数可以阅读法语书籍。但从国际上的环境史研究来看，年鉴派的历史影响仍然巨大，尤其在欧洲，其中西班牙和意大利最厉害。在法国本国并没有太多的环境史研究，可能是因为历史地理学研究过于强大的缘故。这些仅仅是印象而已，因为我不是非常熟悉欧洲的学术研究状况。

问：在环境史研究中，是否有一个美国例外论？是否存在一个欧洲例外论？约克希姆·拉德卡教授曾经谈到欧洲例外论，您对此有何评论？

答：一般来说，我并不认同例外论，我更愿意看到相似性和共同点，而不是独特性。这一观点对美国环境史和欧洲环境史都适用。我把美国看成是许多边疆社会的现代典范中的一个，这种社会人口密度低，土地廉价。美国或多或少类似于加拿大、澳大利亚、新西兰、阿根廷、巴西、俄国。在我看来，它对待土地和自然的态度与其他国家相当一致。从广义来看，它的工业化之路也与加拿大、澳大利亚等国的类似。自 1945 年以来，美国是世界上最强大的国家，自然也多少产生了一些重大影响。

欧洲例外论也是一个未解的问题。拉德卡教授的论文从十个方面分析了欧洲（意指西欧）的不同。我同意其中的一些不同，但不是全部同意。而且任何一个地方在某些方面都是不同的，所以这并不能为例外论增加一个案例。我认为，可以得出的最好结论是：从英国开始的工业化在环境史中非常重要，它盖过了所有其他事件。至少在 1810－1880 年，英国和欧洲开创了一条特殊道路，它就是高密度使用能源、以煤为基础、产生了所有污染问题的工业化。但在20世纪，这个普遍模式扩展到了世界其他地方，所以欧洲例外论并未持续很长时间。[①]

问：在疫病和生物交流和入侵的历史研究中，您的研究和克罗斯比的研究有何相同和不同？

答：不同是显而易见的，因为克罗斯比仅关注更严格的话题（生物变化），而我的著作研究了所有类型的环境变迁。不过，我的书中主要研究的是20世纪，而克罗斯比的生态帝国主义研究的时间跨度长达10个世纪。他研究的范围不如我的具有全球性，因为他特别关注"新欧洲"。除此之外，他的研究比我的具有更特殊和强大的中心议题。他还比我更会写一些悦己娱人的散文！顺便说一句，他是我最喜欢的历史学家之一。

问：太平洋世界虽然并不像欧盟那样是一个整体，但它不仅是一个地理概念，还是一个政治、经济、文化的建构。您为太平洋世界的历史研究增加了一个环境史维度，那么如何把太平洋环境史作为一个整体来研究？殖民主义的贸易网络发挥了什么作用？

答：把太平洋盆地作为一个整体来看，无论是环境的还是其他的，直到现在仍然是非常薄弱的。丹尼斯·弗林和阿图若·杰纳德兹比大多数历史学家发现了一个自1570年代以来更强大的整体，但是至少在1570年代以前，这个整体是弱小的或者是不存在的。[②] 在我给自己编辑的一部太平洋环境史论文集所写的前言中，我尽可能给太平洋环境整体找出了线索，强调了厄尔尼诺和南方涛动的强烈相关性，火山活动，山脉和侵蚀，以及一两个在太平洋广泛出现的其他地理因素。这就是我当时能做到的最好解释，从那时起我还没有想出更好的观点。

说到贸易网络，我确实认为它是非常重要的。从环境的视角来看，最早

---

① 可以参看 Joachim Radkau，"Exceptionalism in European Environmental History"，John R. McNeill，"Thesis on Radkau"，*Bulletin of the German Historical Institute*，Issue 33，Fall 2003.

② D. O. Flynn，Lionel Frost，and A. J. H. Latham（eds.），*Pacific Centuries: Pacific and Pacific Rim History since the Sixteenth Century*，London：Routledge，1999. Sally Miller，A. J. H. Latham and Dennis O. Flynn（eds.），*Studies in the Economic History of the Pacific Rim*，London：Routledge，1998.

的贸易网络可能没什么价值。但当太平洋岛屿生态环境与世界广大人口的需要联系在一起时，那么这个影响就非常深远。举例来看，首先是捕鲸和猎海豹，其次是采集海参和采伐檀香木，然后是开采磷酸盐矿。我在1994年发表在《世界史杂志》上的一篇文章中，非常简要地勾勒了这种贸易过程及其环境影响。这一进程仍在继续，例如美国和日本从所罗门群岛进口热带硬木的贸易。在1780—1880年间，中国曾经是太平洋贸易的最重要的市场。人们是否把来自大国、富国对小国、穷国的需求及其环境影响看成是殖民主义的形式，这取决于如何定义世界殖民主义。在任何情况下，它都是世界历史上一个很普遍的模式。

问：在发展过程中，当地人的生态知识能发挥什么作用？是让它仍然保留伊甸园的样子还是在明智的利用的原则指导下进行保护？

答：尽管历史能对这些问题提供某些启示，但这是一个伦理和政策问题。总体上看，由于外人介入，发生了许多糟糕的资源管理的事例。当地人也可能管不好自己的资源，但平均来说这种比例要比外人介入导致的管理不当少。不过，这种情况的发生有一个条件，那就是当地的主权不可避免地遭到蹂躏，或至少好像已被破坏了。在第二次世界大战中，为了击败日本人，美国根本不顾当地人的意愿，占领了太平洋岛屿并用于军事目的。他们违背土著夏威夷人的意愿，把夏威夷的大部分变成了海军基地。这样做明智吗？符合道德伦理吗？要我来回答，答案可能是肯定的，因为打败日本人几乎是太平洋所有人的最大利益和心愿。所以，即使美国人在一些地方造成了生态失衡（例如关岛），忽略了当地人的生态智慧，在我看来那也是无可非议的、情有可原的。也就是我反复强调的，这种情况是不正常的，但却是合理的。

问：在1993年，您发表了“从世界视角看中国环境史”的论文，并提出了一些亟待研究的问题。十年过去了，对这些问题的研究进展如何？您对中国环境史产生了什么新的认识？

答：这是一个很好的问题。实际上，我在1994年对这篇论文做最后修订，并很快用中文发表出来，在1998年用英文发表。中国环境史领域自那时起发生了什么变化，我并不清楚。首先，我不懂中文，所以无意中就忽略了用中文写作的中国环境史研究。其次，自我给伊懋可和刘翠溶改定那篇论文后，我就没有再努力在这一领域耕耘。我后来读过的两本中国环境史著作是马立博写岭南的著作和夏竹丽写毛泽东时代的著作。对我来说，马立博的著作似乎更好，夏竹丽研究了一个很重要的问题，写得也不错，但她并未作出一个历史学家希望的那种深入研究，尽管我对是否可以作出这样有深度的中国环境史研究持怀疑态度。我听说，伊懋可不久将出版一部中国环境通史，这本书肯定会很有用。

但我认为，我在1994年提出的、值得研究的大多数问题仍然是未解之题，拥有正确的历史研究技艺的研究者都可以去探索。中国的历史记载（包括环境史的记录）是全世界最好的之一，所以我对中国历史编纂要不了多久就可以进入世界上最好之列持乐观态度。

问：您也是研究世界史的专家，我到美国以后发现世界史研究领域流派纷呈，争奇斗艳。那么什么是世界史、全球史和大历史？

答：大历史是弗雷德·斯皮尔和戴维·克里斯蒂安使用的一个术语，意指大爆炸以来的所有历史，包括天文学、地质学、进化生物学和人类史。阐释大历史的最好著作应是戴维·克里斯蒂安写的、即将由加州大学出版社出版的著作。它会让所有其他在大历史方面的研究努力黯然失色，不过这一类著作非常稀少，大多是尝试建构框架型的（例如弗雷德·斯皮尔的著作）。说到世界史和全球史，有人认为它们各有不同的所指，但我认为它们没有什么区别和不同。几年前，迈克·盖耶尔与人合编了一辑《美国历史评论》，提出了自己对“全球史”的理解。我觉得这种区分没什么用处，但许多人不同意我的看法。就世界史著作而言，除了教材（本特利和齐格勒写的是我最喜欢的）之外，家父和我做出了新的努力，我们合写了一本《人类网络》，即将由W. W. 诺顿出版社出版。这是一本对人类历史的简明扼要的整体考察（共324页），强调交流网络的作用。就世界环境史而言，伊恩·G. 西蒙斯写出了《简明环境史》。

问：请预测一下全球环境史研究的前景，它未来的研究热点会是什么？

答：这是一个难题。全球环境史研究的未来很难预测。据我所知，只有非常少数的几个学者在从事这方面的研究。我知道，约翰·理查兹将出版一部新书，内容是15—18世纪的全球环境史，重点是狩猎和捕鲸业。理查德·格罗夫正在写一部关于厄尔尼诺历史的书。还有两部世界环境史百科全书正在编纂，一部是由卡若琳·麦茜特、舍帕德·克莱克和我编辑的，即将由劳特里奇出版社出版发行；另一部是由理查德·格罗夫编辑的，即将由牛津大学出版社出版发行。在德国，约克希姆·拉德卡正在写一本全球规模的环境史(《自然和权力》)。除了英语和德语世界的这些研究之外，我不知道还有用其他语言写成的世界环境史。全球环境史将永远是一个只有少数人参与的小研究领域。第一批从事全球环境史研究的是克里夫·庞廷和伊恩·西蒙斯。庞廷写出了《绿色世界史》，但他根本就不是一个专业历史学家。西蒙斯只是一个地理学家。对历史学家来说，专业细分的推动力非常强大，导致很少有人愿意尝试任何类型的全球史研究，尽管做全球规模的、完整的历史研究在逻辑上是明白无误的、可行的。我认为，工业化的全球环境史是最值得研究的议题，我自己总有一天要研究它，但不是现在或不久的将来。生物交流的全球史也是一个有意义的研究题目，我已经作了一些浅显的尝试研究。也有学者已经写出了环境主义的全球史，最近的是拉马钱德拉·古哈，先前的是约翰·麦克考米克。当然，其他学者，尤其是年轻学者，他们会自己决定什么问题值得注意，什么问题不值得研究。

第四章
何塞·奥古斯特·帕杜阿谈拉美环境史研究

拉丁美洲环境史研究发展迅速，成果丰富，带有比较强烈的结构主义理论色彩。但是，由于语言的局限，笔者并不能阅读主要用西班牙语和葡萄牙语写就的拉美环境史著作。好在笔者的朋友、近年来在国际环境史学界非常活跃的巴西环境史学家何塞·奥古斯特·帕杜阿愉快地接受了笔者提出的访谈要求。何塞·奥古斯特·帕杜阿是里约热内卢联合大学历史系教授，是拉丁美洲较早从事环境史研究、成就突出的学者。他的主要专著是《毁灭之风：1786—1888年间奴隶制巴西的政治思潮与环境批评》，他还和美国和印度的同行编辑出版了试图沟通环境史与生态经济学的论文集《环境史：假如自然还存在的话》。[①] 通过对拉丁美洲环境史学家的访谈，希望既能克服我们语言不通带来的局限，也能带给我们拉美环境史研究的本土视角和认识。

问：您为什么研究环境史？在此之前您接受的是什么样的专业训练？

答：早在1978年我读本科的时候，尽管那时我还很年轻，但已经有强烈的环境意识。其实，作为一个农业合作组织的成员，我们积极想办法去激励小农和家庭农场主生产有机食品。因为我们担心无节制地使用农用化学

---

① José Augusto Pádua, *Um Sopro de Destruição: Pensamento Político e Crítica Ambiental No Brasil Escravista, 1786—1888*, Rio de Janeiro: Jorge Zahar, 2002. John McNeill, José Augusto Pádua, Mahesh Rangarajan eds., *Environmental History: As If Nature Existed*, Dehli: Oxford University Press, 2010.

品会污染农产品，我们想通过自己的努力来促进一个健全的、对环境负责的农业的形成。我还加入了一个关注亚马逊流域热带雨林日益遭受严重破坏的组织，我们试图促进森林资源的保护和可持续利用。

在我上大学时，尚不知道已经存在一个新兴的学术研究领域——环境史。但我知道学者们正在创立生态经济学这门学科。这一领域的两位先驱赫尔曼·戴利和伊格南茜·萨克斯与巴西有许多私人联系，他们经常到巴西来做讲座或进行合作研究。在那时，我的学术理想是成为一个生态经济学家。但是，那时的经济系充斥着极端抽象的数学取向，一点也不关注地理和生物自然的现实。这种情况即使在今天也在某种程度上仍然存在。而我想研究的是真实的人和真实的环境，不仅仅是那些数字。所以我决定转向经济史。在做出这个重要的决定之后，我有幸在1981年遇到著名经济史学家瓦伦·迪安，他在自己学术生涯的最后几年转向了环境史研究。其实，他是美国研究拉丁美洲环境史的创始人之一。他是纽约大学的教授，撰写了多本巴西经济史的著作。在从理论方法上转向环境史后，他出版了两本理解巴西环境史不可或缺的著作：《巴西和橡胶争夺：环境史研究》（1987年）和《用巨斧和火把毁灭巴西大西洋沿岸森林》（1995年）。我开始向他学习并帮助他工作，他介绍我阅读美国学者新近出版的环境史著作，如唐纳德·沃斯特和阿尔弗雷德·克罗斯比的新书。同时，我也开始做自己的环境史研究，主要包括巴西和拉丁美洲的森林滥伐、农业和欧洲殖民主义的关系，以及本地区环境思想和认识的演变。

问：促使学者们研究拉丁美洲环境史的主要因素是什么？

答：让我们首先从内生因素谈起。自然的存在和对自然资源的严重剥削是在历史上塑造我们今天所知的拉丁美洲概念的一个核心因素。对环境史学家来说，关于采矿业、林业、种植园以及其他类似的活动的原始资料非常丰富。当欧洲人，最初是西班牙人和葡萄牙人，在15世纪末来到地球的“远西”（法国历史学家 Alain Rouquié 提出了这个有意思的概念）部分时，他们的主要目标之一是寻找自然财富（金、银、木材、耕地等）。随着对美洲印第安人社会的征服和歧视隔离，美洲大陆的许多区域都遭受了这种剥削。欧洲人的政府之所以能成为事实，一个重要的原因是因为他们拥有“秘密的生态武器”：欧洲人带来的细菌对美洲印第安人的免疫系统来说是前所未闻的致命杀手。这种流行病冲击造成的巨大灾难，连同殖民暴力和对土著劳工的错误对待，致使当地土著人口在殖民统治的最初两个世纪损失了将近90%。然后，欧洲殖民者制订方案，组建采矿业、制糖厂、大牧场等，以便既迅速又成规模地剥削美洲大陆的自然财富。这些大规模的剥削性方案的实施产生了明显的环境破坏，自殖民时代以来的所有观察家都看到了。如森林滥伐，土壤侵蚀，气候恶化，水银污染（在金、银矿开采中普遍使用）等等。具有讽刺意味的是，在拉丁美洲发生毁灭性的剥削的同时，艺术家和作家却把它刻画成一块自然资源富饶、热带雨林茂密、植被郁郁葱葱、海滩广袤、大河奔流的胜地。在19世纪初，当欧洲殖民统治终结和民族获得独立时，拉丁美洲仍然保持这样的文化认同，即是一块拥有美妙绝伦的自然景观的土地。在这一时期非常强大的浪漫主义文化也强化了新兴国家与其自然财富之间的这种关系。但是，对自然的无休止掠夺产生的景观破坏依然如故，甚至给人造成一种错觉，即拉美经济永远是出口自然资源的经济（尽管像巴西这样的国家已经建立了强大的工业部门）。当然，这一具体的历史事实在相当大的程度上刺激了对环境史的研究。

问：现在拉丁美洲环境史的研究状况如何？研究的重点领域是什么？

答：要回答这个问题，我们还必须考虑外部因素。环境史自1970年代以来在美国和欧洲的发展，产生了越来越多的令人感兴趣的研究成果，还在一些知名大学建立了永久性的研究计划，这些都引起了拉丁美洲学者的关注。这是正常的学术传播过程。这个新兴的科学研究领域产出的研究成果质优新鲜，更为特别的是环境视角在改进历史解释方面显现出强大的生命力，这些都吸引了大量的后来者去追随。但是，考虑到我前面提到的自然资源和景观在塑造拉丁美洲历史中的重要性，值得注意的是，早在“环境史”这个概念诞生以前，拉丁美洲的历史学家和社会科学家已经探讨了社会进程和自然进程之间的重要联系。以我了解比较多的巴西为例，值得提及的是历史学家和人类学家Gilberto Freyre。在1937年出版的《东北》一书中，他提出“要对巴西的东北部进行生态学研究”，这不是要“把僵化的几何生态主义应用到东北部研究中去”，而是“在研究和解释这一地区时采用不仅是科学的，而且具有哲学甚至是美学和诗学意义的生态标准”。由于甘蔗种植园是形成这一地区景观的主要因素，他在安排全书的结构时使用了下列的篇章名称:“甘蔗与土地”,“甘蔗与水”,“甘蔗与森林”,“甘蔗与动物”,“甘蔗与人”。这是地道的环境史,只是没有使用这个名词而已。另外,费尔南·布罗代尔 1935—1937 年居住在巴西,他在撰写那本影响巨大的《腓力普二世的地中海和地中海时代》(1949 年出版)时深受 Freyre 观点的影响。这本书被认为是在历史学研究中采用环境视角的里程碑式著作之一,但在巴西之外很少有人了解 Gilberto Freyre 的研究成果。更为不幸的是,在全球知识生活中,欧洲中心论的偏见仍然大行其道。我们还必须记住,Freyre 并非是一个特例。我们还能举出许多拉丁美洲的古典历史学家,他们早在 1970 年代以前就做了许多接近于“环境史”的研究工作,如巴西的 Sergio Buarque de Holanda 和 Caio Prado Júnior,古巴的 Fernando Ortiz 和阿根廷的 Sergio Bagu。当代拉丁美洲的学术研究也同样受到了这些本地区先哲的影响,也受到了当前国际学术研究潮流的影响。它研究的主要问题真是很广泛。对环境史研究而言,殖民时代无疑是一块沃土。但也有越来越多的研究关注殖民征服之前美洲印第安人社会中文化和经济模式与自然的关系。另外,20 世纪的经济现代化进程,包括工业化和城市化的动力等,都是环境史研究的重点领域。在“拉丁美洲和加勒比海地区环境史学会”2006 年在西班牙的卡莫纳召开的年会上,我们设立了许多小组来讨论采矿业、林业、渔业、家畜生产和城市生活的环境史,也设立一些小组来讨论环境政策和环境思想的历史。现在,大量的问题都被置于环境史这个概念框架下进行研究,但真正的问题是需要发现环境史的界限,因为人类的每一个活动都发生在具体的环境背景之中。

问:用葡萄牙语和西班牙语写的拉丁美洲环境史与用英语写的有何相同和相异之处?

答:除一些加勒比海岛屿以英语和法语为官方语言之外,在拉丁美洲和加勒比海做出的绝大部分环境史研究都是用西班牙语或葡萄牙语出版发行的。当然,其中也有一部分翻译成了英语,但这只是非常小的一部分。我们有必要加快翻译工作,因为现实比人强,我们不得不承认英语正在变成一种国际语言。但在进行国际学术对话时,不能忘记仍有大量的、用不同于英语的语言撰写的、高质量、创新性的研究成果。当然,也有许多拉丁美洲以外的历史学家,尤其是美国和欧洲的历史学家用英语撰写的、关于拉美环境史的高质量的著作。说到他们的专业训练，我认为，随着全球化进程的不断推进，通讯领域的技术革命和国际学术研讨会以及交流项目的深入开展，全世界的学者都开始拥有共同的学习机会，能够分享同样的研究技能。我们可以肯定地说，与研究拉丁美洲的外国学者相比，拉美学者的政治动机和文化敏感性会有一些不同。但我认为，在这个问题上，我们不必固执僵化。我们应该抛开历史学家的国籍，应该从历史研究固有的优点来衡量它的价值。其实，外国人的观点能够打开当地学者难以感受到的、当地生活的一些独特之处。我确信应该有一种建立在相互尊重和慷慨大度基础上的、开放的国际科学对话。我们现在应该推动的是建立强大的南南对话机制。我们必须克服殖民历史留给我们的某些文化遗产，这些遗产产生了一种错觉，那就是欧洲和北美学者有能力研究整个世界，而来自南方的学者只能研究他们自己国家。为什么这样呢？举例来说，为什么巴西学者不能研究中国？为什么中国学者不能研究巴西呢？我们要相互学习。南南对话的发展对所有的参加者都有利。

问：在拉丁美洲环境史中，自然的概念是否和美国环境史中的一样？

答：我认为，自然概念在历史上经历了多次重要的变化。甚至在同一历史时期，也因为地域、阶级等的不同而存在多样化的自然概念。我们可以发现在国家或更大的区域层面上存在着一些共同的认识，但是我们要永远注意那些一直就存在的多样性的认识。拉丁美洲国家具有某些共同的历史特点，例如共同的殖民历史，但与此同时它们的生态和文化多样性也非常强烈。生活在热带亚马逊森林里的部落的自然概念肯定与生活在安第斯高山上的部落的自然概念不同。在这里，我不是要为地理环境决定论辩护，但我们必须重视人类社会所处的具体生态环境的多样性。另一方面，拉丁美洲历史中最激动人心的一个特点是不同民族和不同文化融合而成的文化混杂性（如美洲印第安人，非洲人，欧洲人，和后来成群结队迁徙来的黎巴嫩人和日本人等）。在形成本地区文化的熔炉特性中，诸如天主教教义、巴洛克风格、浪漫主义思潮等宗教和文化取向都发挥了重要作用。这种文化混杂性的活力在某种程度上影响了本地区孕育出来的环境史研究。不过，要在篇幅有限的一个访谈中来解释清楚这样一个复杂问题是很难的。

问：殖民主义肯定对拉丁美洲的环境史产生了重要影响，请给我们介绍一下这方面的研究状况。

答：欧洲殖民主义在拉丁美洲建立了一系列并不直接满足当地社会需要的生产体系，其生产的目标是满足外来的、建立在欧洲的消费模式和资本积累进程基础上的世界体系的需要。金、银、钻石、蔗糖、棉花、咖啡等的生产完全是面向欧洲的，或由欧洲在非洲和亚洲进行的贸易导向的。也有一些生产活动是为了满足国内消费需要的，如畜牧，但是这些生产活动的主要目标是为了保障已经被纳入这个经济体系的当地人口的再生产，而这实际上完全是为了满足殖民宗主国的需求、完全是为了宗主国的获利而进行的。这种经济模式绝不有利于当地社会的真正发展。它只有利于欧洲的政治经济精英以及代表拉丁美洲政治秩序的当地殖民精英。进而言之，一个国家的指导思想必须包括对老百姓的福利的关注和对本国生态的长期健康的关注两个方面。也就是说，一个国家必须对她的未来负责。但是，殖民掠夺正好相反，它是非常短视的，只关注如何攫取眼前的利益和权力，丝毫不关心未来。这种模式产生的环境后果就可想而知了。对森林、土地、矿产资源等完全是掠夺性的，根本不考虑如何促进更为细心和可持续的技术的利用问题。这个生产体系的另一个严重后果是广泛使用奴隶或其他类型的强迫劳动，如驯服的美洲印第安人和从国际奴隶贸易中获得的非洲人。所以，拉丁美洲的殖民体系产生了严重的环境退化和人类苦难。环境史学家在帮助人们很好地理解历史发展动力和这一体系的后果方面能够发挥重要的作用。从这个意义上看，我认为比较研究真的很重要。我们需要理解欧洲人在拉丁美洲、非洲和亚洲建立的殖民经济和社会体系的异同。这正是我现在想做的工作，我的重点是探讨殖民者对热带森林的剥削。我在牛津大学的研究课题是“欧洲殖民主义和热带森林：比较视野下的葡属美洲”。我的观点是，在巴西殖民地采用的森林经济模式不能简单地被理解为一个封闭的领域，也不能被理解为葡萄牙和巴西的两极关系。其实，它是一个更为广阔的历史进程的一部分，这个进程是欧洲殖民者在世界不同的森林地区建立了不同的殖民体系。为了更好地认识这些独特的个案，我们需要一幅普遍的整体图景。

问：我知道，农业生态史和森林史研究在拉丁美洲很兴盛，城市环境史和工业环境史的研究怎么样？

答：确实，森林和农村生活一直到现在仍然占据着拉丁美洲环境史研究的主流。但是，实际情况正在迅速发生着变化。自20世纪下半叶以来，拉丁美洲的城市化进程发展极为强劲。例如，巴西在1940年有将近80%的人口生活在乡村，但现在80%以上的人口生活在城市地区。这一规模巨大、速度迅捷的变迁产生了严重的社会和环境问题。数以千万计的进城人口主要是因为农业生产迅速机械化，其中很大一部分只能在城市贫民窟中找到立身之地，而这些贫民窟中的绝大部分建立在山坡上或其他环境高风险地区。缺乏适当的环境卫生条件是一个重要的环境和社会问题。另外，为了建设贫民窟而滥伐森林必然在当地造成洪水泛滥，尤其是在热带非常普遍的强降雨发生之后。城市环境社会学详细地分析了这种现实，我们也需要从更广阔的历史视角来分析这个问题。我欣喜地看到，城市环境史研究在拉丁美洲正在茁壮成长。例如，我在里约热内卢联合大学指导的一些博士生正在探讨城市环境问题。

问：马丁内兹·阿里尔教授提出了一个非常重要、也很著名的研究课题，即"穷人的环境主义"。这对拉丁美洲的环境史研究产生了什么影响？

答：所谓"穷人的环境主义"是拉丁美洲环境社会学研究的一个重要领域。但是，就拿城市生活来说，我们在分析这个问题时确实需要一个历史学的视野。我认为，从环境条件较好的穷困乡村流动出来的历史随时都吸引着拉丁美洲环境史学家的注意力。在这一方面，我们确实有很好的、可供研究的例子和可以利用的资料。在1970年代，当生态问题开始激起广泛的社会动员和社会运动时，一些分析家就把这些需求解释为只是富裕社会才能追求的一种舒适。亚伯拉罕·马斯洛的"需求金字塔"理论在分析这个问题时得到了广泛应用。根据这一理论，人类在寻求满足自己的需求时遵循一个原则，那就是从更多追求物质满足向更多追求非物质满足转化。穷人追求的是满足其食物、工作和住房的要求。追求生活质量以及人类生存这样的普世价值，只是富裕人群的目标。我不同意这种观点。显而易见，这是一种歧视性的观点，并没有展示出对穷人尊严的适当尊重。劳动人民及其社群，像每个人一样，都有权生活在健康、洁净、绿色和没有污染的地方。还有许多穷人在保护自然的过程中找到了自己的工作和生活。渔民需要保护鱼群和红树林（这是鱼繁殖的重要区域）。农民需要高质量的土地，没有土壤侵蚀和其它形式的土地退化。森林民族为了收集坚果、水果和其他自然产品需要保护森林。过去几十年的历史充分说明，穷人社会与破坏自然和退化自然的行为作斗争是环境保护史发展的动力。在巴西有很多这样的例子。如当地农民反对砍伐橡胶树的斗争，亚马逊森林中的巴西坚果收集者反对扩大放牧引起的森林滥伐的斗争，巴西海岸的渔民反对为了建设养虾场而毁灭红树林的斗争，以及居住在大城市的工业区的许多穷人社区反对工业企业排放或有毒废弃物堆积造成的污染的斗争。其实，环境史学家对此并不陌生，他们正在研究自殖民时代以来经常发生的类似的斗争，如当地社会反对采矿业导致的污染的斗争。

问：中国环境史和拉丁美洲环境史之间存在直接的联系吗？

答：这两者之间的联系比人们过去想象的要更强。首先，我们必须记住这样一个事实，历史人类学、遗传学和全球环境史的最新发现都表明，表面上看分布广泛而又分散的人类其实在地球的生物史上不过是一个小家庭。如果我们采用一个真正长远的视角来观察，就会发现欧洲人首次到达拉丁美洲时遇到的美洲印第安人是在大约13000年前越过白令海峡的、源自亚洲的现代人的后裔。记住这一点很重要。就两者密切的历史联系而言，有趣的是，我们发现欧洲人在拉丁美洲创建殖民社会的同时，也在亚洲建立了贸易港口和贸易网络。在殖民时代驶往巴西的葡萄牙人船只常常会继续它们的航行，到达印度的果阿和中国的澳门。在返航葡萄牙的途中，它们又停靠在巴西几周甚至几个月。因此，中国和巴西之间有相当频繁、数额巨大的物资、技术、思想和人员的交流，包括许多后来居住在巴西的中国水手、商人和艺术家。另一方面，葡萄牙殖民当局的雇员、士兵、艺术家和各种技工也在不同时期在巴西、非洲和亚洲服务，这无疑促进了不同传统和风格的交流。历史文献表明，中国社会生活的许多方面都在那时被引进到巴西，尤其是在当地的殖民精英中，中国的丝绸衣服、茶、瓷器、焰火以及建筑风格等都曾风靡一时。在19世纪，虽然贸易关系有点减弱，但还有其他有趣的历史联系。例如，为了把中国的茶文化引进巴西，中国农民于1814年在里约热内卢的山上开辟了一个种植园。不过，这个尝试在当时并未获得成功。中国工人在那时还受雇参与拉丁美洲的公共工程建设和其他经济活动，包括在秘鲁沿海采集海鸟粪，在1910—1912年建设沿亚马逊森林边缘而过的马代拉－马莫莱（Madeira-Mamoré）铁路。因此，我们能够认识到，地球上的远东和远西这两部分并不像许多人所相信的是两个在历史上相互隔绝的世界。未来的历史研究一定会揭示出这种强大的历史联系的存在。

问：我知道，拉丁美洲的环境史学家已经建立了自己的环境史学会，请介绍一下学会的情况以及它在推动拉丁美洲环境史研究中发挥的作用。

答：拉丁美洲和加勒比海环境史学会是以一种完全自发和相当友好的方式创建的。拉丁美洲的环境史研究主要是由研究人员自己开拓的，而不是由机构创新推动的。常见的情况是在各大学的历史系和研究中心有一、两个环境史学家，但还没有专门的环境史研究生培养项目，也没有专门研究和教授环境史的系。不过，个体研究人员开始在各种研讨会上聚会，并决定要脚踏实地地创建一个专门致力于促进环境史研究在拉丁美洲发展的新学会。这个学会差不多与美国和欧洲的是同一个模式。拉丁美洲和加勒比海环境史学会已经开了三次大会，分别于2002年在智利的圣地亚哥、2004年在古巴的哈瓦拉、2006年在西班牙的卡莫纳举行。只是在最后一次大会上，这个学会才正式成立。下一次大会将于2008年在巴西的贝罗霍里桑特召开。我是这次大会学术委员会的一个成员，从现在的情况来看，各方面的反应都很积极。我们收到了来自环境史研究发展比较好的国家的150份论文提要，这些国家包括阿根廷，巴西，智利，哥伦比亚，哥斯达黎加，古巴，墨西哥，巴拿马，特里尼达和多巴哥。我们也收到了来自拉美以外的学者寄来的提要，如奥地利，加拿大，西班牙，美国，印度，英国和芬兰。会议的议程和安排不久将发布到网上，网址是 http：//www.fafich.ufmg.br/solcha。由此可以大体上看出拉美环境史研究的现状，包括学者们偏爱的研究主题和领域，独特的问题以及理论和方法论的框架。

第五章

伊恩·西蒙斯和菲奥纳·沃森谈英国环境史研究

英国环境史研究虽然基础深厚，成果丰硕，但作为一个具有学术自觉的分支学科的建设情况又怎样呢？要获得最鲜活贴切的回答，最好的办法是聆听英国环境史学家自己的说法。2002—2003 年，笔者相继完成了对英国著名环境史学家伊恩·西蒙斯和时任由“艺术和人文科学研究委员会”资助、由圣安德鲁斯大学和斯特林大学共建的“环境史研究中心”主任的菲奥纳·沃森博士的访谈。① 笔者相信，这个访谈无疑会有助于我们深化对英国的环境史研究的理解和把握。

问：环境史如何在英国兴起？它发展的动力机制是什么？

答：**伊恩**：我认为，在英国，历史地理学和环境史之间有连续性，很难把这两者分开。牛津大学教授米歇尔·威廉斯曾经探讨这二者在学术上的

① 伊恩·西蒙斯是杜尔汉姆大学地理系荣休教授，著作等身。最主要的包括：Ian G. Simmons, *Environmental History: A Concise Introduction*, Oxford: Blackwell, 1993; *Changing the Face of the Earth: Culture, Environment, History*, Oxford and New York: Basil Blackwell, 1989; *The Moorlands of England and Wales: An Environmental History 8000 BC to AD 2000*, Edinburgh: Edinburgh University Press, 2001; *An Environmental History of Great Britain*, Edinburgh: Edinburgh University Press, 2003; *Global Environmental History 10000 BC to AD 2000*. Edinburgh: Edinburgh University Press, 2008. 贾珺以《英国地理学家伊恩·西蒙斯的环境史研究》为题撰写了史学理论的博士论文。菲奥纳·沃森是斯特林大学历史系高级讲师，是著名的苏格兰环境史专家。主要著作包括：Fiona Watson, *Under the Hammer: Edward I and Scotland, 1296—1305*, East Linton: Tuckwell Press, 1997; *Scotland: A History*, Stroud: Tempus Publishing, 2000. T. C. Smout, Alan R. MacDonald, and Fiona Watson, *A History of the Native Woodlands of Scotland, 1500—1920*, Edinburgh University Press, 2005.

不同，可以参看他的论文。如果要问布里斯托尔大学的彼得·寇茨是哪个学科的，他肯定回答自己是历史学家，可以参看其著作的前言。我认为，我们的知识基础无疑是自然科学。我们首先要知道生态史是什么，然后再把引起生态环境变化的社会和认识因素考虑进去。在1980年代和1990年代发生的人文地理学的变化非常重要，它给许多社会科学家造成了相当深的冲击，环境史学家也从中得益。

菲奥纳：我认为，环境史在英国的兴起首先应归功于部分地理学家和环境科学家，这些学者不得不面对人类对他们正在研究的自然界的影响（包括文化方面）这个问题。但从总体来看（肯定有例外），他们倾向于把人类因素均质化，对不同地方出现的不同回应——文化、经济和政治体系——一视同仁。在过去十多年，历史学家才对环境感兴趣，这在过去是从来没有过的（不仅在英国是这样，在欧洲也是普遍现象）。年鉴学派和伟大的费尔南·布罗代尔给欧洲的历史学家展示了人类以外的世界的重要性，但是环境史作为一个研究人与环境各方面双向互动关系的分支学科是最近才出现的。在历史学领域，圣安德鲁斯大学的教授克里斯·斯姆特的研究影响最大。尽管许多地理学家和其他学科的学者也都在研究环境史，但是，苏格兰事实上处于领跑地位。我还要补充说明，英国环境史学界（欧洲也一样）明白无误地把环境史看成是交叉学科研究领域，但这并不意味着本人的历史学家的特色要减弱，而是我希望能与用不同方法研究同样问题的其他学科进行交流。环境史在历史学科中面临的挑战是如何使其成为主流，并说服和鼓励同事们在开始研究相关的环境问题后不要停下来。我更希望大多数历史学家关注环境及其影响和我们人类对它的影响，而不是要出现一批环境史学家。

问：英国的环境史研究怎么样？在这一领域有哪些突出的学者和著作？它与美国的环境史传统有何不同？

答：菲奥纳：这是一个不易回答的问题。在历史系很少有学者自称是环境史学家，自称为环境史学家的不是在圣安德鲁斯大学就是在斯特林大学。不过，映入脑海的还有几个散布于其他大学的学者，如牛津大学的非洲史学家威廉·贝纳特和布里斯托尔大学的美国史学家彼得·寇茨。他们都带博士研究生，也开始建设自己的环境史，但他们都首先把自己称为非洲史学家或美国史学家。我想我也会以同样的方式称自己是一个苏格兰史学家。另外还有一些地理学家和环境科学家。如果他们积极研究文化或人对自然界的影响，即使他们的研究主要是测定对土壤的影响，我也认定他们是环境史学家。我在我的大学的环境科学系有一些同事，虽然他们和我做着很不同的研究，但是他们毫无疑问是环境史学家。"欧洲环境史学会"去年在我们这里召开了它的第一次会议，这有助于给环境史学家创建一个学术共同体和交流平台，但是就英国会员工作的系科来说，肯定是一锅大杂烩。

根据我的观察，英美环境史传统的主要差别是，我们并没有十分关注荒野问题（尽管在某种程度上我们从美国引进了这个概念）。荒野研究是对美国环境史的广泛和过度的概念化。不过每当我去美国参加会议时，我都注意到荒野是一个反复出现的主题。由于历史学家在研究环境史上起步较晚，所以我们这里的跨学科研究特点更为强烈。我们也开始研究城市环境史，因为我们是历史上第一个工业化国家。环境史有助于解释工业革命为什么发生，也有助于解释它如何影响了整个世界。这一方面的研究还不是很多，但我敢断定这将会是一个新的增长点。主要会集中于对污染和作为工业化的一种反应的浪漫运动的研究上。现在的问题是要说服城市史学家把环境问题纳入自己的研究范围之内。我们从美国环境史研究中学到了很多，我们双方也有许多共同点。

问：英国环境史研究的主题是什么？如何整合农业社会的环境史和城市环境史以及不同经济发展阶段的环境影响？

答：菲奥纳：老实说，没有主题。就现在来说，许多研究者在自己的领域研究着自己感兴趣的问题。大多数学者研究农村环境，部分学者研究城市环境，也有大量学者关注环境政策。伊恩的《英国环境史》就是一本优秀著作，主要阐述农村环境，也注意到人的行为对环境的影响。地区多样性问题是历史学家从总体来说尚未真正掌握的问题，我认为不仅仅是环境史学家如此。伊恩开了个好头。我认为在每一本名著中都蕴涵着一系列合理性，但不一定就要顺着它的路子走。把英国分解成许多地区，研究某些主题，思考当代问题，在历史的纵深处研究这些问题，这都是非常好的、可以接受的思路。

伊恩：我认为，能源史的研究在一定程度上可以弥合这种不合理的分野。在发达国家，在以煤为动力和主要依靠石油的不同时代，能源的作用是不同的。在发展中国家这种差别就比较小，但不可否认的是它们也与世界市场的油价（在某些方面）紧密相连，除非它们拥有自己的储备（当然，它们也不可能完全控制，例如尼日利亚）。以制造业为基础的经济和服务业占主导的经济也有不同。尽管我们还没有完全弄清楚其不同，但从理论上看它们应该有不同的环境关系。当民用核能在1950年代末出现时，其鼓吹者说，电力不久将"非常便宜"。其实又如何呢？！就环境影响而言，你不能对它熟视无睹，因为它带来了废弃物问题，它还代表了刺激资本主义世界增长范式长达100多年的扩张。这也意味着新兴工业化国家和诸如中国这样的转型经济体不会例外。

问：您在《欧洲历史地理》一书中撰写了题为"走向欧洲环境史"的一章，[①] 您的环境史概念与历史地理学有何不同？

答：**伊恩**：就那篇论文和《环境史导论》来说，真实情况是这些都是我奉命而写，是命题作文。所以也可以这么说，我只写我愿意写的内容，但采用这些题目只是偶然的意外。美国环境史学会可能会不高兴，因为我既没有认同其环境史的"意识形态"，也没有给出我自己的环境史定义。之所以这样，部分原因是我自己的整个学术训练和研究经历有局限性。我的学士学位是地理学的，博士学位是生物学的；先后教过生物学、考古学和地理学；与生物学家、考古学家、地理学家和历史学家进行过合作研究。所以这些标志着学科分野的标签和界限对我来说从来就没有什么意义。长久以来我就竭力想摆脱把我称为"地理学家"、"考古学家"或其他什么学家的束缚。我的著作仅仅就是我的工作成果，我希望你承认它固有的价值和有效性，而不希望用某些先验的历史地理学或环境史概念来衡量它。我喜欢17世纪捷克伟大的教育家夸美纽斯的一句名言，他说知识只有在没有人为的分隔时

① 在这篇文章中，他把欧洲环境史从时间上分为四个阶段，分别是狩猎采集经济、农业经济、工业经济和后工业经济；从空间上分为五个区域，分别是斯堪的纳维亚，俄国和东欧，阿尔卑斯和欧洲其它山地，西欧，地中海欧洲。从环境制约方面来看，各区域在不同方面各具优势和劣势，因而在经济、政治和文化发展上也出现不同的机会，当地人对环境的改变在程度上也各不相同，并造成不同的环境灾难。Ian G. Simmons，"Towards an environmental history of Europe"，in R. A. Butlin & R. A. Dodgshon（eds.），*A Historical Geography of Europe*，Clarendon Press，1998，pp.335—361.

才会受到尊重。

问：英国的环境史会怎么发展，它的自然概念与其他国家的有何不同？[1]

答：**伊恩**：环境史自兴起之日起，我就不知道它是什么，也不知道它将会怎么发展。像其他所有的知识领域一样，环境史有一个迅速成长的阶段，没有人知道它的结局会怎么样。所以就现在而言，环境史就是现在环境史学家正在研究的那样。英国的自然既是一个文化建构，也是一个客观自主的实在。如果人类不会灭绝的话，自然作为一个客观实在就会一直存在。但我们的自然知识部分或大部分是通过文化建构得来的。特别是如果我们想相互交流关于自然的知识，就肯定要使用语言，这不可避免地意味着文化。我对日本文化了解很少，但日语中的自然概念就与英语中的大不相同。我猜想中文也有类似的"跨文化"特点。正如霍尔达尼所言："自然不仅比我们所猜想的更奇妙，而且比我们能猜想的更奇妙。"我想，卢曼的《生态交流》一书似乎更能说明这个问题。

菲奥纳：老实说，大多数英国历史学家对环境史还没有意识，但我们最杰出的一个历史学家布兰克教授曾断言，环境史研究的发展将是下一个引人注目的大事。环境史将在把历史作为整体研究中发挥越来越大的作用，但要成为主流尚有很长的路要走。

问：在美国曾经掀起了关于"第二自然"的讨论，您怎么看这个概念？

答：**伊恩**：再造自然概念的问题因为涉及到北美的"荒野"概念而更有意思。自1965年颁布"荒野法"以来，就有一种说法，认为在美国和加拿大的许多地方存在着从未受到人类活动影响的地区，而且这些地方应该保

---

① 在《阐释自然》一书中，伊恩围绕着人与环境的关系这个核心来解释自然，而不是采用把自然与人进行两分的思维方式来认识自然。所以，他的自然概念既是指客观存在，更是指知识的建构或人心中的自然。自然科学和工程技术科学对自然有独特的认识，以人为中心的人文科学和社会科学当然就有与前者不同的自然观。从地域上看，西方和非西方世界对自然的文化建构具有很大的差异。对伊恩来说，西方的自然观相对比较清楚，但是东方的自然观不但研究不多，而且很复杂。日本、中国、印度、阿拉伯世界和非洲的自然观都千差万别。由于自然观的不同，对现在出现的环境问题如环境退化、资源减少等都会有不同认识，相应也会提出解决问题的不同思路。Ian G. Simmons, *Interpreting Nature: Cultural Constructions of the Environment*, London: Routledge, 1993.

持这种状态。但是最近由于受到大多来自其他地区的学者的影响，环境史学家和生态学家逐渐认识到，北美的大部分生态系统其实已经受到人类的操控——尤其是土著美国人用火的实践在一定程度上改变了它。正由于此，人类在历史上对自然影响的深度就变得非常重要，进而变成了一个政治问题：既然人类活动已经影响了8000年，现在再影响几年又何妨呢？当林地遭受与数千年的历史并不匹配的暴行的摧残而燃烧时，荒野和保持原始状态的做法就意味着要大量控制火的使用。因此当人类活动了几千年并有同样深度的人类文化和认识能力时，在思考自然概念时就不能不注意到这些问题。

问：作为研究中心的主任，您怎样组织中心的学术研究？如何找到研究资助？

答：菲奥纳：在前几年（1999—2002），我们允许自己的研究人员在一个大致规定的范围内做自己最有兴趣的研究(我们有历史学家、社会科学家、孢粉学家和河流学家）。这种做法是一个错误，因为彼此之间很难产生学术碰撞和火花，也没有一个吸引人的研究重点。现在的中心（2002—2006）集中研究废弃物问题，大致上分解为“废弃物管理”（主要由圣安德鲁斯大学来研究）和“废弃土地”（大部分由斯特林大学来做）两大部分。不过，在这四年我们要研究的六个子项目是相互联系的，正如我们设计的那样。

我们与“欧洲环境史学会”和“美国环境史学会”联系密切，我们也编辑《环境与历史》杂志。2001年，在我们这里召开了欧洲环境史学会的第一届国际学术讨论会。筹办这次会议是我经历的最困难和最紧张的事情，因为我们只参与部分决策和部分组织工作。好在圣安德鲁斯大学有非常优秀的会务人员。他们开销了4000英镑，但物有所值。礼品袋可想而知很廉价，不会给我们本来就不高的会务费增加新的负担。肯定有人认为会务费比较昂贵，但肯定不会太糟糕(4天全包250英镑）。之所以选中我们中心办会是因为这是欧洲唯一的、正式成立的环境史研究单位。对我们来说，得到的好处是提高了我们中心的知名度(我的中心那时仅成立了两年）。

说到资助，最初三年的经费来自面向苏格兰所有大学、为学术研究提供资助的“苏格兰高等教育资助委员会”。该委员会只给能够适应广泛的社会需要的大学学术研究提供资金支持，我们得到了大约50万英镑。那只是让我们启动的基本建设经费（用于行政和研究人员）。这四年的经费来自“艺术和人文科学研究委员会”，它是资助历史研究的主要学术基金。不过，像所有这类基金一样，它们现在都对跨学科研究非常有兴趣，因此很乐意给我们中心的一些科学研究提供支持。我们的申请是一个研究中心的规划，我们得到的经费既用于基础设施建设，也用于科学研究。我们的目标是把这个中心建成英国乃至欧洲环境史研究的重镇，做出第一流的研究成果。

我不能期待在七年后能再次获得基础设施建设支持，我也不知道这个中心在2007年后会以什么方式继续存在。我希望我们能从校方得到有限的行政支持，但这肯定不能保证，而且我们已经被告知我们将不能得到这种支持。所以，我们必须依赖项目经费来运作。我非常担忧这个中心的可持续性，因为我将回到历史系做全职的教学、行政和研究工作。但谁知道呢？我们正在证明我们能成功吸引项目资助，也希望我们的大学能认识到：他们付出一点点，就能收获大丰收。人们只能希望……

第六章
热纳维耶芙·马萨－吉波谈法国环境史研究

热纳维耶芙·马萨－吉波女士是法国著名环境史学家，尤其擅长19和20世纪法国城市环境史和法国环境史学史，现任法国高等社会科学研究院教授，是法国第一位环境史讲席教授（2006— ）。她是欧洲环境史学会的法国代表，也曾担任欧洲环境史学会的主席（2007—2011），还是法国城市史学会的领军人物。早年参与组织多次环境史的欧洲研讨会，并以法国布来斯－帕斯卡大学的"空间与文化"史学研究中心为基地积极推动这一新兴分支学科的发展。她的主要著作有：专著《19世纪法国城市的工业污染：1789—1914》；合编《现代恶魔：欧洲城市和工业社会的污染》，《城市和灾难：欧洲历史上对突发事态的处理》等。[①] 热纳维耶芙·马萨－吉波教授热心学术交流，对中国怀有钦羡之情。当我2003年初在美国对她提出采访邀请后，热纳维耶芙·马萨－吉波教授态度积极，欣然接受，在百忙中抽出时间对提问作出了极富个性的回答，相信会对我们了解欧洲环境史研究和帮助建设

① Geneviève Massard-Guilbaud, *Histoire de la pollution industrielle en France, 1789—1914*, Paris, 2010; *Des Algériens à Lyon, de la Grande Guerre au Front populaire*, Paris, 1995; *Common Ground: Integrating the Social and Environmental in History*, edited with Stephen Mosey, Cambridge Scholars Publishers, 2011; *Environmental and Social Justice in the City: Historical Perspectives*, edited with Richard Rodger, White Horse Press, 2010; *Resources of the city: Contributions to an environmental History of modern Europe*, edited with Bill Luckin and Dieter Schott, Ashgate, 2005; *Cities and Catastrophes: Coping with Emergency in European History* (Villes et catastrophes), edited with Dieter Schott and Harold Platt, Peter Lang Verlag, 2002; *The Modern Demon: Pollution in Urban and Industrial European Societies*, edited with Christoph Bernhardt, Clermont-Ferrand, 2002.

中国的环境史学科有所启示和借鉴。

问：环境史研究是怎么在法国兴起的？它迅速发展的动力是什么？

答：说实话，这个问题不容易回答，因为你已假定在法国存在着被称做“环境史”的分支学科，但这个观点却是可以讨论的。假使它存在，也只不过是一个很新的研究领域。虽然我们有成熟的社会史、经济史、文化史、宗教史或政治史，以及新兴的城市史和性别史，但直到现在还没有一个被明确认同为“环境史”的分支学科。我们没有专门的环境史教席，没有专业的环境史杂志，没有专门的环境史研究中心。但这并不意味着没有人从事环境史研究。我自己就在研究，而且也不是唯一一个，但是几乎没有历史学家会说他在研究环境史：这个概念确实还没有应用开来。

以我为例，在 1995 年前，我从未听说“环境史”这个研究领域。那时，我正在设计我的“教授资格论文”做什么。我的强项是城市经济和社会史，但我更想做一个完全新颖、有用和令人兴奋的题目。在为写一篇关于邻居概念的论文做研究时，我发现了一类我以前从未听说过的档案，这些档案在法国各部和中央政府的文件中都能找到。这些记载所谓“危险、不健康和麻烦的工厂”的档案自 19 世纪初以来就一直存在。我觉得这些资料非常让人着迷，就此与我的“教授资格论文”的导师（J. L. 皮洛尔教授）进行探讨。正像您现在做的一样，皮洛尔教授几年前也在布朗大学任教过一段时间，他在那儿发现了美国环境史，并鼓励我开拓这一在法国仍是全新的研究领域。这是我第一次听说“环境史”。我阅读了一些最著名的美国环境史著作，尤其是那些城市环境史著作（朱尔·塔尔，马丁·麦乐西，哈诺德·普拉特，克里斯蒂·梅斯娜·罗森……）。第二步就是参加德国学者（克里斯托夫·伯恩哈特博士）在欧洲城市史学家协会的威尼斯会议（1998 年）上组织的、名为“城市环境问题”的分组讨论会。在威尼斯，我首次结识了在这一领域探索的学者，决定与伯恩哈特博士共同在法国组织一次环境史的学术讨论会——这次会议 2000 年召开了。

还有一段故事或许也可以反映那时环境史的状况。1998 年，一群来自瑞士、德国、奥地利的学者决定重开欧洲环境史学会（以前有一个，存在了几年，但现在已不复存在）。他们需要一个法国人，就在美国环境史学会的网页上发出通知，征召在这一领域探索的法国学者参与创建这个学会。据我所知，我是唯一回应的学者。这也说明当时对这一领域感兴趣的学者多么少。

如我前面所说，这并不意味着没有人研究环境史，只不过这种研究没有以一个分支学科的形式出现罢了。那时在巴黎就有一个研究法国森林史的团体（现在仍然存在）。它的领军人物就是安德烈·科弗勒教授。她在 1995 年出版了一本名为《自然、环境和景观：18 世纪的遗产》的书（实际上是一本研究指南），它的副标题是档案和书目研究指南。封底上的文字提醒人们 1995 年是“环境年”，呼吁学者们必须对景观进行长时段研究。这本指南专注于人们对自然和景观的感知和政策。它肯定不是法国学者写的、研究景观史或自然感知史的第一本书，但它可能是使用现代“环境”词汇和概念的第一本书。四年后，科弗勒教授出版了第二本研究 19 世纪、名为《环境史资料》的著作。从书名的变化可以看出这种趋势的深化（从自然研究向环境研究转化）。我认为，这是使用“环境史”一词的第一本法文著作。综观此书，我肯定它对这一新领域作出的有意义的贡献，但也对它的内容构成有所保留：同时收入的一些文章观点相互冲突；本书更像是已有研究的合集而不是用新的方式研究环境问题。我认为，写环境史不是把旧的研究（运河史，电力史等）汇集起来冠之以新标题，而是从环境维度对历史进行不同以往的发问。

组织 2000 年的环境史会议和会后编辑城市灾难的书让我了解了那些正在研究可以被看成是环境史的课题的机构和学者。绝大多数学者（也有一两个例外）是年轻的、而且有点势孤力单的研究者。在参加这次会议的法国学者中，大多数是来自不同大学、正在攻读博士学位的学生。此书的一个新奇之处是书店管理员不知道应该把它归于哪一类、放在哪个架子上！是心态史？地理学？还是社会学？

总之，我认为，环境史在法国正在兴起，而不是已经兴起。它起源于不同学者和机构的研究，但他们一般都不承认自己是环境史学家。要回答环境史发展的动力是什么就更难了。很显然，它并不兴起于 1960 和 1970 年代的环境意识的发展。尽管法国早已有环境地理学、环境法学、环境经济学、环境社会学和环境哲学，但是法国有环境史却是相当晚近的事。为什么它现在才出现？说它因为受到别的国家的影响而出现较晚也是不能令人信服的。可能还有更根本的原因，是法国人类科学研究组织的倡导？是文化因素（是哪一个？）？还是研究传统？我们恐怕还需要对这个问题进行专门研究，如果我们想理解法国环境史研究的历程与我们的北方邻国有何不同的话，尚需进行比较研究。

问：*法国历史学研究有重视环境的传统；法国与美国同属西方文化，进行学术交流也不难，为什么法国的环境史研究如此滞后？*

答：我认为，法国在环境史研究领域迟到的原因尚不清楚，因为没有人专门研究过这个问题。正如我在研究法国环境史学史的论文中所写，这个问题明显地并非法国一家独有，相对于北欧国家而言，这是所有欧洲地中海国家共有的问题。这些国家有许多共同点：历史、文化、源自拉丁语系的相同语族等。但法国本身介于南方地中海国家和北方非地中海国家之间。环境史在意大利、西班牙、希腊出现较晚，更不用说地中海边上的前共产主义国家。这些国家前十年也发生了许多环境问题，但严格说来与前者没有可比性。所以，法国在环境史研究后发这个问题上并不孤立。一位美国学者在欧洲环境史学会召开的第一次会议（圣·安德鲁）上解释这一现象时说："肯定是宗教原因"。这种观点可以追溯到20世纪初德国社会学家马克斯·韦伯的理论。韦伯用宗教因素解释北欧和南欧工业革命在不同时间发生这一历史现象。尽管韦伯的理论富有启发性，但从长远来看是不合适的，况且事情还更复杂。就宗教而言，南欧主要是天主教，北欧主要是新教，但这并不能解释南欧环境意识的不觉醒：只要看一下天主教国家奥地利、或者德国的天主教部分，那里的人们对环境的兴趣与新教部分是一样的。用经济发展水平来解释也不是合理的观点，因为在过去几十年地中海国家之间的经济发展水平有很大差别。即使当欧洲统一经济体建立、各国经济发展越来越平衡时，用经济发展水平来解释也不是好的解释。

法国虽然没有阻碍人们独立做研究的官方意识形态，但是法国有学科分野。一方面，我们历史学家并不完全了解环境科学；另一方面，所有的法国历史学家都研究地理学，因为这两个学科在中小学由同一个教授讲授。与其他国家一个教授只教一个学科相比，这是法国的一个非常明显的特色。所以，法国历史学家通常都使用景观学、地貌学、气候学等学科的基本概念，但这并未使他们对环境史更感兴趣。

我们可以和美国学者自由交流，但这足以让我们作好环境史研究吗？如果您认为大部分法国历史学家能说很好的英语，那肯定是高估了。许多学者能读英文资料，但确实只有很少学者可以说英语（美国人在学外语方面也很糟糕）。法国学者在说英语方面表现很勉强，因为英语被认为是帝国主义、尤其是美国文化帝国主义的象征。这与一般都可以说英语的德国学者不同。另外，您可能低估了法国人对美国的消极感受。对许多法国人来说，美国是一切，但唯独不是可以效仿的模式！法国有非常强烈的反美主义。那些专门研究美国学的学者也只是在自己的专业领域独自耕耘。我怀疑还有多少法国学者真正对与美国同行进行学术交流仍然感兴趣。（我谈的只是社会科学，而不是自然科学。在自然科学领域，情况可能大为不同。）我个人知道的、唯一去美国进行多次学术交流的是我的"教授资格论文"导师。即使有一些历史学家（像我这样）愿意向美国同行学习和交流，但是您可能高估了他们去美国的能力。我就从来没有去过美国，也可能永远不会去美国，因为没有美国大学的邀请，我就没有机会去访问。我喜欢学术交流，也走遍了大部分欧洲国家，但这些访问经常很难得到资助，美国超出了我的能力范围……不要相信法国历史学家通常都会对美国历史学家的所思所写感兴趣。实际上，他们不感兴趣，他们不在意，而且他们以不同的方式思考历史。法国历史研究中没有"后现代主义"，没有"性别史"的译名（这一研究领域在法国出现得很晚，而且我们用的是英文术语），甚至我们使用的概念也是完全不同的。

说到法国的传统，我并不同意您的、"法国有重视环境的作用的传统"的观点。是的，法国年鉴学派的历史学家确实给环境以重要地位（他们用的词是 Milieu 而不是 Environment）。但是，这里的环境是被征服、被转化、被治理的环境，而不是要尊崇、保护的环境。我认为，他们对环境的认识与法国当代学者的看法没什么不同。我不是思想史和文化史的专家，要圆满回答这个问题还需要专门的研究。

问：欧洲环境史学会在法国和欧洲的环境史发展中发挥了什么作用？

答：说到欧洲环境史学会的作用，我脑海中浮现出的第一个想法是，它仍然很年轻。它的第一次学术讨论会 2001 年 9 月在苏格兰举行，第二次会议 2003 年 9 月在布拉格召开。这个学会正在变成一个法人团体，从前年开始我们按自己的章程行事。它也不可能成为一个正式的欧洲学会（欧洲的政治和社会建设进程很慢！），我们的章程是英国式的——但这不是一个政治选择。我们之所以这么做是因为在这个国家做这件事比较容易。

我是学会的创始者之一，从一开始就是法国的代表。我竭尽全力去宣传圣·安德鲁会议。您肯定也知道，使用电子邮件和互联网仅仅是三、四年前在法国出现的新生事物。那时，许多法国学者没有电子邮件地址，也不常用互联网获取信息做研究。通知会议、征集论文等都是相当困难的。我给其他大学的朋友们发出了广告和宣传材料，但我只动员了一位法国女学者前去参加圣·安德鲁会议。

我想广泛宣传布拉格会议，把会议通知发到了在法国广为人知的一个专门发布学术信息的网页上。这一次，我们收到了较多的法国学者的论文提要，但仍嫌少。我正在建设一个以某种方式对欧洲环境史学会感兴趣的学者的信息库。每当我看到其他学者写的环境史的论文或著作（即使他没有使用"环境史"这个概念），我都想得到他的地址。当然，这需要时间，因为这些资料必须非常准确才会有用。

欧洲环境史学会在推动法国的环境史研究中发挥的作用除了我的努力宣传之外就什么都没有了。在此没有"国家行为"，我认为最近也不会有。我再次成为法国在欧洲环境史学会的代表，我将竭尽全力。但是如果欧洲环境史学会在法国的影响还是不能扩大的话，那就需要认真研究造成这种情况的原因，而不是继续发电子邮件。

欧洲环境史学会在欧洲的影响是一个更为复杂的问题。作为一个坚定的欧洲人，任何能帮助欧洲不同国家的人聚会、一起工作和加强了解的创意，我都欣赏。我不知道您作为一个局外人能否感受欧洲建设，但这是我坚信的事业（最近的新闻都证实了这一点），而且我愿意全力参与。十年来，随着我的职业和家庭越来越趋向欧洲化，我尽可能多地参加欧洲的会议。在我 35 岁时学英语就是为了这一点，因为英语是唯一全欧洲都能理解的语言（法国人一般都不愿意承认这个事实）。我们欧洲人既相似又不同，和其他欧洲国家的人聚会，对我来说，是很令人兴奋和刺激的事。我对去世界其他地方访问也同样感兴趣，但这恐怕更是空想，因为我从未去过亚洲或美洲，而且以后也不可能经常去。我想，要建设的欧洲社会既是一个欧洲知识社会（我们欧洲环境史学会的会议就是给各国学者提供一个获取新思维、发现不同学术传统和新研究领域、交流思想等的平台）也是一个欧洲政治社会（因为我想参与建设一个统一欧洲）。总之，环境不是一个待在邻国就可以研究的问题，你必须“从全球思考”。

问：法国环境史研究的特色是什么？

答：我隶属于“空间与文化”史学研究中心。该中心有三个研究小组，其中一个是我参与创建的“空间与疆域”研究组。我们中心在大学的研究大楼内，该大楼集中了学校从事人类科学、艺术和人文学科研究的11个中心（包括两个历史学研究中心和两个地理学研究中心）。我们努力争取法国高教部的更多财政支持，同时想提高自己的科学地位，使之成为有强大影响的科研中心。另外，我们希望在各中心之间建立起更紧密的联系，以便相互利用资源和促进多学科研究。但实际上，我们的中心相当封闭，相互不交流；科研人员也不在一起工作（有时就是不喜欢）……这一周，我刚参加了一个会，探讨什么样的课题来自不同学科的学者可以一起做（包括古环境学家、考古学家、地貌学家、气候学家、人类学家、旅游学专家和我们研究组的历史学家）？每个人都介绍了自己正在研究什么、自己的兴趣点是什么。给我印象最深的两件事是：一，我的同事在听到我研究环境史时的反应（他们说从未听说过这个学科，尽管我经常把一些环境史文献放入他们的信箱）和我在听到他们正在研究的课题时的反应。在我看来，他们所做的工作正是我所说的环境史。例如，有些学者正在研究新石器时代人类活动对克莱蒙－费朗附近一条河流生态系统的影响；有些学者在研究火山喷发对秘鲁印第安人生活方式的影响。所以，法国的问题不是没有学者研究环境史，而是所做的研究没有被称为环境史，以及不同城市、不同研究小组的学者之间缺乏相互交流。二，会议的气氛很好，但是如果你要断定他们所做的研究就是环境史，那么肯定会激怒地理学家。我没有这么做，因为只要知道他们研究什么就足够了，不必在乎应该贴一个什么标签。其实，地理学家甚至在研究历史时也是用自己的视角和方法进行研究的。

要描述法国环境史的特征，这是很难回答的问题。我只能评述我了解的法国环境史研究。如果我们局限于自己承认研究“环境史”的著作的范围内的话，就没有多少好讲了。让我们翻开科弗勒教授的《十九世纪环境史资料》

一书，就能看出在作者心目中什么题目属于环境史。下面是各章节的目录：

——工业林

——建筑业大趋势

——电力

——海洋和对海滨的需求

——环境主义的合作者（实际上研究森林管理机构）

——工业景观的诞生（这一章是英国专家撰写的，概括了英国的工业景观研究史，没有法国工业景观史）

——大气污染：感知和理解（由一个德国专家撰写）

——人及其环境（由一位科学史专家撰写，他就这个论题写了许多文章，但更多的是哲学和认识论的文章，而不是历史学文章）

——航路和景观

——向土壤侵蚀宣战：山区植树造林（由一个林学家而不是历史学家撰写）

——自然和社会：对深层危机的感知（由一个地理学家撰写）

尽管这本书存在许多缺点，但是它也有优点，即它是第一部在书名中使用"环境史"一词的著作。但是，您从中看不出环境史应该是什么这样的明确思想。令人惊奇的是，大部分作者要么是以同一标题出版了著作（没有称之为环境史，如建筑业、电力、运河），要么就不是历史学家，要么是已经存在环境史的那些国家（如德国和英国）的历史学家。所以，虽然编者把能在已有论题下写环境史的作者集合了起来，但是整本书看起来并非一个整体。

我想从另一个方面分析您的问题。让我先把我知道的、或多或少研究环境史的法文著作（不管其作者是否是历史学家，其实大部分不是）列一个清单，然后再看他们都研究了什么？

——数量最多的是研究人对自然感知的变化、人与自然的联系、人对自然的需求等的著作（主要是哲学家写的）。在这一类中，还可以加上阿林·科尔班（Alain Corbin）的著名著作（英文译名是《灵魂和香味》），它研究19世纪人们对香味的感知。我认为，这本书与其说是一部环境史，不如说是一部感觉史。

——以科弗勒教授的研究小组为核心，还有许多学者研究森林史、森林政策等（究竟有多少著作呢？两打？）。

现在有几个学者研究工业污染。除了我自己的著作外，在巴黎的一所高级技术培训学院形成了一个以安德烈·吉乐莫（Andre Guillerme）为核心的规模虽小但富有朝气的研究中心。他们开了一门课程，专门讲授工业污染及其对城市环境的影响。这个学院的许多教师虽然受的是工程师和化学家的教育，但对土壤污染和城市新陈代谢问题作出了很有意义的研究成果。由于他们所受的教育，他们都从非常科学/技术的方法来研究这些问题，这与受历史学训练的学者所做的研究有很大不同。正由于此，他们很难整合进历史环境，但我认为他们的工作富有成果，我非常乐意现在就与他们聚首并讨论这些问题。他们的工作是墙里开花墙外香，在国外比在法国更知名，更受欢迎。说到“地地道道”的历史学家，一些研究公共卫生的博士研究生正循着环境史的路径开始研究工业污染（这是新现象，因为卫生和医疗史研究一直到现在还完全忽略这方面的研究）。有一个学生最近完成了她的论文。一些城市学家和地理学家也对此感兴趣，并写出了几本著作（里昂，巴黎）。

——还有一些学者在研究“自然”风险史：地震，洪水，土壤侵蚀，火灾等。这方面的研究发展很快，尤其在靠近阿尔卑斯山的格勒诺布尔。在那儿，有一个研究小组正在研究山险。

——在许多大学，有学者研究古环境，似乎成果丰富且富有启发性，但我对他们的了解很肤浅。

——勒华拉杜里出版了气候史(我对把它称为“环境史”持非常怀疑的态度，因为他是从概念出发去写“没有人的历史”，我的观点是无人的环境不存在），后来，他在法国没有追随者，但在瑞士、德国、奥地利有很多追随者。

——最后，还有一些地方性专题研究，它们主要研究历史上地方生态系统或特殊的地方基础设施及其对社会的影响。我能想起来几本这样的书，但可能有更多这样的书。

这个粗略的清单并没有完全回答您的问题，因为我对非洲和亚洲的环境史一点都不了解，我现在仍在搜集欧洲和部分美国的环境史书目。我本人主要研究工业污染以及城市、工业和城市规划的关系（我最近刚写了篇文章，探讨公共行政当局和城市工业对空间的争夺），令我非常震惊的是经济史的思考方式依然如故。在经济史中，行动、创新、生产、对自然的征服和驯化，男人对女人和自然的优越感等等就是好的。虽然环境主义已经发展了二、三十年，但经济史仍在另一个框架内研究，其发展变化仍很缓慢。我记得很清楚，当我在1970年代还是一个学生时，教授们一般都认为，19或20世纪的每一个技术进步，不管它对环境的影响如何，对我们国家来说都是一个福利。困扰他们的问题是工人和无产者的命运，技术进步社会化对人的消极影响，以及通过组建工会和进行社会立法来解放无产者的漫长道路。就农业而言，也同样崇拜技术进步，把合成化肥看成是神奇的工业产生的精美造物等。我这一代仍以与上一代没有多大区别的方式在写经济史和技术进步。我认为，他们不但对工人的命运欠敏感，而且对环境问题几乎没兴趣。我还想谈一个可能引起争议的问题。现在的经济史差不多都是右派自由主义者写出来的（类似于英国托利党人，或美国共和党人），但在法国，你不能说生态思想是右派催生的（我听说，美国可能不同）。至少到现在，情况正好相反。

问：在美国环境史研究中存在着生态农业史和城市环境史的模式之争，您作为一个法国城市环境史学家如何看待这场争论？

答：首先要说明：我只读过沃斯特的《自然的经济体系》，但我对美国城市环境史了解甚多，不过，城市环境史只是美国环境史的一个相当小的部分。城市环境史是我的研究领域，很自然我会受到它的直接吸引。另外，我还有机会与诺约拉芝加哥大学的哈诺德·普拉特教授共同编辑一本书。普拉特教授是城市和技术史的专家，最近转向环境史研究。我与组织非正式的欧洲城市环境史会议的绍特和伯恩哈特教授一起邀请了朱尔·塔尔、马丁·麦乐西和克里斯·哈姆林教授来参加我们的研讨会。我们有幸进行愉快的讨论。我还读过克罗农、梅斯娜·罗森、胡莱、福拉纳甘以及其他学者的著作和论文。由此可见，我对环境史文献中的城市部分比另一部分显然更熟悉。

我在开始研究环境史时就读了《自然的经济体系》一书，但说实话它并未让我有耳目一新的感觉，因为它与我们法国的研究属于同一类型。不过，在法国，这类著作不是由历史学家撰写的，而是由科学史家、“纯粹”的哲学家、认识论学家、甚至文学专家撰写的。我认为，这是一部精彩有趣的书，但也有让人感到失望之处。当我读此书的结论时，我不能说我根本就不同意他的观点。这本书可能帮助整整一代年轻历史学家从新的视角和方法思考环境和历史。但让我困惑的是在这本书中没有城市的位置。即使生态学对城市来说是外部事物、是研究自然的学问或自然意味着乡村，但在生态思想史中不研究城市确实与城市在我们这个世界的实际重要性很不相符。

沃斯特并没有说我们应该回到农村或农业社会，也没有说我们应该接受过去及其给我们造成的不可磨灭的影响，但他说我们应该从过去汲取教训。尽管他在这一点上很谨慎，但他并不真正对人类的重要造物之一、值得我们全力关注和研究的城市感兴趣。在我看来，这似乎与他的基本主张（任何事物都是相互联系的，我们必须从全球来思考）有点矛盾。我们生活在一个越来越多的人生活在城市的世界，我们怎么能够忽视他们的生活空间呢？所以，我认为，我们应该努力设法理解这些城市如何运转，要把城市看成是有自己的社会、经济、文化和环境层面的独立生态系统（即使这个系统与周围腹地和其他城市的系统密切相连）。我觉得，塔尔和麦乐西对自然和生物圈保护的关注并不比沃斯特少，他们只不过是在研究被沃斯特多少避开的、世界的另一部分。

法国城市史研究起步较晚。二十多年前，城市史在法国还没有真正找到自己的位置（仅仅在三、四年前才创建了城市史学会）。造成这种情况的原因有很多。如果把工业时代法国城市增长模式与英国比较（这种比较会受到发展水平和富裕程度的影响），就会发现在某些方面法国更顺利、更缓慢、也更平衡。直到最近，法国还有相当重要比例的人口住在农村——1930年前并不这样，那时有一半人口住在城市，差不多比英国晚一个世纪。另一方面，农村和农业直到最近还在法国的经济和人口中占有相当重要的地位。法国是幅员辽阔的大国，还有许多空间没有城市化、甚至没人居住。这与英国和德国不同。即使法国显而易见是一个“现代”的、城市化和发达的国家，法国人仍然与自己的乡村发源地和农业世界保持非常密切的联系。至少从话语和占主导地位的表现来看，住在城市经常被看成是比住在其他地方更糟糕的事情。两个世纪以来，不管对其他事情的倾向如何，政治家一直在培植这样的神话，即城市是个讨厌的地方，农村才是天堂，企图以此把人口稳定在农村，并限制巴黎的人口增长（这显然是徒劳的）。尽管两者永远都在变化，但占主导地位的、城市的负面形象和赋予农村生活方式及农村形象的正面价值肯定是法国城市史研究姗姗来迟的原因之一。

我出生在大城市（按法国标准，100万人口），是真正的“城市喜欢者”。这就是我为什么一直研究城市的原因。我的选择就是这么简单。可以说城市就是我的“自然”（这有两层意思：一是我觉得城市就是我的家；二是在我看来，乡村并不比城市更“自然”）。说得更直白一点，不管它多么优美娴静，我都厌烦把自然比作失去的乐园的辩解。我认为美不仅仅存在于鲜花、蝴蝶、海滨和落日中，也存在于人们的工作、人类文化创造以及人与人的关系中。所有这些既在乡村发生，也在城市发生，但更多地发生在城市。几百万年以来，甚至在没有对环境形成巨大压力的社会，人类就在建设城市。在我的著作中，我不想为了平衡乡村的地位而提出与自然辩解相对的“反辩解”。我只想还原城市在历史上曾经发挥作用的应有地位。不管城市遇到和产生了什么问题，我都情不自禁地为城市、城市的居民及其生活而着迷。

至此，您可以理解为什么我对沃斯特的主张不十分满意。相反，我对美国城市史非常有兴趣，因为它研究城市，还有法国城市史明显缺乏的环境维度。我在塔尔、麦乐西和普拉特的著作中发现了可以移植到法国史的新视角。甚至可以说，他们的著作让我感到更容易从事环境史研究。他们不但启示我提出许多环境问题，还安慰了我对城市的感情，即自然不仅仅体现在城市中，而且更进一步，城市也是一种自然。

说到美国城市史和法国城市史的区别与相似，我认为相同点更多。我看不出美国城市史的观点和我的有什么巨大差异。差别更多地体现在背景上，背景当然是很不同的。美国城市的规模、城市的整体史、城市地貌、城市开发模式、城市在人们生活和思想中的地位、城市生活方式等都和法国的非常不同。这就使比较研究更有趣。美国城市环境史学家使用的概念（例如城市新陈代谢、环境正义等）可能对法国的城市环境史研究在某些方面并不完全适用，但是了解它们对我来说还是有用的，我也想搞清楚这些概念在哪些方面适合我的研究案例。麦乐西的《环卫城市》就给我研究城市环境问题带来了新视野，因为法国历史学家更多是从医疗史而非环境史来研究这个问题。不过，帮我打开思路、给我最好的洞察力的环境史学家还是塔尔。

问：美国正准备发动对伊拉克的战争，许多学者认为美国是为了夺取石油资源而战。“9·11事件”后，美国环境史学家在反思恐怖主义时，认为不合理的生产和生活方式造成的资源短缺和贫困化才是恐怖主义产生的历史根源。您怎么看这些观点？

答：上周六，我与欧洲和全世界数百万群众一起参加了反对美国向伊拉克开战的大游行。我想告诉乔治·布什：不是由你来决定我们在伊拉克需要和平还是战争。我们会自己思考问题，我们不需要你来告诉我们必须做什么——即使美国在第二次世界大战中帮助了我们。我们和美国人是朋友，但是，是朋友并不意味着就永远同意他的思想。这就是我们要说的，但布什、鲍威尔和拉姆斯菲尔德并不听。

我认为即将到来的伊拉克战争是一场政治战争，而不是“环境”战争。美国的立场并不主要由石油供应问题来决定。问题远比这种说法要复杂得多，它包括许多方面，我不可能几句话就说清楚。我的观点来自我的政治观，即我对这个世界的整体看法，包括南方和北方、穷国和富国的关系，民主问题，人权问题等。当然，环境也是个核心问题，但我不是一名“绿色斗士”。我既不是美国人所谓的“深度生态主义者”，也绝对不是绥靖主义者！我认为，我们必须保护环境并改变我们的生产和生活方式，因为我们有必要为了人类的命运保护我们的星球。请注意，不是为了这个星球的命运，我不在乎这个星球。我根本上是一个人本主义者，但这并不意味着人可以对环境为所欲为。

我并不认同沃斯特对这个问题的解释。我认为，这是一种非常简单和“非政治化”的思维方式。它看起来富有启发性也很激进，但实际上没有什么解释力。恐怖主义源于不公正、源于殖民主义和帝国主义、源于欠发展和不公正的世界贸易、源于一些国家实践了若干年的国际秩序的永远崩溃：例如，虽然以色列从来没有尊重过联合国关于巴勒斯坦人的任何决议，但美国自以色列诞生之日起就一直对它从政治和经济上进行支持。美国当然应该改变它的生活方式和认识世界的方式。美国文明是建立在毁灭印第安人的基础上的，这就远离了印第安人尊重环境、与自然平衡的传统。这一点在美国史上似乎特别重要，以致形成了这样的认识，即我们有如此广阔的空间，可以为所欲为。但是，我认为，不管环境史多么重要，都不可以把世界史概括为环境史。它必须以与人及其创造的社会相关的社会、文化和政治史料、还有人的感情、痛苦、需要等等为基础。

我参加游行并不是反对一切战争，而是反对这场没有意义的战争。要想在伊拉克实现民主，游行是没有用的。这场战争不是一场反恐战争（谁都知道，萨达姆与基地组织没有联系），而是美国对联合国示威的战争。就我而言，游行与环境史没关系。环境史研究现在是我的工作，但不会永远是。在研究环境史之前，我研究阿尔及利亚移民问题和法国与阿尔及利亚关系。对我来说，它和环境史一样有意思。即使在今天，我的主要研究兴趣点还是城市这个人类的造物、它的运营方式以及它与环境的关系。但在五、六年前，我并未进入环境史这个研究领域，因为我不是一位环境斗士。我认为，虽然我年轻时就对政治感兴趣并参与其中，但是因为我没有参与环境主义运动，所以我会成为一个优秀的观察家。我甚至怀疑“环境史”究竟还能意味着什么，还是否是一个富有成效的考察历史的方法。

我正在研究环境史，我相信它作为历史学家开拓新研究领域的概念是有趣、有用和令人兴奋的，但是以后我可能研究其他领域。这并不意味着我不再对环境史感兴趣，仅仅是我对另外的工作方式、探索不同领域充满了好奇心。我不是激进主义者，但我痛恨一切原教旨主义、甚至是环境原教旨主义。

第七章
约克希姆·拉德卡谈德国环境史研究

约克希姆·拉德卡教授是德国著名的环境史学家，比勒菲尔德大学历史与哲学学院现代史教授。主要研究领域是技术史、医疗史、精神史和环境史。主要著作有：《美国的德国移民及其对美国的欧洲政策的影响，1933—1945》，《俾斯麦以来德国的工业和政策》，《二十世纪的帝国主义》，《国家社会主义和法西斯主义》，《动力、能源和工作：时代大变革中的能源技术和社会》，《德国核经济的繁荣与危机：1945—1975》，《战争与和平》，《木材：技术史中的一种自然原料》，《十八世纪以来的德国技术》，《神经质的时代：从俾斯麦到希特勒的德国》，《自然和权力：环境世界史》，《历史中的人与自然》等。[1] 他还应慕尼黑汉萨出版社之邀撰写并出版了马克斯·韦伯的传记，着重探讨韦伯与自然的关系问题。2002 年底，笔者对拉德卡教授进行了广泛采访，希望能对了解德国环境史和环境史研究有所帮助。

问：环境史研究是怎么在德国兴起的？它的社会、知识和其他基础是什么？

答：环境史是以环境主义运动的派生物的形式在 1970 年代末期的德国

---

① Joachim Radkau, *Die Deutsche Emigration in den USA: Ihr Einfluß auf die Amerikanische Europapolitik 1933—1945*, Düsseldorf, 1971; *Deutsche Industrie und Politik von Bismarck bis Heute*, Frankfurt/Köln, 1974; *Imperialismus im 20. Jahrhundert*, München, 1976; *Aufstieg und Krise der Deutschen Atomwirtschaft 1945—1975*, Reinbek, 1983; *Holz-Ein Naturstoff in der Technikgeschichte*, Reinbek, 1987; *Technik in Deutschland: Vom 18. Jahrhundert bis zur Gegenwart*, Frankfurt/M. 1989; *Das Zeitalter der Nervosität: Deutschland zwischen Bismarck und Hitler*, München, 1998; *Natur und Macht: Eine Weltgeschichte der Umwelt*, München, 2000; *Mensch und Natur in der Geschichte*, Leipzig, 2002; *Max Weber: Die Leidenschaft des Denkens*, München, 2005.

兴起的。由于环境运动主要是一场反核技术的运动，所以环境史最初主要是从技术的批评史发展而来。我自己的研究经历也是如此。我的教授资格论文写的是德国核能史。德国 1968 年的学生运动和新马克思主义也对环境史的兴起产生了一些影响。那时人们喜欢用与描述剥削工人相同的方式书写对自然的剥削。现在的环境史从总体上看已经越出了起源时的轨道。美国的情况有所不同。美国环境史在开始时受到了知识史和文化史的影响——参看林恩·怀特或格拉伦斯·格拉肯的研究。在德国，有许多历史学家对环境史感兴趣，但直到现在大学的环境史教职仍非常少。拿我来说，我是现代史教授，我只能把研究环境史当作自己的业余爱好——一个很棒的业余爱好！

问：我 1995 年在德国学习时了解到文化史学派重视环境在文化发展中的作用，环境史的兴起与这个学派是否有关系？德国人的环境史定义是什么？它与美国的有什么区别？

答：据我所知，从前的文化史学派在环境史的发展进程中没有发挥任何作用。今天的大多数德国历史学家并不知道这个传统。环境史和文化史的关系仍是一个未解的难题。可能还没有一个大家公认的环境史定义。在 1990 年的波鸿历史学家大会上，我提出了如下定义："环境史研究是研究人类生活和再生产的条件的一部分。它分析人类怎么影响这些条件以及人如何应对因此而产生的麻烦和问题。在这个语境中，应该特别关注人类行为产生的长期无意识影响。在这些影响中，对自然进程的综合影响和对自然进程的连锁反应这两者是相关的。"（载《环境史通讯·特刊》1993 年第 1 期，第 88 页）这个定义多次得到别人的承认，但有时也被批评为有过多人类中心主义的倾向。例如，连续影响美国环境史研究多年的领袖人物唐纳德·沃斯特，虽然他也表现了人类关于自然的思想，但他还想把自然置于环境史研究的中心位置。在他看来，荒野的思想既是美国国家公园的主导思想，也是环境史的主导思想。但是，美国环境史的情况后来复杂化了，尤其是在威廉·克罗农的影响下，荒野概念的使用受到置疑。当然，对旧世界而言，不论是欧洲还是中国，荒野的概念都没多少意义。差不多我们所有的景观都受到了人类历史的深刻影响。

问：能否简单介绍一下德国环境史研究的现状？

答：这是很难作出充分回答的问题。以前唯一的教科书是：弗朗兹 – 约瑟夫·布吕格迈尔和托马斯·罗莫斯巴赫主编的《被征服的自然》(慕尼黑,贝克出版社,1987年)。这本书的内容已经相当陈旧。我在2002年9月由克莱特出版社出版了自己的著作《历史上的人与自然》,这可能是第一本研究世界环境史的德语教材。它不但研究德国环境史,也评述了整个世界环境史,涉及了许多盎格鲁—美国的文献、甚至还涉及了司马迁关于运河修造问题的记述。最近,贝克出版社即将出版慕尼黑大学教授沃尔夫兰姆·希曼编辑的德国人研究环境史的教材。

问:德国的景观过去是怎么变化的?在德国,景观仅仅是一个地貌学概念,还是一个政治和文化的建构?

答:18世纪以前,景观(Landschaft)意指一群人的联合体,这些人是州议会(Landtag)的成员,州议会是封建时代一个政治单位的名称。到18和19世纪,景观逐渐变成了一个美学名词,成为绘画的主题之一。自19世纪末期以来,景观又是一个地理名词。自1970年代以来,景观概念处境尴尬:一方面,年轻一代地理学家批评"景观"概念不准确、不科学;另一方面,"景观"获得了新的生态学内容,景观设计成了政治学中一个越来越重要的领域。要回答德国景观在过去几个世纪是如何变化的恐怕需要写一本书或几本书。最全面的一本书是汉斯–亚克西姆·昆斯特写的《中欧景观史》。在很久以前,德国和世界任何地方都一样大量清理自己的森林;但自大约1800年以来,德国开展了声势浩大的植树造林运动,这在当时的世界上是领先的,此后不久就成为许多国家模仿学习的榜样。所以,今天的德国比200年前拥有更多森林。当然,19世纪以来的城市化进程也深刻改变了德国的景观,尤其是在过去50年这个广泛使用汽车的时代,城市因为汽车的出现而向周围的景观大扩展。自1950年以来,农村景观也受到了机械化、现代交通和化肥的深刻影响。

问:自然保护也是一种文化保护吗?德国自然保护史的研究状况如何?它与美国的有何区别?

答:要分析自然与文化的关系,或许应该把德国历史分成三个阶段。第一个时期一直延续到1930或1940年代,这时的自然保护与保卫祖国(Heimatschutz)存在密切联系。自然保护运动起初是作为保卫祖国运动的一部分出现的,保卫祖国意味着保护传统文化,尤其是农民和乡村文化。但自1950年代以来，自然保护的"生态化"成为人们谈论的话题。保护自然在某些地区因为考虑了生态尤其是濒危物种而得以合法化。但是最近，人们越来越意识到自然保护不能完全依赖生态学。现在你会经常听到自然保护官员说："自然保护就是文化保护。"自然和文化之间存在矛盾的说法受到了质疑。德国自然保护史的研究从总体上看仍处于起步阶段。2002年7月，我和联邦环境部长尤尔根·特里廷共同举办了"自然保护与国家社会主义"的学术讨论会。直到现在，探讨国家社会主义的作用似乎仍是最危险的问题，但在自然保护领域它确实有一些制度创新。在美国自然保护史中，荒野和伟大的国家公园的概念永远占第一位，但在德国这样一个人口非常密集的国家，美国的这些概念并不适合。在1970年，德国第一个国家公园（巴伐利亚森林国家公园）建立，德国的自然保护受到了美国的影响。美国的国家公园永远是德国自然保护者羡慕的对象，这一点都不奇怪。另外，美国的非功利性自然保护的规模永远都比德国的大许多，因为美国有许多人烟稀少的空地。

问：在德国，技术进步和环境破坏与保护的关系是什么？如何走出技术发展危害环境和技术进步促进环境改善的两极思维困境？

答：在德国关于核技术的大讨论中，人们有时阐述技术发展和环境保护之间的一般矛盾，但这肯定是非常简单化的。在工业发展过程中，技术有不同的路径，并非所有技术都对环境有害。在19世纪，大规模使用煤炭和铁路开启了一个历史新纪元。从那时起，大气污染和工业对环境的消耗都成倍增加。但也有提高煤炭使用效率的技术进步和新方法被发明出来，这些技术进步对环境是相当好的。早在1900年，诺贝尔化学奖1909年的获得者威廉·奥斯特瓦尔德就提出了技术进步的"积极法则"，即技术进步意味着节约能源和更好地利用能源。我认为，对环境最有害的是1950年代以来与廉价石油和汽车普及有关的许多发展：大气污染急剧增加；大规模使用不易分解的合成产品造成的问题；城市和道路扩展造成的土地损失。当前的电子革命在某些方面可能对环境更有利：不像过去那样，技术进步与增加物质和能源的使用量不再成正比。

问：在美国，越来越多的正在崛起的环境史学家研究疾病和工作场所环境的关系问题。德国这方面的研究怎么样？您对疾病和环境的关系怎么看？

答：环境史肯定和医疗史有密切关系。就我而言，我已研究医疗史多年，并在1998年出版了一部关于神经质的历史的著作。弗赖堡大学的弗朗兹－约瑟夫·布吕格迈尔也是德国著名的环境史学家，但他是医生出身。所谓“环境意识”其实在很多情况下是健康意识。19世纪在英国、法国、德国、美国兴起的卫生运动就是现代环境主义运动的先驱之一。当时，在日益增多的工业城市出现的水和大气污染都主要因为有害健康而遭到批判，人们受到了斑疹伤寒和霍乱的困扰。在大多数情况下，医生在起诉工厂的诉讼中是起决定性作用的专家。但也有一些例子说明，工作场所的健康和周围环境的健康是不一致的。一般情况下，工厂的尘土通过较好的通风换气就能减少，但这种方法有时会使环境污染更厉害。在1970年代，德国的反核运动主要是由于担心辐射性导致的健康风险而兴起的。我认为人们对癌症的日益增加的担心是促成1960年代以来的环境主义运动的动力之一。德国最早的著名环境主义者之一、《致命的进步》一书的作者波多·冯·曼斯泰因就是一位医生。但在过去几十年，医学不再在环境主义运动中处于主导地位。在从古代到19世纪的传统医学中，环境对健康和疾病都很重要；但是医学的现代发展，例如细菌学，就偏离了环境主义的思维。自19世纪末以来，自然康复运动（Naturheilbewegung）在德国很盛行，我认为这对环境主义非常重要。但是，在这一领域，仍有许多问题有待研究。

问：为什么德国绿党能从街头抗议运动转化为执政党？您怎么看它的原则及其在执政后的变化？德国的绿党史研究状况如何？

答：在2001年，我在《时间》（*Die Zeit*）周刊上就绿党历史发表了一篇文章，这篇文章引起了很大争议。您的问题确实不容易回答。直到现在，还没有就绿党历史出版很好的著作。“新社会运动”理论的创始人、社会学家约克希姆·纳什克编辑了一本最全面的著作。但是，他的“新社会运动”并不垂青政党和议会，所以绿党的存在与他的理论是矛盾的。绿党在1979年创立有一些偶然因素：主要是欧洲议会第一次选举和通过建立一个政党能获得选举基金的机会。大多数绿党的著名政治家最初并非环境主义者，而是来自1968年学生抗议运动。有时人们甚至在今天还怀疑绿党真是绿色的吗？绿党的直接起源是在德国尤为强大的反核运动。批评家通常断言这是因为德国有很长的浪漫主义的、反现代主义和不相信技术的传统。但我怀疑这个传统并非典型的德国传统。人们不应该忘记，德国是世界上人口密度最大的国家之一，因此一旦发生像切尔诺贝利那样的核灾难，对德国造成的危害肯定比大多数其他国家要大得多。在这场运动中肯定有强烈的感情动机，但这也是合理的考虑。绿党的其他起源是新女性主义运动和反对里根政府启动的新军备竞赛的和平主义运动。尽管绿党多次出现难以为继的征象，但绿党存在了 20 多年这个事实对许多政治学家来说确实是个奇迹。要说清楚谁是绿党的支持者并不容易：在传统概念中肯定没有这样一个社会阶层，但确实存在这样一个具有鲜明意向的氛围（Milieu）。

问：环境及其变化在全球化进程中发挥什么作用？如何把环境整合进全球史？

答：似乎所有的关于全球化的争论都有一点环境主义的渊源，尤其是在对地球的新认识“蓝色星球”出现后。这一认识是 1960 年代后期从太空看地球的产物。人们从这个视角发现地球大气层其实很薄也很脆弱。环境主义运动始于那时的全球展望，1972 年的斯德哥尔摩联合国大会和同年罗马俱乐部发表的报告“增长的极限”都具有非常重要的意义。与旧的、绝大部分局限于一个城市及其周围环境的地方性取向的环境主义创意相比较，全球性是很大的区别之一。另外，解决大气层和海洋的问题确实需要世界性协定，但我认为，一般情况下更有效的环境政策都是在地区层面上实施的。我认为这是环境保护中最难的问题之一。理论上，世界性的观点是必须的；但在实践中，在大多数情况下，只有地区性视野才能真正获得成功。所以，德国环境主义者的一个口号是：“全球性思考，地区性行动。”撇开政治问题不谈，对学术研究来说，环境主义的视野给形成新的全球观点提供了非常好的机会，因为许多环境问题在全世界都有同源的结构，在历史上也是如此（例如灌溉问题或林地放牧问题）。我在我的专著《自然与权力》和教材《历史中的人与自然》中揭示了这一点。但是无论在哪里，正规的历史研究都专门化了，注重一国或某个具体问题的研究。即使 2001 年亚琛历史学家大会的一个主题是“同一个世界”，也只有极少数历史学家提出真正具有世界性的概念。（仅有的几个例外之一是尤尔根・奥斯特哈默。他的文章写的是中国史，但很赞成全球环境史。）

问：前民主德国的环境怎么样？在那儿有环境史研究吗？两个德国的环境问题和环境史有何不同？

答：雷蒙德·H. 多米尼克曾就这个问题写过一篇文章，在美国环境史学会的巴尔的摩或图克森年会上发表。在某些方面，东德的环境问题比西德的更糟糕，主要原因是大量使用质量极差的、含硫的煤并忽视煤烟减排。但是这些问题的大部分是1945年前遗留下来的。就拿农业来说，民主德国像美国一样从飞机上喷洒杀虫剂DDT，这是蕾切尔·卡逊在美国环境主义者的圣经《寂静的春天》中批评的主要对象。不过，与西德比较，民主德国也有一些优势：由于东德很穷，那里日常生活中的循环再利用的传统比西德好，因为西德变成了美国式的"用完就扔"的社会。东德大规模使用汽车对景观造成的破坏并不比西德广泛（但1990年以来变得很严重！）。现在，对许多自然爱好者来说，东德的许多地区仍是美丽的自然之乡（当然也包括我自己）。说到东德的环境史研究，只有非常少的尝试。东德环境主义者面临一个困境，那就是在1974年生态运动开始时，环境信息被视为国家机密（Staatsgeheimnis）。虽然没有完全禁止讨论环境问题，但是整个讨论确实受到了严重干扰。环境主义运动变成了促成历史发生转折并促进东德崩溃的半地下组织。雷马尔·基森巴赫就是东德中间反对派环境主义运动的富有个人魅力的著名领袖，他以前是东德1950年代著名的科普宣传家，2001年去世。正在东德研究大气污染的年轻法国环境史学家米歇尔·杜普也认为，环境主义是促使民主德国灭亡的动力之一。但是1990年后，由于关注环境可能要付出失业的代价，所以对失业的担心成为东德人关心的主要问题，对环境问题的关注减弱了。绿党在德国东部并未获得成功。

问：从东西德的历史来看，您怎么看待社会制度（社会主义和资本主义）与环境的关系？

答：很显然，社会制度与环境状况存在紧密联系。一般来说，环境问题源于缺乏克服短期利己主义和有利于长期集体生活条件的能力的社会。要对资本主义和社会主义与环境的关系作出一般论述是一件困难的事，因为从历史进程和世界范围来看，资本主义有不同形式。例如，16世纪威尼斯的资本主义就与20世纪美国的资本主义不同。斯大林主义、毛泽东主义和卡斯特罗的古巴社会主义在对环境的影响方面也肯定不同。资本主义的古老形式或多或少植根于农业社会，也没有好像克服了所有局限的现代资本主义所具有的那种全球动力机制。从理论上讲，社会主义有机会克服无节制的、短视的利己主义产生的问题。不过，社会主义实际上几乎没有把这种可能性变成现实。俄国和东德社会主义的核心经常是对技术进步会带来福利的盲目信仰；缺乏自由的公众讨论使之很难提出解决环境问题的有效办法。要说毛泽东主义，您比我了解得更多。德国睿智的作家汉斯·马格努斯·恩岑斯贝格在叙述毛泽东时代时说，尽管毛泽东是一个可以改变自然规律的伟人，但是当时的中国并不知道大气污染是怎么回事。我 1999 年在蒙古时听说，共产主义制度在某些方面客观上对环境有利，这与它的本意正相反，因为它不能使牲畜数量增加很多，因而也不会使过度放牧的问题尖锐化，这与 1990 年代的新资本主义正好相反。我认为，我们应该探索社会制度的非本意的影响，有时这些结果让人惊诧。

问：请介绍德国历史上关于自然的思想的演变。

答：自然思想在德国有悠久复杂的历史，可以追溯到古代。自然有两个语义学传统：(1) 作为事物的本质的"特征"(nature)；(2) 作为活生生的有机世界的"自然"(nature)。现代"自然"概念包括这两方面的含义。德国、法国和英国自然哲学的第一个伟大时期是 18 世纪。人们主要是在正在兴起的自然科学的范畴内对自然感兴趣，也有在反对僵化的社会习俗的范畴内对它发生兴趣。在德国，后一种自然崇拜的代表是 1770 年代"狂飙突进运动"的诗人和年轻的歌德。法国大革命后，在 19 世纪初出现了浪漫的、反革命的自然崇拜。"自然的"是指传统秩序，它反对现代人为的秩序。自然保护的概念起源于这种浪漫的自然——歌德的自然不需要保护！"自然"有时会变成一个过时的术语，但它一次又一次地复兴。例如，在伴随"自然康复运动"而来的、发生在 1900 年左右的生活改革运动中，自然就得到了复兴。20 世纪后期，自然的语义受到了生态学的影响。尤其令人感兴趣的是最新的发展趋势，即反对支配自然保护的古老的、静止的自然理想，转而欣赏自然发展的动力学。"自然保护"(Naturschutz) 现在变成了"进程保护"(Prozessschutz)。

问：世界环境史的研究状况如何？如果我们想写一部从古到今的全球环境史，如何整合城市环境史和农业社会（前工业化）的环境史？

答：直到现在，世界环境史研究还没有形成真正的传统和组织框架。只有一些散布于世界各地的学者在研究。例如，英国历史学家庞廷在10年前写了一本《绿色世界史》，但我认识的历史学家中没有人认识他。我从未在任何一次环境史的会议上见到他。约翰·麦克尼尔是乔治敦大学的教授，他写了一本名为《阳光下的新事物》的世界环境史。我认识他。2002年10月，他给我在华盛顿的德国历史研究所做的演讲做了评论。在欧洲，城市史和环境史的联系在过去几年越来越密切。例如，2000年在法国的克莱蒙－费朗召开了城市史学家讨论环境史的学术会议。在美国，环境史虽然最初是从西部史而不是城市史脱胎出来，但是城市史与环境史的联系也越来越密切，例如朱尔·塔尔和马丁·麦乐西的研究。欧洲的农业史研究尚需加强。我们在2000年成立了欧洲环境史学会，美国环境史学会成立更早。但是绝大多数环境史研究都很专业化，缺乏全球眼光。到20世纪初，城市仍是环境政治的主要研究领域，但也开始进入历史学家的视野。

问：您可否介绍生态现代化理论的起源和发展？它的强点和弱点是什么？

答：从技术进步的角度保护环境这一基本思想可以追溯到一百多年前。反大气污染的斗士早在19世纪末已经提出这样的观点：煤烟减排就等于工业效率的提高，煤烟意味着生产率糟糕。再循环是化学工业的主要活动之一。1970年代的环境主义者经常批评旧的对技术进步的迷信；但是他们与技术的关系并非全部是负面的，因为他们经常支持所谓的"可选择技术"：节能技术，再生能源技术，再循环技术等等。在1980年代，一些德国工业发现自己可以从环境主义中获利，德国也在一段时间获得了环境技术领域的世界领先地位。但开始时经常是国家逼迫企业去做，例如由于受到森林死亡的警告，德国政府在1983年命令燃煤发电厂必须安装脱硫设施。在要求汽车加装净化转换设备方面，政府也发布了必不可少的命令。这两个技术或许就是生态现代化的第一批引人关注的重要举措。大部分环境技术的弱点——尤其是大气和水清洁的"末端"技术的弱点——是它们经常造成新的环境问题。但这是一个未解的复杂问题。我认为，就环境现代化而言，它的优势在于把大众讨论、政府强制和与工业合作结合起来。

问：请您预测环境史研究将如何发展，什么问题会成为今后环境史研究的新焦点？

答：做预言永远是很成问题的，尤其是在环境史的命运不仅依赖我们而且依靠社会科学的其他趋势和潮流的情况下。2002年9月，我与克里斯蒂安·普费斯特教授在阿尔卑斯山散步时曾谈及这个问题。普费斯特从瑞士经验出发认为环境史的前景不很乐观，因为在瑞士自然科学与社会科学之间存在着很深的鸿沟，环境史经常有掉入这一鸿沟的危险。我从德国经验出发认为其前景并不如此悲观。在过去几年，我经常收到对我发表的论文和出版的著作作出的反应，有些甚至是政治家的反馈。我认为，从长远来看，环境史有望成为新的"增长点"，因为环境问题仍在发展——不管"环境政治"如何——也有许多新的有关过去几百年甚至几千年间人与自然相互关系的事实有待历史学家去探索。要预测新的研究热点也很难，因为热点总是受学术潮流的影响。在德国环境史研究中，对农业史、排水和灌溉史的研究仍有许多工作要做。另外，环境史研究似乎太局限于19和20世纪，19世纪以前的环境史需要开拓。直到最近，东欧、俄国和阿拉伯世界的环境史几乎没有得到研究。我认为，这是环境史研究的一些最重要的缺陷，也是有待探索的新领域。

第八章

彼得·布姆加德谈东南亚环境史研究

东南亚环境史学史的内容丰富，特点比较突出，即使是对它进行初步研究，也不是容易的事情，需要采用总体概括和案例分析相结合的方法。为了更为深入地理解东南亚环境史研究的现状和未来发展方向，笔者在2007年末对当今国际学术界最著名的东南亚环境史学家彼得·布姆加德教授[①]进行了访谈，相信他的回答会给我们带来更为直接和切身的体认，对东南亚环境史研究在我国的开展将发挥重要的借鉴作用。

问：我知道，您在阿姆斯特丹自由大学受到的是经济史的学术训练，那么，您为什么要把自己的研究领域从经济史扩展到环境史？

答：我在1980年代开始对环境史感兴趣。在那时的荷兰和印度尼西亚，这个课题尚无人问津。我之所以对它感兴趣，有很多原因，不过，我很难成为事后诸葛亮，说出到底是哪一个原因最重要。主要原因之一是环境在那

---

① 彼得·布姆加德教授不但组织了多个东南亚环境史研究的国际合作项目和国际学术会议，还在各个阶段都提出了一系列具体的、重要的研究议题。他是欧洲东南亚研究学会（European Association of South-East Asia Studies）的创始人之一，发表论文100多篇，出版学术著作22部，主要的环境史论著如下：(with the assistance of R. de Bakker), *Forests and forestry 1823—1941*. Amsterdam: Royal Tropical Institute, 1996. (with F. Colombijn and D. Henley) (eds), *Paper landscapes: Explorations in the environmental history of Indonesia*. Leiden: KITLV Press, 1997. *Frontiers of fear: Tigers and people in the Malay world, 1600—1950*. New Haven/London: Yale University Press, 2001. (with David Henley) (eds.), *Smallholders and stockbreeders: Histories of foodcrop and livestock farming in Southeast Asia*. Leiden: KITLV Press, 2004. (with David Henley and Manon Osseweijer) (eds.), *Muddied waters: Historical and Contemporary Perspectives on management of forests and fisheries in Island Southeast Asia*. Leiden: KITLV Press, 2005. *Southeast Asia: An Environmental History*. Santa Barbara: ABC-CLIO, 2007. (ed.), *A world of water: Rain, rivers and seas in Southeast Asian histories*. Leiden: KITLV Press, 2007.

时毫无疑问已经成为一个热点问题，但几乎没有人去追问环境问题的历史根源。当时有很多讨论在谈环境污染、资源损耗和物种灭绝的威胁，听起来好像这些问题都是当前发生的现象，但我认为，它们不仅仅是当前的问题。第二，在我研究印度尼西亚历史的时候，我发现可以从殖民时期的资料中找出许多述及“自然”环境及其被剥削和管理的史料。这些宝贵的资料从来没有人利用过。我认为它们应该也必须加以很好的利用。1988 年，我在澳大利亚堪培拉召开的一次学术讨论会上发表了我的第一篇关于爪哇森林史的论文。在 1990—1991 学年，我在阿姆斯特丹自由大学开了一门课《环境史通论》，在我的记忆里，这在荷兰还是开天辟地头一回。

问：*作为东南亚环境史研究的开拓者和领军人物，您如何推进这一研究领域的深化和发展？*

答：1991 年，我担任了位于莱顿的“荷兰皇家东南亚和加勒比海研究中心”（KITLV）的主任。这个职位给我提供了一个机会，让我有条件做我以前一直想做而做不成的事，那就是启动一个大规模的、研究印度尼西亚环境史的项目。印度尼西亚是世界上最大的国家之一，也是自然环境多样性最为丰富的国家之一，但是那时很少有学者从事哪怕是与环境史沾点边的工作。我的中心拥有除印尼之外世界上最大的关于印尼的图书馆，因此这里过去是、现在仍然是极好的研究印尼环境史的地方。由于印尼过去是荷兰的殖民地，在荷兰的其他地方也保留着大量关于印尼历史的资料，如海牙的国家档案馆和阿姆斯特丹的皇家热带研究中心。这两个地方从莱顿乘火车去都很容易。

1992 年，我设计了一个名为“印度尼西亚的生态、人口和经济”（EDEN）的项目，希望研究印尼 1500—1850 年的环境史。一批从历史学、人类学和地理学专业中选拔出来的博士研究生和博士后研究人员开始从事这一时间段的环境史研究。第二个时间段是 1850 年到现在。几年后，我用同样的方法招募了一批学者开始对这一段的环境史进行研究。就雇佣关系而言，这个项目在 2003 年正式结束，但现在仍有一些在这个项目研究基础上完成的著作和论文陆续出版。项目组中的大部分学者都能把在印尼进行实地研究与在印尼、荷兰和英国进行档案和文字资料研究相结合。在项目进行的全过程中，我们还编辑出版了一份《印度尼西亚环境史通讯》，及时刊登研究论文、论著目录和进展报告，以便让更多的对这个题目感兴趣的公众了解我们的工作。我们还举办了一个印度尼西亚的生态、人口和经济的系列讲座，来自世界各地的学者在这个平台上发表自己在研究印尼环境史中的新发现和新见解，同时我们项目组的成员也利用这个机会汇报自己的工作进展。另外，我们还不断在学术期刊上发表论文，为学术著作撰写某些章节，出版专著和编辑论文集。除此之外，我们还在项目推进的每一个阶段各组织了一次国际学术研讨会，成果是我们编辑出版了两本论文集，分别是1997年出版的《书面景观：印度尼西亚环境史初探》和2005年出版的《浑浊的水域：从历史和当代视角看海岛东南亚的森林和渔业管理》。

最后，我撰写了一本涵盖整个东南亚的环境史教材，就是2007年由ABC-CLIO公司出版的《东南亚环境史》。在这本书中，我也把“印度尼西亚的生态、人口和经济”课题组的大多数新成果概括进了一个完整的地区性分析框架。课题组最重要的发现是弄清楚了早期人类活动如何偶然地在某些地区导致了环境问题，而在其他地区直到1960年都几乎没有发生任何环境污染和资源损耗。另一个重要发现是在解释短期和长期的环境变迁时，我们几乎都永远要把人类活动和自然现象结合起来考虑。值得注意的是，即使在早期阶段，我们也不应该忽视“全球化”的影响。全球化这个词似乎通常指代的是当前的发展，而我用它来指代外来植物和动物流入东南亚，尤其是在1500年以后。如众所周知的食用植物玉米、甜马铃薯、“爱尔兰”马铃薯、木薯和红辣椒以及商品作物咖啡和烟草等。

问：请您介绍国际东南亚环境史研究的现状及其特点。

答：说到国际东南亚环境史研究的状况，我不得不说它并不能令人满意。公平地说，印度尼西亚和马来西亚的环境史引起了当地和国际学者的一些关注，但东南亚其他国家的环境史就没有那么幸运。不过，在最近出版的用英语撰写的学术杂志或论文集中，你总能发现至少有几篇研究东南亚不同国家的环境史的论文。但是，比起多卷本、大部头的研究中国和印度环境史的著作，那还是相当微弱的。在许多情况下，人们往往抱怨，这种状况是因为缺乏1800年以前的资料造成的。因此，东南亚环境史研究的重点在于19世纪后期和20世纪。

东南亚环境史研究的大多数成果是由东南亚以外的学者做出来的，这种情况无疑与一个事实密切相关，那就是1950年代以前的许多历史资料在本地区不容易获得，而且这些资料通常都是用殖民宗主国的语言写成的，如英语、法语、西班牙语和荷兰语。这些语言在东南亚已经不常使用了，学生只有付出特别的努力才能掌握并自如地使用。另外，东南亚的正统历史学家似乎对环境史完全没有兴趣。不过，来自东南亚的一些前途远大的博士生对环境史兴趣盎然。我相信这种情况在未来会逐步扩大。

森林掠夺和管理的历史似乎抓住了许多对东南亚环境史感兴趣的历史学家的心。可以肯定，这是对东南亚森林在过去四个世纪的迅速恶化和明显减少的回应。森林质量迅速下降和森林覆盖迅速减少的历史根源是什么？历史能否给终止这种灾难性发展提供启示？历史学家可能就是带着这些问题来从事东南亚环境史研究的。

在所有东南亚国家中，似乎只有印度尼西亚和马来西亚吸引的环境史学家最多。关键是在这两个国家，丰富的、关于自然环境历史的资料发挥了重要作用。就印尼来说，17世纪初的资料在雅加达和海牙的档案馆中就能找到，19世纪的资料和出版物在印尼和荷兰的图书馆保存得更多。马来西亚的情况也是这样。在这两个例子中，起决定性的因素是殖民国家保存的没有间断的官方记录中留存着大量的环境历史信息。

问：根据您研究东南亚环境史的经历，您认为什么是环境史？东南亚环境史和美国环境史有什么异同？

答：我们并未刻意去定义环境史这个概念，但我认为最接近我所做的研究的环境史定义如下：环境史研究“自然”环境的自主变化，以及人类应对这些变化的方式。人类的反应反过来会引起自然环境的变化，我们对这个反馈的全过程特别感兴趣。不过，人类对待自然环境的态度和行为也会发生自发的改变，这也会引起环境的变化，进而导致人类行为的改变。这是另一个反馈路线图。所以，在我看来，一个变化引起另一个变化是环境史中最为核心的问题。

东南亚环境史研究具有不同的维度。我发现约翰·麦克尼尔就此提出的一个总框架是很有用的。他认为环境史研究由三部分构成，分别是物质环境史、文化或知识环境史和政治环境史。在我领导的“印度尼西亚的生态、人口和经济”课题研究中，我们注重物质环境史的研究，但文化/知识环境史和政治环境史也受到了适当关注，特别是在研究 1870 年以后的东南亚环境史时。之所以出现这种情况，部分是因为史料的可用性问题，部分是因为研究者个人的喜好。

尽管我对美国环境史没有详细的研究，但我也愿意比较东南亚和美国的环境史，因为这个问题很重要也很有益。最明显的不同可能是美国在 1600 年之前缺乏书面文字和碑铭资料以及大多数人都认同的意义上的“国家”。相似之处表现得最为突出的无疑是在 1500 年欧洲人到来之后。欧洲殖民者到来使历史资料大大增多，利用环境的方式也发生了可想而知的大变化。在大约 1800 年以后，美国的环境史资料非常充足，也很详细，同时环境意识也早早地来到美国并生根发芽。从我的研究专长来看，虽然我还能找出一些美国的例子，但我认为 1600 年之前的定居农业和城市对东南亚远比对美国要重要。

问：在您的环境史研究中，当地人的传统自然知识和西方的科学自然知识是什么关系？当地人的知识现在创生了吗？

答：东南亚环境史中当地人的传统知识和西方的科学知识之间的关系非常复杂。在许多广泛流行的现代历史文献中，到亚洲的西方人经常自认为他们的知识比亚洲人的要优越，当地人的知识不值一提。但是，这种印象大概只在 1900 年左右是真实的，因为西方在 19 世纪经历了快速的科学发展，在此之前如果还有这种印象就不真实了。相反，像西方的植物学家和医师都对亚洲人的地方性知识非常感兴趣，他们在早期欧洲的学术杂志上就此主题还发表了论文，也出版了著作。西方科学本身的发展无疑受到了学者们在东方的经历的影响。

不过，如前所述，当西方的精准科学在 19 世纪后期取得了许多胜利之后，在很多情况下，地方性知识就不像以前那样能得到高度评价。在这种情况下，传统的地方性知识就不得不创生了。当然，地方性知识本身也不是一成不变的，更大的可能性是现在的传统地方性知识并不像许多人期待的那么传统，可能比传统这个词所昭示的更少传统。

下面让我来举荷兰人在爪哇掠夺和管理柚木林的例子来说明。17 世纪，荷兰东印度公司从爪哇人手里购买柚木，但到 18 世纪，荷兰人开始更多地卷入到柚木的生产中，到 18 世纪末，荷兰人企图在可持续的基础上管理这些森林。不过，采伐和管理森林的技术和知识主要来自当地爪哇人，因为荷兰人几乎没有自己的森林管理传统，另外，当地人在采伐之后还用小火和慢火清理残存的碎片，这完全超出了荷兰人的想象。大约在1850年后，荷兰人把德国林务员引进到爪哇，因为德国那时已经建立了一些林务员培训机构。大体上与此同时，这种情况也发生在英属印度和缅甸。看到当地人在林中用火，德国林务员吓坏了，因为在德国的松树林中完全禁止用火，用火来清理林中土地也是绝对禁止的。不过，在大约1950年以后，新独立国家的林业署开始对德国林务员采取的这些措施中包含的智慧产生了怀疑。一部分原因是柚木树种在火中更容易发芽，另外，德国林学中破坏柚树枯枝的原则也需要重新认识。

问：东南亚环境史发展的动力机制是什么？是经济增长的内在渴望还是外部对资源的掠夺或其他因素？

答：我认为，公平地说，经济增长（人均国内生产总值的增长）既有内部因素的作用，也是外部因素作用的结果。人口增长带动了国内经济增长。人口增长在某种程度上导致了城市化进而是经济专业化，刺激了工业和服务行业的发展，而这些行业比经济中的初级部门具有更高的增长潜力。不过，通常人们都相信这种经济增长是很适度的。在大约1400年以前，尽管并不完全缺乏对外贸易，但东南亚大多数经济体的主要特征就是这种类型的、很缓慢的增长。在大约1400年到大约1870年间，虽然很难用坚实的数据资料来证明，但来自诸如中国、印度、波斯、阿拉伯和欧洲的外贸需求大增，经济增长率似乎也比1400年前要高。现代经济增长与更强大的外部需求一起落户东南亚，1980年代以后经济增长率连创新高。东南亚的对外贸易在不同时期也发挥了不尽相同的作用。简单地说，后殖民时期的对外贸易比殖民时期的外贸对环境产生的影响要大得多。全球化这个术语可以用来概括这两个时期的对外联系。即使在1900年前后，由于战争、萧条，以及欧美发明了人造纤维等替代物引起了出口商品的价格和需求波动，但是全球化还是给东南亚的许多地区打上了自己的烙印，当然也不仅仅局限在采矿业和种植园这两个经济部门。经济增长是影响自然资源的剥削和大气与水的质量的非常强的因素。所以，从长期来看，外部因素似乎在环境史中更为重要，但不能因此就说外部对东南亚资源的掠夺是唯一因素。

人口增长这个内部因素也是关系自然环境质量的另一个决定性因素。人口增长与环境的关系确实是一个复杂的问题。我在《东南亚环境史》一书中用了相当长的篇幅（116—139页）来讨论这个问题。我认为，在近代早期（大约1400到大约1870年），一般来说，东南亚的人口死亡率比欧洲和中国要高，而人口出生率要低。如果按马尔萨斯的观点，中国农民肯定生活非常悲惨，因为人口发生了无节制的增长。不过，这个观点最近已经受到挑战。最新研究发现，在近代早期中国已经广泛采用溺婴来控制人口，这可以看做是一种计划生育的办法。东南亚的出生率在任何情况下都比欧洲要低，一部分原因是女性初婚的年龄都比较大，另外还比较注意避孕，流产率比较高。如果真是这样的话，比起中国来，东南亚就更少掉入马尔萨斯陷阱的危险。一般来说，东南亚人口增长伴随着经济的转型，即从狩猎采集和刀耕火种农业向湿地水稻种植农业转化。尽管很难发现到底是哪个因素引起了另外一些因素的变化，水利灌溉网的建设也并不总是人口增长的即时结果，但是大致上可以得出这样一个结论，即东南亚有出现博色拉普所讲的情况的基础。只要我们认识到有一个反馈机制可能在起作用，那么水利灌溉网的建设自然会反向作用，导致人口增长。

问：海外华人和中国文化对东南亚的环境造成了什么影响？

答：中国船主、商人、工匠、实业家和工人移居东南亚已经有很长的历史了。最初是以船主和商人（偶尔还有军人）为主。与后来大规模的移民潮相比，尽管其数量很小，但也对当地的自然环境产生了影响，因为他们需要商品，其中大部分是林产品和矿产品，还需要海产品和农作物。在现代帝国主义入侵之前，也就是1750—1850年这个时期，在东南亚被称为“华人的世纪”，因为华人的表现非常耀眼。在这一时期，不光有船主和商人，还有大量的矿主（如锡矿主）、农业实业家（蔗糖、亚力酒、花生油、碾米）、流动园丁、木材商、造船商和匠工。就对自然环境造成的影响而言，人们很容易会把矿主、木材商和农业实业家当成是最厉害的一伙。1870年以后，华人在东南亚的影响肯定大为增加，尤其是当他们加入欧洲人的队伍一起掠夺东南亚的自然资源（主要集中在采矿业和种植园）时。在1930—1980年，华人的影响肯定比以前要小，但在过去几十年，中国通过贸易、直接和间接的投资对东南亚环境产生了以前从未有过的巨大影响。

问：在目前的东南亚环境史研究中，大部分的研究都聚焦于唐纳德·沃斯特所说的农业生态史方面，怎样才能把东南亚环境史研究的边疆推向城市环境史和海洋环境史？这两方面会不会是东南亚环境史研究今后需要开拓和加强的领域、或是未来的发展方向？

答：您说得很对。东南亚环境史研究绝大部分集中在农业和森林剥削领域，城市（和工业）发展尚未引起太多的关注。这无疑是与一个事实联系在一起的，即我们现在所知道的汹涌的城市化浪潮在东南亚是相当晚近才开始的，确切地说主要是在第二次世界大战后发生的。当然，1940 年以前在东南亚也形成了城市，也发生了城市污染，但并没有达到足以引起学者关注的程度和规模。工业化也是如此。在太平洋战争爆发前，确实存在一些工业，但规模还比较小，工业污染在 1970 年代之前也没有构成严重问题。不过，也不能排除这种可能，即研究东南亚的历史学家之所以没有研究东南亚历史上的城市和工业环境问题，就是因为他们以前一直认为本地区是以农村和农业为主的。我们期待研究过去 30 到 40 年历史的学者今后能对东南亚城市和工业环境史投入更多的兴趣和精力。

相对没有受到应有重视的还有东南亚的海洋环境史和矿业环境史。不过，尽管对海洋环境的独特物种和领域几乎没有做出好的研究，但我们现在有一本关于东南亚海洋环境史的很好的教科书，那就是约翰·布切尔在 2004 年出版的《边疆的关闭》。或许这是因为海洋的资源损耗比起森林的毁灭对我们这些只有平均智力水平的外行来说，更不易察觉得到。更为困难的是难以找到 1950 年代以前的记录完好的资料。就采矿业而言，情况大体上与海洋环境类似。采矿造成的灾难显而易见，但这经常发生在偏远地区，因而很难引起应有的重视。不过，当环境史学家开始关注最近几十年发生的事情的时候，这种状况将会发生改变。总的来说，1970 年代以前的土壤、水和空气污染是很难研究的，但在它们开始危及人类健康的时候，这些问题将变得越来越重要。

第九章
伊懋可谈中国环境史研究

伊懋可（Mark Elvin）是当代著名的历史学家，擅长中国经济史、文化史和环境史。1938 年生于英国剑桥，1968 年从剑桥大学获得博士学位。先后任教于哈佛大学、格拉斯哥大学、剑桥大学，1972—1989 年在牛津大学教授中国史并担任亚洲研究中心主任多年，从 1990 年起在澳大利亚国立大学亚太研究院任中国史和亚太区域史教授和召集人。主要著作有：《中国历史的模式》，《中国文化地图》，《另类历史：从欧洲视角看中国论文集》，《华人世界变动着的历史》，《帝制后期中国的城市》，《积渐所止：中国环境史论文集》。[①] 1970 年代提出的“高度平衡陷阱理论”在西方中国研究领域影响很大。近年来致力于中国环境史研究，成就斐然，出版了专著《象之退隐：中国环境史》。

伊懋可教授治学严谨，富有洞见，对中外环境史研究状况都很熟悉。在生活中热爱自然，乐观幽默。笔者提出采访要求后，他愉快地接受并热情认真地回答了我的提问。相信这个访谈对中国的环境史研究的发展会有所帮助。

问：您为什么要把自己的研究领域从经济史和文化史转向或扩展到环境史？

答：我研究历史的初始目的就是想弄清楚为什么我们生活的世界变成

---

① Mark Elvin, *The Retreat of the Elephants. An Environmental History of China*, Yale University Press, 2004; *The Pattern of the Chinese Past*, Stanford University Press, 1973; *Cultural Atlas of China*, edited with C. Blunden, Phaidon, 1983; *Another History*, Wild Peony, 1996; *Changing Stories in the Chinese World*, Stanford University Press, 1997; *Sediments of Time: Environment and Society in Chinese History*, edited with Liu Ts'ui-jung, Cambridge University Press, 1998.

了后来的样子。由于某种原因，这个问题似乎永远都对我有非常特殊的吸引力。所以，我对现代经济、现代科学、现代国家和民主的起源，以及既帮助产生所有这些同时又反过来受到这些因素的塑造的现代文化的性质这样一个比较宽泛的问题始终兴趣盎然。

在20世纪50年代末，我之所以聚精会神研究中国，是因为中国似乎为与欧洲就过去的一千年历史进行比较研究提供了最有意义的参照物。在宋代，中国有世界上最先进的经济，有和欧洲至少在16世纪以前可以媲美的丰富的科技成就。刚开始研究这些问题时，我考察和分析这些问题的主要理论依据来源于马克斯·韦伯和李约瑟。虽然我们在许多问题上有不同看法，但李约瑟不久就成了我的一个莫逆之交。令我感到自豪的是我给他在2003年出版的《中国的科学和文明》(第七卷第二册)的最后一卷写了前言。在这份前言中，我全面概括了他所做工作的重要性。

我的博士论文(1968年)研究了中国第一个切实运转的民主机构——1905—1914年上海华人区(Chinese Part)的管委会。我的第一本书是研究前现代中国经济和技术史的《中国历史的模式》(1973年)，探讨的问题是为什么在帝制时期中国没有发生自己的工业革命。在我的《另类历史：从欧洲角度看中国论文集》(1996年)和探讨诸如中国传统社会中的"个人"问题之类的文化史研究中，您能看到我对在前两本比较简明的著作中表达的许多思想进行了发挥和深化。

从早年起，我也对环境感兴趣。大约在我十岁时，我家与另一家合住一栋房子。那一家的妈妈是"土壤学会"的早期会员，我从她那儿学会了怎样为我的菜园做积肥堆，大体上明白了什么是氮循环。再后来，当我还是格拉斯哥大学经济史系的一员时(1968—1973年)，我去哈佛大学做了一年访问研究。在哈佛，我研读了《地球目录》(*The Whole Earth Catalog*)和其他环境主义者的著作。返回哥大后，我建议同事们应合开一门分析农业和工业革命在许多方面对人类是灾难的思想史课程。但他们都不理解我的想法，说我要做就自己做，他们不参与。应该补充说明的是，我那时没有、现在也不认为"灾难"一词是对这两次革命的正确描述，但是这两次革命确实对人类生活产生了很严重的负面影响，我们必须像理解它们的积极作用一样来理解其负面影响。

1983年，我与艺术史家卡若琳·布伦登合编了《中国文化地图》，在1998年的修订版中增加了环境史部分。为绘制五十多份地图所做的研究和成为一个历史地理学家让我迅速进入环境史研究领域。我对中国水利和水利机构史的长久兴趣和我与印度经济学家拉得哈·辛哈提出的、用于解释帝制晚期中国经济缺乏大幅度数量变化现象的"高度平衡陷阱"理论也让我体会到了自然资源在历史上起到的关键作用。我认识到还有一个可以解释我们生活的世界为什么变成这个样子这一问题的更重要的视角，那就是人与自然环境的相互作用。

1993年，我在《东亚史》杂志上发表了我的第一篇重要的环境史论文《三千年不可持续增长：自古以来的中国环境》。我有意起了这么一个容易引起争议的、似是而非的题目。隐藏其后的想法是，我认为：在环境主义者和传统经济学家的观点中有一些重要的真理。从广义来讲，我现在仍坚持这个观点。

问：如您所说，您是从历史地理学家转变成环境史学家。就中国议题而言，这两个学科有什么区别？

答：从原则上讲，二者之间没有明显的分界线。唯一的区分就是由不同的学术文化产生的界限。例如在法国几乎就没有分别，历史学家必须把学习地理学作为自己所受教育的一部分。法国学者布罗代尔写出了初版于1949年的、关于16世纪地中海历史的煌煌巨著。他是历史学家，但似乎更像一个地理学家。这一点可以从第一卷中关于景观和海路的分析中看出来。从许多方面来看，这都是一部现代欧洲环境史的开拓性著作。

同样，格罗夫和拉科哈姆引起轰动的新著《地中海欧洲的自然：生态史》（耶鲁大学出版社，2001年）是历史地理学家和森林与林地史学家合作的结晶。这完全是一次自然而然的联合。

在中国，陈桥驿虽然是地理学家，但在浙江环境史研究中做出了精彩的工作。我不知道史念海正式属于哪个科系，但他在实地考察和历史记载相结合的基础上也作出了精致的研究。他们都是中国历史地理学前辈学者中的巨匠。从他们的研究中可以发现，在同一人身上这两个学科能多么有效地结合在一起。

在一般情况下，历史分析既需要时间也需要空间，这是众所周知的。在

《另类历史》关于义和团的研究中，我对义和团运动的模式在时、空上进行的准确定位彻底改变了对运动起因的常规分析。这说明了时空对于历史研究是何等重要。

因此，在学术上没有充分的理由可以用来说明为什么应该把中国环境史和历史地理学看成是两个不同学科。当然，任何一个社会都有自己的行政惯例和传统，这不是外人应该详细评论的事。

环境史也和许多其他学科有关联，例如经济史、思想和价值史（塑造了政府政策和公众的态度）以及水文学、孢粉学、流行病学、人口学、化学等自然科学。在有些地方，学术中引入了行政界限，但要紧的是不同学科间要有好的、进行平等的、横向交流和合作的可能性。在环境史领域，我们可能比在其他领域更明白万事最终是如何相互作用的道理。

问：请您给中国读者谈谈外国学者研究中国环境史的状况。

答：外国学者研究中国环境史是这个新领域中的新事物。有关这方面的书目也相对比较少。我能说的也只是零散的印象。

或许，最好的开头还是从我和刘翠溶教授主编的、1998 年由剑桥大学出版社出版的《积渐所止：中国历史上的环境与社会》谈起。之所以这么做有三个原因：该书包括了许多非常重要的西方和中国的研究中国环境史的学者；它涵盖了广泛的议题，唯一重要的遗漏是长期的气候变迁和人口史；它还出了个两卷的中文本，它与英文本稍有不同，但在大多数情况下内容更为丰富。中文本的题目是《积渐所止：中国环境史论文集》，主编的排名顺序做了前后调换。1995 年由台湾“中央研究院”出版，后来重印，但现在已不像英文本那样容易得到。

翻开此书，跃然纸上的是许多西方学者的名字。首先值得介绍的或许就是巴黎法兰西学院的魏丕信，他是欧洲研究中国水利体系史的顶尖学者。他论证了陕西长期维持水利体系的努力和自然力最终击败人类的努力的历史。孟泽思是西方研究中国森林史的重要权威，也是李约瑟《中国的科学与文明》（第六卷第三册，剑桥大学出版社，1996 年）中森林部分的撰稿人。孟泽思既是汉学家，也是多年来帮助中国政府进行植树造林的专业林务员。荷兰莱顿大学的费梅尔既自己从事对中国某个地区的研究，也号召和组织对许多地区的研究，尤其是福建。他还是著名的当前中国环境状况的评论家。美国的安·奥思本精于分析清代浙江、江西和安徽南部三省交界地区的环境退化。澳大利亚悉尼大学的汉语教授邓海伦既可能是西方清代政府档案的最好解读者，也集中研究帝制后期国家的经济和环境政策的形成。她还曾经编辑双语的《中国环境史通讯》，后来因为其他工作的压力而中断。这是这一领域的巨大损失，因为有好多年她都是这一领域的焦点人物。还有我后面要提及的美国的马立博和濮德培。正是这些学者构成了西方研究中国环境史的核心。

《积渐所止》中考察的主要议题是人类对自然环境的影响以及研究它的方法，人类聚落的发展过程，边疆地区的特点——尤其是土壤侵蚀，水利系统的管理，特定时期和地方气候变化的影响，流行病的影响，官方思维和大众想象中的环境形象，森林滥伐，以及与近世初期日本的比较。除了少数几个例外，它的时间跨度止于帝制时期。在西方研究中华人民共和国的环境的成果、如夏竹丽的《战天斗地》（剑桥大学出版社，2000 年）和 R. L. 埃德蒙兹的《管理中国环境》（牛津大学出版社，1998 年）出版前，对人民共和国环境史的研究是一片空白。

也有为数不多的优秀专著。早期的一个例子是濮德培的《耗尽土地：1500—1850 年湖南的政府和农民》（哈佛大学出版社，1987 年）；最近的例子是马立博的《老虎、水稻、丝绸和淤泥：帝制后期华南的环境和经济》（剑桥大学出版社，1998 年）。马立博提出了许多让人着迷的观点：如晚近形成的珠江三角洲的大部分实际上是内地大量砍树的结果；水运的改善在 18 世纪末把大米的价格与天气对收成的影响截然分开。这两部书也为进一步了解有用的学术文章和著作提供了丰富的资料指南和索引。

说到大众化的、易于得到和阅读的中国环境史概论一类的著作，英文中还真没有可以与上田信的相媲美的著作。他的《森林与绿色中国史：对历史的生态学考察》（东京：岩波书店，1999 年）非常有个性，但也有可读性，在日本广为人知。

许多著作表面上并非环境史，但也包含着与环境有关的重要思想和信息，例如拉尔夫·斯密斯从俄文翻译成英文的、L. N. 古米列夫的《探寻想象中的普列斯特·约翰王国》（剑桥大学出版社，1987 年）。这本书有大量的关于气候变化可能对蒙古崛起产生影响的相互矛盾的记载；它为我们打开了一扇了解我们知之甚少的、关于中亚的俄文学术文献的窗户。另外，彭慕兰的《大分流：中国、欧洲和现代世界经济的发展》虽然是一部比较经济史的著作，但其讨论的部分内容转向了比较帝制后期中国和西欧的环境条件。很遗憾，我不能同意他认为欧洲在本时期比中国面临更大环境压力的结论，但他是一个其观点永远值得认真考虑的优秀学者。同样，像邓海伦对明末瘟疫的研究（《清史问题》，第三卷第三期，1975年11月）或卡罗尔·本尼迪克特的《十九世纪中国的鼠疫》（哈佛大学出版社，1996年）这样的中国疾病史研究也构成了环境史研究的一个重要部分。细菌仍是对人类占上风的唯一致命的威胁。

我们还须特别关注上两代日本学者对中国水利机构史研究作出的贡献。尽管只是处于环境史的边缘，但已为我们理解中国环境史开辟了一个具有重要启示意义的领域，让我们置身于新资料的宝藏中。我已经注意到这个问题并作出了初步回应，我和三个同事在1994年出版了日本学者研究这一问题的书目分析。在这一领域，中西学者都要加紧工作才能赶上日本同行。

最后一点，西方和日本学者对中国环境史的研究大体上是重视的和友好的，但在感情上相当冷静。（唯一的例外是上田信，他的研究让人感到融入了个人感情。）这与西方学者，不论是美国人、欧洲人还是澳大利亚人，在研究他们自己的环境史时注入强烈感情形成了鲜明对比。这可能是因为我们几乎都不是从环境行动主义者开始研究的，不像诸如《自然和东方：南亚和东南亚的环境史》（牛津大学出版社，德里，1998年）的主编理查德·格罗夫那样曾经为"地球之友"工作。我觉得我们中的大多数人是知识分子，在研究工作中，环境史这个题目的重要性把我们引向了对它进行研究。不管有什么样的原因，调子不同这一点是肯定的。

问：您对中国学者的中国环境史研究也很熟悉，中外学者的中国环境史研究有何不同？

答：这是一个非常难的问题。原因有三：第一，它取决于如何定义"环境史"；第二，中国与环境史相关领域的学术著作数量非常多，增长也很快，一个外国学者不可能知道和阅读全部；第三，中国的历史思维风格变化非常迅速，一个适合二十年前的回答很可能现在就不对了。

让我从两部非常著名的但相当古老的著作开始来说明概念问题。

第一部是冀朝鼎的《中国历史上的基本经济区与水利事业的发展》。此书1936年用英文出版。尽管可能是错的，但我还是认为现在仍没有中文版。但它确实被看成是"中国人"的著作，而且更多地被认为是"环境史"而非"经济史"。我倾向于把它看成是用"现代"风格写成的最早的中国环境史的重要著作。

第二部是由竺可桢和宛敏渭合著的、1975年出版的《物候学》。从严格意义上看，它不是"环境史"，但它是以竺教授重建中国历史时期的气候的开创性工作为基础的一部重要的科学著作。气候史是环境史中不可缺少的部分，因此竺的著作在研究中国环境史的学者的书架上应该占有一席之地。

因此，很难准确说出"中国环境史"研究开始于何时何地。

即使回到现在，仍然很难弄清楚环境史应该包括什么、不应该包括什么。例如，饮食是否是"环境史"的一部分？我个人的回答是肯定的。如果是这样，我们就要把像王利华的《中古华北饮食文化的变迁》这一类的著作看成是环境史的一部分。在我关于清代遵化的大量未公开发表的论著中，我发现了此地特别有益于人体健康的食品和甘美饮水与非比寻常的平均寿命两者之间存在着密切联系（参看伊懋可"洪水与统计"的提要（1999年），载于H.祖尔多佛编的《中华帝国历史上的妇女》）。

人是环境史（Environmental History）的中心，这与以自然为中心、仅仅把人作为偶然的参考的"环境的历史"（The History of the Environment）不同。(后一种历史著作的例子是吴忱的《华北平原四万年来自然演变》(1992年)。)因此历史人口学——人口数量，人口分布，迁徙，生育率和生育模式，结婚率和死亡率——也是环境史不可或缺的一部分。当然，这方面的近著数量很多，给人留下了深刻印象。其内容也很广泛，从搜集和整理资料——我熟悉的一个杰出范例就是曹树基的《中国人口史》(第五卷：清时期)(《中国人口史》由葛剑雄主编)——到李中清的开拓性的方法论研究。李中清尽管有时用中文写作，但他当然被划入美籍华人的范畴。方法论研究的范例是李中清和中国社会科学院的郭松义合编的《清代皇族人口行为和社会环境》。两国学者共同合作研究撰书也说明了：把中国人的学术研究和外国人的分割开来的明显界限尽管仍未消失，或许永远不会完全消失，但是这个界限已经开始变得模糊。

所以，人们越考虑这个问题，它就变得越复杂。

如果要我综合一下的话，我会说，从总体上看，在我一生的绝大部分时光中，在与环境史相关领域的学术研究中，中国的强项在自然科学而不是人文科学。在水利史研究中，我们可以从中国水利水电科学院在1979年编成的《中国水利史稿》中看到极好的技术分析。例如它研究了清代大运河如何在地势较高河段保持水量充足，却没有对大运河赖以为基础的政治和社会组织做任何类似的研究。在这一方面，我们必须向诸如星斌（Hoshi Ayao）的日本学者学习。对产生这种现象的合理解释是，毛泽东时代的政治气氛产生了重要的抑制作用，在那时研究自然科学更安全。

一个有趣的局部的例外是文焕然及其合作者在1995年出版的、关于中国植物和动物史的优秀论文集《中国历史时期植物与动物变迁研究》。例如他描述了历史上鲜为人知但延续很长时间的、农民最终获胜的、农民与大象的冲突，但没有对其社会层面进行深入分析。

在自然科学导向的环境史领域涌现出许多优秀著作。我熟悉的一个例子是陈吉余的《中国海岸发育过程和演变规律》（1989年）。任何研究人类活动影响中国海岸的方式——这种影响是巨大的——的环境史学家都能从这一研究中汲取丰富的有价值的信息。进而言之，政治家和经济规划师也能从这种环境史中吸取有益的教训。例如，林承坤在《长江三峡与葛洲坝的泥沙与环境》一书中写道，当长江中游河道可能因受泥沙在不稳定岩石层堆积的影响而在公元377年崩溃时，据史料记载当时大浪冲起的泡沫高达数丈，湍急水流回流五十多公里。这种灾害在某个时候肯定容易再次发生。

按我的个人意见，尚未发生但应该发生的是，自然科学家要向历史学家学习怎样评估他们的资料。有许多收集诸如降水、气温和“自然灾害”这种自然现象的历史资料的大大小小的项目，但都没有考察写作和保存这些资料的社会、政治、知识和经验环境，也没有考察它们怎样影响了报告所用的术语和范围的选择。例如，当某地人口增长并迁入环境不太稳定的地方时，就会出现一种可能即不管是否发生气候变化，都会经历和记载更多的“灾害”。当记载所依赖的社会结构改善或暂时崩溃了，它自然会影响记载。人们感知的“干旱”也依赖于环境的特点（例如是否有好的树木覆盖物）和经济（是农耕还是畜牧），反过来，干旱如何影响它们也不仅仅取决于降雨量。

人们对天气的意识形态化的态度也会发生变化，尤其是在把自然现象看成是“吉兆”或“恶兆”并加以记载时。还有许多诸如此类的更微妙的看法，但上述例子足以使我们得出这样的认识，即如果向历史学家学习，以前接受自然科学训练的学者在处理历史档案时会比他们往常做的更客观，如此一来，也会导致新的发现。这会对一些古旧记载作出令人惊诧的准确界定和分析。一个简单的例子就是把中国中古地图中的海岸线与现代遥感成像进行比较。在遥感图像中，红外中频有时能把隐藏在普通图像背后的古老海岸线给凸现出来；在某些情况下，还可以显现出一系列图像。

但是历史学家也需要有更多的批判性。部分研究中国环境史的学者看到了中国古代文化中有自然保护的强烈倾向，但至少在我看来这种认识在很大程度上是建立在带着良好愿望阅读文献的基础上的，在这些文献里，自然保护的观点（例如道家经典或月令）被描绘成似乎是主导的态度和有效的法则。其实，全面的看法是这些观点或者是对逝去的往昔的哀叹（如《淮南子》中一段著名的描述），或者是过时的和限制自然剥削过程的不很有效的努力。剥削自然的行为已经根深蒂固并在很长时间仍然延续着。例如，如果对许多重要文献进行不带偏见的阅读——如《诗经》中的赋“皇矣”——就会发现周文明是建立在毁坏森林的基础上的。

总之，我的意思是中国环境史研究中更注重自然科学的那一部分在过去二十年从总体来看在中国更成功一些，但有必要让这一部分与注重文献的更传统的历史部分进行持久的相互交流和融合。这方面的最后一个例子是王苏民和窦鸿身等人编的《中国湖泊志》（1998 年）。任何研究中国湖泊环境史的学者都不能绕开这本基础性著作，但至少对我来说，令人吃惊的是它给历史文献中记载的、有时发挥了非常重要作用的、人之影响以很少篇幅。一句话，今后要做的是自然科学和人文科学要更多协调和配合。

问：说到中国农村传统经济的停滞，您提出了“高度平衡陷阱”的经典理论分析模式，而且强调产生这种情况的根源在于对技术创新的障碍。就我所知，美国环境史学家如阿瑟·麦克沃伊和唐纳德·沃斯特都认为，技术是一个文化表现，它是人与自然相互作用的交叉点，所以人与自然的相互作用应是环境史研究的基本主题，技术应服从于生态分析。您是否同意这种观点？如果认可，您怎么完善您的分析模式？您在这方面已经做了哪些工作？

答：我同意技术处在人类社会与自然的其余部分相互作用的交叉点上。正由于此，以环境为一方，以经济、政府政策、社会风俗、宗教、哲学、科学和艺术中反映的对自然的意识形态和理论表述，以及人口（主要通过营养和疾病）为另一方，这两者之间存在着复杂的、双向的相互作用关系。最近，甚至气候变化和人类活动也更为紧密地相互交织在一起。

环境对技术创造力提出挑战；环境提供了创新的可能性（可利用的合适资源和被称为“自然的服务”（Nature’s service）的东西）；但也制造了约束。从人的角度看，“创造”（Invention）即可用思想的原创和检验，它在很大程度上依赖当时有用的可靠知识的积累（换句话说就是“科学”）。“创新”（Innovation）即在实践中对创造的获利性应用，它在很大程度上依赖经济发展水平和消费者的口味，但也依赖政治因素甚至军事因素。“扩散”（Diffusion）即把创造和创新散布到起源地以外的地区，它取决于其他文化和环境学习它、同化它、在某种程度上是适应它的能力。甚至是宗教和艺术也能在这些过程中发挥作用：中世纪伊斯兰人体解剖学的知识之所以落后西欧的一个主要原因是，伊斯兰的宗教价值观反对解剖人体，也反对以透视方式刻画活体，而人体解剖学是现代医学的基础之一，透视方式正是从事良好的科学制图的基础。医学和随后出现的人类健康学产生的长期后果是非常了不起的。

因此，我把技术的“生态分析”看成是历史学家考察它怎么扩展或扩展失败、利用或没有利用它的影响的一个基本部分，但是由于包含的这些关系非常复杂，如果不与其他分析联系起来，这种分析好像又太简单。

“高度平衡陷阱”是我的同事拉得哈·辛哈教授和我在 20 世纪 70 年代初提出的理论。它是我们试图解释在中世纪具有很高技术创新能力、在当时全球范围也属突出的中国为什么在帝制后期即明清两代（不包括 19 世纪末和 20 世纪初）却失去了大部分活力这个问题的一部分。（我后来在法国的杂志《新世纪》（*Nouveaux Mondes*）上发表文章，证明了大约在 1860 年后中国技术创新能力得到令人吃惊但却是真实的恢复。）按前现代的正常标准来看，除了满人征服造成的中断外，帝制后期（太平天国以前）的经济大体上是完好无损的——人口的持续长期增长和 18 世纪像耶稣会士这样的外国观察家的评论都证明了这一点——我们的结论是，答案并非显而易见，尚需深入探讨。

我们认为，如果按年均亩产量来衡量，中国大部分地区（也有一些明显的例外，如满洲里）的粮食和纤维作物种植已达“前现代技术的顶峰”。易于利用的土地也完全被占领和开发，边缘地区大量不适合开发的土地实际上也被开垦。人口增长过快，以致人均收入没有增长，甚至可能开始稍有下降。通过对哈佛大学柏金斯教授领导的研究小组收集来的资料的分析，我们也发现几乎每个适宜修建重要水利系统的好地方（按那时的技术条件）到这时都已被开发。虽然中国经济在许多方面已达当时的世界水平，但也几乎耗尽了进一步发生质变的可能性，除非发生一场可以从主要方式方面改变生产潜力的科学和工业革命。这需要一场浩大的科技和文化飞跃，但清朝自身肯定无能为力，这场飞跃的大部分需要从正在工业化的西方世界引进。中国经济由于规模太大而不能从海外贸易中获得哪怕是不大的刺激。因此我们得出部分结论，即中国不会发生建立在内部资源基础上的工业革命。内部资源是内生工业革命必须的基础，或者是需求高涨，或者是供应增多（例如为机械化棉纺厂提供额外的棉花，为工业劳动力提供多余的粮食）。

如果从环境史的角度来看这个问题，我还要加上森林资源严重减少、薪材短缺和土地退化。在清朝的许多地区，这些因素和其他因素一样使之很难把经济提升到较高的水平（这里的“较高”当然是从传统经济意义上来理解的）。作为一个研究前现代科学的历史学家，我还要强调科学在使连续的创造性成为可能上发挥的关键作用，这种连续创造性是使现代经济技术得以改善所必需的。假使欧洲没有现代科学，那么到 19 世纪后期它可能还在自己的高度平衡陷阱中徘徊。

辛哈教授和我无论在那时还是在后来都很清楚，高度平衡陷阱对一些经济部门是不适合的，几年后我给出的一个例子是清朝云南的官有铜矿。由于当地技术不能满足适当排水的需要，这些矿的产量日益受到技术能力不足的制约，但是中国其他地区的技术还是发挥了相当好的作用。龙尾车和柱塞车（Cyclinder-and-piston pump）在长江下游的城市被制成用于消防的所谓的“水龙”，这在当时声名远播，但好像从未被用于替代没有效率的“拉车”。这里就给我们一个以不利于生产的、以地下水的形式表现出来的环境制约的实例，人们没有就此做出合适和可能的技术回应。造成这种现象的原因不能用“高度平衡陷阱”来解释，坦率地说也不是“文化”的原因。

我们也指出了可能导致帝制后期中国创新技术活力缺乏的其他因素，如商业企业的结构。如果要详细了解这些因素，我们将会离题万里。不过这是一个重要的话题，如果富裕商人有意投资新技术并支持其发展的话，卷入实际生产过程的这些商人就成了关键。从西方的观点看，帝制后期的中国商人极想逃避对企业进行直接“管理”，喜欢代之以灵活的商业安排。以这种方式经营其实可能是具体经济氛围下常态的经济理性的表现。探索为什么会这样的原因是一个有意义的课题。当然也有例外。明朝中叶为了获得商业木材而毁掉大部分终南山的、大规模的森林砍伐就是典型的资本主义企业（Capitalist enterprise）的行为。这些企业是资本家通过中层专家来直接管理的，也有适度和令人感兴趣的技术创新能力。

在这个分析模式首次发表后，我对它的发展是，通过注解一系列确实发生在清朝的小小技术革新来把这一理论的事实基础夯得更准确更细密。我在 1975 年开始做这个工作，用一整篇文章来论证这个问题。最近又有许多新成果，例如李伯重把“追肥”技术的使用看成是清朝的一个创新。由于提出这一基本观点已经很久远了，对这些精细化技术的新发现可能强化了它。但是假如中国人的技术革新天性在这一时期仍然很强烈，那么为什么取得的成就却如此之少呢？从实际效果来看，这些适度的精细化技术虽然有用，但仅仅有助于供养增加的人口。如果还有什么作用的话，那就是稳定了危机已经非常严重的形势。

近年来我的兴趣不再是进一步发展“高度平衡陷阱”理论，而是考察历史时期商品农业的扩展如何逐步把自然资源转化为商品。农民何时不再把树看成建筑用材和薪材的来源（还是鸟兽的栖息地）而是可以出卖的商品？在中国较先进的地区，这甚至可能发生在帝制时代开始之前。在一些较偏僻的地区（如云南洱海盆地紧北地区），这种情况很晚才出现。学者能找到在某种程度上可以让人感觉到这种情况发生的资料。进而言之，如果钱能安全地存到银行或类似银行的地方并获得定期利息，砍树的动力就会更大。把树留在森林不砍不卖、把交易收益存在银行赚取利息，这都会被看成是损失收入的愚蠢之举。

问：您曾经把中华帝国史描绘成“三千年的不可持续增长”。但我认为，作为一个整体，中国维持了几个世纪的高度生态稳定（尤其是在与导致了尘暴的美国资本主义农业相比较时），因为中国农民有很好的习惯，如使用人粪尿肥田（后来被化肥取代，就像美国20世纪初那样），还有修建梯田和灌溉工程的杰出技术。您怎么看这个观点？

答：北美是个例外，因为它有充足的土地以及因之而起的对维持土地生产力非常不负责任的态度。像中国许多地方的农民一样，欧洲许多地方的农民也在相当长的时期把土地保持在一个合理的良好状态。主要的区别可能是欧洲更多地使用了动物粪肥和休闲轮作制。很有意思的是在像佛兰德和西班牙的瓦伦西亚这样的地区有时也使用人粪尿。在地中海世界，修造梯田也相当普遍。

随着发展的深入而变得更明显的重要分流是：（1）中国灌溉系统的共有性和规模（尽管荷兰在治水技术上同样高明）；（2）二轮制甚至还有三轮制的发展（例如宋代一些地区的谷物和所谓的“春花”，如16世纪引入长江三角洲和江南的油菜）；（3）土地利用更为集约，有点像园艺，但在中国的核心区域仍留下了牧场和林地一类的、规模相当小的土地。当然，无论欧洲还是中国都存在着巨大的区域和地方差别。例如在华南和华中的许多地区，人们通过利用灌溉和一年中的多种种植为抵御糟糕的天气和害虫提供了特别的稳定性，这就使折磨前现代欧洲的所谓“生计危机”在这里非常少见，但这种经营方式在华北是没有的。

我使用的“三千年的不可持续发展”这一措辞是个审慎的悖论，意在激发人们用新的方式思考。它不是一个系统理论的一部分。那时的可持续是什么意思呢？

从很长的时段来看，尽管它在不同的时间和不同的地方是不同的，但中国许多地方的森林破坏就是不可持续的，并导致了薪材和建筑材料短缺的范围的扩大。最严重的是它连续破坏了可以让老百姓利用森林的“环境缓冲区”，破坏了在歉收年份可以维持百姓生存的山泽。大众市场经济的发展只是一个局部的替代物，尤其是在宋代及其以后，当短缺范围扩大后，它的作用是有限的。有意思的是，仅在汉代以后，即使在中国农业最发达的地区，狩猎已不再是经济的重要组成部分。如果你读住在杭州湾南岸的佛教素食主义者谢灵运的《山居赋》，就会体会到他虽然没有用过猎人的特殊工具（他自己说的），但他非常熟悉这些东西。

应该明白，在古代，大多数普通百姓并不特别喜欢农业。他们肯定也不喜欢仅仅从事农业。他们喜欢能以多种方式维持生计，能自由迁徙。但是，那时发展农业的最重要的目的还是为了满足统治阶级的需要。通过农民的劳动为统治阶级提供税收和地租；通过征募农民的儿子为他们组成军队。这就是《商君书》为什么坚持要减少农民进入山林山泽的机会的原因——为了能更有效地控制农民。

如果为了维持和重建农业而连续投入劳力和资源，前现代农业系统的重要部分也是"可持续"的。在诸如界限应定在哪里、什么是可持续这些问题上，我们肯定还没有明确答案。大规模的维修何时把某些资源注入"新"系统？水利——正如毛主席过去正确指出的那样，是农业的命脉——是说明这个问题的重要例子。当你看到人造水利系统关闭时，你不久就会发现其中大多数河流的水文情况已经高度不稳定，要维持其正常运转通常还需要大量的劳力和资源投入以及技术的经常革新。其实，尽管人民已付出努力，但这些水利工程还是崩溃了。一个例子就是著名的陕西郑白渠。随着泾河水位越来越低，给郑白渠供水就逐渐变成不可能。同样，著名的人工湖鉴湖在宋代大部分已被淤积，而且已被证明不可能得到恢复。造成这种情况有很多原因，最重要的是，尽管你今天仍能看到绍兴周围旧湖的痕迹，但是巨大的成本使恢复它变得不现实。

重要的是不要把中国农业和它在环境中的地位看成是几百年来固定不变的东西。什么是"可持续"？它不是一个单一的或一套体系，而是一个为了生存而连续改变的过程。换言之，随着现存体系的改变和人口增长（后一种情况在帝制后期最为突出），为了增加年均亩产量就要求连续革新技术，"不可持续性"就明显表现出来了。当灌溉在唐代中期被引入嘉兴时，人们惊叹于农民"让河渠像天气一样为人服务"的神奇创造。当然这种想法不久就变成了套话，人们不再做这样的评论。保护杭州湾南岸免受海水侵扰、把盐碱化滩地用于农耕也是一场无休止的斗争，它不但需要维修，还需要修筑和维护海塘的方法不断改进。虽然可以追溯到更早，但在唐代，人们第一次关注和提及土地和丛林的原生态；在明代，海塘修建者开始促进了技术的实实在在的进步，最引人注目的是用相互契合的石块做最重要地段的迎水面，但是即使到清代初期海塘仍然十分脆弱。由于杭州湾南岸河流的出口被堵塞，造成其连续淤积和泛滥。所以为避免海水的影响而把海和田隔开的技术多次造成河流的改道和重修。

清朝中期及其以后的人口压力促使百姓经常把环境上不适合的山地和旱地开垦为农田，大多数历史学家都了解这种开垦方式的变化。首先，植被覆盖涵养水源和滞留水流的能力的下降增加了山坡地的侵蚀和下游灌溉系统的破坏。有时洪水携带的贫瘠淤泥也会填塞下游的灌溉河渠。在浙南、皖南、闽北三省交界之地，对山地进行不适当的开垦已成普遍现象，这里的居民比 19 世纪中期要少得多。其次，过度垦殖的结果是土壤盐碱化并最终报废。

在中国经济更发达的地区，帝制后期的普通百姓必须比前期更辛苦地工作，这种情况虽然很难确定，但却是可能的。妇女的情况似乎特别肯定。根据历史传说，汉代的嘉兴在人烟稀少、大部分土地仍是未开垦的沼泽地时，鱼儿成群，野鸡很多，野草茂盛。百姓甚至觉得没有必要储存粮食，因为如果需要就很容易得到。无限制地增加劳动量同样也是一个不可持续的过程。

因此，一方面，中国的前现代农业当然是"可持续"的。它一直存在到现代的前夜。这就是我为什么说"三千年"的原因。但是，另一方面，产生利润的过程经常使它给自己、给参与生产的人制造麻烦，尤其是在那些有水利设施的地区。所以，几乎任何事情都有两面性，有得也有失。这就是我想用"三千年不可持续增长"这个词表达的真实含义。

问：探讨中国为什么落后于西欧似乎是一个永恒的问题。现在，中外学者都在热烈讨论彭慕兰的名著《大分流：欧洲、中国和现代世界经济的发展》，并在许多著名的杂志上发表了多篇书评。作为研究中国经济史和环境史的权威，我相信您一定对这本书很感兴趣。您对彭慕兰的观点有何评论？

答：彭慕兰的著作讨论的是一个历久弥新的命题：在主要用畜力进行生产和运输的发达的前现代经济的最后阶段，为什么帝制后期的中国和正在进行早期现代化的西北欧会走上如此不同的道路？不论你是否同意他的所有观点——我自己也有所保留——你都会敬慕他处理这个大的难题时表现出来的能力、想象力和学识。我促请所有对世界史的宏大主题感兴趣的学者去读这本书，去辨析他的观点。

他立论的基础是：广义而言，就生产、生产率、商品化、经济技术、家庭企业的规模和寿命、人均消费水平、非“马尔萨斯主义”人口动力学来看，迟至18世纪西北欧和中国的发达地区都处在同一营垒。这基本上是正确的。西方经济史学家只有吸收了这一点，才会对研究彭慕兰称之为“大分流”的问题作出更好的贡献。

我在这里对细节问题提出一些虽小但并非没有价值的质疑。例如，与他的观点相反，我认为，帝制后期中国发达地区人们的平均寿命甚至可能低于同时代法国人的水平，而且不同地区变化的幅度比他写的还要大。我自己对长江下游地区如嘉兴的长时段地方史的研究证明，在帝国末期，环境的压力比他相信的要更严重，与他的观点相反，此时中国许多地区的环境压力比欧洲更糟糕。不过，赌博是两面下注的。正如书中第239和283页所写，据说欧洲只有英格兰和荷兰受到了严重影响。但根据克卢泽（Crouzet）的说法，大革命前的法国经济上可能和英格兰一样好，如何解释这个事实呢？对帝制后期中国的环境状况，费梅尔作了清楚的概括，但要进行比较，读一读亲身了解18世纪双方情况的观察家们的见解还是很有意思的。在他们的《回忆录》的第四卷，一个在北京的耶稣会神父在谈到中国时写道：“在法国，土地隔年撂荒。在许多地方，生荒地大扩张。乡村里遍布森林、牧场、葡萄园、公园和用于休闲的建筑物。这里一片荒芜。”读了笛福（Defoe）（和理查森）的《游记》后，我很犹豫是否要把英格兰和中国核心地区的形势看得一样，但是它描述的时间可能太早，并不完全合适。毫无疑问，我们还应该辨析，就这些问题，谁的说法是正确的，读者在接受彭慕兰的观点时尚须留神。

在上述基础上，彭慕兰提出造成大分流的两个关键因素以简化其甚为复杂的观点：（1）国内的煤和（2）海外殖民地。与英国不同，中国的煤并不在铁产地的附近，不能完全化解木材供应不足的压力。殖民地打破了资源短缺造成的、困扰西北欧和英国的生态束缚。尽管彭慕兰明白如果没有持续的技术创新，西北欧的经济会再次下降堕入准停滞状态，但他还是忽视了重要一点，即尽管现代科学充其量在现代经济增长的开始阶段发挥了有限作用，但它是使之保持持续增长的关键。这个观点是从库兹涅兹对这个问题的论述中得出的。不把科学纳入其分析在逻辑上留下了漏洞。他在264页写道，“有新技术可用时，西欧就能避开原工业绝境。”我认为还不能这么说，而且他也没解释：为什么中国不能照此办理？“可用”的技术来自哪里？为什么可用技术能使之冲出绝境？在许多领域，16世纪中国的科学并不比欧洲的差很远；但到18世纪中期，它肯定落伍了，更不用说19世纪初了。为什么？正如格罗夫在《绿色帝国主义》中所说，18世纪的耶稣会士皮埃尔·普瓦弗（Pierre Poivre）或许就是受中国技术著作影响的最后一位重要的欧洲政策制定者。其实，如果要用更复杂的方式对待这一问题的话，“现代科学”和“技术”不过是同一文化树干上的两个分枝，在工业革命前的欧洲，它们彼此相互影响。德贝利多尔（De Belidor）的《1737—1753年的水利工程设施》一书提供了这方面的例子。

在正文的最后两页，他重申“让欧洲通过原工业世界的第一百年走向工业转型的桥梁是新世界”，它也是“西欧的其他核心、在很大程度上也是正常的核心得以取得突破的原因”。科学是从预先的设计中抽象研究出来的，人们永远可以支持它，但也可以随后就用不同的策略反对它。

不过，我们同意，我们姑且称之为“资源边疆”的观点从广义来看还是有说服力的。简单说来，就是剥削这些边疆需要适当的技术——大约一千年前支撑中国人在长江下游地区扩张的水利就是这方面的典型事例。奇博拉提出并部分回答了这个问题：西欧怎么就首先获得了持续征服辽阔无际的跨洋距离的技术和组织能力？欧洲和中国在前现代平起平坐的观点在这里发生了变化。

现在回到主要议题。帝制后期经济发达地区的铁矿和煤矿在空间上分离是阻碍中国工业革命内生的关键的说法是富有想象力但没有得到证实的。这需要系统的地理学基础，需要把它浓缩在一幅地图中。铁矿和煤矿的质量、帝制后期矿业技术是否易得、水运的可行性所有这些问题都需要仔细分析。1996年的《中国自然资源丛书》显示，如果有水运，煤矿和铁矿相当近。例如，如果用大运河，徐州的煤和来自莱芜和山东其他地方的铁之间的距离就很近；安徽马鞍山的铁矿和长江上游的许多煤矿之间的距离也不远。（参见第23和26卷及第4卷的全图。）或许这太难了而得不到认真对待？在那时的经济学意义上"遥远"到底是多远？17世纪，中国人用水路从国内二十五英里外运煤没有问题，但从纽卡斯尔走海路把煤运到伦敦要走更长的路。为什么在英国发生的事在中国没有做呢？宋代的苏东坡就在现在的江苏某地发现煤一事写了一首名诗（见王水照选注的《苏轼选集》，第118页）：

> 岂料山中有遗宝，磊落如磬万车炭。
> ……
> 根苗一发浩无际，万人鼓舞千人看。

一千年前，中国就有了认识和使用煤的文化。

陕西和四川在炼铁时使用无烟煤。这显示出了明显的优势吗？大型炼铁厂使用木炭，对木材有极大需求，在一些地方还有充足的保留地可以满足其需要，如秦岭山区。《清诗铎》中严如熤的一首诗描述了这种情形，他写到"谡板堆如屋"。那时人们能提出难以满足的需求吗？把诸如换气扇、装在渗水地区用于抽水的活塞水泵等人们熟知的技术用于煤矿是失败的，这种现象需要解释。他甚至注意到中国有"巨大"的煤储藏。上述这些都不意味着彭慕兰必然错了——我不能肯定；仍要寻找可信的例证。在今后一段时间，还会有这样或那样的关于煤的说法——西佛乐在《地下森林》（1982年）中给出了最新版的说法——现在急需说明的问题是，为什么帝制后期的中国人不像他们曾经成功地使用资源和技术那样去做呢？——使用资源和技术的例证是半真空的活塞泵（Partial-vacuum piston-pump），在当时，它似乎只被用于城市防火，而没有用于矿坑排水。

有关殖民地供给（如棉花，欧洲没有充足的土生土长的替代物）的"鬼田"（Ghost Acres）观点虽有实质内容，但是反对技术设施的重要性、把殖民地供给看成是关键因素的论点被两个考虑削弱了。第一，要加工这些原料就必须发明机器，或者为了支付其他进口费用就要以另类和更有利的方式雇佣先前的农业和手工业工人。第二，中国人也武力征服了其他地区并在帝制后期把面积广大的地区变成了殖民地。正如隆巴德—萨尔蒙所说，虽然殖民地给中国经济提供了重要物资，但相对于庞大的核心经济，殖民占领只能算是较小的规模。殖民化的“形式”尽管有时是血腥的，但远不如欧洲人的。在这里确实有“分流”，但恐怕比书中讲的更难以琢磨。晚至1833年中国每年还从印度进口原棉4600万磅。即便是规模适中，“鬼田”也……不过，在帝制后期中国本土地理范围内，对庄稼地的需求阻止了经济作物产量继续时断时续的增长，这种看法即使不是全新的但却是可靠的。

《大分流》中一个有点独立但却有趣的部分驳斥了桑巴特的观点，即某些“奢侈品”消费方式在社会上的普遍化是促使欧洲经济转型的推动力，彭慕兰认为奢侈品需求“在中国各阶层就像在欧洲人中一样至少是扩散开来的”。很难判断这种绝非难以置信的观点有多少真理的成分（尤其是说到长江流域）。还有一些相反的证据。18世纪在北京的一位法国耶稣会神父写道：“这里无人追求必需品以外的东西，无人追求可用品以外的东西，无人曾经花钱——几乎没有曾经——寻求过分的妩媚。正由于此，财富从未青睐趣味、想象和幻想一类的艺术，这也正是政府所希望的。”（《回忆录》，四）这是欧洲人的文化偏见吗？是华北人的地理偏见吗？现在，我们先把这个问题放在一边，不过，可以同意彭慕兰关于当时欧洲的变化速度相较于中国是加速的观点（第152页）。他暗示的意思是，最重要的区别在于欧洲发生了多方面的质的变化。讲排场和自我放纵的社会范围的扩大是次要的。想一想，比如说1600—1800年欧洲的建筑、音乐、绘画、服饰、当然还有思想都发生了什么。那是一场发生在欧洲的、文化创新的普遍化和日常化，但在其他地区仅仅出现了一些星星之火。

最后，本书可以称之为“结构”（Texture）的东西有时是不协调、不连贯的。例如根据李伯重的研究，彭慕兰在第104页说，长江下游地区妇女从事田间劳动的证据在1850—1864年后“完全”消失了。在第291页就变成了“十九世纪”（应该加上“中期”）。这里需要进行讨论。例如在1879年的《嘉兴县志》（重印本，第783页）中记载有妇幼在田间劳动的情况。这很可能是从更早的版本中摘出作为引文写入的。但在得出上述观点时需要弄清楚（如果能的话）为什么这个材料不再适用（也许在其他方志中还有其他类似的段落）。卒于1793年的钱载写了一首有关嘉兴男女分担田间劳动的重要诗作（1879年县志，第798页）。到20世纪20年代末，也就是他们断定的消失发生了四分之三世纪之后，我们在《中国农村调查资料》（1933

年；1970年重印版，I，铅版第16，17和22页）中发现了长江下游两岸妇女在田里亲自劳动和与男人一起劳动的照片。这种现象是否只在1850年前后消失，是否又在不久变成事实，这是值得怀疑的。果真如此，就需要适当注意了。

还有一两个汉字错讹。《广东新语》的作者屈大均在书中被写成“朱”（Chu）（例如第119和343页）。就我所知，这种事对我们在这个领域从事研究的所有人都可能发生，但无伤观点。

总之，这是一本难度大、错落有致的、易引起争议、常有洞见的书，它比我们迄今看到的探讨西欧和中国在过去三、四百年间走上不同经济道路的原因的书更好地勾画出讨论的轨迹，在许多地方资料丰富。

问：第二届中国环境史国际学术讨论会已经召开。您感觉它与第一次有何不同？是否可以从中发现一些新的研究方向？

答：如你所知，第二次中国环境史国际学术研讨会今年十一月（2002年）已在台北“中央研究院”召开。会议组织者是刘翠溶教授，她也是1993年在香港召开的第一次会议的组织者之一。

这两次会议的特点很不同。第一次会议是为来自不同学科的一小群专家组织的研究工作会议（Workshop），他们都知道在开创一个新领域，但仍不确定这种跨学科的交流能走多远。所有的参会者都出现在每一个讨论小组，一块用餐，在会上和会下都像一个小组那样继续讨论。第二次会议规模更大，大多数学者在多数情况下只去自己以论文发表者或正式、非正式的评议者身份参与的小组。或许还有一百五十多名学者和学生作为听众参与了会议，但这些人从未在某个时间一齐来。两次会议的这些不同在一定程度上反映了九年来人们对环境史的认识的变化。环境史作为一个引起广泛关注的、被接受的重要的研究领域现在已得到广泛承认，至少对专事中国研究的学者来说，情况第一次发生了变化。

同时，深层次的问题显然依然存在。在第二次会议上听人发表论文时，我们都理解其他学科的兴奋点及其贡献所发挥的实质作用。例如，以文献分析为主的历史学家注意到了气候史专家作出的、关于毁林对气候可能造成的影响的计算模型成果，因为有一篇优秀论文以台湾为个案研究了这个问题。虽然我们一直想做，但几乎没有作者或研究小组能清楚地把众多不同学科的技艺、尤其是传统人文学科和传统自然学科的技艺非常成功地融入单个问题研究中。要决定性地超越不同学科界限恐怕要等下一代学者来完成。

与以华人世界的全部地理范围为研究地域的第一次会议不同，第二次会议的空间焦点主要是台湾，在全部二十一篇论文中探讨大陆环境史的只有六篇。其余十五篇中只有一篇探讨具有普遍性的议题（General theme）。三分之二的论文是研究台湾的。这使会议细节丰富，对大家差不多都研究的有关地区了解透彻。但也失去了从对更多样的环境的研究中进行更大范围的比较和区别才能得出的洞察力。

大体来看，时间深度与第一次会议相比比较浅。在有明确的年代维度的二十篇论文中，（1）研究当前的七篇；（2）研究 20 世纪的四篇；（3）研究清代的五篇；（4）研究清代以前的只有两篇。把前两者加起来，很显然，一半以上的论文是研究现代或当代历史的。大约有九篇论文研究台湾当前政治和社会政策的形成。这类论文的内容是台湾地区的垃圾处理、台北下水道的污染、台湾的国家公园和台湾的地下水。由于环境史在政府的基本环境保护政策形成中发挥着或者应该发挥重要作用，因此这一趋势对社会是有用的。但是，更一般的洞察力却经常是从长时段观察历史事件得来的，维持这两者之间的平衡也很重要。如果我们愿意接受帮助、想避免从有关什么是正常的、什么是自然的、什么是需要的这种今天的偏见和先入为主得来的想象的话，考察离我们很久远的时段的历史有助于达到这个目标。这是一个分析问题的强大工具。

这次会议组织得非常好，内容多样很丰富。包括的议题多样化，如分行（Fractal）理论在当前台湾居住模式中的应用和流行病在决定太平天国革命的命运中的作用。批评它没有包含某些内容似乎有点忘恩负义。如果非要我说对我来说有什么空白的话，那就是，如果能有更多对普遍问题的讨论，那就更有意义了。“中研院”的黄瑞蒙在这方面作出了英勇的尝试。她勾画了长时段环境经济学的一般理论。她展示了自己对人对自然的影响造成的长期贴现和许多非线形结果这种棘手问题的敏锐认识。但这只是绝无仅有的一个。

考察中国环境史研究能对有关隆伯格的新作《可疑的环境主义者》的

争论作出什么贡献可能是很有益的事。关于这本书的许多争议都偏离了核心问题，即不管他怎么想，其实书中大部分谈论的不是环境问题而是经济问题。当前流行的经济理论是否提出了对人类当前的福利的合理解释，这是一个可以进一步深入讨论的问题，但是核心的环境问题是另一回事。简言之，环境问题就是："过去几千年、几百年、几十年的人类活动是否已经开始严重破坏和甚至可能毁灭我们的自然基础？这些过去的人类活动造成相当多的人口生活水平的提高，自然基础给我们提供了各种人类及其福利甚至生命长期依赖的自然服务（例如适当数量和质量的水，持续的耕地等）。这是一个有中国研究背景的环境史学家和具有历史意识的环境科学家共同感兴趣的问题。

即使应用于技术的现代科学最近加速和强化了这个正在发挥作用的人类活动的进程，但是人类正在从事的生产活动、我们进行生产活动的政治和社会制度框架以及我们带给生产活动的态度和价值都有着深刻的历史根源。从这个角度来看，探讨过去几百年的中国环境史怎么符合或不符合约翰·麦克尼尔在其新著《阳光下的新事物：二十世纪世界环境史》中表现的思想，这也可能是有意思的问题。

总之，尽管存在这样或那样的问题，但这次会议还是取得了巨大成功。我们或许可以说中国环境史研究正在走向成熟。

第十章

解释中国历史的新思维：环境史

——评述伊懋可教授的新著《象之退隐：中国环境史》

伊懋可教授的《象之退隐：中国环境史》于2004年4月由耶鲁大学出版社出版了[①]，这是所有关注中国环境史研究的人期待已久的喜事。伊懋可教授纵横国际中国研究学界三十余年，享有崇高的声望。早年即以提出分析在帝制时期非常发达的中国为什么不能自己转向现代工业社会的“高度平衡陷阱”[②]理论而驰名中外，转向中国环境史研究后编纂了《积渐所止：中国环境史论文集》。[③]这虽然是一本论文集，但却从世界和亚洲的视野基本界定了中国环境史研究的定义、范围和方法，为促进海外中国环境史研究的发展奠定了坚实的基础，对国内的中国环境史研究提供了国际通用的范式和启示。从那时起，研究环境史和关心中国环境变迁的学者们和观察家们都翘首期盼能有一部全面研究中国古代环境史的著作问世，《象之退隐：中国环境史》终于让大家梦想成真。这是一部中国环境史研究中谁也绕不开的著作。[④]

---

① Mark Elvin, *The Retreat of the Elephants: An Environmental History of China*, London: Yale University Press, 2004.

② 参看 Mark Elvin, *The Pattern of the Chinese Past*, California: Stanford University Press, 1973.

③ 此书分中文版和英文版同时在世界发行，两个版本的内容稍有不同。刘翠溶、伊懋可主编，《积渐所止：中国环境史论文集》，台北：“中央研究院”经济研究所，1995年。Mark Elvin, Liu Ts'ui—Jung(eds.), *Sediments of Time: Environment and Society in Chinese History*, New York: Cambridge University Press, 1998.

④ 不管是中国的中国环境史研究还是海外的中国环境史研究，其主要成果都是专题或地域性研究，尚缺乏通史性的宏大叙事著作。

第一节　理论基础和分析框架

环境史是正在成长的研究领域，尚未有一个公认的定义，所以美国著名的环境史学家唐纳德·沃斯特曾断定："在环境史领域，有多少学者就有多少环境史的定义。"[①]伊懋可也不例外。他在《象之退隐》中也提出了自己的环境史概念，即环境史"主要研究人和植物、化学以及地质这三个系统之间不断变化的关系，这两者之间以复杂的方式互为支持和威胁。具体而言，有气候、岩石、矿物、土壤、水、树和植物、动物和鸟类、昆虫以及差不多所有事物的基础——微生物。所有这些都以不同的方式互为不可缺少的朋友，也互为致命的敌人。技术、经济、社会和政治制度，还有信仰、感知、知识和主张都一直与自然界在相互作用。在某种程度上，人类体系有自己的动力，但如果不涉及环境就不能得到完整的理解"。(p.xx. 以下凡引用书中内容皆如此注释）这个定义显然比他在《积渐所止》的导论中给出的要复杂具体得多。在那本论文集中，他认为"环境史不是关于人类个人、而是关于社会和物种，包括我们自己和其他的物种，从他们与周遭世界之关系来看的生和死的故事"。[②]尽管这后一个定义比前者要简明，但并不是没有价值，二者可以互为补充来看。仔细研读可以发现，伊懋可的环境史概念包含下面几层意思。第一，环境史研究人与社会和环境的相互作用的关系，这里既涉及单个的人、广义的人类，也包括由人组成的社会。这里的环境也可分为三个系统，依次为植物系统、化学系统和地质系统，粗略地可以理解为有机界、无机界和非社会时间的地质界。第二，人只是环境中的一部分，环境内各因素之间是相互影响的。这种相互作用有时是友好的、支持性的，有时是致命的、破坏性的，另外还是动态的、一直变化的。第三，人类社会的经济、政治和文化都与环境发生了不可分割的关系，这是人类历史发展的动力之一。如果不研究这一部分，就不能写出完整的历史。反过来，如果研究了这一部分，写出来的历史肯定不是现在的这种纯粹以人为中心的历史。第四，结合伊懋可在其他地方表达的思想，可以看出他要从对人与自然环境的相互作用

---

① 包茂红，"唐纳德·沃斯特与美国环境史研究"，《史学理论研究》，2003年第4期，第101页。

② 刘翠溶、伊懋可主编，《积渐所止：中国环境史论文集》，第1页。

的研究视角发现我们所处的世界为什么、如何变成了现在这个样子。[①]换句话说，他要利用环境史的研究方法写出把人类及其社会与环境有机结合在一起的新历史。从以上解读可以看出，伊懋可的环境史概念是多层次、全方位的，是注重环境整体性和有机性的新思维。但是众所周知，伊懋可在转向环境史研究之前是著名的经济史学家和科技文化史学家，那么是什么促使他提出这样的环境史概念呢？或者说他的环境史概念的理论基础是什么？

伊懋可很早就对环境感兴趣。他儿时的邻居、曾是"土壤学会"会员的凯伊就教会他做积肥堆，让他了解了保持土壤肥力的一个关键因素——氮循环。在他1970年在哈佛大学访学期间，受到当时环境主义运动的影响并认真阅读了生态学家蕾切尔·卡逊的著作，激发了他重新思考历史上的农业革命和工业革命的热情。但是作为一个卓有成就的经济史学家和科技文化史学家，他不可能完全转向生态学。从经济学转向生态学和哲学并经常在这两者之间徘徊的奥尔多·利奥波德的思想就顺理成章地影响了伊懋可的环境史探索，利奥波德在《沙乡年鉴》中表达的思想在一定程度上塑造了他的环境价值观。利奥波德认为，"直到机械化为我们提供了美味的早餐而科学又为我们揭示了它的来源和如何生长的故事之前，野生的东西几乎与人类的价值无关。全部的冲突由此而凝聚成一个度的问题。我们少数人看到了在进步中出现的回报递减律；而我们的反对派却没有看到。"[②]从这段话隐约可以看出伊懋可"高度平衡陷阱"理论与生态学原理的结合。

为了准确揭示他的理论与利奥波德思想的渊源，这里有必要回顾一下利奥波德的思想发展过程。利奥波德从耶鲁大学林学院毕业后，就担任了联邦林业局的林务官，而这时主导美国林业政策的正是功利性保护主义的主要倡导者吉福德·平肖。毫无疑问，这时的利奥波德也对功利性保护主义深信不疑。在1933年出版的《猎物管理》一书中，他认为自然就是"资源"，为了提高经济效益和适应社会的需求，自然就应该被重新组合和管理。而在管理之前，要对自然进行科学研究并发现适当的技术，通过实施科学的

---

① 包茂红，"中国环境史研究：伊懋可教授访谈"，《中国历史地理论丛》，2004年第1辑，第125页。

② 奥尔多·利奥波德著，侯文蕙译，《沙乡年鉴》，吉林人民出版社，1997年，第5页。本文在引用时对照英文原书对译文做了适当修改。Aldo Leopold, *A Sand County Almanac and Sketches Here and There*, New York: Oxford University Press, 1949, p. vii.

农艺方法使地球更加多产。这是典型的从经济学看自然的进步主义环境思想。[①] 但是在功利性保护主义大行其道的同时，另一种超功利的保护思想也在发展。鉴于不适当的技术和过度的管理在某些时候不但没有提高效率反而造成了生态灾难，生态学家逐渐认识到，生态系统中各因素不光具有经济价值，还有美学和伦理的价值。1935 年的德国之行也使他在客观上看到密集的人工化森林管理的坏处，不久他就参与创建了旨在保护“荒野不受侵犯，并激发一种对它在情感上、知识上和科学上的多种价值的认识”的“荒野协会”并写出了名文“土地伦理”。许多人把“土地伦理”看成是他从经济学完全转向生态学和哲学的标志，但我认为由于意外的去世和转变的不彻底性，把土地伦理看成是对待人与自然关系的经济学、生态学和哲学思想的综合体可能更客观。土地伦理就是土地共同体（包括土壤、水、动植物、气候和人）中的每个成员都有自己继续存在的权利。在这个共同体中，人类不再以征服者的面目出现，他变成了共同体中平等的一员和公民。它暗含着对每个成员的尊敬，也包含对这个共同体本身的尊敬。[②] 但是共同体中的各成员并非享有完全平等的权利，它们是按食物链组成了生物区系金字塔。有助于保护生物共同体的和谐、稳定和美丽的事物就是正确的，否则就是错误的。尽管他从生态哲学和美学的高度提出了一种生物中心论的、与占主导地位的对待土地利用的经济学态度有所不同的公有伦理，但必须承认他从未完全脱离对自然的经济学观点。从很多方面来看，他的土地伦理仅仅是一种比较开明的长远考虑，一种稳定的无限制的物质财富扩张的手段。[③] 写到这里，我们应该能够明白伊懋可的环境思想与利奥波德思想的关系了，伊懋可的主要改变是把利奥波德道德判断中的对与错改成了更具震撼力的生与死。

在界定了概念和厘清理论基础之后，让我们来梳理《象之退隐》的分析框架。伊懋可从曾经广布中国的大象现在只能在动物园和中缅边界的保护区看到这一现象出发，提出问题即为什么中国人与自然界的其他部分是以那样的方式相互作用的？如果要进一步探索的话，就要问这种方式在什么

---

① 沃斯特著，侯文蕙译，《自然的经济体系：生态思想史》，商务印书馆，1999 年，第 320—321 页。

② 利奥波德著，侯文蕙译，《沙乡年鉴》，吉林人民出版社，1997 年，第 194 页。

③ 沃斯特著，侯文蕙译，《自然的经济体系：生态思想史》，商务印书馆，1999 年，第 334、340 页。

范围内是独特的？

为什么大象会从东北向南方和西南方持续退隐？不可否认，气候变冷在一定程度上导致了大象难以适应北方的寒冷，但这不是唯一的原因，因为在气候回暖、大象重返长江与淮河流域之间时，大象的数量并未恢复到原来的水平。人象之间的长期战争才是造成象之退隐的主要原因，因为象在时空上的退隐几乎与汉人定居范围扩大和农业生产集约化同步。人象大战有三种方式：第一是为了扩大农田面积而清理大象生存的森林环境；第二是农民为了保护自己的庄稼免受糟蹋而消灭大象；第三是为了获取象牙和象鼻，或者驯养用于战争、运输和各种仪式而猎获大象。在这三种方式中，毁掉大象的生境是最致命的。导致森林滥伐和植被被清理的原因有三：一是农耕和定居范围不断扩大；二是取暖、煮饭和像冶炼这样的工业所需燃料持续增加；三是建筑、造船、修桥等所需木材持续增长。这三个原因在不同的历史阶段发挥的作用是不同的。在中华文明起源的新石器时代晚期和青铜时代早期，能够首先有效占有和利用日见稀缺的人力和自然资源的部落和社会就能取得政治和军事上的竞争优势，进而攫取区域性霸权。发展农业就是为了满足战争的需要，农业造成的自然环境转型实际上就是这种战争和战争经济的副产品。在帝制时期，为了剥削税赋、征发劳力，国家把管理社会的手段应用于自然环境，中央和地方的政治权力以不同的方式刺激、控制和监管经济，国家成了发展经济和环境破坏的驱动力。但这种国家驱动并不是国家掌管一切，尤其是在帝制后期，市场和利润成为经济发展的主要驱动力。在自然资源被商品化的时期，即使是国家也不得不依赖市场的运作，自然环境就会因此而蒙受更大压力。森林被毁会带来土壤侵蚀，造成河流中下游的淤积和泛滥，这就需要对大型治水工程进行扩展和维修。水利工程起初主要用于争霸的目的，后来逐渐成为农业和运输的核心。从世界范围来看，中国的水利工程似乎是成功的和可持续的，但代价非常高昂，不但因其内在的不稳定性和外部突发环境因素的影响而变得非常危险，而且需要投入大量劳动、资金、物料和技术来维修。发达的治水经济因为代价太大不利于技术创新和应用，中国在18、19世纪出现了“技术闭锁”（Technological lock-in）现象。“技术闭锁”描述的是这样一种现象，即“日益增加的回报率让技术进步的惯性趋于闭锁，已有的次好技术因为已被使用的优势而持续占据主导地位，进而把经济闭锁在次好的发展道路上”。[①] 如果人为放弃这个次好技术，就必然会导致生产、社会和自然环境的动荡不安，甚至危及整个体系的存亡。虽然大型水利工程规定着经济活动的许多重要方面，但是许多小型私有经济单位也在经济社会发展和环境变迁中发挥着越来越大的作用。与大型水利工程的国家和政治导向相比，他们无疑是市场和利润导向的。所以帝制后期中国经济发展既受控制又自由，既分散小型化又庞大一体化。正是这两种力量（集体的和单个的）导致了对环境的大规模和持续剥削（p.114）。

在经济、政治、甚至军事对环境施加压力导致环境退化的同时，中国传统环境文化在环境变化中发挥了什么作用呢？伊懋可认为，中国人认识环境是一回事，改变环境是另一回事，后者与前者之间并没有必然的因果关系，有时甚至相反。文学艺术中反映的环境认识只是中国知识分子的感受，他们对自然的讴歌有时只是对逝去的往昔的哀叹（如《淮南子》中一段著名的描述），有时是对现实中虐待自然的反抗（如《庄子》中对自然的怜惜），有时反映的是限制自然剥削过程的不很有效的努力。文人的这些感知并不能化为普通中国人保护环境的行动，因为文人的环境观并不能像西方的宗教那样渗透到普通人的日常生产和生活中。中国传统文化中并没有上帝的概念，中国的景观虽然都是被驯化和改造过的“第二自然”（直到一千五百年前左右，谢灵运才在《山居赋》中提出了明确的环境概念），但文人把景观看成是最高神秘力量的一部分，有智慧的人可以从中得到力量，所以中国的人、神和自然是相通的。但这并不意味着文人的感知完全与古代科学家的观察没有关系。谢肇淛的科学建立在“理”和“气”的基础上，他的观察本应该是实证的和可以重复的，但是就他对龙的描述可以明显感受到：科学和感知是不分的。他的龙形象除了想象的形状（不同动物的大杂烩）之外，还有一些关于骨头和角的描述。据考证，这些骨和角的形象似乎是根据已经灭绝的恐龙化石得出来的。另外，中国虽然没有统一的自然观，但官方的环境意识形态总是把文人的感知、准科学的观察与道德钳制结合起来，突出的是清朝统治者提出的、人要为天气负责的道德气象学教条，即降雨多少、

① W. B. Arthur, “Positive Feedbacks in the Economy”, *Scientific American*, 262.2 (Feb.1990), pp.84—5.

是否合乎农时都取决于人的行为是否合乎道德。在影响天气方面，皇帝、官僚和平民所发挥的作用依次递减。显然，这种意识形态虽然披着经验观察的外衣，是文人对活生生的自然的感受，但只是一个政治工具，主要服务于稳固统治（pp.413—4）。当珍惜自然、保护环境的说法有利于提高农业生产效率、进而增加赋税维持封建集权统治时，它就会得到重视；当它不利于解决人口增加带来的巨大粮食需求和统治阶级增加赋税的要求时，就会被束之高阁。总之，环境意识与环境变化之间的关系并不是简单的线型关系，而是非常复杂的关系。

伊懋可分析古代中国的环境变迁是想说明两个问题：一是当代中国环境问题的历史根源，二是为什么中国没有自己走上像西欧一样的工业化道路？前者显然已经得到回答，后者尚需加以说明。首先要比较中国与欧洲哪个面临的环境压力更大。彭慕兰认为，欧洲在 1800 年以前比中国遭受的环境压力大。[①] 但伊懋可在详细研究了中国环境史后得出了相反的结论，他认为中国那时的环境压力要比欧洲大（p.460）。主要论据有二：一是理论的分析。伊懋可从生态系统内各因素之间具有有机联系和输入与输出之间并非总是线型关系的预设出发，找出了生态压力（长周期的，必须考虑技术进步的影响）和相对压力（短周期的，不必考虑技术因素）与把环境生产率恢复到以前状态所需的成本之间的复杂数学关系，由此可以发现中国经济是否可以持续。当然可再生与不可再生资源的计算方式是不同的。在其中两个关键因素（大规模水利工程的维修和耕地地力的恢复）上，中国比欧洲的压力要大得多。二是那个时代传教士的记录。他们认为，当时中国的森林面积比欧洲少，作物种植比欧洲密集，休耕地和轮耕地几乎没有，相反为了恢复地力而施肥的次数比欧洲频繁许多，在欧洲自然本身可以恢复的在中国就需要投入大量劳动、技术和肥料。因此中国在自己的生态环境范围内发展的潜力比欧洲消耗得更厉害。其次中国落在欧洲后面、没有自己迈入工业化进程的主要原因并非是彭慕兰所言的在煤与铁的地理位置及海外殖民地对生态束缚的缓解上与欧洲有所不同。中国也在不断扩展自己的资源

① 彭慕兰著，史建云译，《大分流：欧洲、中国及现代世界经济的发展》，江苏人民出版社，2003 年，第三部分。

环境边疆，煤与铁通过运河运输并不比英国通过海路运输更困难。[①] 导致中国没有像欧洲那样率先突破实现工业化的根本原因在于中国处于“技术闭锁”的“高度平衡陷阱”中，与当时中国资源环境相适应的技术及其各方面的影响因素已经走到了尽头，如果没有外来技术的冲击，就不可能突破，也就无法带动整个社会的转型。由此也可以看出，伊懋可的环境史观点实际上是他研究经济史、科技文化史的延续，是利用自己的知识储备优势把环境与传统的人类历史的各个层面有机整合的结果，是超越了二元论、机械论和还原论而采用有机论和整体论的新型历史。这在一定程度上改变了对人类历史的建构和理解，反映了国际中国历史研究的新趋势。

第二节　历史资料与研究方法

本书的一大突出特点就是经常引用大段的史料，梳理资料是它的一大成就。这种写作方法与现在流行的欧美历史撰述法颇为不同，但与中国的古代史叙述相当一致。约翰·麦克尼尔曾幽默地评论说：“伊懋可永远不会把他丰富的知识用轻松的方式表达出来。”[②] 伊懋可这么做自然有他自己的考虑：一是他想把这些原始资料介绍给西方的中国历史研究者，因为中国古代史的资料虽然比西方古代史的丰富，但按现在的标准衡量还是很薄弱的。另外古汉语非常难翻译，准确可靠的翻译本身就是一个成就。大量的原始资料不但给自己所述历史和分析提供了史料基础，也给读者提供了按不同思维重新构造历史的机会。它还让读者能够进入史料记录者的内心世界和写作情景，从而加深对历史的尽可能真实的理解。二是这么多的史料需要仔细鉴别。作者引述的资料除了传统历史学常用的资料外，还包括人口学、流行病学、动物学、土壤学、水利学、园艺学、造林学、地图学、神话、传说和诗歌中蕴涵的可靠历史资料。尤其引人关注的是他引用了大量的诗歌，从表面上看似乎与传统历史学大异其趣而打上了后现代主义的烙印，因为

---

① 包茂红，“中国环境史研究：伊懋可教授访谈”，《中国历史地理论丛》，2004 年第 1 辑，第 133—136 页。

② John R. McNeill, Review on Book “The Retreat of the Elephant”, *Science*, 304, April 16, 2004, p.392.

部分后现代主义学者就认为历史学是诗歌艺术而非科学。[①] 在后现代主义历史认识论中，历史只是以叙事散文话语为表现形式的言语结构，在构建历史话语的过程中充满着想象、虚构等认识特点，这说明历史编纂只是一种“诗化”而非“科学化”的努力。但是如果以此断定伊懋可采用了后现代主义的历史思维就错了，因为伊懋可尽管使用了大量的诗歌作为资料，也承认使用诗歌的冒险性，但他力求证实这些诗歌作为历史史料的不可避免性和可靠性、客观性。首先，中国文人喜欢用诗的形式言物咏志，其中既有对自然环境的白描，也有对心灵感受的抒发，前者往往是后者的基础。这说明诗歌中既有对环境景观的客观表达，也有诗人的主观感受。伊懋可主要使用前者。其次，诗歌中包含着大量其他叙述形式中没有的内容。中国古代科学记载中很少涉及自然景观的变迁，正史中除了灾异志和地理志外几乎没有涉及现代环境意义上的环境变迁，即使清代西北的环境问题已经非常严重但地方志中的记载仍然很少，[②] 相反诗歌内容非常丰富，一切环境因素和自然现象都可以成为诗歌的素材。再次，诗歌虽有自己独特的写作规范如合辙押韵，但表现的内容具有一定的客观性，形式并不能完全决定内容的性质。从这些诗歌蕴涵的史料中可以观察出特定时间特定地区的环境图像。也就是说，诗歌由于其在中国传统文化中的特殊地位而成为必不可少的历史资料，它独特的艺术原则和表现风格要求在使用这些资料时必须谨慎鉴别，辨析其可靠性。

在资料方面对传教士回忆录的引用也给人留下了深刻的印象。作者承认传教士有宗教意识形态的倾向，但申明这并不影响他们对经济和环境的部分观察的可靠性。18 世纪的传教士既了解中国部分地区，也了解欧洲部分地区，既掌握欧洲文化，也对中国语言、历史和文化有比较好的理解。虽然他们偶尔也以中国为参照物来批判欧洲，但对中国的理解在某些方面也不准确、甚至是错误的。所以引用这些资料不能仅抽出其中的只言片语进行字面上的理解，最可靠的办法是从整体印象来判断某些材料的可靠性。

---

① 参看海登·怀特，“旧事重提：历史编纂是艺术还是科学？”；格奥尔格·伊格尔斯，“学术与诗歌之间的历史编纂：对海登·怀特历史编纂方法的反思”，《书写历史》，上海三联书店，2003 年。

② 参看王社教，“清代西北地区地方官员的环境意识：对清代陕甘两省地方志的考察”，《中国历史地理论丛》，2004 年第一辑。

这样谨慎鉴别出来的资料才是独一无二和可信度高的史料。其次有些资料本身就是传教士有意识进行比较的结果。例如16卷的《中国回忆录》从一开始，就把中国与欧洲并列。这说明，传教士在观察和记录时确实在进行比较。这种资料确实难能可贵、不可多得。

另外，由于西方学者得天独厚的条件，伊懋可还充分利用了中国、日本以及西方其他学者的研究成果。中国学者的研究非常深入翔实，但由于种种原因中国环境史研究呈现出更注重自然科学的非人文化倾向。这一部分研究虽然从总体来看在中国更成功一些，但尚需与注重文献的传统历史研究相结合。自然科学家应该向历史学家学习怎样评估资料。历史学家也需要有更多的批判性，不能把部分失意文人的自然咏叹美化为中国人的“自然观”。日本学者对中国环境史的许多方面，尤其是水利机构史进行了深入研究，为我们理解中国环境史提供了非常重要的新资料、新成果和启示意义。伊懋可认为，在水利史研究中，日本学者已经遥遥领先，中西学者都要加紧工作才能赶上日本同行。[①] 西方学者不论是美国人、欧洲人还是澳大利亚人，其研究与中日学者的最大不同就是注重理论分析。他们或许在穷尽史料和考证上不尽完美，但在生态学和环境科学理论的应用上更为大胆，成果斐然。这两方面的研究成果正好可以相互补充，相得益彰。从书后所附的参考书目中可以看出，作者不但非常熟悉对外国学者来说几乎是不可逾越的高山的中国古典历史文献，而且大量使用了英、法、德、汉、日等语种的研究成果。就中文研究成果来看，作者不但收集了中国大陆学者的论著，也没有遗漏台湾学者的成果，还充分利用了海外华裔学者的新成果。总之，作者尽可能收集到能找到的所有资料，同时也吸收了各派和各国学者研究成果的精华，为得出独成一家之言奠定了坚实基础。

在占有充分可靠的资料之后，研究方法就成为能否写出好的历史著作的关键。此书在方法论上比较突出的特点表现在三个方面：即跨学科研究，比较研究和综合分析与案例研究相结合。跨学科研究是战后历史学普遍使用的一个方法，但环境史的跨学科更进一步，已经冲破了自然科学、工程科学与人文和社会科学的分野。伊懋可受的虽然是历史学专业训练，但有足

---

① Mark Elvin, H. Nishioka, K. Tamura, and J. Kwek, *Studies on the History of water Control in China: A Selected Bibliography*, Institute of Advanced Studies, Australian National University, 1994.

够的科学知识与专业科学家合作。例如与他合作研究杭州湾环境变迁的苏宁浒博士就是来自中国西北地区的水利专家；与他合作研究结核病史的张宜霞博士就是曾在中国结核病防治单位工作的实验微生物学家。他用现代遥感成像技术来研究古代中国海岸线的变化，用现代人口学方法分析历史上人口的生育率和死亡率。由此可见，不同学科之间虽然存在差异而且随着学科分化越来越严重，但是这些差异和障碍并非绝对不可逾越，而是可以相互渗透的。交叉研究与固守一门得出的结论是不同的。历史学的客观性可以修正其他学科的历史虚构，他学科也能给史学以方法论的启示和方便。对环境史学家来说，更重要的是与其他学科的交叉会改变历史学的传统思维，使之更接近于生态学中蕴涵的哲学。例如历史的发展是从平衡到突破再到平衡的往复过程，在这个过程中，变化的速度是不断变化的。用这种思维分析环境史不是给原有的历史简单地加上环境维度，而是把环境与政治、经济、文化等参数有机地融合为一个整体，浑然天成。

比较研究是研究外国历史经常采用的一个方法。一般而言，比较包括纵向和横向两种。伊懋可用纵向比较厘清了中国环境的变迁，明确勾勒出大象退隐的历史轨迹；用横向比较发现了中国环境史不同于西方的特点，揭示出中国和西欧在近代初期走上不同发展道路的根本原因。4000年前，大象生活在今日中国的大部分地区，驯化的大象直到1662年还在中国军队中服役，但现在只能在动物园、马戏团和中缅边界的保护区才能看到大象。从时间维度来看，随着生产力的不断发展对大象的生境破坏程度加重，生境范围日渐缩小，大象逐渐成为需要保护的物种。生态环境退化背后隐藏的是农业生产日益集约化，甚至是过密化，进而陷入技术闭锁的“高度平衡陷阱”。这也预示着在农业取得巨大成就的同时也潜藏着同样巨大的危机。[①] 在分析中国文人对自然的认识时，作者使用的参照物是克拉伦斯·格拉肯的《罗得海滨的足迹：从古代到18世纪末的西方思想中的自然与文化》。[②] 在这种比较中，作者得出的结论是前现代中国实际上缺乏一个西方式的超越宇宙的

① Joachim Radkau, “Exceptionalism in European Environmental History”, *Bulletin of the German Historical Institute*, Issue 33, Fall 2003, p.41.

② Clarence Glacken, *Traces on the Rhodian Shore: Nature and Culture in Western thought from Ancient Times to the End of the Eighteenth Century*, University of California Press, 1967.

造物主上帝，广义而言也没有西方喜欢讨论的宇宙目标、终极原因、或目的论的问题。中国人对自然的认识是一种“不被承认的宗教”（p. xx）。这与西方学术界把儒家文化称为儒教的逻辑是一致的。在与西欧就因何走上不同道路进行比较时，伊懋可从环境史角度对西欧进行了分解。如果要就水利灌溉进行比较，西欧只能是荷兰；如果就梯田进行比较，西欧就指西班牙和意大利；如果就运河进行比较，西欧只能是英国。在这一点上，伊懋可的比较确实比彭慕兰的要具体准确。[①] 显然，运用比较方法比不用能看得更清楚，能发现独特的问题，但是这只是一定程度上的，不能估计过高。

中国历史悠久、幅员广大，只有采用综合分析与案例研究相结合的方法才能客观反映它的相对统一性和多样性。写一部四千年的中国环境史，没有综合概括是难以想象的，但是要面面俱到也是不可能的，这就需要选取一个可以纲举目张的切入点。伊懋可慧眼独具，从大象的退隐入手，逐渐深入到森林滥伐、土壤侵蚀、水利灌溉、农业过密化、军事政治需要、文化的作用等领域，最后写就一部完整的中国古代环境史。本书的第一部分是“模式”，分六章分别阐述时间与地域坐标、三千年的人象之争、时空背景中的森林滥伐、战争和政治驱动的经济、治水及其可持续的代价等。这是从现象到本质的层层剥笋式分析法，但是仅仅使用这一种方法容易出现简单化或过度普遍化的问题。伊懋可在第二部分研究了三个“特例”，分别是遵化、嘉兴和贵阳。这三个地方显然是精心选择出来的，它们是不同气候带、经济带和民族区域的代表。当然与这三个地区相关的也是三个不同的重点问题。遵化的问题是当地的妇女为什么比其他地方的长寿，嘉兴的问题是农业过密化和园艺式经营，而贵阳的问题是汉族集约农业对苗族生产方式的替代。所有这些问题都与造成象之退隐的动力有关。这种解剖麻雀式的分析既突出了各地的特殊性，又给前面的概括提供了坚实的具体例证。第三部分是“感知”。文化研究很容易写成抽象的玄妙思辨推理，但伊懋可把它与具体的人和文献结合起来。在分析文学艺术中的自然时主要集中于谢灵运的诗文，在分析科学对自然的表达时主要应用谢肇淛的准环境科学，在分析帝国

---

① 彭慕兰的《大分流》遭人诟病的一个重点是没有准确界定欧洲，甚至忽视了西欧内部的差异性。参看 P. H. H. Vries，“Are Coal and Colonies Really Crucial? Kenneth Pomeranz and the Great Divergence”，*Journal of World History*，Vol.12，No.2，2001，p.409.

的教条与个人的看法时主要利用了《清诗铎》。在这一部分，逻辑推理与实例举证有机地结合起来了，抽象的思维与日常生活融合在一起。总之，综合分析是以实证研究为基础，案例研究是大处着眼、小处着手。这两者的有机结合就会产生一部结构合理巧妙、有血有肉的著作。

第三节　需要进一步研究的问题

如同中国学者研究外国历史一样，外国学者研究中国环境史虽有自己独特的视角，但也有一些需要进一步研究的问题，例如人口问题，农学思想问题和比较方法问题。

人口是中国经济史和环境史上一个非常重要的问题，但作者在书中仅仅提到而没有做应有的分析。作者承认确实存在着人口对资源的压力，尤其是在帝制后期易于剥削的空间已经被占完时。但这种压力受到了长期演化的习俗、意识觉醒和适当的行动措施的调节。中国并不是“马尔萨斯型”的，中国环境史并不仅仅是以人类的过度要求为动力的（pp.xviii—xix）。尽管作出了这一判断，但作者以篇幅和主题需要为借口绕开了人口因素，这是值得商榷的。[①] 人口与环境的关系是历久弥新的研究课题。从宏观角度来看，存在着耳熟能详的“西蒙 / 艾尔利西争论”。艾尔利西认为，地球资源有限，人口增长是对环境的主要威胁。西蒙认为，人类的创造力可以持续改善技术，扩展地球的承载力。这两种观点实际上是马尔萨斯和博色拉普观点的引申和极端化。马尔萨斯揭示了人口和资源的不同增长规律以及二者之间的深刻矛盾，提出了解决这一问题的消极办法。博色拉普正好相反，看

① 伊懋可教授已经发表了两篇专门探讨中国人口死亡率和婚内生育限制的论文（Mark Elvin, “Blood and Statistics: Reconstructing the Population Dynamics of Late Imperial China from the Biographies of Virtuous Women in Local Gazetteers,” in H. Zurndorfer, (ed.), *Chinese Women in the Imperial Past: New Perspectives*. Brill: Leiden, 1999. 伊懋可等，《18世纪末至19世纪初婺源县的婚内节育》，载张国刚主编，《家庭史研究的新视野》，北京：三联书店，2004年，第299—346页。），但他认为现有的研究仍没有完全弄清楚导致不同地区人口变化的不同因素，贸然进行普遍化的综合是不适宜的。同时，他也认为，书中缺乏气候史的论述也是类似原因所致。参见伊懋可教授2004年6月5日的来信。

到了人口压力对促进技术进步的积极作用，从而调和了人口与生产和资源的矛盾。[①] 就节育与人口增长减缓的关系来说，存在着李伯重和陈意新的争论。[②] 就中国人口是否是马尔萨斯型这个问题，也存在曹树基、陈意新与李中清、王丰的争论。[③] 总之，人口压力与“技术闭锁”和“高度平衡陷阱”以及环境变迁都存在直接的关联，缺少这个维度的分析是不全面的。

与森林滥伐和土地过度垦殖直接相关的文化应是农学知识，而不是文人的环境意识。企图通过文人环境意识并不导致生产和生活中的环境保护来说明这两者之间的关系似乎有点简单化。至于农学知识是文人环境知识的具体化还是环境意识与行动之间的中介尚需深入研究。李根蟠对“三才”理论的研究值得重视。[④] 根据李根蟠的研究，三才的说法始见于《吕氏春秋·审时》：“夫稼，为之者人也，生之者地也，养之者天也”。意指农业生产是稼、天、地、人诸因素组成的整体，是农业生物、自然环境和人构成的相互依存、相互制约的生态系统和经济系统。“三才”理论是在长期农业实践中对天地人等因素认识的升华和结晶，又反过来成为传统农学和精耕细作技术体系的指导思想。从这个角度对农业与环境的关系进行研究已经起步了，李伯重从“三才”出发分析了江南的水稻生产，还初步研究了江南的

---

① Ester Boserup, *The Conditions of Agricultural Growth: The Economics of Agrarian Change under Population Pressure*, George Allen & Unwin, London, 1965.

② 参看李伯重收录于《多视角看江南经济史 1250—1850》一书中的四篇文章，分别是“控制增长，以保富裕：清代前中期江南的人口行为”，“堕胎、避孕与绝育：宋元明清时期江浙地区的节育方法及其运用与传播”，“唐初至清中叶江南人口的变化——答陈意新‘节育减缓了江南历史人口的增长？’”，“明清江南确实采用了药物堕胎：四个实例及相关分析”。陈意新，“节育减缓了江南历史人口的增长？”，《中国学术》，2000 年第三期。

③ 李中清、王丰：《人类的四分之一：马尔萨斯的神话与中国的现实，1700—2000》，北京：三联书店，2000 年。曹树基、陈意新，“马尔萨斯理论与清代以来的中国人口——评美国学者近年来的相关研究”，《历史研究》，2002 年第 1 期。王丰、李中清，“摘掉人口决定论的光环——兼谈历史人口研究的思路与方法”，《历史研究》，2002 年第 1 期。曹树基、陈意新，“尊重中国人口史的真实——对‘摘掉人口决定论的光环’一文之回应”，《学术界》，2003 年第 3 期。

④ 李根蟠，“‘三才’理论在中国传统农学中的地位”，2002 年提交中日韩农史研讨会的论文。“《陈旉农书》研究”，《华南农业大学学报》，2003 年第 2 期。“中国农史研究概述”，《古今农业》，2003 年第 3 期。

生态农业。[1] 相信今后还有更多这方面的成果问世。分析“三才”学说恐怕比阐释天人合一更能切近农业经济与环境的真实关系。

中国与西欧的比较虽然不是本书的重点，但这种以西欧为参照物的比较隐约时常存在，与其他比较研究的方法论突破相比，本书的比较研究尚有进一步发展的余地。以西欧为参照的背后隐藏着把西欧发展经验当成是普世标准的潜台词，不好说这就是欧洲中心论，但肯定不是平等对待非欧洲的历史。美国学者柯文提出了“以中国为中心的中国史”的理论，[2] 这无疑是对欧洲中心论的直接反动，但这种从一个极端走向另一个极端的思维方式容易陷入“中国中心论”。近年来“加州学派”在中西历史比较研究方法上的探索逐渐超越了以前的二元对立思维，其成果无疑值得借鉴。在“加州学派”的研究中，有三位学者尤其值得注意。王国斌提出，在进行中西比较时，在用欧洲经验来评估中国历史的同时还要用中国经验来衡量欧洲历史，通过互为主体来得出多元化的新结论。[3] 这种方法似乎是二元的调和但与具体历史研究结合后确实新见迭出。弗兰克提出用一种整体主义的全球视野来观察世界历史。他认为，世界历史的演变就是整个世界体系内部中心的转移以及中心和边缘周期性的置换。近代早期世界不是由欧洲所推动的，而是由一个早已运转着的世界经济体系所塑造的。这个体系如果有一个中心的话，那就是中国，其发展攸关当时的全球经济。欧洲通过加入亚洲贸易，能够从比他们更具生产力、更富裕的亚洲经济中获得好处。[4] 彭慕兰指出，世界经济起源于各地经济相互影响的结果，而不是“发达”的欧洲简单强加于世界其他地区的。世界上人口稠密、商业发达的大多数地区所受生态制约，在欧洲因新大陆的有利条件与天然资源的优势而成功避免。这两项非历史必然性的原因导致了必然性的结果，这实际上是回溯性分析方法和前瞻性分析方法有机结合的结果。[5] 伊懋可已经注意到了中国在东亚甚至世界

---

① 李伯重，“‘天’、‘地’、‘人’的变化与明清江南的水稻生产”，载《多视角看江南经济史 1250—1850》，北京：三联书店，2003 年。“低投入，高产出：明清江南的生态农业”，《环境史研究国际研讨会会议资料》，台湾“中央研究院”，2002 年 11 月 14—16 日。

② P. A. 柯文著，林同奇译，《在中国发现历史：中国中心观在美国的兴起》，中华书局，1989 年。

③ 王国斌，《转变的中国——历史变迁与欧洲经验的局限》，江苏人民出版社，1998 年，第 3 页。

④ 弗兰克著，刘北成译，《白银资本——重视经济全球化中的东方》，中央编译出版社，2000 年。

⑤ 彭慕兰著，史建云译，《大分流：欧洲、中国及现代世界经济的发展》，江苏人民出版社，2003 年。

经济中的特殊地位，但他并没有展开。不从国内和世界市场来看待中国的有机农业经济发展，就很难判断这种斯密性成长的存在及其限度，很难判断人口压力与资源环境的矛盾的程度。伊懋可也非常推崇彭慕兰处理宏观问题时采用的方法[①]，但他并没有吸收，这是比较遗憾的。

这些问题无疑都是研究中国环境史必须涉及的关键题目。在比较方法和农学思想问题上显然需要吸收最新研究成果，与时俱进。在人口压力和世界市场问题上作者已然认识到并有一定研究，希望再版时能够补充进来，使体系更完整。需要说明的是，这本著作是作者在三年前完成的，由于出版问题没能及时吸收最新研究成果。本文提出这些问题只是希望在将来有机会再版时能够得到完善。

总之，《象之退隐》是一部学术力作。对不太了解中国历史的人来说，它是一本必读书；对已经了解中国史的学者来说，它可以开阔视野。[②]《象之退隐》也是一本让人兴趣盎然而有时又晦涩难懂的著作。[③] 因为他引用了大量语意微妙的中国古典诗词，写作语言也是典型的剑桥大学教授上课时使用的微言大义式的、类似广告式的用语，另外还有大量即使在英语世界也不常见的动植物等稀奇古怪的专有科学名词以及对人文学者来说有点恼人的数学公式。但是尽管这本书存在一些瑕疵，但瑕不掩瑜。它对理解整个世界环境史也是不可缺少的，因为没有对中国环境史的研究，任何企图形成世界环境史普遍理论的企图都会受到挑战。当然对中国古代环境史的研究也为理解中国目前环境问题和发展方式的转变提供了历史基础。伊懋可教授的下一个研究计划是现代中国环境史，我们期盼他的新成果能早日问世。

---

① Mark Elvin, "Bookreview on Pomeranz's 'The Great Divergence'", *The China Quarterly*, Vol: 167, September 2001, pp.754—758.

② John R. McNeill, Review on Book "The Retreat of the Elephant", *Science*, 304, April 16, 2004, pp.391—2.

③ Jonathan Mirsky, "Elephants, Never Forget": Review on book "The Retreat of the Elephants", *Literary Review*, March 2004, p.33.

延伸阅读书目

一　世界环境史和环境史学史总论部分

Arnold, David. *The Problem of Nature: Environment, Culture and European Expansion*. Wiley-Blackwell, 1996.

Barton, Gregory. *Empire Forestry and the Origins of Environmentalism*. Cambridge University Press, 2002.

Bayerl, Günter, Norman Fuchsloch and Torsten Meyer. *Umweltgeschichte, Methoden, Themen, Potentiale: Tagung des Hamburger Arbeitskreises für Umweltgeschichte Hamburg 1994*. Waxmann, 1996.

Beinart, William,and Lotte Hughes eds. *Environment and Empire*. Oxford University Press, 2009.

Brown, Cynthia Stokes. *Big History: From the Big Bang to the Present*. New Press, 2007.

Brown, Neville. *The Impact of Climate Change: Some Indications from History, AD 250—1250*, Oxford University Press, 1995.

Bryson, Reid A. and Thomas J. Murray. *Climates of Hunger: Mankind and the World's Changing Weather.* University of Wisconsin Press, 1977.

Burke III, Edmund & Kenneth Pomeranz eds. *The Environment and World History*. University of California Press, 2009.

Caras, Roger A. *A Perfect Harmony: The Interwining Lives of Animals and Humans throughout History*. Simon and Schuster, 1996.

Caviedes, César N. *El Niño in History: Storming through the Ages*. Florida University Press, 2002.

Chaisson, Eric J. *Cosmic Evolution: The Rise of Complexity in Nature*. Harvard University Press, 2002.

Chambers, F. M. ed. *Climate Change and Human Impact on the Landscape*, Chapman and Hall, 1993.

Chew, Sing C. *Ecological Futures: What History Can Teach Us*. Altamira Press, 2008.

Chew, Sing C. *The Recurring Dark Ages: Ecological Stress, Climate Changes, and System Transformation*. Altamira Press, 2006.

Chew, Sing C. *World Ecological Degradation: Accumulation, Urbanization and Deforestation 3000 B. C.-A. D. 2000*. Altamira Press, 2001.

Christian, David. *Maps of Time: An Introduction to Big History*. University of California Press, 2005.

Coopey, Richard and Terje Tvedt eds. *A History of Water: Vol. 2: The Political Economy of Water. I. B. Tauris, 2006.*

Costanza, Robert & Lisa J. Graumlich eds. *Sustainability or Collapse?: An Integrated History and Future of People on Earth*. The MIT Press, 2007.

Coulter, Kimberly and Christof Mauch eds. *The Future of Environmental History: Needs and Opportunities*, Rachel Carson Center for Environment and Society, 2010.

Cronon, William ed. *Uncommon Ground: Toward Reinventing Nature*. W. W. Norton & Company, 1995.

Crosby, Alfred W. *Children of the Sun: A History of Humanity's Unappeasable Appetite for Energy*. W. W. Norton & Co., 2006.

Crosby, Alfred W. *Ecological Imperialism: The Biological Expansion of Europe, 900—1900*. Cambridge University Press, 1986.

Crosby, Alfred W. *The Columbian Exchange: Biological and Cultural Consequences of 1492*. Greenwood Publishing Co., 1972.

Daniels, George H. and Mark H. Rose eds. *Energy and Transport: Historical Perspectives on Policy Issues*. Sage Publications, 1982.

Dargavel, John, Kay Dixon and Noel Semple eds. *Changing Tropical Forests: Historical Perspectives on Today's Challenges in Asia, Australasia and Oceania*. CRESS, 1988.

Davies, M. *Late Victorian Holocausts; El Niño Famines and the Making of the Third World*. Verso Books, 2001.

Diamond, J. M. *Collapse: How Societies Choose to Fail or Succeed*. Viking Adult, 2004.

Diamond, J. M. *Guns, Germs, and Steel: The Fates of Human Societies*. W. W. Norton & Co., 2003.

Diaz, H. F. and V. Markgraf eds. *El Niño, Historical and Paleoclimatic Aspects of the Southern Oscillation*. Cambridge University Press, 1992.

Dunlap, Thomas R. *Nature and the English Diaspora: Environment and History in the United States, Canada, Australia, and New Zealand*. Cambridge University Press, 1999.

Fagan, Brian M. *Floods, Famines and Emperors: El Niño and the Fate of Civilization*. Pimlico, 2000.

Fagan, Brian M. *The Little Ice Age: How Climate Made History, 1300—1850*. Basic Books, 2000.

Fagan, Brian M. *The Long Summer: How Climate Changed Civilisation*. Granta Books, 2004.

Fleming, James Rodger. *Historical Perspectives on Climate Change*. Oxford University Press, 1998.

Glacken, Clarence. *Traces on the Rhodian Shore: Nature and Culture in Western Thought From Ancient Times to the End of the Nineteenth Century*. University of California Press, 1967.

Goudie, Andrew and Heather Viles Concise. *The Earth transformed: An Introduction to the Human Impact on the Environment*, Blackwell, 1997.

Griffiths, Tom and Libby Robin eds. *Ecology and Empire: The Environmental History of Settler*

Societie., Keele University Press, 1997.

Grove, Richard H. and John Chappell eds. *El Niño: History and Crisis*. White Horse Press, 2000.

Grove, Richard. *Ecology, Climate, and Empire: Colonialism and Global Environmental History, 1400—1940*. White Horse Press, 1997.

Grove, Richard. *Green Imperialism: Colonial Expansion, Tropical Island Edens and the Origins of Environmentalism, 1600—1860*. Cambridge University Press, 1995.

Guha, Ramachandra. *Environmentalism: A Global History*. Longman, 2000.

Hornborg, Alf & Carole L. Crumley eds. *The World System and the Earth System: Global Socioenvironmental Change and Sustainability Since the Neolithic*. Left Coast Press, 2006.

Hornborg, Alf & J. R. McNeill & Joan Martinez-Alier eds. *Rethinking Environmental History: World-System History and Global Environmental Change*. Altamira Press, 2007.

Hughes, J. Donald. *An Environmental History of the World: Humankind's Changing Role in the Community of Life*. Routledge, 2002.

Hughes, J. Donald. *What is Environmental History?* Blackwell Publishing, 2006.

Lamb, H. H. *Climate, History, and the Modern World*. London/New York, 1995.

Le Roy Ladurie, Emmanuel. *Times of Feast, Times of Famine: A History of Climate Since the Year 1000*. London, 1972.

MacKenzie, John M. *Imperialism and the Natural World*. Manchester University Press, 1990.

Marsh, George Perkins. *Man and Nature: Physical Geography as Modified by Human Action*. Sampson Low, 1864.

Mauch, Christof and Christian Pfister eds. *Natural Disasters, Cultural Responses: Case Studies Toward a Global Environmental History*. Lexington Books, 2009.

Mauch, Christof and Thomas Zeller eds. *Rivers in History*. Pittsburgh University Press, 2008.

Mauch, Christof, Nathan Stoltzfus and Doug Weiner eds. *Shades of Green: Global Environmentalism in Historical Perspective*. Rowman & Littlefield, 2006.

McCormick,John. *Reclaiming Paradise:The Global Environmental Movement*. Indiana University Press, 1989.

McNeill, John Robert. *Something New Under the Sun: An Environmental History of the Twentieth-Century World*. W. W. Norton & Company, 2001.

McNeill, John Robert, Corinna R. Unger eds. *Environmental Histories of the Cold War*. Cambridge University Press, 2010.

McNeill, John Robert, José Augusto Pádua, Mahesh Rangarajan eds. *Environmental History: As If Nature Existed*. Oxford University Press, 2009.

McNeill, William H. *Plagues and Peoples*. Doubleday, 1976.

Merchant, Carolyn. *The Death of Nature: Women, Ecology and the Scientific Revolution*. Harper & Row, 1980.

Miller, Char & Hal Rothman eds. *Out of the Woods: Essays in Environmental History*. University of Pittsburgh Press,1997.

Nash, Roderick. *The Rights of Nature: A History of Environmental Ethics*. University of Wisconsin Press, 1989.

Perlin, John. *A Forest Journey: The Role of Wood in the Development of Civilization*. W. W. Norton, 1989.

Pomeranz, Kenneth. *The Great Divergence: China, Europe, and the Making of the Modern World Economy*. Princeton University Press, 2001.

Ponting, Clive. *A New Green History of the World: The Environment and the Collapse of Great Civilizations*. Penguin, Rev Upd edition, 2007.

Pyne, Stephen. *Fire: A Brief History*. University of Washington Press, 2001.

Pyne, Stephen. *World Fire: The Culture of Fire on Earth*. Henry Holt, 1997.

Radkau,Joachim. *Nature and Power: A Global History of the Environment*. Cambridge University Press, 2008.

Redclif, Michael R. *Frontier: Histories of Civil Society and Nature*, The MIT Press, 2006.

Redman,Charles L. *Human Impact on Ancient Environments*. University of Arizona Press, 2001.

Richards, John F. *The Unending Frontier: An Environmental History of the Early Modern World*. University of California Press, 2003.

Rotberg, Robert I. & Theodore K. Rabb eds. *Climate and History: Studies in Interdisciplinary History*. Princeton University Press, 1981.

Ruddiman,William F. *Plows, Plagues, and Petroleum: How Humans Took Control of Climate*. Princeton University Press, 2010.

Shepard III, Krech, John R McNeill & Carolyn Merchant eds. *Encyclopaedia of World Environmental History Vol: 1—3*. Routledge, 2003.

Simmons, Ian G. *Changing the Face of the Earth: Culture, Environment, History*. Wiley-Blackwell, 1996.

Simmons, Ian G. *Environmental History: A Concise Introduction*. Wiley-Blackwell, 1993.

Simmons, Ian G. *Global Environmental History, 10,000 BC to AD 2000*. Edinburgh University Press, 2008.

Smil, Vacla. *Energy in World History*. Westview Press, 1994.

Spier, Fred. *Big History and the Future of Humanity*. Wiley-Blackwell, 2011.

Spier, Fred. *The Structure of Big History from the Big Bang until Today*. Amsterdam University Press, 1996.

Tuan,Yi-Fu. *Topophilia: A Study of Environmental Perception, Attitudes and Values*. Prentice-Hall, 1974.

Tucker, Richard P. and Edmund Russell eds. *Natural Enemy, Natural Ally: Towards an Environmental History of War*. Oregon State University Press, 2004.

Tucker, Richard P. *Insatiable Appetite: The United States and the Ecological Degradation of the Tropical World*. University of California Press, 2000.

Tvedt, Terje and Eva Jakobsson eds. *A History of Water: Vol. 1: Water Control and River Biographies*. I. B. Tauris, 2006.

Tvedt, Terje and Terje Oestigaard eds. *A History of Water: Vol. 3: The World of Water*. I. B. Tauris, *2006*.

Uekoetter, Frank. ed. *The Turning Points of Environmental History*. University of Pitttsburgh

Press, 2010.

Uekoetter, Frank. *Umweltgeschichte im 19. und 20. Jahrhundert*. R. Oldenbourg Verlag, 2007.

Vasey, Daniel. *An Ecological History of Agriculture, 10,000B. C.—10,000*. Iowa State University Press, 1992.

Webb, James L. A. Jr. *Humanity's Burden: A Global History of Malaria*. Cambridge University Press, 2008.

Wigley, T. M. L., M. Ingram and G. Farmer eds. *Climate and History: Studies in Past Climate and their Impact on Man*. Cambridge University Press, 1981.

Williams, Michael. *Deforesting the Earth: From Prehistory to Global Crisis*. University of Chicago Press, 2006.

Winiwarter, Verena & Martin Knoll, *Umweltgeschichte: Eine Einfuehrung*. Boehlau Verlag, 2007.

Worster, Donald. *The Ends of the Earth: Perspectives on Modern Environmental History*. Cambridge University Press, 1989.

Worster, Donald. *Nature's Economy: A Study of Ecological Ideals*. Cambridge University Press, 1977.

Zeilinga de Boer, Jelle and Donald Theodore Sanders. *Volcanoes in Human History: The Far-reaching Effects of Major Eruptions*. Princeton University Press, 2002.

梅雪芹，《环境史学与环境问题》，人民出版社，2004 年。

徐再荣，《全球环境问题与国际回应》，中国环境科学出版社，2007 年。

二　美国环境史部分

Andrews, Richard N. L. *Managing the Environment, Managing Ourselves: A History of American Environmental Policy*. Yale University Press, 1999.

Bailes, Kendall ed. *Environmental History: Critical Issues in Comparative Perspective*. University Press of America, 1985.

Barringer, Mark Daniel. *Selling Yellowstone: Capitalism and the Construction of Nature*. University Press of Kansas, 2002.

Blum, Elizabeth. *Love Canal Revisited: Race, Class, and Gender in Environmental Activism*. University Press of Kansas,2008.

Bullard, Robert D. *Dumping in Dixie: Race, Class and Environmental Quality*. Westview Press,1990.

Bullard, Robert D. ed. *Confronting Environmental Racism: Voices from the Grossroots*. South End Press,1999.

Bullard, Robert D. *The Quest for Environmental Justice: Human Rights and the Politics of Pollution*. Sierra Club Books, 2005.

Camacho, David E. ed. *Environmental Injustices, Political Struggles: Race, Class, and the Environment*. Duke University Press, 1998.

Christian,Warren. *Brush with Death: A History of Lead Poisoning*. Baltimore, 2000.

Cooper, Gail. *Air-Conditioning America: Engineers and Controlled Environment,1900—1960*.

Baltimore, 1998.

Cowdrey, Albert E. *This Land, This South: An Environmental History*. The University Press of Kentucky,1995.

Cronon, William. *Nature's Metropolis: Chicago and the Great West*. W. W. Norton & Company, 1991.

Cronon, William. *Changes in the Land: Indians, Colonists and the Ecology of New England*. Hill and Wang, 1983.

Cumbler, John T. *Northeast and Midwest United States: An Environmental History*. ABC-CLIO, 2005.

Davis, Donald E. *Southern United States: An Environmental History*. ABC-CLIO, 2006.

Dorsey, Kurkpatrick. *The Dawn of Conservation Diplomacy: U. S.-Canadian Wildlife Protection Treaties in the Progressive Era*. University of Washington Press, 1998.

Ellingson, Terry J. *The Myth of the Noble Savage*. University of California Press, 2001.

Fiege, Mark. *Irrigated Eden:The Making of an Agricultural Landscape in the American West*. University of Washington Press, 2000.

Flores, Dan. *The Natural West: Environmental History in the Great Plains and Rocky Mountains*. University of Oklahoma Press, 2001.

Gottlieb, Robert. *Forcing the Spring: The Transformation of the American Environmental Movement*. Island Press, 1993.

Hays, Samuel P. *Beauty, Health, and Permanence: Environmental Politics in the United States, 1955—1985*. Cambridge University Press, 1987.

Hays, Samuel P. *Conservation and the Gospel of Efficiency: The Progressive Conservation Movement, 1890—1920*. Harvard University Press, 1959.

Hays, Samuel P. *Explorations in Environmental History*. University of Pittsburgh Press, 1998.

Hurley, Andrew. *Environmental Inequalities: Class, Race, and Industrial Pollution in Gary, Indiana,1945—1980*. University of North Carolina Press, 1995.

Isenberg, Andrew C. *The Destruction of the Bison: An Environmental History, 1750—1920*. Cambridge University Press, 2000.

Jacoby, Karl. *Crimes against Nature: Squatters, Poachers, Thieves, and the Hidden History of American Conservation*. University of California Press, 2001.

Johnston, Barbara R. ed. *Who pays the Price? The Sociocultural Context of Environmental Crisis*. Washington, D. C., 1994.

Kaufman, Polly Welts. *National Parks and the Woman's Voice: A History*. University of New Mexico Press, 1996.

Krech III, Shepard. *The Ecological Indian: Myth and History*. W. W. Norton, 1999.

Langston, Nancy. *Forest Dreams, Forest Nightmares: The Paradox of Old Growth in the Inland Northwest*. University of Washington Press, 1999.

Langston, Nancy. *Where Land and Water Meet: A Western Landscape Transformed*. University of Washington Press, 2003.

Lewis, Michael ed. *American Wilderness: A New History*. Oxford University Press, 2007.

Marx, Leo. *The Machine in the Garden: Technology and the Pastoral Ideal in America*. Oxford

University Press, 1964.

McEvoy, Arthur F. *The Fisherman's Problem: Ecology and the Law in the California Fisheries, 1850—1980*. Cambridge University Press, 1986.

Melosi, Martin V. *Coping with Abundance: Energy and Environment in Industrial America*. Temple University Press, 1985.

Melosi, Martin V. *Effluent America: Cities, Industry, Energy, and the Environment*. University of Pittsburgh Press, 2001.

Melosi, Martin V. *Garbage in the Cities: Refuse, Reform, and the Environment*. University of Pittsburgh Press, 2005.

Melosi, Martin V. *The Sanitary City:Urban Infrastructure in America from Colonial Times to the Present*. John Hopkins University Press, 2000.

Merchant, Carolyn ed. *Major Problems in American Environmental History*. Lexington, 1993.

Merchant, Carolyn. *American Environmental History: An Introduction*. Columbia University Press, 2007.

Merchant, Carolyn. *Ecological Revolutions: Nature, Gender and Science in New England*. University of North Carolina Press, 1989.

Merchant, Carolyn. *The Columbia Guide to American Environmental History*. Columbia University Press, 2002.

Morse, Katherine. *The Nature of Gold: An Environmental History of the Klondike Gold Rush*. University of Washington Press, 2003.

Nash, Roderick. *Wilderness and the American Mind*, Yale University Press, 1967.

Nye, David E. ed. *Technologies of Landscape: From Reaping to Recycling*. Amherst, 2000.

Opie, John. *Nature's Nation: An Environmental History of the United States*. Harcourt Brace, 1998.

Petulla, J. M. *American Environmental History*. Ohio State University Press, 1977.

Pyne, Stephen J. *Fire in America: A Cultural History of Wildland and Rural Fire*. Princeton University Press, 1982.

Reisner, Marc. *Cadillac Desert: The American West and Its Disappearing Water*. Penguin Books, 1986.

Riley, Glenda. *Women and Nature: Saving the Wild West*. University of Nebraska Press, 1999.

Rome, Adam. *The Bulldozer in the Countryside: Suburban Sprawl and the Rise of American Environmentalism*. Cambridge University Press, 2001.

Russel, Edmund. *War and Nature: Fighting Humans and Insects with Chemicals from World War I to Silent Spring*. Cambridge University Press, 2001.

Sackman, Douglas Cazaux ed. *A Companion to American Environmental History*. Blackwell, 2010.

Sackman, Douglas Cazaux. *Orange Empire: California and the Fruits of Eden*. University of California Press, 2005.

Sale, Kirkpatrick. *The Green Revolution: The American Environmental Movement, 1962—1999*. Hill & Wang, 1993.

Scharff, Virginia ed. *Seeing Nature Through Gender*. University Press of Kansas, 2003.

Schwab, Jim. *Deeper Shades of Green: The Rise of Blue-Collar and Minority Environmentalism in America*. Sierra Club Books, 1994.

Sellers, Chris. *The Hazards of the Job: From Industrial Disease to Environmental Health Science*. University of North Carolina Press, 1997.

Sherow, James E. *The Grasslands of the United States: An Environmental History*. ABC-CLIO, 2007.

Smith, Duane A. *Mining America: The Industry and the Environment, 1800—1980*. University Press of Colorado,1993.

Smith, Kimberly K. *African American Environmental Thought: Foundations*. University Press of Kansas, 2007.

Sowards, Adam M. *United States West Coast: An Environmental History*. ABC-CLIO, 2007.

Steinberg, Ted. *Down to Earth: Nature's Role in American History*. Oxford University Press, 2002.

Steinberg, Theodore. *Nature Incorporated: Industrialization and the Waters of New England*. University of Massachusetts Press, 1991.

Stephenson, R. Bruce. *Vision of Eden: Environmentalism, Urban Planning,and City Building in St. Petersburg, Florida, 1900—1995*. Ohio State University Press, 1997.

Storrs, Landon. *Pink and Green: A Comparative Study of Black and White Women's Environmental Activism in the 20th Century*. University of Houston Press, 2000.

Stradling, David ed. *Conservation in the Progressive Era: Classic Texts*. University of Washington Press, 2004.

Stradling, David. *Smokestacks and Progressives: Environmentalists, Engineers,and Air Quality in America,1881—1951*. The John Hopkins University Press, 1999.

Sutter, Paul S. and Christopher J. Manganiello eds. *Environmental History and the American South: A Reader*. University of Georgia Press, 2009.

Szasz, Andrew. *Ecopopulism: Toxic Waste and the Movement for Environmental Justice*. University of Minnesota Press, 1994.

Tarr, Joel. *The Search for the Ultimate Sink: Urban Pollution in Historical Perspective*. University of Akron Press,1996.

Taylor, Joseph. *Making Salmon: An Environmental History of the Northwest Fisheries Crises*. University of Washington Press, 1999.

Vecsey, Christopher and Robert W. Venables. eds. *American Indian Environments: Ecological Issues in Native American History*. Syracuse University Press, 1980.

Vileisis, Ann. *Discovering the Unknown Landscape: A History of America's Wetlands*. Washington D. C., 1997.

Warren, Louis S. *American Environmental History*. Wiley-Blackwell, 2003.

Warren, Louis S. *The Hunter's Game: Poachers and Conservationists in Twentieth-Century America*. Yale University Press, 1997.

Washington, Sylvia H. *Packing Them In: An Archaeology of Environmental Racism in Chicago, 1865—1954*. Lexington Books, 2005.

Webb, Walter Prescott. *Great Plains*. New York, 1973.

White, Richard. *The Middle Ground: Indians, Empires, and Republics in the Great Lakes Region, 1650—1815*. Cambridge University Press, 1991.

White, Richard. *The Organic Machine*. Hill and Wang, 1995.

White, Richard. *The Roots of Dependency: Subsistence, Environment, and Social Change Among the Choctaws, Pawnees, and Navajos*. University of Nebraska Press, 1983.

Wirth, John D. *Smelter Smoke in North America: The Politics of Transborder Pollution*. Lawrence, 2000.

Worster, Donald, *Under Western Skies: Nature and History in the American West*. Oxford University Press, 1992.

Worster, Donald. *A Passion for Nature: The Life of John Muir*. Oxford University Press, 2008.

Worster, Donald. *Dust Bowl, The Southern Plains in the 1930's*. Oxford University Press,1979.

Worster, Donald. *Rivers of Empire: Water, Aridity, and the Growth of the American West*. Oxford University Press, 1985.

Wynn, Graeme. *Canada and Arctic North America: An Environmental History*. ABC-CLIO, 2007.

侯文蕙，《征服的挽歌：美国环境意识的变迁》，东方出版社，1995 年。

三　拉丁美洲环境史部分

Anderson, Robin L. *Colonization as Exploitation in the Amazon Rain Forest, 1758—1911*. University Press of Florida, 1999.

Arizpe S. Lourdes, Fernanda Paz and Margarita Velázquez. *Culture and Global Change: Social Perceptions of Deforestation in the Lacandona Rain Forest in Mexico*. University of Michigan Press, 1996.

Barham, Bradford L. and Oliver T. Coomes. *The Amazon Rubber Boom and Distorted Development*. Westview Press, 1996.

Barker, David and Duncan F. McGregor. *Environment and Development in the Caribbean: Geographical Perspectives*. University Press of the West Indies, 1995.

Brannstrom, Christian ed. *Territories, Commodities and Knowledges: Latin American Environmental History in the Nineteenth and Twentieth Centuries*. Institute for the Study of the Americas, 2004.

Browder, John O. and Brian J. Godfrey. *Rainforest Cities: Urbanization, Development, and Globalization of the Brazilian Amazon*. Columbia University Press, 1997.

Cole-Christensen, Darryl. *A Place in the Rain Forest: Settling the Costa Rican Frontier*. University of Texas Press, 1997.

Collinson, Helen. *Green Guerrillas: Environmental Conflicts and Initiatives in Latin America and the Caribbean—A Reader*. Monthly Review Pres, 1996.

Dean, Warren. *Brazil and the Struggle for Rubber: A Study in Environmental History*. Cambridge University Press, 1987.

Dean, Warren. *With Broadax and Firebrand: The Destruction of the Brazilian Atlantic Forest*. University of California Press, 1995.

Díaz-Briquets, Sergio and Jorge F. Pérez-López. *Conquering Nature: The Environmental Legacy of Socialism in Cuba.* University of Pittsburgh Press, 2000.

Durham, William and Michael Painter eds. *The Social Causes of Environmental Destruction in Latin America.* University of Michigan Press, 1995.

Evans, Peter ed. *Livable Cities: Urban Struggle for Livelihood and Sustainability.* University of California Press, 2002.

Evans, Sterling. *The Green Republic: A Conservation History of Costa Rica.* University of Texas Press, 1999.

Faber, Daniel. *Environment Under Fire: Imperialism and the Ecological Crisis in Central America.* Monthly Review Press, 1993.

Foresta, Ronald A. *Amazon Conservation in the Age of Development: The Limits of Providence.* University of Florida Press, 1991.

Foweraker, Joe. *The Struggle for Land: A Political Economy of the Pioneer Frontier in Brazil from 1930 to the Present Day.* Cambridge University Press, 1981.

Fraginals, Manuel Moreno. *The Sugarmill: The Socioeconomic Complex of Sugar in Cuba, 1760—1860.* Monthly Review Press, 1976.

Funes Monzote, Reinaldo. *From Rainforest to Cane Field in Cuba: An Environmental History since 1492.* The University of North Carolina Press, 2008.

Gehlbach, Frederick R. *Mountain Islands and Desert Seas: A Natural History of the U. S.-Mexican Borderlands.* Texas A. & M. University Press, 1982.

Grossman, Lawrence S. *The Political Ecology of Bananas: Contract Farming, Peasants, and Agrarian Change in the Eastern Caribbean.* University of North Carolina Press, 1998.

Hall, Anthony L. *Sustaining Amazonia: Grassroots Action for Productive Conservation.* Manchester University Press, 1997.

Hecht, Susan and A. Cockburn. *The Fate of the Forest: Developers, Destroyers and Defenders of the Amazon.* Harper Perennial, 1990.

Jones, Jeffery R. *Colonization and Environment: Land Settlement Projects in Central America.* United Nations University Press, 1990.

Kiple, Kenneth F. *The Caribbean Slave: A Biological History.* Cambridge University Press, 1984.

Lentz, David ed. *Imperfect Balance: Landscape Transformations in the Precolumbian Americas.* Columbia University Press, 2000.

McCook, Stuart. *States of Nature: Science, Agriculture, and Environment in the Spanish Caribbean, 1760—1940.* University of Texas Press, 2002.

McNeill, John. *Mosquito Empires: Ecology and War in the Greater Caribbean, 1640—1914.* Cambridge University Press, 2010.

Melville, Elinor. *A Plague of Sheep: Environmental Consequences of the Conquest of Mexico.* Cambridge University Press, 1994.

Meyer, Michael C. *Water in the Hispanic Southwest: A Social and Legal History, 1550—1850.* University of Arizona Press, 1984.

Miller, Shawn W. *Fruitless Trees: Portuguese Conservation and Brazil's Colonial Timber.*

Stanford University Press, 2000.

Miller, Shawn William. *An Environmental History of Latin America*. Cambridge University Press, 2007.

Murray, Douglas L. *Cultivating Crisis: The Human Costs of Pesticide Use in Latin America*. University of Texas Press, 1994.

O'Brien, Karen L. *Sacrificing the Forest: Environmental and Social Struggles in Chiapas*. Westview Press, 1998.

Padberg, Britta. *Shadows over Anthuac: An Ecological Interpretation of Crisis and Development in Central Mexico 1730—1800*. Akademie Verlag, 1995.

Pérez, Louis A. *Winds of Change: Hurricanes & the Transformation of Nineteenth-Century Cuba*. University of North Carolina Press, 2001.

Place, Susan E. ed. *Tropical Rainforests: Latin American Nature and Society in Transition*. Scholarly Resources, 1993.

Radding, Cynthia. *Wandering Peoples: Colonialism, Ethnic Spaces, and Ecological Frontiers in Northwestern Mexico, 1700—1850*. Duke University Press, 1997.

Richardson, Bonham C. *Economy and Environment in the Caribbean: Barbados and the Windwards in the Late 1800s*. University Press of Florida, 1988.

Roberts, J. Timmons and Nikki Demetria Thanos. *Trouble in Paradise: Globalization and Environmental Crises in Latin America*. Routledge, 2003.

Roseberry, William. *Coffee, Society, and Power in Latin America*. The John Hopkins University Press, 1995.

Santana, Deborah Berman. *Kicking off the Bootstraps: Environment, Development, and Community Power in Puerto Rico*. University of Arizona Press, 1996.

Santiago, Myrna I. *The Ecology of Oil: Environment, Labor, and the Mexican Revolution, 1900—1938*. Cambridge University Press, 2006.

Schwartz, Norman B. *Forest Society: A Social History of Peten, Guatemala*. University of Pennsylvania Press, 1990.

Simonian, Lane. *Defending the Land of the Jaguar: A History of Conservation in Mexico*. University of Texas Press, 1995.

Stanfield, Michael Edward. *Red Rubber, Bleeding Trees: Violence, Slavery, and Empire in Northwest Amazonia*. University of New Mexico Press, 1998.

Steen, Harold K. and Richard P. Tucker eds. *Changing Tropical Forests: Historical Perspectives on Today's Challenges in Central & South America*. Forest History Society, 1992.

Super, John C. *Food, Conquest, and Colonization in Sixteenth-Century Spanish America*. University of New Mexico Press, 1988.

Tulchin, Joseph, ed. *Economic Development and Environmental Protection in Latin America*. Lynne Rienner Publishers, 1991.

Wallace, David Rains. *The Quetzal and the Macaw: The Story of Costa Rica's National Parks*. Sierra Club Books, 1992.

Watts, David. *The West Indies: Patterns of Development, Culture and Environmental Change since 1492*. Cambridge University Press, 1987.

Weinstein, Barbara. *The Amazon Rubber Boom, 1850—1920*. Stanford University Press, 1983.

四 欧洲环境史部分

Abelhauser, Werner. *Umweltgeschichte: Umweltverträgliches Wirtschaften in Historischer Perspektive*, Vandenhoeck und Ruprecht, 1994.

Anker, Peder. *Imperial Ecology: Environmental Order in the British Empire, 1895—1945*. Harvard University Press, 2001.

Bergmeier, Monika. *Umweltgeschichte der Boomjahre 1949—1973: Das Beispiel Bayern*. Waxmann, 2002.

Bess, Michael. *The Light-Green Society: Ecology and Technological Modernity in France, 1960—2000*. University Of Chicago Press, 2003.

Bicik, Ivan and Leo Jelecek. *Land Use Changes and Their Social Driving Forces in Czechia in 19th and 20th Centuries*. Vienna, 1999.

Blackbourn, David. *Conquest of Nature: Water, Landscape and the Making of Modern Germany*. W. W. Norton & Company, 2006.

Bonhomme, Brian. *Forests, Peasants and Revolutionaries: Forest Conservation & Organization in Soviet Russia, 1917—1929*. Columbia University Press, 2005.

Bowerbank, Sylvia Lorraine. *Speaking for Nature: Women and Ecologies of Early Modern England*. John Hopkins University Press, 2004.

Brazdil, R. and O. Kotyza. *History of Weather and Climate in the Czech Lands*. Geography. Inst., 1995.

Breeze, Lawrence E. *The British Experience with River Pollution, 1865—1876*. Peter Lang, 1993.

Brimblecombe, Peter and Christian Pfister eds. *The Silent Countdown: Essays in European Environmental History*. Springer-Verlag, 1993.

Brimblecombe, Peter. *The Big Smoke: A History of Air Pollution in London since Medieval Times*. Methuen, 1987.

Brüggemeier, Franz-Josef and Michael Toyka-Seid. *Industrie-Natur: Lesebuch zur Geschichte der Umwelt im 19. Jahrhundert*. Campus, 1996.

Brüggemeier, Franz-Josef, *Blauer Himmel über der Ruhr: Geschichte der Umwelt im Ruhrgebiet 1840—1990*. Klartext, 1992.

Brüggemeier, Franz-Josef. *Das unendliche Meer der Lüfte: Industrialisation, Umweltverschmutzung und Risikobewusstsein im 19. Jahrhundert*. Klartext, 1996.

Carter, F. W. and D. Turnock. *Environmental Problems of East Central Europe*. New York, 2001.

Cioc, Mark. *The Rhine: An Eco-Biography, 1815—2000*. University of Washington Press, 2002.

Cioc, Marc, Franz-Josef Brueggemeier and Thomas Zeller, eds. *How Green Were the Nazis?: Nature, Environment, and Nation in the Third Reich*. Ohio University Press, 2005.

Clapp, B. W. *An Environmental History of Britain since the Industrial Revolution.* Longman, 1994.

Coates, Peter. *Nature: Western Attitudes Since Ancient Times*. University of California Press, 2004.

Cohn, Samuel Kline. *The Black Death Transformed: Disease and Culture in Early Renaissance Europe*. Arnold, 2002.

Dark, Petra. *The Environment of Britain in the First Millennium A. D.* Duckworth, 1999.

Diani, Mario. *Green Networks: A Structural Analysis of the Italian Environmental Movement.* Edinburgh University Press, 1995.

Dickson, C. A. & J. Dickson. *Plants and People in Ancient Scotland.* Tempus, 2000.

Dominik, Raymond. *The Environmental Movement in Germany: Prophets and Pioneers, 1871—1971*. Indiana University Press, 1992.

Evans, David. *A History of Nature Conservation in Britain.* Routledge, 1997.

Everrett, Nigal. *The Tory View of Landscape*. Yale university press, 1994.

Fitzmaurice, John. *Damming the Danube: Gabcikovo and Post-Communist Politics in Europe.* Westview, 1996.

Foster, S. & T. C. Smout eds. *The History of Soils and Field Systems.* Scottish Cultural Press, 1994.

Fowler, John. *Landscapes and Lives. The Scottish Forest through the Ages.* Cannongate, 2002.

Franchuk, Kerry. *The Environmental Crisis in St. Petersburg: An Analysis of Its Roots, Current Status, and Future Prospects*. Carleton Univ., CDN, 1993.

Frenzel, Burkart and Christian Pfister. *European Climate Reconstructed from Documentary Data, Methods and Results*. Mainz, 1992.

Glaser, Rüdiger. *Klimageschichte in Mitteleuropa seit dem Jahr 1000*. Darmstadt, 2001.

Glaser, Rüdiger. *Klimarekonstruktion für Mainfranken, Bauland und Odenwald anhand direkter und indirekter Witterungsdaten seit 1500*. Stuttgart, 1991.

Grove, A. T. and Oliver Rackham, *The Nature of Mediterranean Europe: An Ecological History*. Yale University Press, 2001.

Guillerme, Andre. *The Age of Water: The Urban Environment in the North of France. A. D. 300—1800*. Texas A. & M. University Press, 1988.

Halliday, Stephen. *The Great Stink of London: Sir Joseph Bazalgette and the Cleansing of the Victorian Metropolis.* Sutton Publishing, 2001.

Hoskins, W. G. *The Making of the English Landscape.* Harmondsworth,1991.

Howe, J. and M. Wolfe eds. *Inventing Medieval Landscapes: Senses of Place in Western Europe*. University Press of Florida, 2002.

Huenemoerder, Kai F. *Die Fruh geschichte der globalen Umweltkrise und die Formierung der Deutschen Umweltpolitik (1950—1973).* Stuttgart, 2004.

Hughes, J. Donald. *Pan's Travail: Environmental Problems of the Ancient Greeks and Romans.* John Hopkins University Press, 1994.

Hughes, J. Donald. *The Mediterranean: An Environmental History.* ABC-Clio, 2005.

Jamison, Andrew, Ron Eyerman and Jacqueline Cramer. *The Making of the New Environmental*

Consciousness: A Comparative Study of the Environmental Movements in Sweden, Denmark and the Netherlands. Edinburgh University Press, 1990.

Jankovic, Vladimir. *Reading the Skies: A Cultural History of English Weather, 1650—1820*. University of Chicago Press, 2000.

Jaritz, Gerhard and Verena Winiwarter. *Umweltbewältigung: Die Historische Perspektive*. Verlag für Regionalgeschichte, 1994.

Johns, A. *Dreadful Visitations: Confronting Natural Catastrophe in the Age of Enlightenment*. Routledge, 1999.

Jones, Eric Lionel. *The European Miracle: Environments, Economies, and Geopolitics in the History of Europe and Asia*. Cambridge University Press, 2003.

Jordan, William Chester. *The Great Famine: Northern Europe in the Early Fourteenth Century*. Princeton University Press, 1996.

Josephson, Paul. *Industrialized Nature*. Island Press, 2002.

Josephson, Paul. *Resources Under Regimes*. Harvard University Press, 2005.

Katko, Tapio S. *Water! Evolution of Water Supply and Sanitation in Finland from the Mid-1800s to 2000*. Finnish Water and Waste Water Works Association, 1997.

Kjaergaard, Thorkild. *The Danish Revolution, 1500—1800: An Ecological Interpretation*. Cambridge University Press, 1994.

Kleefeld, K. *Perspektiven der Historischen Geographie : Siedlung, Kulturlandschaft, Umwelt in Mitteleuropa*. Kleefeld & Burggraaff, 1997.

Lambert, Audrey M. *The Making of the Dutch Landscape: An Historical Geography of the Netherlands*. Seminar Press, 1971.

Lambert, Robert A. *Contested Mountains: Nature, Development and Environment in the Cairngorms Region of Scotland*. White Horse Press, 2001.

Lambert, Robert A. ed. *Species History In Scotland—Introductions and Extinctions Since the Ice Age*. Scottish Cultural Press, 1998.

Larsen, Svend-Erik and Stipe Grgas. *The Construction of Nature: A Discursive Strategy in Modern European Thought*. Odense University Press, 1994.

Liefferink, Duncan. *Environment and the Nation State: The Netherlands, the EU, and Acid Rain*. St. Martin's Press, 1996.

Luckin, Bill. *Pollution and Control: A Social History of the Thames in the 19th Century*. A. Hilger, 1986.

Magnusson, Roberta J. *Water Technology in the Middle Ages: Cities, Monasteries, and Waterworks after the Roman Empire*. John Hopkins University Press, 2001.

Markowitz, Gerald & Rosner David. *Deceit and Denial: The Deadly Politics of Industrial Pollution*. University of California Press, 2002.

Massard-Guilbaud, Geneviève & Christophe Bernhardt eds. *The Modern Demon: Pollution in Urban and Industrial European Societies*. Clermont-Ferrand, 2002.

Mathieu, J. *Geschichte der Alpen 1500—1900 : Umwelt, Entwicklung, Gesellschaft*. Böhlau, 1998.

McNeil, John R. *The Mountains of the Mediterranean World. An Environmental History*.

Cambridge University Press, 1992.

McPhee, Peter. *Revolution and Environment in Southern France: Peasents, Lords, and Murder in the Corbieres, 1780—1830*. Oxford University Press, 1999.

Mosley, Stephen. *The Chimney of the World: A History of Smoke Pollution in Victorian and Edwardian Manchester.* White Horse Press, 2001.

Myllyntaus, Timo and Saikku Mikko eds. *Encountering the past in Nature: Essays in Environmental History*. Helsinki University Press, 1999.

Netting, Robert. *Balancing on an Alp: Ecological Change and Continuity in a Swiss Mountain Community.* Cambridge University Press, 1981.

Nienhuis, P. H. *Environmental History of the Rhine-Meuse Delta: An Ecological Story on Evolving Human-Environmental Relations Coping with Climate Change and Sea-level Rise.* Springer Verlag, 2008.

Nitz, H. J. ed. *The Medieval and Early Modern Rural Landscape of Europe under the Impact of the Commercial Economy*. Geographical Institute of the University of Goettingen, 1987.

Osborne, Michael. *Nature, the Exotic, and the Science of French Colonialism*. Indiana University Press, 1994.

Pavlinek, P. *Transition and the Environment in the Czech Republic*. University of Kentucky Press, 1995.

Pfister, Christian and Glaser, Ruediger eds. *Climatic Variability in Sixteenth-Century Europe and Its Social Imagination*. Kluwer Academic Publishers, 1999.

Pfister, Christian, *Klimatgeschichte der Schweiz: Das Klima der Schweiz von 1525—1860 und seine Bedeutung in der Geschichte von Bevölkerung und Landwirtschaft*. P. Haupt, 1988.

Porter, Dale. *The Thames Embankment: Environment, Technology, and Society in Victorian London*. University of Akron Press, 1998.

Pungetti, G: *Water Environment Landscape: A Comparison between Dutch and Italian Planning*. Bologna, 1991.

Pyne,Stephen J. *Vestal Fire. An Environmental History, Told through Fire, of Europe and Europe's Encounter with the World.* University of Washington Press, 1997.

Rackham, O. *The History of the Countryside: The Classic History of Britain's landscape, Flora and Fauna*. Phoenix Press, 2001.

Rackham, Oliver. *Trees and Woodland in the British Landscape*. Dent, 1993.

Richardson, Dick and Chris Rootes. *The Green Challenge: The Development of Green Parties in Europe*. Routledge, 1995.

Rippon, Stephen. *The Transformation of Coastal Wetlands: Exploitation and Management of Marshland Landscapes in North West Europe during the Roman and Medieval Periods*. Oxford University Press, 2000.

Robbins, Louise Enders. *Elephant Slaves and Pampered Parrots: Exotic Animals and their Meanings in Eighteenth-century France*. John Hopkins University Press, 2002.

Sallares, Robert. *The Ecology of the Ancient Greek World*. Duckworth, 1991.

Scarre, Christopher ed. *Monuments and Landscape in Atlantic Europe: Perception and Society during the Neolithic and Early Bronze Age*. Routledge, 2002.

Schubert, Ernst and Bernd Herrmann. *Von der Angst zur Ausbeutung: Umwelterfahrung zwischen Mittelalter und Neuzeit*. Fisher-Taschenbuch Verl., 1994.

Schwarz-Zanetti, Gabriela. *Grundzüge der Klima und Umweltgeschichte des Hoch und Spätmittelalters in Mitteleuropa*. Zurich, 1998.

Sereni, Emilio. *The History of the Italian Agricultural Landscape*. Princeton Univeristy Press, 1997.

Sheail, John. *An Environmental History of Twentieth-Century Britain*. Palgrave, 2002.

Sheail, John. *Nature Conservation in Britain: The Formative Years*. Stationery Office, 1998.

Sheail, John. *Nature in Trust: The History of Nature Conservation in Britain*. Blackie, 1976.

Sheail, John. *Power in Trust. The Environmental History of the Central Electricity Generating Board*. Clarendon, 1991.

Sieferle, Rolf Peter. *The Subterranean Forest: Energy Systems and the Industrial Revolution*. The White Horse Press, 2001.

Sievert, James. *The Origins of Nature Conservation in Italy*. Peter Lang, 2000.

Simmons, I. G. *An Environmental History of Great Britain: From 10,000 Years Ago to the Present*. Edinburgh University Press, 2001.

Simmons, I. G. *The Environmental Impact of Later Mesolithic Cultures: The Creation of Moorland Landscape in England and Wales*. Edinburgh University Press, 1996.

Simmons, I. G. *The Moorlands of England and Wales: An Environmental History 8000 BC to AD 2000*. Edinburgh University Press, 2004.

Smith, Elizabeth B. and Michael Wolfe eds. *Technology and Resource Use in Medieval Europe: Cathedrals, Mills and Mines*. Ashgate, 1997.

Smout, T. C. ed. *Scottish Woodland History*. Edinburgh University Press, 1997.

Smout, T. C. & R. A. Lambert eds. *Rothiemurchus: Nature and People on a Highland Estate 1500—2000*. Scottish Cultural Press, 1999.

Smout, T. C. ed. *Nature, Landscape and People since the Second World War*. East Linton, 2001.

Smout, T. C. ed. *People and Woods in Scotland: A History*. Edinburgh University Press, 2003.

Smout, T. C., Alan R. MacDonald and Fiona Watson. *A History of the Native Woodlands of Scotland, 1500—1920*. Edinburgh University Press, 2004.

Smout, T. C. ed. *Scotland Since Prehistory: Natural Change and Human Impac*t. Scottish Cultural Press, 1993.

Smout, T. C. *Nature Contested: Environmental History in Scotland and Northern England since 16*00. University of Edinburgh Press, 2000.

Snowden, Frank M. *Naples in the Time of Cholera, 1884—1911*. Cambridge University Press, 1995.

Sörlin, Sverker and Michael Bravo eds. *Narrating the Arctic: A Cultural History of Nordic Scientific Practices*. Science History Publications, 2002.

Spary, Emma. *Utopia's Garden: French Natural History from Old Regime to Revolution*. Chicago University Press, 2000.

Spehr, Christoph. *Die Jagd nach Natur: Zur Historischen Entwicklung des gesellschaftlichen Naturverhältnisses in den USA, Deutschland, Großbritannien und Italien am Beispiel von*

Wildnutzung, Artenschutz und Jagd. Interkulturelle Kommunikation, 1994.

Squatriri, Paolo ed. *Working with Water in Medieval Europe: Technology and Resource Use.* Brill, 2000.

Squatriti, Paolo. *Water and Society in Early Medieval Italy, AD 400—1000.* Cambridge University Press, 1998.

Stremmel, Ralf. *Gesundheit-unser einziger Reichtum? Kommunale Gesundheits und Umweltpolitik 1800—1945.* Stadtarchiv, 1993.

Tarr, Joel A. and Gabriel Dupuy eds. *Technology and the Rise of the Networked City in Europe and America.* Temple University Press, 1988.

TeBrake, William H. *Medieval Frontier: Culture and Ecology in Rijnland.* Texas A & M University Press, 1985.

Thomas, K. *Man and the Natural World: Changing Attitudes in England 1500—1800.* Oxford University Press,1996.

Thorsheim, Peter. *Inventing Pollution: Coal, Smoke and Culture in Britian since 1800.* Ohio University Press, 2006.

Uekoetter, Frank. *The Age of Smoke: Environmental Policy in Germany and the United States, 1880—1970.* University of Pittsburgh Press,2009.

Uekoetter, Frank. *The Green and the Brown: A History of Conservation in Nazi Germany.* Cambridge University Press, 2006.

Ven, G. P. van de ed. *Man-made Lowlands: History of Water Management and Land Reclamation in the Netherlands.* Matrijs, 2004.

Warde, Paul. *Ecology, Economy and State Formation in Early Modern Germany.* Cambridge University Press, 2006.

Watkins, Charles and Keith J. Kirby. *The Ecological History of European Forest.* CAB International, 1998.

Weindling, Paul. *Epidemics and Genocides in Eastern Europe, 1890—1945.* Oxford University Press, 2000.

Weiner, Douglas R. *A Little Corner of Freedom: Russian Nature Protection from Stalin to Gorbachev.* University of California Press, 2002.

Weiner, Douglas R. *Models of Nature: Ecology, Conservation and Cultural Revolution in Soviet Russia.* University of Pittsburgh Press, 2000.

Weltman-Aron, B. *Landscape Gardening and Nationalism in 18th Century England and France.* State University of New York Press, 2001.

Westra, Laura and Thomas M. Robinson. *The Greeks and the Environment.* Rowman & Littlefield, 1997.

Whited, Tamara L. ed. *Northern Europe. An Environmental History.* ABC-Clio, 2005.

Whited, Tamara L. *Forests and Peasant Politics in Modern France.* Yale University Press, 2000.

Whited, Tamara L. *The Struggle for the Forest in the French Alps and Pyrenees, 1860—1940.* University of California Press, 1994.

Whyte, Ian D. and Angus J. L. Winchester eds. *Society, Landscape and Environment in Upland*

Britain. supplementary series 2, 2004.

Windt, Henny van der and Nigel Harle. *Environmental Chronology of the Netherlands.* Biologiewinkel RUG, 1997.

Winter, J. *Secure from Rash Assault: Sustaining the Victorian Environment.* Berkeley & Los Angeles, 1999.

五 非洲环境史部分

Adams, Jonathan S. and Thomas McShane. *The Myth of Wild Africa: Conservation without Illusion.* University of California Press, 1996.

Adams, William and Martin Mulligan eds. *Decolonizing Nature: Strategies for Conservation in a Post-Colonial Era.* Earthscan, 2003.

Akyeampong, E. K. *Between the Sea and the Lagoon: An Eco-Social History of the Anlo of Southeastern Ghana, C. 1850 to Recent Times.* James Currey, 2001.

Anderson, D. M. & R. H. Grove eds. *Conservation in Africa: People, Policies and Practice.* Cambridge University Press, 1987.

Anderson, D. M. *Eroding the Commons: The Politics of Ecology in Baringo, Kenya, 1890s—1962.* James Curry, 2002.

Arhem, K. *Pastoral Man in the Garden of Eden: The Masai of the Ngorongoro Conservation Area, Tanzania.* Uppsala Research Reports in Cultural Anthropology, 1985.

Ax, Christina Folke, Niels Brimnes, Niklas Thode Jensen and Karen Oslund eds. *Cultivating the Colonies: Colonial States and their Environmental Legacies.* Ohio University Press, 2011.

Beinart, William & Peter Coates. *Environment and History: The Taming of Nature in the USA and South Africa.* Routledge,1995.

Beinart, William and Joann Mcgregor eds. *Social History & African Environment.* Ohio University Press, 2003.

Beinart,William. *The Rise of Conservation in South Africa: Settlers, Livestock and the Environment 1770—1950.* Oxford University Press, 2004.

Binns, T. ed. *People and Environment in Africa.* Wiley, 1995.

Brockington, D. *Fortress Conservation: The Preservation of the Mkomazi Game Reserve, Tanzania.* Indiana University Press, 2002.

Bromage, T. G. and F. Schrenk. *African Biogeography, Climate Change, and Human Evolution.* Oxford University Press, 1999.

Brooks, G. E. *Landlords and Strangers: Ecology, Society and Trade in West Africa, 1000—1630.* Westview Press, 1993.

Brown, Karen and Daniel Gilfoyle eds. *Healing the Herds: Disease, Livestock Economies, and the Globalization of Veterinary Medicine.* Ohio University Press, 2010.

Brown, Karen. *Mad Dogs and Meerkats: A History of Resurgent Rabies in Southern Africa.* Ohio University Press, 2011.

Caminero-Santangelo, Byron and Garth Myers eds. *Environment at the Margins: Literary and*

Environmental Studies in Africa. Ohio University Press, 2011.

Carruthers, Jane. *Kruger National Park: A Social and Political History*. University of Natal Press, 1995.

Chatty, D. and M. Colchester eds. *Conservation and Mobile Indigenous Peoples: Displacement, Forced Settlement and Sustainable Development*. Berghahn Books, 2002.

Clark, J. D. and S. A. Brandt. *From Hunters to Farmers: The Causes and Consequences of Food Production in Africa*. University of California Press, 1984.

Cock, Jacklyn and Eddie Koch eds. *Going Green: People, Politics, and the Environment in South Africa*. Oxford University Press, 1991.

Conte, C. A. *Highland Sanctuary: Environmental History in Tanzania's Usambara Mountains*. Ohio University Press, 2004.

Croll, E. and D. Parkin eds. *Bush Base, Forest Farm: Culture, Environment and Development*. Routledge, 1992.

Curtin, P. D. *Disease and Empire: The Health of European Troops in the Conquest of Africa*. Cambridge University Press, 1998.

Davis, Diana K. and Edmund Burke III. *Environmental Imaginaries of the Middle East and North Africa*. Ohio University Press, 2011.

Davis, Diana K. *Resurrecting the Granary of Rome: Environmental History and French Colonial Expansion in North Africa*. Ohio University Press, 2007.

De Waal, A. *Famine That Kills: Darfur, Sudan, 1984—1985*. Clarendon Press, 1989.

Dovers, Stephen, Ruth Edgecombe and Bill Guest eds. *South Africa's Environmental History: Cases and Comparisons*. Ohio University Press, 2003.

Durning, A. B. *Apartheid's Environmental Toll, Worldwatch Paper*. Washington, 1995.

Fairhead, J. and M. Leach. *Misreading the African Landscape: Society and Ecology in a Forest-Savanna Mosaic*. Cambridge University Press, 1996.

Fairhead, J. and M. Leach. *Reframing Deforestation: Global Analyses and Local Realities: Studies in West Africa*. Routledge, 1998.

Feachem, R. G. ed. *Disease and Mortality in Sub-Sahara Africa*. Oxford University Press, 1991.

Ford, J. *The Role of the Trypanosomiases in African Ecology: A Study of the Tsetse Fly Problem*. Clarendon Press, 1971.

Giblin, J. *The Politics of Environmental Control in Northeastern Tanzania, 1840—1940*. University of Pennsylvania Press, 1993.

Giles-Vernick, T. *Cutting the Vines of the Past: Environmental Histories of the Central African Rain Forest*. University Press of Virginia, 2002.

Harms, Robert. *Games against Nature: An Eco-cultural History of the Nunu of Equatorial Africa*. Cambridge University Press, 1987.

Hartwig, G. W. and K. D. Patterson. *Disease in African History: An Introduction Survey and Case Studies*. Duke University Press, 1979.

Hoppe, K. A. *Lords of the Fly: Sleeping Sickness Control in British East Africa, 1900—1960*. Praeger, 2003.

Hoppe, Kirk Arden. *Lords of the Fly: Sleeping Sickness Control in British East Africa, 1900—1960*. Heinemann, 2003.

Hulme, D. and Marshall Murphree eds. *African Wildlife and Livelihoods: The Promise of Performance of Community Conservation*. James Curry, 2001.

Hunter, S. *Black Death: Aids in Africa*. Palgrave MacMillan, 2003.

Jacobs, Nancy J. *Environment, Power and Injustice: A South African History*. Cambridge University Press, 2003.

Johnson, D. H. & D. M. Anderson eds. *The Ecology of Survival: Case Studies from Northeast African History*. Westview Press, 1988.

Joubert, Leonie. *Invaded: The Biological Invasion of South Africa*. Witwatersrand University Press, 2009.

Kjekshus, H. *Ecology Control and Economic Development in East African History*. Heinemann, 1977.

Kusimba, S. B. *African Foragers: Environment, Technology, Interactions*. Altamira Press, 2003.

Le Houerou, H. N. *The Grazing Land Ecosystems of the African Sahel*. Springer-Verlag, 1989.

Leach, M. and R. Mearns eds. *The Lie of the Land: Challenging Received Wisdom on the African Environment*. Heinemann, 1996.

Leach, M. *Rainforest Relations: Gender and Resource Use among the Mende of Gola, Sierra Leone*. Edinburgh University Press, 1994.

Lyons, M. *A Social History of Sleeping Sickness in Northern Zaire, 1900—1940*. Cambridge University Press, 1992.

Maathai, Wangari. *Green Belt Movement: Sharing the Approach and the Experience*. Lantern Books, 2003.

MacKenzie, Fiona D. *Land, Ecology and Resistance in Kenya, 1880—1952*. International African Institute, 1989.

Mackenzie, J. M. *The Empire of Nature: Hunting, Conservation and Imperialism*. Manchester University Press, 1988.

Maddox, G., J. L. Giblin & I. Kimambo eds. *Custodians of the Land: Ecology and Culture in the History of Tanzania*. James Currey LTD, 1996.

Maddox, Gregory H. *Sub-Saharan Africa: An Environmental History*. ABC-CLIO,2006.

McCann, J. C. *From Poverty to Famine in Northeastern Ethiopia: A Rural History 1900—1935*. University of Pennsylvania Press, 1987.

McCann, J. C. *Maize and Grace: Africa's Encounter With a New World Crop, 1500—2000*. Harvard University Press, 2004.

McCann, J. C. *People of the Plow: An Agricultural History of Ethiopia, 1800—1990*. University of Wisconsin Press, 1995.

McCann, James. *Green Land, Brown Land, Black Land: An Environmental History of Africa, 1800—1990*. Heinemann, 1999.

Mortimore, M. J. *Adapting to Drought: Farmers, Famines and Desertification in West Africa*. Cambridge University Press, 1989.

Mortimore, M. J. and W. M. Adams. *Working the Sahel: Environment and Society in Northern Nigeria*. Routledge, 1999.

Mortimore, M. J. *Roots in the African Dust: Sustaining the Sub-Saharan Drylands*. Cambridge University Press, 1998.

Moseley, William G. and Leslie C. Gray eds. *Hanging by a Thread: Cotton, Globalization, and Poverty in Africa*. Ohio University Press, 2008.

Nana-Sinkam, S. C. *Land Environment Degradation and Desertification in Africa*. FAO, 1995.

Neumann, R. P. *Imposing Wilderness: Struggles over Livelihood and Nature Preservation in Africa*. University of California Press, 1998.

Richards, P. *Indigenous Agricultural Revolution: Ecology and Food Production in West Africa*. London,1985.

Schoenbrun, D. L. *A Green Place, A Good Place: Agrarian Change, Gender and Social Identity in the Great Lakes Region to the 15th Century*. Heinemann,1998.

Schroeder, R. A. *Shady Practices: Agroforestry and Gender Politics in the Gambia*. University of California Press, 1999.

Seavoy, R. E. *Famine in East Africa: Food Production and Food Policies*. Greenwood Press, 1989.

Shaw, Brent D. *Environment and Society in Roman North Africa: Studies in Society and History*. Variorum, 1995.

Shetler, Jan Bender. *Imagining Serengeti: A History of Landscape Memory in Tanzania from Earliest Times to the Present*. Ohio University Press, 2007.

Showers, Kate B. *Imperial Gullies: Soil Erosion and Conservation in Lesotho*. Ohio University Press, 2005.

Sinclair, A. R. E. and P. Arcese eds. *Serengeti II: Dynamics, Management, and Conservation of an Ecosystem*. University of Chicago Press, 1995.

Spear, T. *Mountain Farmers: Moral Economies of Land and Agricultural Development in Arusha and Meru*. University of California Press, 1997.

Steinhart, E. I. *Black Poachers, White Hunters: A Social History of Hunting in Colonial Kenya*. Ohio University Press, 2005.

Sunseri, Thaddeus. *Wielding the Ax: State Forestry and Social Conflict in Tanzania, 1820—2000*. Ohio University Press, 2009.

Sutton, J. ed. *The Growth of Farming Communities in Africa from the Equator Southwards*, British Institute in Eastern Africa, 1996.

Swart, Sandra. *Riding High: Horses, Humans and History in South Africa*. Wits University Press, 2010.

Tiffen, M., M. Mortimore & F. Gichuki, *More People, Less Erosion: Environmental Recovery in Kenya*. Chichester, 1993.

Tropp, Jacob. *Natures of Colonial Change: Environmental Relations and the Making of the Transkei*. Ohio University Press, 2006.

Turshen, M. *The Political Economy of Disease in Tanzania*. Rutgers University Press, 1984.

Van Beusekom, M. M. *Negotiating Development: African Farmers and Colonial Experts at the*

Office Du Niger, 1920—1960. Heinemann, 2002.

Van der Veen, M. ed. *The Exploitation of Plant Resources in Ancient Africa*. Kluwer Academic, 1999.

Van Sittert, Lance and Sandra Swart eds. *Canis Africanis: A Dog History of Southern Africa*, Brill, 2008.

Vaughan, M. *Cutting down Trees: Gender, Nutrition and Agricultural Change in the Northern Province of Zambia 1890—1990*. Heinemann, 1994.

Vaughan, M. *The Story of an African Famine: Gender and Famine in 20th Century Malawi*. Cambridge University Press, 1987.

Vogel, J. O. ed. *Encyclopedia of Precolonial Africa: Archaeology, History, Languages, Cultures, and Environments*. Alta Mira Press, 1997.

Watts, M. *Silent Violence: Food, Famine and Peasantry in Northern Nigeria*. University of California Press, 1983.

Webb, J. *Desert Frontier: Ecological and Economic Change along the Western Sahel 1600—1850*. University of Wisconsin Press, 1995.

六　印度环境史部分

Agarwal, Bina. *A Field of Her Own, Gender and Land Rights in South Asia*. Cambridge University Press, 1995.

Agrawal, Arun and K. Sivaramakrishnan eds. *Social Nature: Resources, Representations, and Rule in India*. Oxford University Press, 2001.

Arnold, David and Ramachandra Guha eds. *Nature, Culture, Imperialism: Essays on the Environmental History of South Asia*. Oxford University Press, 1995.

Arnold, David. *Colonizing the Body: State Medicine and Epidemic Disease in Nineteenth-Century India*. University of California Press, 1993.

Arnold, David. *Famine: Social Crisis and Historical Change*. Basil Blackwell, 1988.

Arnold, David. *Science, Technology and Medicine in Colonial India*. Cambridge University Press, 2000.

Arnold, David. *The Tropics and the Traveling Gaze: India, Landscape, and Science 1800—1856*. Permanent Black, 2005.

Bennett, John W. *The Ecological Transition: Cultural Anthropology and Human Adaptation*. Pergamon Press, 1976.

Cederloef, Gunnel & K. Sivaramakrishnan eds. *Ecological Nationalisms: Nature, Livelihoods, and Identities in South Asia*. Permanent Black, 2005.

Chakrabarti, Ranjan ed. *Does Environmental History Matter? Shikar, Subsistence, Sustenance and the Sciences*. Tandrita Chandra, 2006.

Chakrabarti, Ranjan ed. *Situating Environmental History*. Manohar, 2007.

Chapple, Christopher Key and Mary Evelyn Tucker eds. *Hinduism and Ecology: The Intersection of Earth, Sky, and Water*. Oxford University Press, 2000.

Cohn, Bernard S. *Colonialism and Its Forms of Knowledge: The British in India*. Princeton

University Press, 1996.

D'Souza, Rohan. *Drowned and Dammed: Colonial Capitalism and Flood Control in Eastern India*. Oxford University Press, 2004.

Gadgil, Madhav and Ramachandra Guha. *This Fissured Land: An Ecological History of India*. Oxford University Press, 1992.

Gadgil, Madhav. *Ecological Journeys: The Science and Politics of Conservation in India*. Permanent Black, 2001.

Grove, Richard H., Vinita Damodaran, Satpal Sangwan eds. *Nature and the Orient: The Environmental History of South and Southeast Asia*. Oxford University Press, 1998.

Guha, Ramachandra. *The Unquiet Woods: Ecological Change and Peasant Resistance in the Himalaya*. University of California Press, 2000.

Guha, Ramachandra. *How Much should a Person Consume? Environmentalism in India and the United States*. University of California Press, 2006.

Guha, Sumit. *Environment and Ethnicity in India, 1200—1900*. Cambridge University Press, 1999.

Havinden, Michael and David Meredith, *Colonialism and Development: Britain and its Tropical Colonies, 1850—1960*. Routledge, 1993.

Hill, Christopher V. *Rivers of Sorrow: Environment and Social Control in Riparian North India, 1770—1994*. Association for Asian Studies Monograph Series, 1997.

Hill, Christopher V. *South Asia: An Environmental History*. ABC-CLIO, 2008.

Jeffery, Roger and Nandini Sundar eds. *A New Moral Economy for India Forests?* Sage Publications, 1999.

Klingensmith, Daniel. *"One Valley and a Thousand" Dams, Nationalism, and Development*. Oxford University Press, 2007.

McAlpin, Michelle. *Subject to Famine: Food Crises and Economic Change in Western India*. Princeton University Press, 1983.

McCully, Patrick. *Silenced Rivers: The Ecology and Politics of Large Dams*. Zed Books, 2001.

Prasad, Archana. *Against Ecological Romanticism: Verrier Elwin and the Making of an Anti-modern Tribal Identity*. New Dehli, 2003.

Raj, Kapil. *Relocating Modern Science: Circulation and the Construction of Knowledge in South Asia, 1650—1900*. Palgrave Macmillan, 2006.

Rajan, S. Ravi. *Modernizing Nature: Forestry and Imperial Eco-Development 1800—1950*. Orient Longman Private Limited, 2008.

Ramakrishnan, P. S. *Shifting Agriculture and Sustainable Development, An Inter-Disciplinary Study from North East India*. UNESCO, 1992.

Rangarajan, Mahesh ed. *Environmental Issues in India: A Reader*. Pearson Education in South Asia, 2007.

Rangarajan, Mahesh. *Fencing the Forests: Conservation and Ecological Change in India's Central Provinces*. New Dehli, 1996.

Rangarajan, Mahesh. *India's Wildlife History*. Permanent Black, 2001.

Saberwal, V. K. and M. Rangarajan eds. *Battles over Nature*. Permanent Black, 2003.

Saikia, Arup Jyoti. *Jungles, Reserves, Wildlife: A History of Forests in Assam*. Wildlife Areas and Development Trust, 2005.

Singh, Damen. *The Last Frontier, People and Forests in Mizoram*. TERI, 1995.

Sivaramakrishnan, K. *Modern Forests: Statemaking and Environmental Change in Colonial Eastern India*. Oxford University Press, 1999.

Srinivasan, T. M. *Irrigation and Water Supply: South India, 200 BC—1600 AD*. New Era Publications, 1991.

Srivastava, Hari Shankar. *The History of Indian Famines, 1858—1918*. Sri Ram Mehra and Co., 1968.

Stevens, Stanley F. *Claiming the High Ground: Sherpas, Subsistence, and Environmental Change in the Highest Himalaya*. University of California Press, 1993.

七 东南亚环境史部分

Aiken, S. Robert and Colin H. Leigh. *Vanishing Rain Forests: The Ecological Transitions in Malaysia*. Oxford University Press, 1992.

Antikainen-Kokko, Annamari. *Ecological Change in Southeast Asia*. Abo Akademi University, 1998.

Auty, R. M. *Sustaining Development in Mineral Economies: The Resource Curse Thesis*. Routledge, 1993.

Bankoff, Greg and Peter Boomgaard eds. *A History of Natural Resources in Asia: The Wealth of Nature*. Palgrave-Macmillan, 2007.

Bankoff, Greg and Sandra Swart eds. *Seeds of Empire: The 'Invention' of the Horse in Maritime Southeast Asia and Southern Africa, 1500—1950*. Nordic Institute of Asian Studies Press, 2007

Bankoff, Greg, Georg Frerks and Thea Hilhorst eds. *Mapping Vulnerability: Disasters, Development and People*. Earthscan, 2004.

Bankoff, Greg. *Cultures of Disaster: Society and Natural Hazard in the Philippines*. Routledge Curzon Press, 2003.

Barnes, R. H. *Sea Hunters of Indonesia: Fishers and Weavers of Lamalera*. Clarendon, 1996.

Bass, Stephen and Elaine Morrison. *Shifting Cultivation in Thailand, Laos and Vietnam: Regional Overviews and Policy Recommendations*. IIED, 1994.

Boomgaard, Peter and David Henley eds. *Smallholders and Stockbreeders; Histories of Foodcrop and Livestock Farming in Southeast Asia*. KITLV Press, 2004.

Boomgaard, Peter ed. *Forests and Forestry 1823—1941*. Royal Tropical Institute,1996.

Boomgaard, Peter, David Henley and Manon Osseweijer eds. *Muddied Waters: Historical and Contemporay Perspectives on Management of Forests and Fisheries in Island Southeast Asia*. KITLV Press, 2005.

Boomgaard, Peter, F. Colombijn and D. Henley eds. *Paper Landscapes: Explorations in the Environment of Indonesia*. KITLV Press, 1997.

Boomgaard, Peter. *Southeast Asia: An Environmental History*. ABC-CLIO, 2007.

Boomgaard, Peter. *Frontiers of Fear: Tigers and People in the Malay World, 1600—1950.* Yale University Press, 2001.

Brocheux, Pierre. *The Mekong Delta: Ecology, Economy, and Revolution, 1860—1960.* University of Wisconsin, Center for Southeast Asian Studies, 1995.

Bruun, Ole and Arne Kalland. *Asian Perceptions of Nature: A Critical Approach.* Curzon, 1995.

Bryant, Raymond L. *The Political Ecology of Forestry in Burma 1824—1994.* Hurst, 1997.

Bulbeck, David eds. *Southeast Asian Exports since the 14th Century: Cloves, Pepper, Coffee, and Suger.* KITLV Press, 1998.

Butcher, John G. *The Closing of the Frontier: A History of the Marine Fisheries of Southeast Asia c. 1850—2000.* ISEAS, 2004.

Chapman, Charles and Sanga Sabhasri eds. *Farmers in the Forest: Economic Development and Marginal Agriculture in Northern Thailand.* University Press of Hawaii, 1978.

Cooke, Nola and Li Tana eds. *Water Frontier: Commerce and the Chinese in the Lower Mekong Region, 1750—1880.* Rowman and Littlefield, 2004.

Daerden, Philip ed. *Environmental Protection and Rural Development in Thailand: Challenges and Opportunities.* White Lotus, 2002.

Dale, Virginia H. ed. *Effects of Land-Use Change on Atmospheric CO_2 Concentrations: South and Southeast Asia as a Case Study.* Springer,1994.

Dauvergne, Peter. *Shadows in the Forest: Japan and the Politics of Timber in Southeast Asia.* MIT Press, 1997.

De Bevoise, Ken. *Agents of Apocalypse: Epidemic Disease in the Colonial Philippines.* Princeton University Press, 1995.

Dove, Michael Roger. *Swidden Agriculture in Indonesia: The Subsistence Strategies of Kalimantan Kantu.* Moutan, 1985.

Dunn, F. L. *Rain-Forest Collectors and Traders: A Study of Resource Utilization in Modern and Ancient Malaya.* Malaysian Branch of the Royal Asiatic Soceity, 1975.

Eaton, Peter. *Land Tenure, Conservation and Development in Southeast Asia.* Routledge Curzon, 2004.

Ellen, Roy F. *Nuaulu Settlement and Ecology: An Approach to the Environmental Relations of an Eastern Indonesian Community.* Nijhoff, 1978.

Hardjono, Joan ed. *Indonesia: Resources, Ecology, and Environment.* Oxford University Press, 1991.

Henley, David. *Fertility, Food, and Fever: Population, Economy and Environment in North and Central Sulawesi c.1600—1930.* KITLV Press, 2005.

Hirsch, Philip ed. *Seeing Forests for Trees: Environment and Environmentalism in Thailand.* Silkworm, 1996.

Hirsch, Philip and Carol Warren eds. *The Politics of Environment in Southeast Asia: Resources and Resistance.* Routledge, 1998.

Horsnell, Paul. *Oil in Asia: Markets, Trading, Refining and Deregulation.* Oxford University Press, 1997.

Karanth, K. Ullas. *The Way of the Tiger: Natural History and Conservation of the Endangered*

Big Cat. Voyageur, 2001.

Kathirithamby-Wells, Jeyamalar. *Nature and Nation: Forests and Development in Peninsular Malaysia*. NIAS, 2006.

Keeton, Charles Lee. *King Thebaw and the Ecological Rape of Burma: The Political and Commercial Struggle between British India and French Indo-China in Burma 1878—1886*. Manohar, 1974.

King, Victor T. ed. *Environmental Challenges in South-East Asia*. Curzon Press, 1998.

Knapen, Han. *Forests of Fortune? The Environmental History of Southeast Borneo, 1600—1880*. KITLV Press, 2001.

Kummer, David M. *Deforestation in the Postwar Philippines*. University of Chicago Press, 1991.

Lucas, Anton. *The Dog is Dead so Throw It in the River: Environmental Politics and Water Pollution in Indonesia: An East Java Case Study*. Monash Asia Institute, 2000.

Luyendijk-Elshout, A. M. ed. *Dutch Medicine in the Malay Archipelago 1816—1942*. Rodopi, 1989.

Manderson, Lenore. *Sickness and the State: Health and Illness in Colonial Malaya, 1870—1940*. Cambridge University Press, 1996.

Nevins, Joseph and Nancy Lee Peluso eds. *Taking Southeast Asia to Market: Commodities, People and Nature in a Neoliberal Age*. Cornell University Press, 2008.

Owen, Norman G. ed. *Death and Disease in Southeast Asia: Explorations in Social, Medical and Demographic History*. Oxford University Press, 1987.

Padoch, Christine and Nancy Lee Peluso. *Borneo in Transition: People, Forests, Conservation, and Development*. Oxford University Press, 2003.

Pannell, Sandra and Franz von Benda-Beckmann eds. *Old World Places: New World Problems: Exploring Resource Management Issues in Eastern Indonesia*. CRES, 1998.

Parnwell, Michael J. G. and Raymond L. Bryant eds. *Environmental Change in Southeast Asia: People, Politics and Sustainable Development*. Routledge, 1996.

Peluso, Nancy Lee. *Rich Forests, Poor People: Resource Control and Resistance in Java*. University of California Press, 1992.

Poffenberger, Mark ed. *Keeper of the Forest: Land Management Alternatives in Southeast Asia*. Kumarian, 1990.

Rambo, A. T. and P. E. Sajise eds. *An Introduction to Human Ecology Research on Agricultural Systems in Southeast Asia*. University of the Philippines, 1984.

Resosudarmo, Budy P. ed. *The Politics and Economics of Indonesia's Natural Resources*. ISEAS, 2005.

Richell, Judith. *Disease and Demography in Colonial Burma*. NIAS, 2006.

Rigg, Jonathan ed. *Counting the Costs: Economic Growth and Environmental Changes in Thailand*. ISEAS, 1995.

Rigg, Jonathan ed. *The Gift of Water: Water Management, Cosmology and the State in Southeast Asia*. SOAS, 1992.

Ross, Michael L. *Timber Boom and Institutional Breakdown in Southeast Asia*. Cambridge

University Press, 2001.

Ruf, Francois and Frederic Lancon eds. *From Slash and Burn to Replanting: Green Revolutions in Indonesian Uplands*. World Bank, 2004.

Sellato, Bernard. *Forest, Resources and People in Bulungan: Elemants for a History of Settlement, Trade, and Social Dynamics in Borneo, 1880—2000*. CIFOR, 2001.

Sicular, Daniel T. *Scavengers, Recyclers, and Solutions for Solid Waste Management in Indonesia*. University of California, Berkeley, 1992.

Top, Gerhard van den. *The Social Dynamics of Deforestation in the Philippines: Actions, Options and Motivations*. NIAS, 2003.

TuckPo, Lye, Wil de Jong and Abe Ken-Ichi eds. *The Political Ecology of Tropical Forests in Southeast Asia: Historical Perspectives*. Kyoto University Press, 2003.

Van Meiji, Toon and Franz von Benda-Beckmann eds. *Property Rights and Economic Development: Land and Natural Resources in Southeast Asia and Oceania*. Kegan Paul, 1999.

Whitten, Tony, Roehayat Emon Soeriaatmadja and Suraya A. Afiff. *The Ecology of Java and Bali*. Periplus, 1996.

Widianarko, B. K. Vink and N. M. van Straalen eds. *Environmental Toxicology in South East Asia*. VU University Press, 1994.

包茂红，《森林与发展：菲律宾森林滥伐研究（1946—1995）》，中国环境科学出版社，2008年。

高谷好一，《东南アジアの自然と土地利用》，劲草书房，1985年。

高谷好一，《热带デルタの农业发展》，创文社，1982年。

京都大学东南アジア研究センター 编集，《事典东南アジア：风土・生态・环境》，弘文堂、1997年。

秋道智弥监修，《论集 モンスーンアジアの生态史——地域と地球をつなぐ》，全3卷，弘文堂，2008年。

山春平、佐々木高明、中尾佐助共著，《続照叶树林文化（东アジア文化の源流）》，中公新书，1976年。

石井米雄，桜井由躬雄，《东南アジア世界の形成》，讲谈社，1985年。

中尾佐助、佐々木高明共著，《照叶树林文化と日本》，くもん出版，1992年。

佐々木高明，《东・南アジア农耕论 烧畑と稲作》，弘文堂，1989年。

八 澳大利亚环境史部分

Ajani, Judith A. *The Forest Wars*. Melbourne University Press, 2007.

Beale, Bob and Peter Fray. *The Vanishing Continent: Australia's Degraded Environment*. Hodder and Stoughton, 1990.

Bolton, Geoffrey. *Spoils and Spoilers: Australians Make Their Environment 1788—1980*. Allen and Unwin, 1992.

Bonyhady, Tim. *The Colonial Earth*. Melbourne University Publishing, 2003.

Borschmann, G. *The People's Forest: A Living History of the Australian Bush*. The People's

Forest Press, 1999.

Burgmann, Meredith and Verity Burgmann. *Green Bans, Red Union: Environmental Activism and the New South Wales Builders Labourers' Federation.* UNSWP, 1998.

Carr, D. J. and S. G. M. Carr eds. *Plants and Man in Australia*. Academic Press, 1981.

Carron, L. T. *A History of Australian Forestry*. Australian National University Press, 1985.

Dargavel, J., D. Hart and B. Libbis. *Perfumed Pineries: Environmental History of Australia's Callitris Forests*. CRES, ANU, 2001.

Dargavel, John. *Fashioning Australia's Forests*. Oxford University Press, 1995.

Davidson, B. R. *Australia Wet or Dry? The Physical and Economic Limits to the Expansion of Irrigation*. Melbourne University Press, 1969.

Dodson, John ed. *The Naïve Lands: Prehistory and Environmental Change in Australia and the Southwest Pacific*. Longman Cheshire, 1992.

Dovers, Stephen ed. *Australian Environmental History: Essays and Cases*. Oxford University Press, 1994.

Dovers, Stephen ed. *Environmental History and Policy: Still Settling Australia.* Oxford University Press, 2000.

Doyle, Timothy. *Green Power: The Environmental Movement in Australia*. University of New South Wales Press, 2000.

Finney, Colin. *Paradise Revealed: Natural History in Nineteenth-Century Australia*. Museum of Victoria, 1993.

Flannery, Timothy. *Beautiful Lies: Population and Environment in Australia*. Black Inc., 2003.

Flannery, Timothy. *The Future Eaters: An Ecological History of the Australasian Lands and People*. Reed Books, 1994.

Garden, Don. *Australia, New Zealand, and the Pacific: An Environmental History.* ABC-Clio, 2005.

Grafton, R. Q. Libby Robin and R. J. Wasson eds. *Understanding the Environment.* UNSW Press 2005.

Griffiths, Tom. *Forests of Ash: An Environmental History*. Cambridge University Press, 2001.

Hall, Colin M. *Wasteland to World Heritage: Preserving Australia's Wilderness*. Melbourne University Press, 1992.

Hancock, W. K. *Discovering Monaro: A Study of Man's Impact on His Environment.* Cambridge University Press, 1972.

Heathcote, R. L. ed. *The Australian Experience: Essays in Australian Land Settlement and Resource Management.* Longman Cheshire, 1988.

Hutton, Drew and Libby Connors, *A History of the Australian Environmental Movement*. Cambridge University Press, 1999.

Keating, Jenny. *The Drought Walked Through: A History of Water Shortage in Victoria*. Department of Water Resource, 1992.

Kirkpatrick, Jamie. *A Continent Transformed: Human Impact on the Natural Vegetation of Australia*. Oxford University Press, 1994.

Lines, William J. *Taming the Great South Land: A History of the Conquest of Nature in*

Australia. Allen and Unwin, 1991.
Lohrey, Amanda. *Groundswell: The Rise of the Greens*. Black Inc., 2003.
Low, Tim. *Feral Future: The Untold Story of Australia's Exotic Invaders*. Viking, 1999.
Low, Tim. *The New Nature: Winners and Losers in Wild Australia*. Penguin, 2002.
Lowe, Doug. *The Price of Power: The Politics behind the Tasmanian Dam Case*. Macmillan, 1984.
Meinig, D. W. *On the Margins of the Good Earth: The South Australian Wheat Frontier, 1869—84*. Rigby Limited, 1962.
Mulligan, Martin and Stuart Hill. *Ecological Pioneers: A Social History of Australian Ecological Thought and Action*. Cambridge University Press, 2001.
Mulvaney, D. J. ed. *The Humanities and Australian Environment*. Canberra, 1990.
Owen, David. *Thylacine: The Tragic Tale of the Tasmanian Tiger*. Allen and Unwin, 2003.
Powell, J. M. *An Historical Geography of Modern Australia: The Restive Finge*. Cambridge University Press, 1988.
Powell, J. M. *Environmental Management in Australia, 1788—1914: Guardians, Improvers and Profit, An Introductory Survey*. Oxford University Press, 1976.
Powell, J. M. *Plains of Promise, Rivers of Destiny: Water Management and the Development of Queensland 1824—1990*. Boolarong, 1991.
Powell, J. M. *The Emergence of Bioregionalism in the Murray-Darling Basin*. Murray-Darling Basin Commission, 1993.
Powell, J. M. *Watering the Garden State: Water, Land and Community in Victoria 1834—1988*. Allen and Unwin, 1989.
Powell, J. M. *Watering the Western Third: Water, Land and Community in Western Australia, 1826—1998*. Water and Rivers Commission, 1998.
Pyne, Stephen J. *Burning Bush: A Fire History of Australia*. Allen and Unwin, 1991.
Ritchie, Rod. *Seeing the Rainforests in the 19th-Century Australia*. Rainforest Publishing, 1989.
Robin, Libby. *Defending the Little Desert: The Rise of Ecological Consciousness in Australia*. Melbourne University Publishing, 1998.
Robin, Libby. *How a Continent Created a Nation*. Univeristy of New South Wales Press, 2007.
Robin, Libby. *The Flight of the Emu: A Hundred Years of Australian Ornithology 1901—2001*. Melbourne University Press, 2000.
Rolls, Eric. *A Million Wild Acres*. Thomas Nelson, 1981.
Rolls, Eric. *They all ran Wild: The Animals and Plants that Plague Australia*. Angus & Robertson, 1969.
Rolls, Eric. *From Forest to Sea: Australia's Changing Environment*. University of Queensland Press, 1993.
Rose, D. and A. Clarke. *Tracking Knowledge: Studies in North Australian Landscapes*. Darwin, 1998.
Rose, D. *Nourishing Terrains; Australian Aboriginal Views of Landscape and Wilderness*. Australian Heritage Commission, 1996.
Sherratt, Tim, Tom Griffiths and Libby Robin eds. *A Change in the Weather: Climate and*

Culture in Australia. National Museum of Australia Press, 2005.

Smith, David. *Saving a Continent: Towards a Sustainable Future.* University of New South Wales Press, 1994.

Stodart, E. and I. Parer. *Colonisation of Australia by the Rabbit.* CSIRO, 1988.

Tyrrell, Ian. *True Gardens of the Gods: Californian-Australian Environmental Reform, 1860—1930.* University of California Press, 1999.

Williams, Michael. *The Making of the South Australian Landscape.* London, 1974.

Woods, E. L. *Land Degradation in Australia*, Australian Government Publishing Society, 1983.

Young, Ann. *Environmental Change in Australia since 1788.* Oxford University Press, 2000.

九　中国环境史部分

Benedict, Carol Ann. *Bubonic Plague in Nineteenth-Century China.* Stanford University Press, 1996.

Coggins, Chris. *The Tiger and the Pangolin: Nature, Culture, and Conservation in China.* University of Hawaii Press,2002.

Economy, Elizabeth C. *The River Runs Black: The Environmental Challenge to China's Future.* Cornell University Press, 2005.

Elvin, Mark & Ts'ui-jung Liu eds. *Sediments of Time: Environment and Society in Chinese History.* Cambridge University Press, 1998.

Elvin, Mark. *The Retreat of the Elephants: An Environmental History of China.* Yale University Press, 2004.

Ho, Peter and Eduard B. Vermeer eds. *China's Limits to Growth: Prospects for Greening State and Society.* Blackwell Publishers, 2006.

Ho, Peter and Richard L. Edmonds eds. *Embedded Environmentalism: Limitations and Constraints of a Social Movement in China.* Routledge, 2008.

Marks, R. B. *Tigers, Rice, Silk and Silt: Environment and Economy in Late Imperial South China.* Cambridge University Press, 1998.

Menzies, Nicholas. *Forest and Land Management in Late Imperial China.* Macmillan Press, 1994.

Muscolino, Micah S. *Fishing Wars and Environmental Change in Late Imperial and Modern China.* Harvard University Press, 2009.

Perdue, Peter. *Exhausting the Earth: State and Peasant in Hunan 1500—1850A.D.*. Council on East Asian Studies, Harvard University, 1987.

Shapiro, Judith. *Mao's War against Nature: Politics and the Environment in Revolutionary China.* Cambridge University Press, 2001.

Sterckx, Roel. *The Animal and the Daemon in Early China.* State University of New York Press, 2002.

Weller, Robert P. *Discovering Nature: Globalization and Environmental Culture in China and Taiwan.* Cambridge University Press, 2006.

包茂红，《中国の环境ガバナンスと东北アジアの环境协力》，はる书房，2009年。
卜风贤，《农业灾害论》，中国农业出版社，2006年。
卜风贤，《周秦汉晋时期农业灾害和农业减灾方略研究》，中国社会科学出版社，2006年。
蔡勤禹，《民间组织与灾荒救治：民国华洋义赈会研究》，商务印书馆，2005年。
曹树基，李玉尚，《鼠疫：战争与和平——中国的环境与社会变迁（1230—1960年）》，山东画报出版社，2006年。
曹树基主编，《田祖有神——明清以来的自然灾害及其社会应对机制》，上海交通大学出版社，2007年。
长江流域规划办公室《长江水利史略》编写组，《长江水利史略》，水利电力出版社，1979年。
陈吉余，《中国海岸发育过程和演变规律》，上海科学技术出版社，1989年。
陈丽霞，《历史视野下的温州人地关系研究（960—1840）》，浙江大学出版社，2011年。
陈嵘，《历代森林史略及民国林政史料》，中华农学会，1934年。
陈嵘，《中国森林史料》，中国林业出版社，1983年。
陈新海，《历史时期青海经济开发与自然环境变迁》，青海人民出版社，2009年。
陈雄，《钱塘江下游流域经济开发对环境变迁影响研究》，中国社会科学出版社，2009年。
陈业新，《灾害与两汉社会研究》，上海人民出版社，2004年。
程遂营，《唐宋开封生态环境研究》，中国社会科学出版社，2002年。
邓辉，《从自然景观到文化景观：燕山双北农牧交错地带人地关系演变的历史地理学透视》，商务印书馆，2005年。
邓云特，《中国救荒史》，上海书店，1937年。
段伟，《禳灾与减灾：秦汉社会自然灾害应对制度的形成》，复旦大学出版社，2008年。
樊宝敏，《中国林业思想与政策史（1644—2008年）》，科学出版社，2009年。
冯扈祥，《中西环境伦理研究》，人民文学出版社，1997年。
冯贤亮，《近世浙西的环境、水利与社会》，中国社会科学出版社，2010年。
复旦大学历史地理研究中心主编，《自然灾害与中国社会历史结构》，复旦大学出版社，2001年。
韩茂莉，《草原与田园：辽金时期西辽河流域农牧业与环境》，三联书店，2006年。
韩昭庆，《荒漠·水系·三角洲：中国环境史的区域研究》，上海科学技术文献出版社，2010年。
郝平、高建国编，《多学科视野下的华北灾荒与社会变迁研究》，北岳文艺出版社，2010年。
何群，《环境与小民族生存：鄂伦春文化的变迁》，社会科学文献出版社，2006年。
何彤慧、王乃昂，《毛乌素沙地历史时期环境变化研究》，人民出版社，2010年。
何业恒，《中国珍稀兽类的历史变迁》，河南科技出版社，1993年。
湖南省水利电力科学研究所编，《洞庭湖变迁史》，1967年。
康沛竹，《灾荒与晚清政治》，北京大学出版社，2002年。
康沛竹，《中国共产党执政以来防灾救灾的思想与实践》，北京大学出版社，2005年。
赖文，李永宸，《岭南瘟疫史》，广东人民出版社，2004年。
蓝勇，《历史时期西南经济开发与生态变迁》，云南教育出版社，1992年。
蓝勇，《中国历史地理学》，高等教育出版社，2002年。
李丙寅等著，《中国古代环境保护》，河南大学出版社，2001年。
李根蟠，原宗子，曹幸穗编，《中国经济史上的天人关系》，中国农业出版社，2002年李令福，《关中水利开发与环境》，人民出版社，2004 年。
李文海、夏明方主编，《中国荒政书集成》，天津古籍出版社，2010 年。
李文海主编，《近代中国灾荒纪年》，湖南教育出版社，1990 年。
李文海主编，《灾荒与饥谨》，高等教育出版社，1991 年。
李文海主编，《中国近代十大灾荒》，上海人民出版社，1994 年。
李心纯，《黄河流域与绿色文明：明代山西河北的农业生态环境》，人民出版社，1999 年。
李玉尚，《海有丰歉：黄渤海的鱼类与环境变迁（1368—1958）》，上海交通大学出版社，2011 年。
廖国强等，《中国少数民族生态文化研究》，云南人民出版社，2006 年。
刘翠溶、伊懋可主编，《积渐所止：中国环境史论文集》，台北：中央研究院经济研究所，1995 年。
刘翠溶主编，《自然与人为互动：环境史研究的视角》，（台湾）联经出版社，2008 年。
刘喜麒，《东北地区自然环境历史演变与人类活动的影响研究：自然历史卷》，科学出版社，2007 年。
罗桂环等著，《中国环境保护史稿》，中国环境科学出版社，1995 年。
罗桂环、舒俭民编著，《中国历史时期的人口变迁与环境保护》，冶金工业出版社，1995 年。
马生林，《青藏高原生态变迁》，社会科学文献出版社，2011 年。
满志敏，《中国历史时期气候变化研究》，山东教育出版社，2009 年。
倪根金主编，《生物史与农史新探》，台湾：万人出版社有限公司，2005 年。
秦大河、陈宜瑜、李学勇总主编，《中国气候与环境演变》，科学出版社，2005 年。
秦宁生，《青海省历史气候资料的重建及气候变化研究》，气象出版社，2006 年。
秋道智弥、尹绍亭主编，《生态与历史：人类学的视角》，云南大学出版社，2007 年。
上田信，《东ユーラシアの生态环境史》，山川出版社，2006 年。
上田信，《森と绿の中国史——エコロジカル・ヒストリーの试み》，岩波书店，1999 年。
上田信，《トラが语る中国史——エコロジカル・ヒストリーの可能性》，山川出版社，2002 年。
沈卫荣、中尾正义、史金波主编，《黑水城人文与环境研究：黑水城人文与环境国际学术讨论会文集》，中国人民大学出版社，2007 年。
史念海，曹尔琴，朱士光，《黄土高原森林与草原的变迁》，陕西人民出版社，1985 年。
史念海，《河山集（四集）》，陕西师范大学出版社，1991 年。
史念海，《黄河流域诸河流的演变与治理》，陕西人民出版社，1999 年。
史念海，《黄土高原历史地理研究》，黄河水利出版社，2001 年。
史念海主编，《汉唐长安与关中平原》，陕西师范大学中国历史地理研究所，1999 年。
水利部黄河水利委员会编，《黄河水利史述要》，水利电力出版社，1982 年。
孙冬虎，《北京近千年环境变迁研究》，北京燕山出版社，2007 年。
孙绍骋，《中国救灾制度研究》，商务印书馆，2004 年。
谭其骧主编，《黄河史论丛》，复旦大学出版社，1986 年。
田丰、李旭明、叶金宝编，《环境史：从人与自然的关系叙述历史》，商务印书馆，2011 年。
汪汉忠，《灾害、社会与现代化：以苏北民国时期为中心的考察》，社会科学文献出版社，2005 年。
王宏昌，《中国西部气候生态演替：历史与展望》，经济管理出版社，2001 年。

王建革，《传统社会末期华北的生态与社会》，三联书店，2009 年。
王建革，《农牧生态与传统蒙古社会》，山东人民出版社，2006 年。
王杰瑜，《政策与环境：明清时期晋冀蒙接壤地区生态环境变迁》，山西人民出版社，2009 年。
王利华，《中古华北饮食文化的变迁》，中国社会科学出版社，2000 年。
王利华主编，《中国历史上的环境与社会》，三联书店，2007 年。
王林主编，《山东近代灾荒史》，齐鲁书社，2004 年。
王培华，《元代北方灾荒与救济》，北京师范大学出版社，2010 年。
王清华、尹绍亭，《梯田文化论：哈尼族生态农业》，云南人民出版社，2010 年。
王苏民，窦鸿身，《中国湖泊志》，科学出版社，1998 年。
王玉德、张全明，《中华五千年生态文化（上、下）》，华中师范大学出版社，1999 年。
王子今，《秦汉时期生态环境研究》，北京大学出版社，2007 年。
文焕然，《中国历史时期植物与动物变迁》，重庆出版社，1995 年。
乌沧萍、侯东民主编，《人口、资源、环境关系史》，中国人民大学出版社，2005 年。
吴建新，《民国广东的农业与环境》，中国农业出版社，2011 年。
夏明方，《民国时期自然灾害与乡村社会》，三联书店，2000 年。
萧正洪，《环境与技术选择——清代中国西部地区农业技术地理研究》，中国社会科学出版社，1998 年。
肖瑞玲等，《明清内蒙古西部地区开发与土地沙化》，中华书局，2006 年。
谢丽，《清代至民国时期农业开发对塔里木盆地南缘生态环境的影响》，上海人民出版社，2008 年。
行龙，《环境史视野下的近代山西社会》，山西人民出版社，2007 年。
阎守诚，《危机与应对：自然灾害与唐代社会》，人民出版社，2008 年。
颜家安，《海南岛生态环境变迁研究》，科技出版社，2008 年。
杨伟兵，《明清以来云贵高原的环境与社会》，东方出版中心，2010 年。
杨煜达，《清代云南季风气候与天气灾害研究》，复旦大学出版社，2006 年。
尹玲玲，《明清两湖平原的环境变迁与社会应对》，上海人民出版社，2008 年。
尹绍亭，秋道智弥主编，《人类学生态环境史研究》，中国社会科学出版社，2006 年。
于运全，《海洋天灾：中国历史时期的海洋灾害与沿海社会经济》，江西高校出版社，2005 年。
余新忠，《清代江南的瘟疫与社会》，中国人民大学出版社，2003 年。
余新忠主编，《清以来的疾病、医疗和卫生：以社会文化史为视角的探索》，三联书店，2009 年。
袁清林编著，《中国环境保护史话》，中国环境科学出版社，1989 年。
原宗子，《古代中国の开发と环境》，研文出版社，2001 年。
原宗子，《农本主义と黄土の发生》，研文出版社，2005 年。
张建民、鲁西奇编，《历史时期长江中游地区人类活动与环境变迁专题研究》，武汉大学出版社，2011 年。
张建民，《明清长江流域山区资源开发与环境演变——以秦岭大巴山为中心》，武汉大学出版社，2007 年。
张丕远，《中国历史气候变化》，山东科学技术出版社，1996 年。
赵珍，《清代西北生态变迁研究》，人民出版社，2005 年。

郑晓云，《红河流域的民族文化与生态文明》，中国书籍出版社，2010 年。
中国科学院《中国自然地理》编辑委员会，《中国自然地理：历史自然地理》，科学出版社，1982 年。
中国水利学会水利史研究会编，《黄河水利史论丛》，陕西科技出版社，1987 年。
周琼，《清代云南瘴气与生态变迁研究》，中国社会科学出版社，2007 年。
朱圣钟，《历史时期凉山彝族地区经济开发与环境变迁》，重庆出版社，2008 年。
朱士光，《黄土高原地区环境变迁及其治理》，黄河水利出版社，1999 年。

十　日本环境史部分

安室知编，《环境史研究の课题—历史研究の最前线 2》，吉川弘文馆，2004 年。
安室知，《水田渔捞の研究—稻作と渔捞の复合生业论》，庆友社，2005 年。
安藤精一，《近世公害史の研究》，吉川弘文馆，1992 年。
安田喜宪，《环境考古学事始：日本列岛 2 万年の自然环境史》，洋泉社，2007 年。
安田喜宪，《文明の环境史观》，中央公论新社，2004 年。
安田喜宪著，蔡敦达、邬利明译，《森林——日本文化之母》，上海科学技术出版社，2002 年。
川胜平太，《富国有德论》，纪伊国屋书店，1995 年。
川胜平太，《海洋连邦论——地球をガーデンアイランズに》，PHP 研究所，2001 年。
川胜平太，《文明の海洋史观》，中央公论新社，2006 年。
村上安正，《足尾铜山史》，随想舍，2006 年。
德川宗敬，《江户时代における造林技术の史的研究》，西ヶ原刊行会，昭和 16 年。
东海林吉郎、菅井益郎，《足尾矿毒事件 1877—1984》，新曜社，1984 年。
都留重人，《公害の政治经济学》，岩波书店，1972 年。
都留重人，《现代资本主义と公害》，岩波书店，1968 年。
饭岛伸子，《环境问题と被害者运动　改订版》，学文社，1993 年。
饭沼贤司，《环境历史学とはなにか》，山川出版社，2004 年。
峰岸纯夫，《中世　灾害　战乱の社会史》，吉川弘文馆，2001 年。
宫本宪一编，《アジアの环境问题と日本の责任》，株式会社かもがわ出版，1992 年。
宫本宪一编著，《“公害”の同时代史》，平凡社，1981 年。
宫本宪一，《日本の环境问题—その政治经济学的考察》，有斐阁，1975 年。
矶贝富士男，《中世の农业と气候》，吉川弘文馆，2002 年。
矶贝日月编，《环境历史学入门：あん·マクドナルドの大学院讲义录》，清水弘文堂书房，2006 年。
加藤邦兴，《日本公害论—技术论の视点から》，青木书店，1977 年。
加藤一郎编，《公害法の生成と展开》，岩波书店，1968 年。
金丸平八，《日本林政史の基础的研究》，三弥井书店，1969 年。
井上坚太郎，《日本环境史概说》，大学教育出版，2006 年。
林业发达史调查会（林野庁），《日本林业发达史》，昭和 35 年。
柳田国男著，安藤広太郎编集，《稻の日本史》，筑摩书房，1969 年。
梅原猛、伊东俊太郎、安田喜宪总编集，讲座《文明と环境》，第 1—15 卷，朝仓书店，1995—6 年。

梅原猛著，卞立强，李力译，《森林思想——日本文化的原点》，中国国际广播出版社，1992年。
梅棹忠夫编，《文明の生态史观はいま》，中央公论新社，2005年。
梅棹忠夫，《文明の生态史观ほか》，中央公论新社，2002年。
梅棹忠夫著，王子今译，《文明的生态史观》，上海三联书店，1984年。
鸟越皓之、嘉田由纪子编，《水と人の环境史》，御茶の水书房，1984年。
桥本道夫编，《水俣病の悲剧を繰り返さないために—水俣病の经验から学ぶもの》，中央法规，2000年。
桥本政良编著，《环境历史学の视座》，岩田书院，2002年。
桥本政良编著，《环境历史学の探究》，岩田书院，2005年。
萩野敏雄，《日本近代林政の发达过程：その实证的研究》，日本林业调查会，1989年。
萩野敏雄，《日本近代林政の基础构造：明治构筑期の实证的研究》，日本林业调查会，1984年。
萩野敏雄，《日本现代林政の战后过程：その五十年の实证》，日本林业调查会，1996年。
日本的大气污染控制经验研讨委员会编，王志轩译，《日本的大气污染控制经验：面向可持续发展的挑战》，中国电力出版社，2000年。
日本林业发达史编纂委员会（大日本山林会），《日本林业发达史（农业恐慌・战时统制期の课程）》，昭和58年。
日本学士院编，《明治前日本林业技术发达史》，新订版，财团法人野间科学医学研究资料馆，昭和55年。
山折哲雄编著，《环境と文明：新しい世纪のための知的创造》，NTT出版，2005年。
神冈浪子，《日本の公害史》，世界书院，1987年。
石弘之、安田喜宪、汤浅赳男，《环境と文明の世界史》，洋泉社，2001年。
石井邦宜监修，《20世纪の日本环境史》，（社）产业环境管理协会，2002年。
松波秀实，《明治林业史要》，大日本山林会，大正9年。
所三男，《近世林业史の研究》，吉川弘文馆，昭和55年。
田中正造全集编纂会，《田中正造全集》（20卷），岩波书店，1977—1980年。
筒井迪夫，《日本林政史研究序说》，东京大学出版会，1974年。
西尾隆，《日本森林行政史の研究——环境保全の源流》，东京大学出版会，1988年。
下川耿史编，《环境史年表》（1868—1926：明治・大正编），河出书房新社，2003年。
下川耿史编，《环境史年表》（1926—2000：昭和・平成编），河出书房新社，2004年。
香田彻也，《日本近代林政年表：1867—1999》，日本林业调查会，2000年。
小田康德，《近代日本の公害问题—史的形成过程の研究》，世界思想社，1983年。
伊东俊太郎、安田喜宪编，《文明と环境》，日本学术振兴会，1996年。
伊东俊太郎，《文明と自然：对立から统合へ》，刀水书房，2002年。
宇井纯，《公害原论》，亚纪书房，1990年。
宇井纯，《公害の政治学：水俣病を追つて》，三省堂，1994年。
庄司光、宫本宪一共著，《恐るべき公害》，岩波书店，1964年。
佐々木高明、大林太良共编，《日本文化の源流　北からの道・南からの道》，小学馆，1991年。
佐々木高明，《照叶树林文化の道 ブータン・云南から日本へ》，日本放送出版协会，

1982 年。
佐々木高明、中尾佐助共编，《照叶树林文化と日本》，くもん出版，1992 年。
佐藤洋一郎，《稲の日本史》，角川书店，2002 年。

Akiyama, Tomohide. *A Forest Again: Lessons from the Ashio Copper Mine and Reforestation Operations*. Food and Agriculture Policy Research Center, 1992.

Barrett, Brendan F. D. and Riki Therival. *Environmental Policy and Impact Assessment in Japan*. Routledge, 1991.

Brecher, W. Puck. *An Investigation of Japan's Relationship to Nature and Environment*. Edwin Mellen Press, 2000.

Callicot, J. Baird and Roger Ames, eds. *Nature in Asian Traditions of Thought: Essays in Environmental Philosophy.* State University of New York Press, 1989.

Farris, William Wayne. *Japan's Medieval Population: Famine, Fertility, and Warfare in a Transformative Age*. University of Hawaii Press, 2009.

Handa, Ryoichi ed. *Forest Policy in Japan*. Nippon Ringyou Chousakai, 1988.

Huddle, Norie, Michael Reich and Nahum Stiskin. *Island of Dreams: Environmental Crisis in Japan*. Autumn Press, 1975.

Iijima, Nobuko ed. *Pollution Japan: Historical Chronology*. Asahi Evening News, 1979.

Iwai, Yoshiya ed. *Forestry and the Forest Industry in Japan*. UBC Press, 2002.

Jannetta, Ann Bowman. *Epidemics and Mortality in Early Modern Japan*. Princeton University Press, 1987.

Jannetta, Ann Bowman. *The Vaccinators: Smallpox, Medical Knowledge, and the 'Opening' of Japan.* Stanford University Press, 2007.

Kelly, William. *Water Control in Tokugawa Japan: Irrigation Organization in a Japanese River Basin, 1600—1870*. Cornell University, China-Japan Program, 1982.

Kirby, Peter Wynn. *Troubled Natures: Waste, Environment, Japan*. University of Hawaii Press, 2010.

Knight, John. *Waiting for Wolves in Japan: An Anthropological Study of People-Wildlife Relations*. University of Hawaii Press, 2006.

McKean, Margaret A. *Environmental Protest and Citizen Politics in Japan*. University of California Press, 1981.

Pflugfelder, Gregory and Brett L. Walker eds. *Japanimals: History and Culture in Japan's Animal Life.* Ann Arbor Center for Japanese Studies, University of Michigan, 2005.

Totman, Conrad D. *Pre-Industrial Korea and Japan in Environmental Perspective.* Brill, 2004.

Totman, Conrad D. *The Green Archipelago: Forestry in Preindustrial Japan.* University of California Press, 1989.

Totman, Conrad. *The Lumber Industry in Early Modern Japan*. University of Hawaii Press, 1995.

Totman, Conrad. *The Origins of Japan's Modern Forests: The Case of Akita*. University of Hawaii Press, 1985.

Tsuru, Shigeto ed., *Environmental Disruption: A Challenge to Social Scientists*. International

Social Science Council, 1970.

Tsuru, Shigeto and Helmut Weidner eds. *Environmental Policy in Japan*. Ed. Sigma Bohn, 1989.

Ui, Jun ed. *Industrial Pollution in Japan*. United Nations University Press, 1992.

Walker, Brett. *The Conquest of Ainu Lands: Ecology and Culture in Japanese Expansion, 1590—1800*. University of California Press, 2001.

Walker, Brett. *The Lost Wolves of Japan*. University of Washington Press, 2005.

Walker, Brett. *Toxic Archipelago: A History of Industrial Disease in Japan*. University of Washington Press, 2010.

后 记

环境史学史研究是环境史学科建设中的一项基础工作，也是环境史研究中的一个新兴领域。1995 年底，当我转向环境史研究的时候，我深深感到在做具体的专题研究之前必须先掌握环境史学的发展史。1999 年，当我开始指导环境史方向的研究生时，开设一门能够让学生既了解本学科的历史和现状又能迅速进入学科前沿领域的环境史学史课程就成为当务之急。从这两个现实需要出发，我开始探讨世界不同国家和地区的环境史学史问题。在这个过程中，我发现国际上的环境史学史研究起步晚、潜力大，很可能成为中国学者参与国际环境史研究竞争的便利突破口。于是，我从事环境史学史研究的兴趣更大了，投入的精力更多了。

从早年从事非洲史研究的知识积累中，我意识到，如果能把口述史学方法应用于环境史学史的研究，不但能够采集到当事人的切身体会和认识，还能把我这个局外研究者带入当时的情景，进而获得一种局内人的眼界和体悟。从 2002 年开始，我利用多次出国访问的机会和互联网技术对 30 多位不同国家和地区环境史领域的开拓者进行了面对面的采访或邮件访谈，有关成果翻译成中文相继在《史学理论研究》、《史学月刊》、《中国历史地理论丛》等杂志上发表，在学术界引起比较热烈的反响。这一工作比国际环境史学界最重要的杂志《环境史》在 2007 年首次发表访谈至少早了 5 年。2005 年以来，我利用各种机会，相继邀请 10 位国际一流的环境史学家到北京大学历史系讲学，他们带来了各自研究领域最新的研究成果和自己对于环境史学未来发展的思考。口述史学与文本分析结合给环境史学史研究提供了全面、先进的方法论基础。

在学科分化日益精细的时代，研究具体的世界环境史学史对一个学者来说似乎有点过于雄心勃勃和天方夜谭。笔者在研究过程中时常陷入顾此失彼、捉襟见肘的窘境。例如，在通常的历史研究中，欧洲可以作为一个整体来处理，但是在环境史和环境史学史研究中，欧洲千差万别，生境各异，语言多样，对于不同学者来说意味着不同的个体，更何况不同国家和地区的研究状况并不一致。因此，即使是欧洲环境史学会来组织，也难以写出完整的欧洲环境史学史的论文。本书在处理类似问题时，采用了一个实用的方法，那就是对自己并不具备必要的外语能力和基本知识储备的部分，就用访谈的形式请行家里手来现身说法。本书中涉及欧洲环境史学史的部分比较多，虽然分布在不同编章，但可以相互参照一起来看。需要说明的是，本书虽然是从全球视野研究环境史学的起源和发展，但俄语世界、阿拉伯语世界、极地地区等的环境史研究只在第十章"国际环境史研究的新动向"中有所提及，并没有做出与其他国家和区域的环境史研究一样的论述，这并不是说这些区域的环境史研究不重要，关键在于：第一，这些区域的环境史研究本身比较薄弱，成果有限；第二，阿拉伯地区和俄语地区的语言比较特殊，笔者从未学过阿拉伯语和俄语，翻译成英语的这些地区的环境史文献也极少。因此，从地域来说，这些区域可能会成为国际环境史研究的新增长点。

"延伸阅读书目"不但是本书的重要组成部分，是理解全书内容的基础，而且是进一步研究的指南。但是，囿于篇幅限制，只收录了比较有代表性的著作（也难免挂一漏万），环境史学史的论文虽然没有收入，但并不意味着不重要，文中的引用足以说明这一点。另外，由于笔者外语能力的限制，只收录了中文、英语、德语和日语文献。其他语种的环境史文献不但重要，而且数量不少，寄望将来能够补上。

本项环境史学史研究得到了先师何芳川教授的宝贵支持，并幸运地获得了"国家哲学社会科学基金一般项目"的资助，批准题目是"人与环境关系的新认识：环境史学史"，批准号是05BSS001。特别需要感谢的是那些曾经接受我的采访和给我赠送最新环境史著作的环境史学家，他们的名字是：Donald Worster, J. Donald Hughes, Joachim Radkau, Genevieve Massard-Guilbaud, Martin Melosi, John McNeill, Alfred W. Crosby, Joel Tarr, Ian Simmons, Fiona Watson, Elino G. K. Melville, José Augusto Pádua, Mark Elvin, Stephen Dovers, Libby Robin, Ramachandra Guha, Mahesh Rangarajan, Sumit Guha, Ravi Rajan, Frank Uekotter, Christof

Mauch, Verena Winiwarter, Karl Jacoby, Nancy Jacobs, William Beinart, Alexei Kalimov, Andy Bruno, Andrea Gaynor, Sing C. Chew, Jason W. Moore, Peter Boomgaard, Greg Bankoff, Carol Benedict, 金锡佑, 崔德卿, 宇井纯, 上田信, 原宗子, 秋道智弥, 井上坚太郎, 安室知, 大塚健司等。另外, 我还要感谢那些邀请我做访问研究的学术机构。1995—1997年, 我在德国拜罗伊特大学开始环境史的学习研究, 弥补了自己的知识结构缺陷, 积累了非洲环境史的知识。2002—2003年, 我在美国布朗大学访问研究, 图书馆的馆际互借处为我搜集世界环境史学史的资料提供了巨大帮助, Evelyn Hu-Dehart 教授给我安排一间办公室, 为我开展对环境史学家的访谈提供了便利。2008—2009年, 我赴日本樱美林大学担任客座教授, 在那里完成了书中的几个篇章, 并搜集了日本环境史学的资料, 提高了日语水平。2010年夏天, 我在日本国立综合地球环境学研究所担任外国人研究员, 完成了所有使用日文资料的内容的写作。2011年下半年, 我在德国慕尼黑大学蕾切尔·卡逊环境与社会研究中心担任研究员, 完成了延伸阅读书目和结论部分的写作, 并对全书进行最后定稿。这些机构不但为我提供了良好的工作环境, 更让我能抛却烦恼, 安心思考, 静心研究, 勉力写作。最后, 需要特别感谢的是世界著名的环境史学家约翰·麦克尼尔教授。他在百忙中为本书写序, 这是对笔者的莫大鼓励。

世界环境史学史研究起步晚、难度大、基础弱, 本书只是一个初步的尝试, 其中错漏肯定不少, 敬请相关专家学者不吝批评指正。

包茂红

2011年仲秋于慕尼黑伊萨尔河畔

Appendix

Preface

This book by Professor Bao Maohong of Peking University bids fair to be a landmark publication in China. The writing of history has its own history. Historians initially devoted their attention to the affairs of emperors and kings, following the traditions of authors such as Herodotus and Sima Qian. Other historians wrote accounts of religious stalwarts, a form of sacred history that served to confirm for sympathetic readers the righteousness of one or another religious belief or tradition. In the nineteenth century, with the rise of nationalism and nation-states around the world, historians developed new interests, often writing political history that served to justify the existence of one or another nation or state. This was the sort of history most often written, and studied, when in the early and mid-nineteenth century history became an academic discipline and a formal profession—which happened first in German universities.

When professional historians concerned themselves with the nation, they often found it appealing to write intellectual and cultural history, to show that Italians or Japanese or Bengalis had a long and sophisticated tradition of intellectual culture. Thus intellectual and cultural history became a recognized sub-discipline in many lands by the beginning of the twentieth century. Industrialization in the nineteenth and twentieth century helped historians take an interest in economic change over time, and the world economic crisis of the 1930s confirmed this interest. Economic history, as a sub-discipline, took root at that time.

Since the middle of the twentieth century, historians around the world have embraced any number of sub-disciplines. They have undertaken to write social history, the history of ordinary people. They have created other sub-disciplines such as women's and gender history, the history of religion, labor history, urban history, demographic history, military history and several more. In recent decades, as Professor Bao details in this book, historians have also created environmental history.

To some extent, historians write histories for their own times. Sima Qian concerned himself deeply with relations between the Han dynasty and the nomadic peoples of China's northern borderlands. That was a matter of great interest in his lifetime. Edward Gibbon (1737–94) devoted most of his adult life to writing a six-volume history of the Roman Empire, at a time when his own country was rapidly acquiring (and sometimes losing parts of) an empire.

Today, environmental historians are writing histories for their own times. Their histories, as Professor Bao shows, concern the relationship between society and nature as it has changed over time. Increasingly, those histories are international, transnational, or global because so many modern environmental issues and problems are also transnational or global. But the rising sub-discipline of environmental history continues to produce a rich body of work that is local, national or regional in its scope. There is no obvious intellectual reason to prefer macro-histories to micro-histories, or vice-versa. Rather, historians collectively must work on all scales, from the very local to the truly global. Global-scale works must be built on a foundation of local ones. And the best local-scale works recognize the larger, often global, contexts of the stories they tell. We live in an age when no local concerns are without their global contexts and ramifications, and an age of mounting environmental anxiety. Historians are acting accordingly.

In few countries are environmental matters of such concern as in China today. The extraordinary economic growth of the last three decades has come at an extraordinary environmental price, especially in the form of pollution of air and water. Historians, like everyone else in China, have taken notice and are now starting to act accordingly. As Chinese historians write environmental history (both of China and of other parts of the world), they will do so informed by their own concerns, constraints, and traditions. But, like all other historians, they will do their work best when they know how similar work is done elsewhere in the world. This book will serve to illuminate how environmental history is conceptualized and written around the world, and will in its own way help to globalize and advance the discussions and debates that constitute environmental history.

Professor of history and University professor, Georgetown University
President, American Society for Environmental History
December 12, 2011

The Origins of Environmental History and Its Development

(Bao Maohong)

Contents

Part One: Research

Part Two: Interviews and Book Reviews

Postscript

Abstract

Environmental history deals with the interactions between humankind and the rest of nature over time. In narrow sense, environmental history will provide the part that traditional history lacks. In broad sense, environmental history will contribute a new way of thinking to history writing that will result in a paradigm shift in historiography. Environmental historiography aims at researching the origins of environmental history and its development, especially how environmental historians think about the development of the interactions between humanity and the rest of nature, and environmental history itself in epistemological sense.

The independence and self-consciousness of every discipline is based on the rethinking and summary of its own history; Environmental history is no exception. Since the turn of century, environmental historians have been researching the history of environmental history on a large scale. In 2003, the journal *Pacific History Review* issued a special column on "environmental history, retrospect and prospect." In 2003, Prof. John McNeill's masterly paper "Observations on the Nature and Culture of Environmental History" was published in a special issue of the journal *History and Theory*. In 2004, the journal *Environment and History* published its tenth anniversary issue on the history of environmental history. In 2005, the journal *Environmental History* published a special column on "What's next for environmental history?" Meanwhile, four scholars published three books on the history of environmental history in different languages, including J. Donald Hughes's *What is environmental history* (2006), Frank Uekötter's *Umweltgeschichte im 19. und 20. Jahrhundert* (2007), and Verena Winiwarter and Martin Knoll's *Umweltgeschichte: Eine Einfuehrung* (2007). All these works began by summarizing the origins, development, and nature of environmental history, and outlining some fields ripe for exploration in the future. These works will undoubtedly be very helpful for the maturing of environmental history as a subdiscipline of history, or as an interdisciplinary arena for academic research. Although the authors listed above did not provide a generalized view of the development of environmental history across the globe, they certainly opened up the way for further research in environmental historiography.

This book follows the way paved by these pioneers, and drives forward as far as this author is able. I contextualize the origins of environmental history and its development into spatial and temporary space, speculate on its dynamic process, and clarify variables and how they function. My methodology is comparative study and a mixture of document analysis and oral history. With this approach, I will distinguish the commonalities and contrasts between environmental histories of different regions and countries in the world. Although the two parts of this book contain different contents and use different methods, they complement each other and form the book as a whole.

In environmental history scholarship, the rise of environmental history was generally recognized as the result of interaction of anti-mainstream cultural movement and creative impulses in history. In fact, this is a received wisdom, or indeed an overgeneralization of the American environmental history experience. The rise of African environmental history mainly resulted from the exploration of African agency and initiative in nationalist history. In Russia and the former Soviet Union, environmental history has not risen as rapidly as one might expect, given that its environmentalism has expanded greatly in scope, and its environmental problems have become more and more serious. Although environmentalism has appeared to be a backlash since Ronald Reagan took in office, the development of American environmental history did not parallel environmentalism's decay. In France where the historical tradition was very strong and active, the rise of environmental history was later and developed more slowly. In the Arabian world, where there is a unique historical writing system, environmental history has not yet taken root. These cases illustrate that the rise of environmental history in different regions and countries has resulted from a mixture of different variables. The changing permutations and combination of these variables has exemplified the different dynamic mechanisms and characteristics of environmental histories in different regions and countries.

The rise of environmental histories in the rest of the world did not result from direct imports from the USA, as some American environmental historians asserted many years ago. While American environmental history did indeed start earlier and advanced much more quickly than in the rest of the world, this does not testify to the idea that environmental history movements in other countries were merely overseas branches and tendrils of American one. Even within the industrialized countries there are differences; for example, the main themes of environmental history movements in Western Europe and Japan are different from the ones in American environmental history, reflecting the different structures of physical environments and human-made environmental problems. Even when the same theme, such as nature conservation and national parks, is studied, its foci are different from the African environmental history perspective compared with the American one. American environmental historians emphasize environmental preservation that excluded human utilization, whereas African environmental historians urged conservationism focused on the human rights of existence and development. We might say that environmental history was founded on a strong sense of the local, and world environmental history was a big garden in which the environmental histories of different regions and countries coexisted and competed peacefully.

Although main themes and research conditions were different in different regions and countries, environmental histories of different regions and countries were in frequent dialogue with one another and influenced each other in a reciprocal manner. In the international environmental history community, American environmental history was undoubtedly endowed with an export surplus. Meanwhile, although environmental history in India or Africa was definitely importing more than it exported, historians in these countries contributed distinct approaches and perspectives to the deepening and expanding American environmental history, and provided indispensible help for the internationalization of American environmental history and the construction of world environmental history in the USA. Although this exchange was not balanced, it broke up the myths of ignorance and disparagement of southern local knowledge, and further paved the way to end Ameri-eurocentrism in environmental history writing. In other words, the contributions of environmental historians from the Global South will be helpful for moving forward in constructing world environmental history with characteristics of "Every form of beauty has its uniqueness, Precious is to appreciate other forms of beauty with openness. If beauty represents itself with diversity and integrity, the world will be blessed with harmony and unity".

Although the level of development and main themes of environmental history in different regions and countries are divergent and/or diverse, all environmental historians realize that nature can create history, or be an actor center-stage in history. Traditional thinking, e.g. that the environment was too passive to create history, or that the environment was a mere background against which history took place, or that natural phenomena were at most catalysts for historical development, is not just one -sided (and the typical expression of anthropocentrism in history), but also exhibits a lack of conformity with the latest findings of brain science and ecology. The Environment is not only an agent in historical processes, but creates history through the interaction with humanity as a whole. As a result, environmental history cannot be researched solely using historical methodologies; it needs to be researched by using the transdisciplinary or interdisciplinary methods which incorporate the methods of history, natural science, engineering science, and social science. This kind of environmental history will finally balance and unite social and natural laws, and will further shift the historiographical paradigm from isolated and progressive human history to integral, complex and authentic global history.

The future of environmental history depends on the balance of five pairs of relations, as follows: Firstly, the balance of environmental history as a subdiscipline of history and as a multidisciplinary arena for research must be achieved in determining the property of environmental history. Environmental history has the status of a subdiscipline of history in the USA, Africa and India, where environmental history seemed more easily accepted by history and was able to develop in the traditional framework of discipline; however, it has the status of a multidisciplinary arena in Australia, Japan and Latin America, where environmental history seems to be a common pool without accepted definition and unified organization, to which every discipline could be integrated if it so needs. Actually, both of these two frameworks are helpful for the development of environmental history. In order to reach sustainable development in the future, the best way is to learn from the advantages or other ways of thinking. Environmental history as a subdiscipline of history should be more tolerant and open, which could be achieved through attracting more scholars from other disciplines; Environmental history as a multidisciplinary arena should be more coherent, which it can become through identifying the existed framework of discipline in some way.

Secondly, environmental history research should balance macro themes and micro themes. With the further specialization of environmental history, the themes selected by environmental historians are often micro on a spatial and temporal scale. It seems that more micro themes means more profound results. Undoubtedly, this will improve the diversification of themes and methods found in environmental history. However, it will inevitably result in ignoring the general trends of environmental history, and in the phenomenon of "not seeing the forest for the trees." In fact, the first generation environmental historians aimed to challenge traditional historiography, which excluded environment, when they explored environmental history. Now, it will be more important to grasp the big trends of environmental history. Namely, environmental history should start from the macro research bases that some pioneers, such as Alfred Crosby, set up in 1970s. Additionally, macro and *long durée* research topics do not necessarily collide with thematic work and case studies. Furthermore, macro research could appear in the form of thematic studies, thematic studies should hold the macro perspective.

Thirdly, environmental history research should balance pessimism and optimism in its basic motion. When environmental history was born, it was with the strong characteristics of "advocating history," paralleling the pessimistic narrative notions of "decay" and "degradation." These narratives would definitely stimulate worry and concern about serious environmental problems, however, they will result in emphasis on the hopelessness of environmental history and the human inability to through learning lessons on environmental governance from environmental history. With the development of environmental history, environmental historians need to focus on both environmental disasters created by human agency, and environmental protection and improvements made by humans through cultural adaptation to built environments. This will correct the one-sided thinking in the relationship between humans and nature, and help give rise to optimism and build confidence. So, the balance of these two notions will be not only be one of the symbols of maturing of environmental history, but also offer basic security for environmental history to attract readers and march forward towards greater success in the future.

Fourthly, environmental history emphasises its pure academic foundation, meanwhile its application should be strengthened. After environmental history became more popular, environmental historians worked very hard to make it more specialized and standardized, with the main aim of exploring the historical truth. Although this promoted the academic nature of environmental history, it resulted in environmental history becoming divorced from reality and distanced from its readers. Actually, environmental historians were concerned about the social function of their research, however, they hoped their academic achievements would trickle down automatically and inspire some people who are interested to take the matter further. During this period that could be seen as a period of intellectual bombing raid, this kind of expectation means that there is eventually no one left to read texts. Environmental history should recover its traditions and pay more attention to social and environmental hotspots from now on. Environmental history should continue to maintain its academic credentials, meanwhile, it should point out concrete lessons to learn and help policymakers and environmentalists to find practical solutions and guidelines for solving environmental problems. Of course, strengthening its application should not result in the weakening of its academic base; the lesson of academic research in Japanese environmental history serving political ends should not be forgotten.

Fifthly, environmental history should satisfy the dual demands from history and environmental science evenly. On the one hand, environmental history is eager to become mainstream in history, or to reconstruct history with its new thinking; on the other hand, it absorbs evidence and method from non-historical sciences, such as environmental science. In mainstreaming environmental history, besides its emphasis on topics that traditional history did not focus on, it is necessary for environmental history to explain the main themes in traditional history from its own perspective, such as the Enlightenment, the French revolution, the New Deal, the two world wars, decolonization, transformation in East Asia, etc. By borrowing concepts and results from environmental science, environmental history should be concerned about the hotspots in environmental science, and provide its own evidence and methods, on topics such as hurricanes, the rise of sea level, global warming, etc..This comprehensive research will cross the artificial divide between natural science, social science, engineering science and the humanities, and will promote the development of environmental history equally in every discipline within the broad framework of science.

Although environmental history in China is still in its initial stage, it will be possible for it to develop more rapidly with the rocketing of China's overall national strength and the intensification of international academic exchange. In these circumstances, Chinese environmental historians should pay more attention to the basic work of environmental history, especially in terms of a thorough understanding the experience and latest trends of international environmental history. Meanwhile, Chinese environmental historians should actively take part in the international exchange in environmental history and express their own unique research, including the main themes of Chinese environmental history, and the environmental histories of some regions and countries neighboring China, such as the former Soviet Union, Ottoman empire, and the current Middle East. We can hope and expect that China's environmental history research will match to its economic miracle rapidly in the near future.